教育部高等学校材料类专业教学指导委员会规划教材

国家级一流本科专业建设成果教材

材料研究方法

陈凯 武海军 王疆靖 潘毅 张祯 编著

CHARACTERIZATION OF MATERIALS

化学工业出版社

·北京·

内容简介

《材料研究方法》是高等学校材料类专业的核心课程之一。本教材内容安排体现对人才四方面能力的培养：采用科学方法研究的能力、了解现代工具的工作原理和使用方法的能力、针对性选择使用现代工具的能力、与同行沟通交流的能力。

本书主要内容包括金相显微分析、X射线分析、透射电子显微分析、扫描电子显微分析、扫描探针显微分析五篇17章，设立专门的章节对同步辐射X射线断层扫描技术、单晶材料的取向与应力问题、电子背散射衍射技术、原位透射电子显微镜技术、扫描探针显微技术进行介绍，并穿插数据分析软件的介绍，提高实用性。在表达形式上，注重对重点问题详细讨论，对容易出错的概念深入剖析，对容易混淆的概念逐一对比。

为提高可读性和启发性，本教材穿插介绍科学史上的典型发现、发明故事，融入中国传统文化、西迁精神等课堂思政内容。

本书既适合作为高等学校材料类专业本科、研究生的教材，也可为机械、能源动力、电子、电气、航空航天等工科专业的学生提供帮助与参考。

图书在版编目（CIP）数据

材料研究方法 / 陈凯等编著. -- 北京 : 化学工业出版社，2024.7

ISBN 978-7-122-45470-6

Ⅰ. ①材… Ⅱ. ①陈… Ⅲ. ①材料科学－研究方法 Ⅳ. ①TB3-3

中国国家版本馆CIP数据核字(2024)第080559号

责任编辑：陶艳玲

责任校对：刘　一　　　　装帧设计：史利平

出版发行：化学工业出版社

(北京市东城区青年湖南街13号　邮政编码100011)

印　　刷：三河市航远印刷有限公司

装　　订：三河市宇新装订厂

787mm×1092mm　1/16　印张17½　字数430千字

2024年9月北京第1版第1次印刷

购书咨询：010-64518888　　　售后服务：010-64518899

网　　址：http://www.cip.com.cn

凡购买本书，如有缺损质量问题，本社销售中心负责调换。

定　　价：56.00元

前言

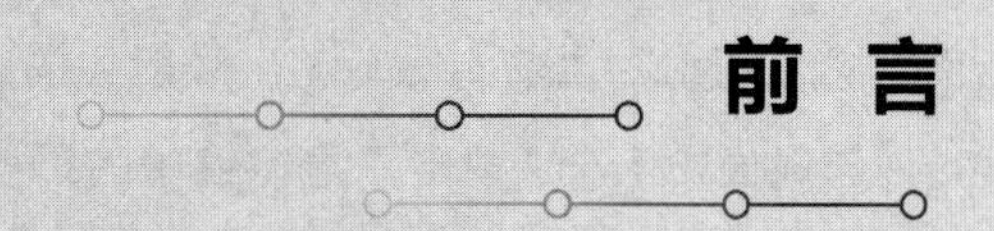

本书是材料类专业核心课程“材料研究方法”的配套教材。该课程开课时间为大三第二学期，课程讲授金相显微分析、X射线分析、透射电子显微分析、扫描电子显微分析、扫描探针显微分析这5类常见的近现代材料研究方法的基本原理与应用实践。本书在人才培养中体现对以下四方面能力的培养：采用科学方法研究的能力、了解现代工具的工作原理和使用方法的能力、针对性选择使用现代工具的能力、与同行沟通交流的能力。

本书力图从撰写思路、讲授内容和表达形式上进行创新。

在撰写思路上，力求基本原理准确、清楚，用最根本的理论串联材料表征的方法与技术，多用类比、对比的方法将各个表征方法进行比较，让每一个新知识点出现时能够与学生已学知识点形成有效“附着”。

在讲授内容上，设立专门的章节对同步辐射X射线断层扫描（CT）技术、单晶材料的取向与应力问题、电子背散射衍射技术、原位透射电子显微技术、扫描探针显微技术进行介绍，穿插数据分析软件的介绍，提高实用性。

在表达形式上，借鉴David B. Williams和C. Barry Carter合著的透射电子显微镜领域的著名教材《Transmission Electron Microscopy－A Textbook for Materials Science》一书，对重点问题进行详细讨论，对容易出错的概念进行深入剖析，对容易混淆的概念进行逐一对比，并且用不同的颜色、符号对关键问题进行标记，以便让学生在学习、实践中少走弯路。

此外，为了提高可读性和启发性，本书力争穿插介绍科学史上的典型发现、发明故事，融入中国传统文化、西迁精神等课堂思政内容，培养学生的“四个自信”，帮助学生牢固树立“四个意识”。

本教材由陈凯负责编写第一、二篇，武海军负责编写第三篇，王疆靖负责编写第四篇，潘毅负责编写第五篇，张祯负责总体校对。本书在撰写的过程中，得到了学院单智伟教授、王红洁教授的支持和鼓励；张杨老师、沈昊老师、王佳伟老师、张君颖老师，博士研究生朱文欣、寇嘉伟、王兆伟、张恬逸和硕士研究生杨宇轩、逯伯琛、李姝蓉、刘俊呈、鲁哲文、苗雪岑、梅斌涛、史晨星、林弈安等都付出了大量辛勤努力；布鲁克中国公司提供了第14章中波谱技术相关图片。没有他们的支持和帮助，本书不可能顺利完成，在此向他们致以衷心感谢。

本书所涉及的讲授内容已经在近 1000 名学生中进行了试讲、试用，收到了大量学生的反馈，在讲授内容、讲授方式等方面进行了多次优化，例如，晶体的对称性要不要深入讲，如何与后面 X 射线衍射的内容有效呼应，X 射线的成像要不要讲，如何与 X 射线衍射进行呼应，X 射线衍射与成像如何与透射电子显微镜中的衍射与成像进行对比。这些问题，西安交通大学材料学院历届学生、多名老师都向编写人员提出了自己的见解，给予了无私的帮助，在此一并致谢！

编著者

2024 年 3 月

目 录

第一篇 金相显微分析

第二篇 X射线分析

第三篇 透射电子显微分析

第四篇 扫描电子显微分析

第五篇 扫描探针显微分析

参考文献

第一篇

金相显微分析

第 1 章

光学显微镜

采用光学显微镜（尤其是光学金相显微镜）对金属和合金材料的组织进行金相观察和分析是广义的金相分析的重要组成部分，开始于 19 世纪 60 年代，现已发展成为材料科学领域中一项完整的分析表征方法。本章将重点介绍光学成像的原理与关键要素。

1.1 成像方式

光学显微镜（optical microscope，OM）是一种利用光学透镜产生影像放大效应的显微镜。

早在公元前 1 世纪，人们就发现通过球形透明物体观察微小物体时，能够实现使物体放大的成像效应。1590 年，荷兰和意大利的眼镜制造者已经造出类似显微镜的放大仪器。1610 年前后，意大利科学家伽利略和德国科学家开普勒在研究望远镜的同时，改变物镜和目镜之间的距离，设计出了合理的显微镜光路结构，当时的光学工匠遂纷纷从事显微镜的制造、推广和改进工作。至 1665 年前后，胡克在显微镜中加入粗动和微动调焦机构、照明系统和承载样品的工作台。这些部件经过不断改进，成为现代显微镜的基本组成部分。在随后的 1673～1677 年间，荷兰的列文虎克最终制成了现代意义上的单组元放大镜式高倍显微镜，其照片如图 1-1（a）所示。时至今日，虽然人们早已发明出了许多放大倍率远超光学显微镜的设备（如电子显微镜等），但不可否认的是，光学显微镜目前仍在许多研究领域发挥着基础性的作用。

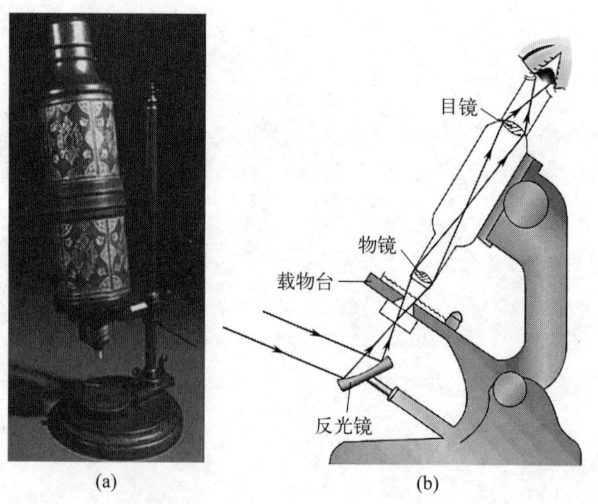

图 1-1　列文虎克制成的光学显微镜（a）和现代光学显微镜原理（b）

现代光学显微镜实际上相当于一个放大倍率很大的放大镜，其结构如图 1-1（b）所示。光学显微镜总的放大倍率等于物镜放大倍率与目镜放大倍率的乘积，目镜放大倍率一般相对固定，观察者通过调节不同的物镜实现放大倍率的转换。光学显微镜依据观测模式的不同可分为反射式和透射式。用反射式显微镜观测的物体一般是不透明的，光从上面照在物体上，借助物体反射的光进行观测。这种显微镜经常用来观察固体材料，多应用于材料的金相分析领域，因而此类显微镜又称作金相显微镜。透射式显微镜要求被观测物体是透明的或非常薄的片状材料，光可透过物体进入显微镜，这种显微镜常被用来观察生物组织。

本教材中将多次出现“成像”这个概念，如在透射电子显微镜、扫描电子显微镜、X射线断层扫描术（CT）中都会提及。这些成像模式可以简单分为两大类。

第一类与我们早就已经熟悉的凸透镜成像（如图1-2所示）类似，一束平行光经过凸透镜后发生折射而在凸透镜的背面成像。需要说明的是，在材料研究中，该示意图中的平行光并不一定是可见光，还有可能是X射线、γ射线等电磁波或者电子束、离子束、中子束等量子束。对于这种成像模式而言，最重要的成像器件是“凸透镜”。而由于“光源”的不同，该“凸透镜”并不一定是我们日常见到的玻璃做成的中间厚边缘薄的透明镜片，它还有可能是X射线波带片、电磁透镜等。

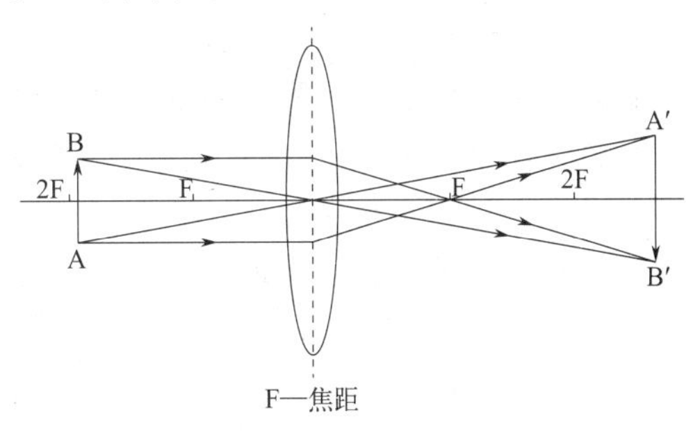

图1-2　凸透镜成像原理

另一类成像模式，我们暂时称其为“扫描式成像”。这一类成像的基本原理是，利用某种特殊的探针对待研究物体进行逐点扫描，探针与试样发生某种作用后产生信号，而后通过采集该信号，实现对试样的成像。该探针可能是宏观上可触及的，如原子力显微镜的探针；也有可能是难以被直接感知的，如经过汇聚的X射线、电子束或离子束等。探针与试样的相互作用可能是机械作用，可能是光的反射、折射、吸收，也有可能伴随着电子的跃迁、得失等过程。由于扫描式成像的特点，人们可以对试样进行点扫描、线扫描、面扫描甚至是三维扫描，然后通过对信号的分析处理，获得试样丰富的成分、结构、性能信息，如几何形貌、晶体结构、晶体取向、应力应变、力学和物理化学性能等。

本章主要介绍光学显微镜，属于第一类（凸透镜式）成像模式。但为了给后面的学习奠定基础，我们也会讨论到扫描式成像的特点和影响因素。

1.2 成像的关键要素

1.2.1 强度

强度即发光强度，是用于表示光源在给定方向上单位立体角内光通量的物理量，国际单位为坎德拉，符号是cd，其公式为：

$$I_{v}=\frac{d\varphi}{d\omega} \tag{1-1}$$

式中，$d\varphi$为光通量；$d\omega$为立体角元。强度单位坎德拉的严格定义为：频率为540×10^{12} Hz的单色辐射，如果在给定方向上的发光强度为1/683 W/sr，则该光源在此方向上的发光强度定义为1坎德拉。发光强度的定义考虑人的视觉因素和光学特点，是在人的视觉基础上建立起来的。

1.2.2 分辨率

分辨率指的是人或者仪器分辨两个物点的本领，能够分辨的最邻近的两个物点间的距离或角度即为分辨率。仪器能分辨两个物点间的距离或角度越小，则其分辨率越高、越好。以人眼为例，我们在用肉眼观察一个物体时，物体上的每一个点都在眼睛的视网膜上成像，视网膜上能分清的两个相邻像点的距离是 10μm。结合眼球的构造，在距离眼睛 25 cm 的位置，我们能分辨相距 80～100μm 的两个点。在本书中，我们一般认为裸眼的分辨率为 100μm。而在观察小于 100μm 的物体时，就需要借助显微镜等仪器设备对物体进行放大。光学显微镜的分辨率为 100～200nm。

在进行扫描式成像时，也常使用“像素/英寸（pixels per inch，PPI）”作为分辨率的单位。英寸是英制长度单位，1 英寸等于 2.54 厘米，而像素是专用于探测器的概念，指的是探测器的组成单元，可以理解为探测器能够解析的最小的点。因此，PPI 值表示的是在 1 英寸的长度范围内能够解析的点的数目。PPI 数值越大，分辨率越好，图像就越清晰（如图 1-3 所示，当图片的尺寸一定时，像素的数目越多，图像越清晰）。除了 PPI，还有一个与其非常相似的概念 DPI（dots per inch），称为打印分辨率或打印精度，代表每英寸所能实际打印的点数。实际上，不论是 DPI 还是 PPI，都是一种换算的概念，即将图片承载的信息换算为现实中人眼能实际看到的图片（无论是打印、印刷的，还是在屏幕、显示器上看到的）。它们的区别在于换算的途径不同，PPI 和 DPI 经常无差别混用，尽管它们所适用的领域其实是存在区别的——从技术角度来讲，“像素”适用于电脑、电视等显示领域，而“点”则往往应用于打印或印刷领域。

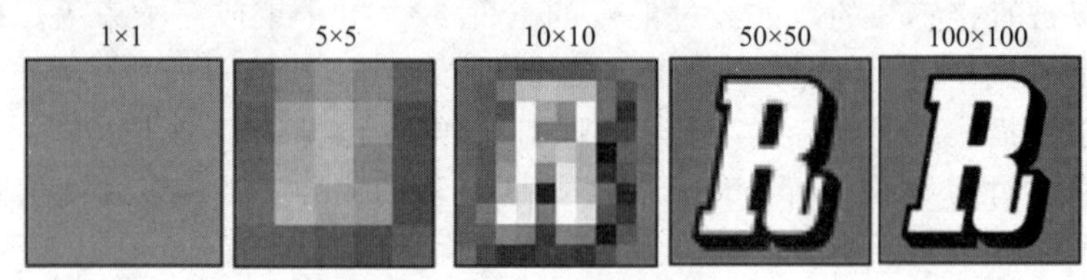

图 1-3 PPI 值与图片清晰程度关系

知识点 1-1 我们在线上传图片、照片时经常看到一个要求“图片分辨率不小于 300PPI”，为什么会有这样的要求呢？因为人眼的分辨率约为 100μm，而要让照片、图片看起来清楚，则需要让像素点的尺寸小于 100μm。这时对应的 PPI 计算如下：

$$\text{PPI} > \frac{1\text{inch}}{100\mu\text{m}} = \frac{2.54\text{cm}}{100\mu\text{m}} = 254 \tag{1-2}$$

所以，可以认为 254 PPI 是裸眼的分辨率，这就是为什么常常要求照片、图片的 PPI 不低于 300 的原因。

知识点 1-2 分辨率是成像的关键因素，但是放大倍率不是成像的关键因素。一个形象的例子就是，无论用放大倍数多大的放大镜，恐怕都很难在一张普通的世界地图上找到学校里某个教学楼的位置。与之相对的，如果有电子地图，当我们想找到这个教学楼时，虽然我们依然会说“把地图放大点”，但是其实我们表达的含义是“用更小的分辨率观测更小的区域”，所以，这恰恰不是说明放大倍率重要，而是分辨率重要。

1.2.3 衬度

衬度又称为对比度，指的是图像上不同区域间存在的明暗程度的差异；衬度是我们能够看到各种具体图像的必要因素。衬度 C 可以通过式（1-3）进行量化。

$$C=\frac{I_{max}-I_{min}}{I_{max}+I_{min}} \tag{1-3}$$

式中，I_{max} 和 I_{min} 分别表示图像上相邻两个点中较亮点的光强和较暗点的光强。该式的含义即为亮处、暗处的光强之差与光强之和的比值，反映光强相对差异的大小。通常情况下，人眼无法分辨小于5%的衬度，甚至区分10%的衬度也比较困难。如图1-4所示，简单地降低强度、提高强度都对提升成像质量帮助有限。有时用显微镜观察物体，看不清物体细节，并不是因为分辨率不够好，更不是因为放大倍率过低，而是由于衬度太低的缘故。

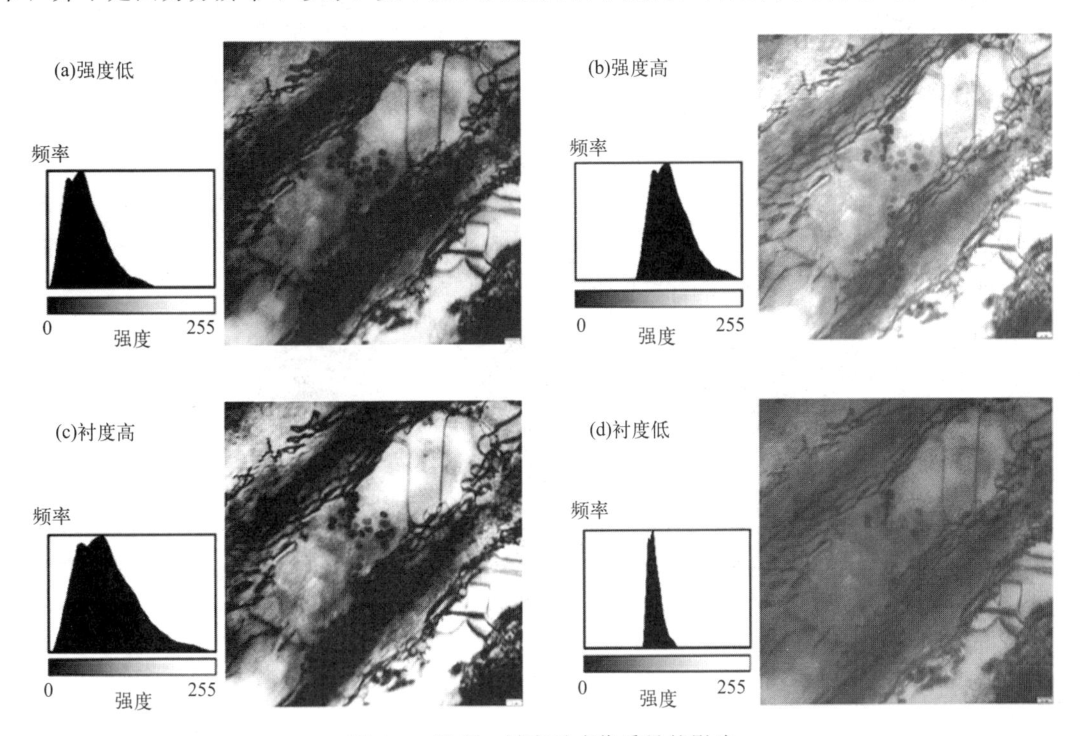

图1-4 强度、衬度对成像质量的影响
（图中为透射电子显微照片）

1.3 显微镜的分辨率

光学显微镜是对物体进行观测的重要仪器，而我们评判显微镜成像质量好坏的一个很重要的指标是分辨率。对于光学显微镜来说，其分辨率主要由物镜的分辨率决定，这是因为只有被物镜分辨出来的结构细节才能被目镜进一步放大，而模糊不清、不能被物镜清晰分辨的图像就算经过目镜放大之后仍然会模糊不清。换言之，对于光学显微镜，物镜起真正的“成像”作用，其质量决定了光学显微镜的分辨率；目镜仅仅起到“放大”的作用，对光学显微镜的分辨率没有贡献。

下面我们将详细讨论有可能影响分辨率的因素，尽管讨论的对象是光学显微镜，但是原理对其他成像技术，如透射电子显微镜等，也基本适用。

1.3.1 衍射

光学显微镜的光源是可见光，其作为电磁波的一种，本身具有波动性。考虑一个点光源，由于衍射效应的存在，经过光学显微镜的凸透镜系统成像之后，成像点并不是一个理想的点，而是一个具有一定尺寸的花样。花样的中心区域亮度最大，四周被一系列强度逐渐减弱的、明暗相间的同心衍射环所包围。花样的尺寸与光的波长、凸透镜的参数有关。这个花样称为艾里斑（Airy disk）。可以想象，如果不存在衍射效应，点光源发出的光线经过凸透镜之后依然是点，所以分辨率无穷小，也就是无穷好；而正是由于衍射效应和艾里斑的存在，使得分辨率不再是无穷小。

图 1-5 表示物体中两个点光源成像形成的不同艾里斑，根据两个艾里斑距离 R 的大小不同会出现以下三种情况。①当 R 较大时，两个艾里斑能被明显区分，此时认为两个物点能被物镜分辨。②随着两个物点相互靠近，R 值逐渐减小至 R_0（第一暗环半径），两个艾里斑部分重叠。这时候考虑整体的强度分布曲线［如图 1-5（b）所示］，研究表明两个强峰和低峰相对强度差值约为 19%。③当两个艾里斑相距 $R<R_0$ 时，相对强度差小于 19%，此时裸眼要准确无误地分辨两个衍射峰的准确位置则会出现困难。

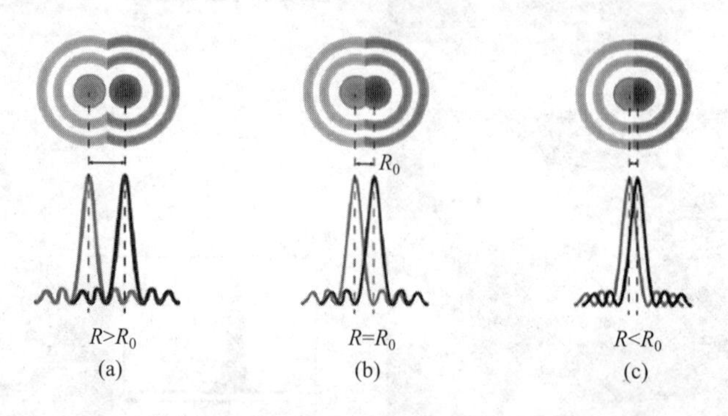

图 1-5　两物点经过透镜成像后形成艾里斑的三种形式

尽管每个人的眼睛对衬度的灵敏程度不尽相同，但是一般认为恰能够准确分辨两个衍射峰的临界衬度为 10%～20%。以此为基础，为了建立简单好用的统一标准，英国物理学家瑞利（Rayleigh）提出了分辨两个艾里斑的标准：当两个艾里斑中心的间距等于第一暗环半径 R_0 时，两斑之间存在的亮度差是人眼恰能分辨的极限值，即 $R=R_0$ 是刚好分辨两个靠近成像点的临界条件。由此可知，此时两个点光源的距离恰等于凸透镜的空间分辨率。

根据衍射理论以及阿贝（Abbe）成像原理，凸透镜的空间分辨率如式（1-4）所示。

$$r=\frac{0.61\lambda}{n\sin\alpha} \tag{1-4}$$

式中，n 为透镜靠近物体一侧的介质折射率；λ 为光的波长；α 为透镜的孔径半角。其中 $n\sin\alpha$ 称为数值孔径，习惯上用符号 N. A. 表示。

因为衍射是可见光作为电磁波固有的性质，无法被消除，所以，式（1-4）是凸透镜成像的空间分辨率的极限，又叫做衍射极限。

1.3.2 像差

除衍射效应的存在导致透镜本身存在分辨率极限之外，像差也会影响到透镜成像的分辨率（事实上，像差的定义就是实际成像与根据单凸透镜理论确定的理想成像的偏差）。按照像差产生的原因我们可以把它分成两类，一类是由单色光成像引起的像差，如球差、像散等，我们称之为单色像差；另一类是由多色光成像时，由于介质对不同波长的光具有不同的介质折射率而引起的像差，我们称之为色差。在这一节中，主要介绍单色像差中的球差、像散以及色差。

1.3.2.1 球差（spherical aberration）

球差的产生如图 1-6 所示。平行的入射光线进入透镜后，因透镜不同位置的折射倾向不同，各光线并不聚焦在一个点上，而是沿着主光轴形成前后不同的系列交点群。孔径半角大的入射光线离开主光轴 Z 距离较远，称为远轴光线，它们的折射倾向大；孔径半角小的入射光线则离主光轴 Z 较近，称为近轴光线，它们的折射倾向小。因此，若把图 1-6 的像平面沿着 Z 轴左右移动，就可以得到一个最小的散焦斑。最小散焦斑的半径可用 R_a 表示，如果把最小散焦斑折算到物平面（物体或样品）上去，则可得：

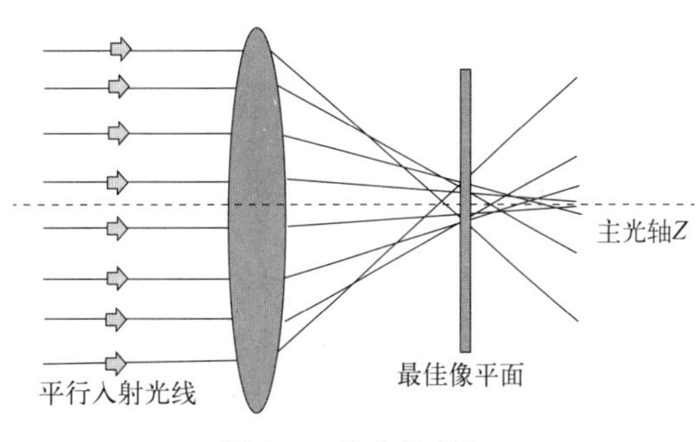

图 1-6　球差的产生

$$r_a=\frac{R_a}{M} \tag{1-5}$$

式中，M 是透镜放大倍数。该公式的物理意义和衍射规定的分辨率相似，我们用 r_a 的大小来衡量球差的大小。显然 r_a 变小，透镜的分辨率就能变好。球差效应不能完全消除，只能部分矫正。例如，光学玻璃制成的凸透镜引起的球差可配以相同材料的凹透镜通过组成透镜组的形式加以部分矫正。

1.3.2.2 像散（astigmatism）

像散也是影响清晰度的一种单色像差。当点光源偏离主光轴时，发出的光束经凸透镜系统折射后，不再会聚于一点，而是会聚在与凸透镜距离不同的前后两个位置上，会聚的像已不再是点，而是退化为互相垂直的两条短线，称作散焦线。在两个散焦线之间，所成的像是一个模糊的椭圆，而且光束截面由扁椭圆逐渐变成长椭圆。像散产生的原理示意图如图 1-7 所示。

1.3.2.3 色差（chromatic aberration）

如图 1-8 所示，从点光源发出的多色光经过透镜后，波长最短的紫光折射倾向最大而波长最长的红光折射倾向最小，因此不同波长的光聚在主光轴的不同位置，使得物点在像平面上得到的不是一个像点，而是一个散焦斑。这时如果把像平面沿着主光轴左右移动，可以在图 1-8 中“最佳像平面”标注位置获得最小散焦斑，将最小散焦斑尺寸记作 R_c。考虑放大倍率，该散焦斑尺寸折算到物平面有 $r_c = R_C/M$。通常利用 r_c 来表示色差的大小，减小 r_c 可以改善凸透镜成像系统的分辨率。

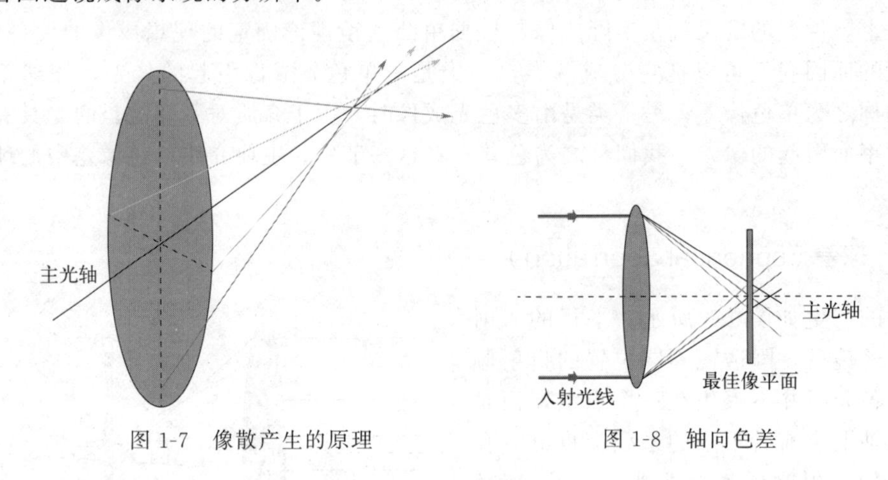

图 1-7　像散产生的原理　　图 1-8　轴向色差

知识点 1-3　在利用光学显微镜进行成像分析实验的过程中，是将光源发出的光线照射到待观测的物体上，利用物体反射的光线进行成像，因此，可以认为待观测的物体就是发光体。因而要消除色差，不能把单色器置于光源与待观测物体之间，而是应该置于待观测物体与凸透镜之间。

以上就是三种由于装置和光源波长导致的单片透镜分辨率下降的像差形式。在实际使用中，还存在像场弯曲等其他类型的像差，不过目前透镜的使用都是多透镜配合模式，最前面的透镜承担放大的作用而后续加装的透镜用来消除或削弱可能产生的各类像差，这些透镜也被称为矫正透镜。

1.4　景深和焦深

景深（depth of field）是指成像仪器能够获得清晰像的景物空间深度范围。对于分辨率无穷小的理想光学系统，只有焦点（focus point）平面处的景物会形成清晰的点像，其他空间点在景像平面上只能形成一个弥散斑；但现实中任何成像仪器的分辨率都不会是无穷小，因此在焦平面的前后有一范围，点光源所呈弥散斑的直径只要小于给定仪器的分辨率，则给定仪器就将之视为清晰的点，这一范围称为景深，如图 1-9 所示。

讨论景深，一般我们用浅景深（narrow depth of field）或大景深（large depth of field）来表述。能成清晰像的最远的物平面称为远景平面；能成清晰像的最近的物平面称为近景平面。它们距焦点平面的距离称远景深度（或后景深度）ΔL_1 与近景深度（或前景深度）ΔL_2。显然，景深 ΔL 是远景深度 ΔL_1 与近景深度 ΔL_2 之和。

常与景深混淆的是焦深（depth of focus），焦深是景深对应在景象空间的距离，如图 1-10 所示。只需牢记，景深是针对物而言的，焦深是针对像而言的。

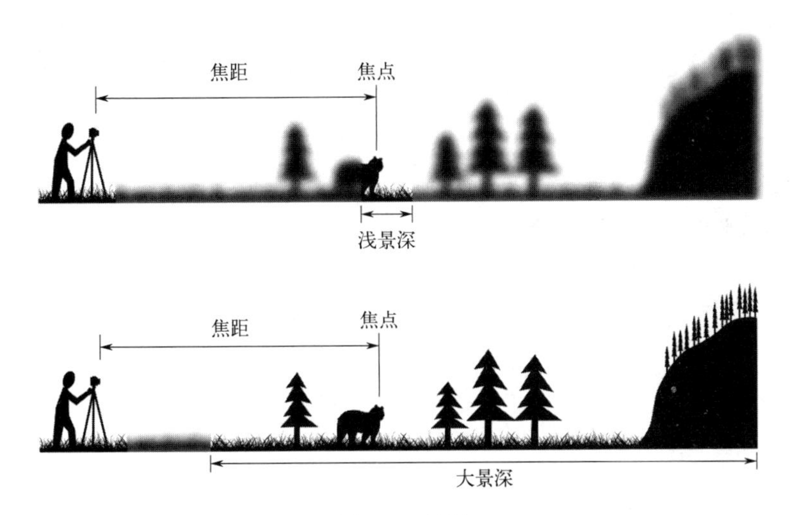

图 1-9 景深

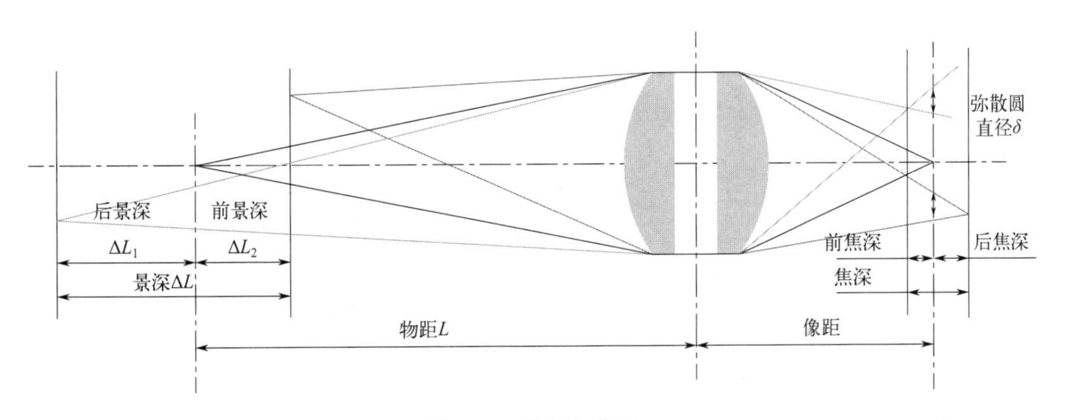

图 1-10 景深与焦深

景深计算公式由图 1-10 可知，分别如下。

后景深：
$$\Delta L_1=\frac{F\delta L^2-F\delta Lf}{F\delta L-F\delta f-f^2} \tag{1-6}$$

前景深：
$$\Delta L_2=\frac{F\delta L^2-F\delta Lf}{F\delta L-F\delta f+f^2} \tag{1-7}$$

景深：
$$\Delta L=\Delta L_1+\Delta L_2=\frac{2LF^2\delta^2(L-f)^2}{F^2\delta^2(L-f)^2-f^4} \tag{1-8}$$

式中，δ 为容许弥散斑直径；f 为焦距；F 为光圈值（焦距 f 和通光孔径 D 之比）；L 为物距。从上式可以看出，后景深大于前景深（$\Delta L_1>\Delta L_2$）。并且，景深与光圈、焦距、物距以及仪器的分辨率（表现为容许弥散斑的大小）有关。这些因素对景深的影响如下：

① 光圈　光圈越大，景深越浅；

② 焦距　焦距越长，景深越浅；

③ 物距　距离越远，景深越深。

习题

1. 如果仅考虑几何光学，凸透镜成像系统的空间分辨率将会有多好？为什么？
2. 请解释什么是艾里斑，以及它与空间分辨率之间的关系。
3. 试讨论分辨率与景深之间的关系。

参考答案

第二篇

X射线分析

第 2 章

晶体学基础

晶体的分布非常广泛。在自然界的固体物质中，绝大多数是晶体。气体、液体、非晶物质在一定条件下也可以转变为晶体。我们日常生活中接触到的岩石、砂子、食用的盐和糖，实验室用的金属器材、固态化学试剂等，绝大多数都是由晶体组成的。在这些物质、材料中，晶体颗粒大小悬殊，有些每颗质量可能不足纳克，有些则重达几十吨；从尺寸上来说，有些材料的晶粒小到纳米量级，很多工程材料中晶粒的尺寸以微米计，有些试剂、食用盐和糖的晶粒大小可用毫米计。但是不论晶体颗粒的大小如何，晶体内部原子、分子、离子的排列规律是十分相似的。

在本章中，我们将简要学习晶体的微观结构特征。尤其重要的是，我们需要学习并掌握一套“晶体的语言”：怎么给晶体分类，什么叫晶面、晶向，如何简洁而毫无疑义地表达晶体的结构及晶体内的点、线、面。

2.1 晶体的定义与特征

2.1.1 晶体的定义

如图 2-1 所示，对于固体材料，通常会根据材料内部原子、离子或分子的空间排列特征，将其分为晶体与非晶体两大类。

从图中可以看出，晶体内部的原子排列是长程有序（long-range order）的，即原子按照某种特定的方式在三维空间中周期性地重复排列；而非晶内部的原子排列则不存在长程有序性。

对于完美的晶体，其内部原子的排布是周期性的且这种周期性不会改变，在晶体中固定距离间隔会出现完全相同的原子排列模式，我们把这种属于晶体的特性称为平移对称性。传统晶体的定义认为，晶体中必须存在平移对称性。如果不存在平移对称性，则不能称之为晶体。

在此基础上，存在一种尽管不完全满足平移对称性，但原子排布在空间上却和晶体一样长程有序，具备独特五重旋转对称性的结构，如图 2-2（a）所示，这类结构叫做准晶。准晶属于晶体的范畴却又不符合传统晶体的定义，在本书后续有关晶体的讨论中，均不包含准晶这一类特殊晶体。

知识点 2-1 晶体到底是不是一定需要存在平移对称性？这其实完全是一个定义问题。按照国际晶体学会最新的定义，准晶属于晶体。因此，晶体并不是一定需要存在平移对称性。但是本书对晶体的讨论依然依照传统的晶体定义，即认为平移对称性是判定一个固体是否为晶体的充要条件。

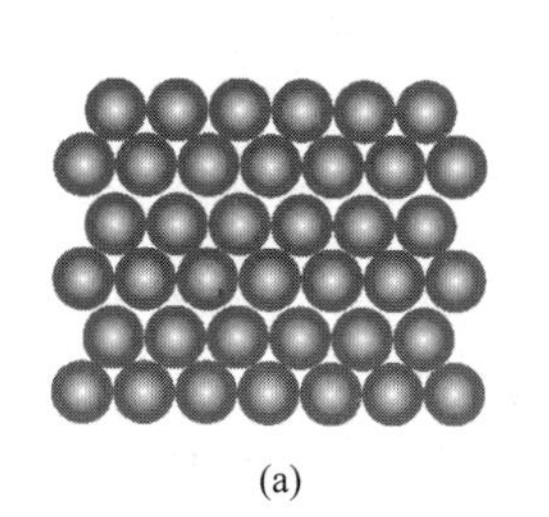

(a)

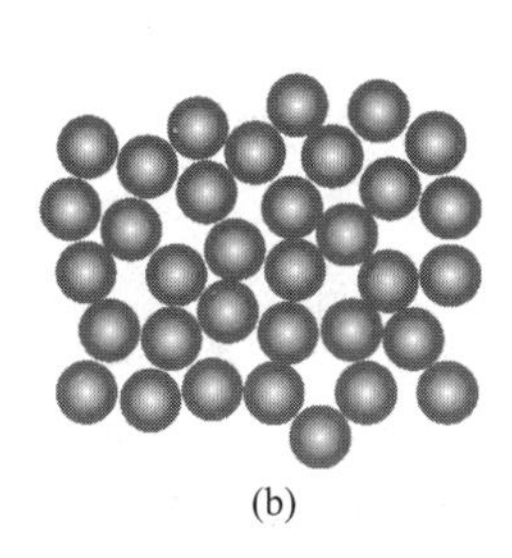

(b)

图 2-1 晶体（a）以及非晶体（b）原子排布

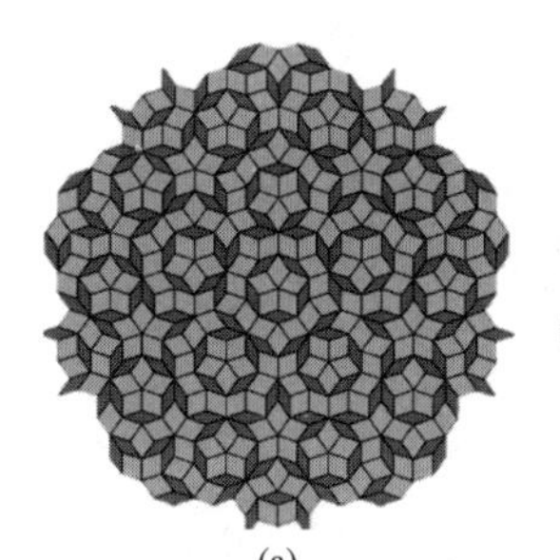

(a)

(b)

图 2-2 准晶（a）与传统晶体（b）结构

2.1.2 晶体的特征

材料内部原子排列特征的不同直接导致了晶体材料与非晶材料在多个方面存在巨大差异。

首先，在宏观形貌上，晶体具有规则的几何结构以及特定的晶面角，比如立方体的食盐晶体、八面体的明矾晶体等。这是因为晶体内部的原子呈现单调的周期性排布，即具有平移对称性。而非晶由于内部原子的不规则排布，并没有明显的结构和外形，比如玻璃、石蜡等。

其次，对于晶体材料，在熔化或凝固过程中，存在某一温度，该温度下材料吸热或者放热而温度保持不变，我们称该温度为熔点。而非晶材料并不存在熔点，在熔化过程中温度随着加热不断升高。

最后，由于晶体内原子排布在三维空间中具有一定的方向性，使得晶体的力学、光学等性能在各个方向呈现不同的特征，即各向异性。而在某些情况下多晶材料呈现出宏观力学与物理性能的各向同性，往往是由晶体取向随机所导致的平均的结果。

为了辨别材料到底属于哪种结构，现阶段最科学可靠的办法是 X 射线衍射实验，在后续章节中会着重介绍该项技术。在 X 射线衍射实验中，晶体和非晶体的实验结果相差巨大。以粉末衍射实验为例，对于晶体材料来讲，由于原子排布的有序性，当 X 射线通过晶体后，只会在特定的角度发生衍射，最终在衍射谱上得到明锐的波峰，而非晶材料并不会出现相似的特点（如图 2-3 所示）。在上文中提到的准晶材料，在 X 射线衍射实验中也呈现出明显的晶体特征，这也是为什么准晶也被纳入晶体范畴的原因。

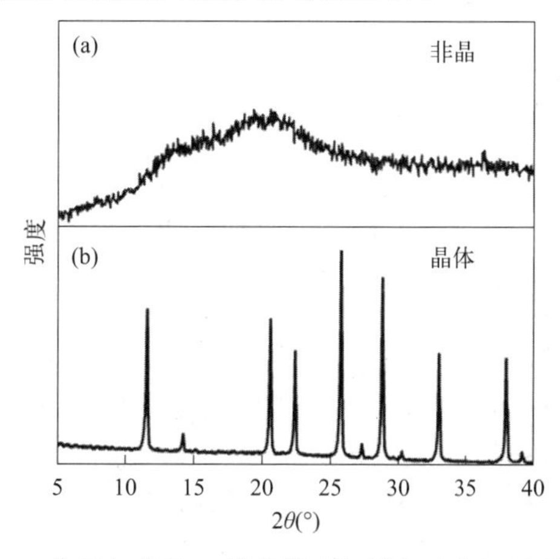

图 2-3 非晶与晶体 X 射线粉末衍射实验的衍射谱对比（θ 为布拉格角）

2.2 对称性

对称操作（symmetry operation）指的是能不改变物体（这里指晶体）内部任意两点间距离而使物体复原的操作。根据复原行为的不同类型，对称操作可分为旋转操作、反演操作、反映操作、旋转反演操作以及旋转反映操作。在进行对称操作时，需要借助某些辅助性的、假想的几何要素，如点、线、面等，这些要素即为对称元素（symmetry element）。在对称操作后，晶体上的每一点的初始位置与最后位置在物理上是不可分辨的，同时物体中各个点之间的相对位置保持不变。换句话说，如果在对晶体进行某种操作后，所得到的晶体与原晶体具有规律性的重合特性，这时可称该晶体具有对称性（symmetric）。晶体的对称性是对晶体内部结构的描述，是晶体的重要性质。

晶体结构具有空间点阵的基本特点，这使得晶体结构的对称性包含但不限于分子的对称性。分子结构仅具有点对称性（point symmetry），即 4 种对称操作和对称元素，如表 2-1 所示。

表 2-1　分子结构的对称操作和对称元素

对称操作	对称元素
旋转操作（rotation）	旋转轴（axis of rotation）
反映操作（reflection）	镜面（mirror plane）
反演操作（inversion）	对称中心（inversion center）
旋转反演操作（rotoinversion）	反轴（rotoinversion axis）

晶体的点阵结构包括平移等对称操作。这使得晶体结构的对称性还可以在点对称性基础上增加 3 种对称操作和对称元素，如表 2-2 所示。

表 2-2　晶体结构对称性所特有的对称操作和对称元素

对称操作	对称元素
平移操作（translation）	点阵（lattice）
螺旋旋转操作（screw rotation）	螺旋轴（screw axis）
滑移反映操作（glide reflection）	滑移面（glide plane）

晶体的对称操作和对称元素受到点阵的制约。在晶体结构中存在的对称轴（包括旋转轴、螺旋轴和反轴）只有一次轴、二次轴、三次轴、四次轴以及六次轴五种。而滑移面和螺旋轴中的滑移量，也要受点阵制约。

知识点 2-2　准晶为什么被算作晶体呢？晶体与非晶的区别主要在于原子、分子、离子的排列是否“有序”。显而易见，准晶中这些微观粒子的排列是有序的，完全可以用解析的方式进行描述。因此，准晶的确属于晶体。那么，准晶为什么叫“准晶”呢？或者说，为什么一度认为晶体中不存在五次旋转对称性呢？是因为，如本章第一节所述，传统的定义认为，晶体必须要有平移对称性，而准晶显然无法满足这一条件，或者说，无法同时满足既有五次旋转对称性，又有平移对称性。简而言之，准晶有对称性，但是没有平移对称性。

2.3 点阵和基元

2.3.1 点阵

2.3.1.1 点阵与点阵单位

在晶体内部，原子、分子或离子在三维空间上作周期性地重复排列，每个重复单元的化学组成相同、空间结构相同，若忽略晶体的表面效应，重复单元周围的环境也相同。这些重复单元可以是单个原子、分子或离子，也可以是离子团或多个分子。所以在理解晶体结构时，为方便起见，通常不直接考虑组成晶体的实际粒子，而是将周期性排列的重复单元抽象成一个点。由此可从晶体中得到一组点，它们按一定规律在空间中排列。这组点与组成晶体的粒子在空间上有固定关系，相当于实际晶体的骨架。

研究这组点在空间重复排列的方式，可以更好地描述晶体内部原子排列的周期性。这组点具有一个重要的特性：它构成了一个点阵。点阵是一组无限的点，连接其中任意两点可得一矢量，将各个点按此矢量平移能使它复原，凡满足该条件的一组点称为点阵（lattice）。组成点阵的各个点称作格点或阵点（lattice point）。注意：这里所说的平移必须是按矢量平行移动，而没有丝毫的转动。点阵中每个点都具有完全相同的周围环境，即在某一点阵中，从特定方向上观察某一个格点，和从同一方向上观察其他任意格点，看到的情况都完全相同。

点阵具有以下性质：①点阵应有无穷多个阵点；②每个阵点都应处于相同的环境；③在平移方向上两相邻阵点的距离应相同，即在平移方向上的周期相同，这样点阵在平移后才能复原。

点阵可以分为直线点阵、平面点阵和空间点阵三种类型。

（1）直线点阵

直线点阵就是等距离分布在一条直线上的无限点列。根据上述定义，点阵进行平移需用一个矢量来表示平移的方向和大小，如图 2-4 所示。

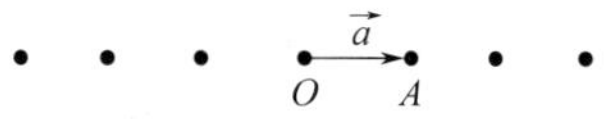

$\vec{a}$

O A

图 2-4 直线点阵

由相邻两点组成的矢量称为素矢量，反之则为复矢量。设直线点阵中任意两相邻阵点所确定的矢量为 $\overrightarrow{OA}$，并用 $\vec{a}$ 表示，则能使此直线点阵复原的平移动作可用下式表示：

$$\vec{T}_m = m\vec{a} \tag{2-1}$$

式中，m 为整数。

（2）平面点阵

平面点阵的阵点分布在同一平面上，如图 2-5 所示。在平面点阵中任选三个不共线的点 O、A、B，由此即可确定两个矢量 $\overrightarrow{OA}=\vec{a}$，$\overrightarrow{OB}=\vec{b}$，以矢量 $\vec{a}$ 和 $\vec{b}$ 为边可以画出一个平行四边形，这样的平行四边形可作为平面点阵的“单位”，整个平面点阵可以看成是所选定的单位在同一平面上平移而成的。如图 2-5（a）所示，矢量 $\vec{a}$ 和 $\vec{b}$ 的取法多种多样，因而平面点阵的单位也是多种多样的。

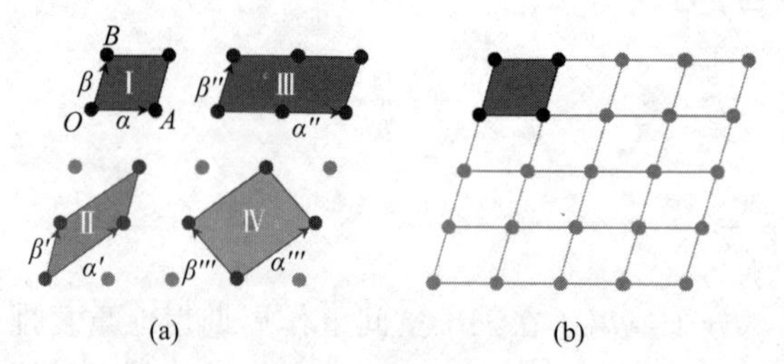

图 2-5　平面点阵和平面格子

（a）点阵单位选取的多样性；（b）按单位Ⅰ划分的平面格子

只分摊一个阵点的点阵单位叫素单位，分摊到两个或两个以上阵点的点阵单位叫复单位。显然素单位只能由素矢量组成，但由于每个处于平行四边形顶角的阵点为四个单位所共有，所以这样的阵点只有四分之一属于指定的平行四边形（准确地说，对于长方形、正方形点阵，每个顶角的阵点只有四分之一属于指定的长方形、正方形，对于平行四边形来说并不等于四分之一，但是与其相邻顶角的和一定等于二分之一）；处于平行四边形边上的阵点为两个单位所共有，所以这样的阵点有二分之一属于指定的平行四边形；处于平行四边形内部的阵点为一个单位所独有，所以这样的阵点完全属于指定的平行四边形。因此，在图 2-5 中，平行四边形Ⅰ和Ⅱ所分摊到的阵点数均为：

$$\frac{1}{4}\times 4=1$$

故它们都是素单位。平行四边形Ⅲ和Ⅳ所分摊到的阵点数分别为：

$$\frac{1}{4}\times 4+\frac{1}{2}\times 2=2$$

$$\frac{1}{4}\times 4+1=2$$

故它们都是复单位。能使平面点阵复原的平移动作，可用构成素单位的矢量 $\vec{a}$ 和 $\vec{b}$ 的线性组合来表示，即

$$\vec{T}_{m,n}=m\vec{a}+n\vec{b} \tag{2-2}$$

式中，m、n 均为整数。

平面点阵按照确定的单位（平行四边形）划分之后称为平面格子，图 2-5（b）就是按单位Ⅰ划分的平面格子。由于素矢量选择的多样性，同一平面点阵便可人为地划分为各种不同的平面格子，一般选择的原则是：①素矢量间的夹角最好是 90°，其次是 60°，再次为其他角度；②素矢量的长度尽量短。符合以上要求的平面格子常称为“正当格子”，相应的点阵单位称为“正当单位”。可见，正当单位是一类对称性高且含阵点数少的点阵单位。平面点阵的正当单位有五种形式，即正方、六方、简单矩形、带心矩形和平行四边形。

（3）空间点阵

空间点阵的阵点分布在三维空间。如图 2-6（a）所示，先取两个不共线的矢量 $\overrightarrow{OA}=\vec{a}$、

$\overrightarrow{OB}=\vec{b}$，再取与 $\overrightarrow{OA}$、$\overrightarrow{OB}$ 不共面的矢量 $\overrightarrow{OC}=\vec{c}$，根据矢量 $\vec{a}$、$\vec{b}$、$\vec{c}$ 即可画出一个平行六面体，这样的平行六面体可以作为空间点阵的“单位”。整个空间点阵可以看成是所选定的单位在空间中平移而成。同样，空间点阵的单位也有多种选择，也存在素单位和复单位的区别。如果注意到平行六面体顶角上的点为八个相邻的单位所共有，棱上的点为四个单位所共有，面上的点为两个单位所共有，内部的点为一个单位所独有，则不难算出属于一个平行六面体的阵点数，从而判断它是素单位或复单位。

请注意，矢量 $\vec{a}$、$\vec{b}$、$\vec{c}$ 不仅定义了点阵单位，还通过这些矢量的平移定义了整个点阵。换句话说，点阵中的所有点都可以通过矢量 $\vec{a}$、$\vec{b}$、$\vec{c}$ 对原点处的阵点进行重复作用而得到，点阵中任意点的矢量坐标为：

$$\vec{T}_{m,n,p}=m\vec{a}+n\vec{b}+p\vec{c} \tag{2-3}$$

式中，m、n、p 均为整数。

因此，点阵中点的排列在三个维度上都具有周期性，点沿着任何一条穿过点阵的直线以规则的间隔重复。

所有这些平移因满足群的定义，故叫做平移群。空间点阵按照确定的单位（平行六面体）划分之后称为空间格子或晶格，图 2-6（b）就是按确定单位划分的空间格子。点阵和晶格分别用几何的点和线反映晶体结构的周期性，它们具有同样的意义，都是从实际晶体结构中抽象出来的，表示晶体周期性结构的规律。晶体最基本的特点是晶体结构具有空间点阵式的结构。

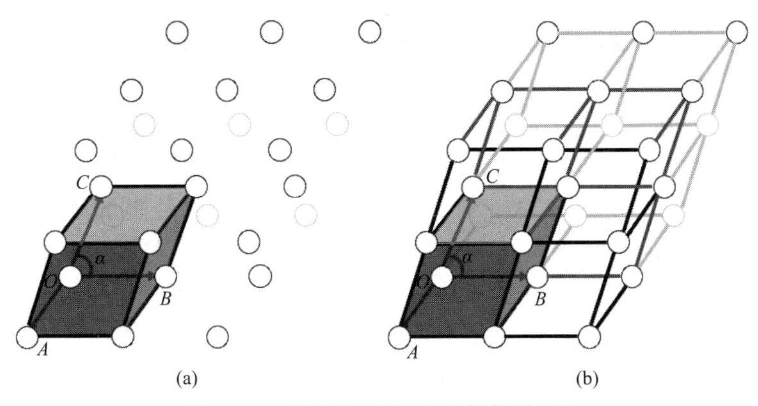

图 2-6　空间点阵（a）和空间格子（b）

2.3.1.2　点阵常数

在空间点阵中选择 3 个互不平行的单位矢量 $\vec{a}$、$\vec{b}$、$\vec{c}$，它们所组成的平行六面体单位即点阵单位。相应地，按照晶体结构的周期性，将晶体划分得到的平行六面体单位称为晶胞(unit cell)。由于图 2-6 所示格子的所有单元格都是相同的，我们可以选择其中任何一个作为晶胞。以晶胞的一个角作为原点，晶胞的大小和形状可以用矢量 $\vec{a}$、$\vec{b}$、$\vec{c}$ 来确定。这些矢量定义了晶胞，称为晶胞的晶轴或基矢。也可以用矢量 $\vec{a}$、$\vec{b}$、$\vec{c}$ 的长度 a、b、c 及其相互间的夹角 α、β、γ 来描述晶胞。

$$a=|\vec{a}|;b=|\vec{b}|;c=|\vec{c}| \tag{2-4}$$

$$\alpha=\vec{b}\Lambda\vec{c};\beta=\vec{a}\Lambda\vec{c};\gamma=\vec{a}\Lambda\vec{b} \tag{2-5}$$

式中，所有长度（a、b、c）和角度（α、β、γ）叫做点阵参数、点阵常数或晶胞参数、晶胞常数。

知识点 2-3 α、β、γ 这三个角分别是哪两个基矢的夹角，具有明确的定义，切记不可混淆。

知识点 2-4 点阵只反映了晶体周期性结构的重复方式，是抽象的；而晶胞则是具体的、实际的。因此，严格来说，点阵常数与晶胞常数的物理意义是不同的。但是，由于点阵常数与晶胞常数的数值完全一致，所以在实际应用时极少进行区分。

2.3.2 基元

到目前为止，我们只讨论了阵点。阵点和原子、分子、离子具有完全不同的物理意义。点阵是一个几何的概念，阵点依赖点阵存在，是一个抽象的点，表示点阵中的等效位置。我们将点阵结构中每个阵点所代表的具体内容（包括原子、分子、离子等微观粒子的种类、数量及其在空间按一定方式排列的结构）称为晶体的结构基元（basis）。如果在晶体点阵中各阵点的位置上，按同一种方式安置结构基元，就得到了整个晶体的结构。所以，可以简单地将晶体结构、晶胞、点阵、结构基元之间的关系表示为：

晶体结构≡晶胞＝点阵＋结构基元

有了点阵和结构基元的概念之后，就可以给晶体下个较确切的定义：原子、离子、分子或相应的基团按点阵结构排列而成的物质叫做晶体。点阵对应于晶体的抽象的几何模型，每个阵点对应于晶体中的“结构基元”，即对应于离子、原子或分子。从另一个角度来说，要描述一个晶体的结构，仅需要描述清楚这个晶体的点阵和结构基元。

严格来说，用点阵理论来研究和描述晶体结构，仍然是一种近似处理，原因有二。第一，晶体的外形并非无限，处于边缘的微观粒子并不能通过平移与其他微观粒子重合；但这种边缘微观粒子的数目与整个晶体中微观粒子的数目相比是很小的，因此近似满足点阵图像的无限性。第二，晶体中的微观粒子并非静止不动，而是在平衡位置附近振动，从而造成微粒之间的距离不断变化，进而破坏结构周期性；但这种振动位移比起结构的周期又小得多，故可以忽略不计。除此之外，实际晶体还可能夹有杂质，致使微粒的排列出现缺位、位错等，但这些都无碍于晶体整体结构的周期性。

知识点 2-5 关于微观粒子无时无刻不在进行振动这个问题，我们将在第 6 章再次讨论，具体体现为通过温度因子对 X 射线衍射的强度进行修正。

2.3.3 晶胞

2.3.3.1 晶胞和素胞

按照晶体结构的周期性，在晶体内部划分出一个个大小和形状完全一样的平行六面体，称为晶胞（又叫单胞、元胞，unit cell）。晶胞是晶体结构的基本重复单位，整个晶体是晶胞在三维空间中无缝堆叠而成的。研究晶体结构即要了解晶胞的以下两个基本要素。

① 晶胞的大小和形状 可用晶胞参数描述。有些情况下，晶胞参数之间的关系甚至比其绝对值更加重要。

② 晶胞中各微观粒子的坐标位置 通常用微观粒子的分数坐标（x，y，z）来表示。利用坐标参数 x、y、z 可以实现对晶体结构中某一晶胞原点指向微观粒子的矢量 $\vec{r}$ 的表达。

$$\vec{r}=x\vec{a}+y\vec{b}+z\vec{c} \tag{2-6}$$

式中，$\vec{a}$、$\vec{b}$、$\vec{c}$ 是晶胞的基矢。

注意：晶胞是以晶胞单元的一个角作为原点、以晶胞的三个基矢作为坐标轴进行描述的。当原点位置或基矢改变时，原子坐标也会改变。

空间点阵的单位有素单位和复单位之分。相应晶胞也有素胞和复胞之分。在正当晶胞中，含有一个结构基元的叫素胞（又叫原胞，primitive cell）；含一个以上结构基元的称复胞。素胞，符号 P，是晶体微观空间中的最小单位，是不可能再小的晶胞。往往素胞所含的粒子数就是化学式的粒子数。

2.3.3.2 晶体结构与晶胞

晶胞的形状通常是平行六面体，但三条边的长度不一定相等，夹角也不一定为直角。晶胞的形状和大小由晶体的结构决定。平行六面体的划分方式可以有多种，但实际划分时，为了最能反映点阵的对称性，选取晶胞的原则为：

① 选取的平行六面体应反映出点阵的最高对称性；

② 平行六面体内的棱和角相等的数目应最多；

③ 当平行六面体的棱边夹角存在直角时，直角数目应最多；

④ 在满足上述条件的情况下晶胞应具有最小的体积。

符合上述原则的晶胞被称为“正当晶胞”，即在考虑对称性的前提下选取的体积最小的晶胞。由于这种划分更加符合人们的习惯，正当晶胞也被称为惯用晶胞（conventional unit cell），为方便起见简称为晶胞。晶胞通常并不是素胞，因为素胞不一定最满足最高对称性的要求，极有可能不太规则，α、β、γ 都有可能不是 $90°$。

2.4 晶系

自然界中存在千万种晶体，如何将它们进行分类是一个问题。根据晶体的对称性，将晶体划分为七个晶系（crystal system），即立方晶系、六方晶系、四方晶系、三方晶系、正交晶系、单斜晶系和三斜晶系。

每种晶系都有自己的特征对称元素。根据特征对称元素对七个晶系进行划分，结果如表 2-3 所示。例如，如果晶体结构中四个方向上（立方体对角线方向）都有三重旋转轴，则将该晶体结构划分为立方晶系，类似地，若晶体结构中含有六重对称轴，则将其划分为六方晶系。这里的对称轴指的是旋转轴、螺旋轴和反轴。各晶系的晶胞特点一般用晶胞参数 a、b、c 和 α、β、γ 表示。

表 2-3　七大晶系及其特征对称元素

晶系	特征对称元素	晶胞特点	选取结晶轴
立方 cubic	4 个三重旋转轴（体对角线方向）	$a=b=c$ $\alpha=\beta=\gamma=90°$	4 个三重轴与立方体的 4 条体对角线平行，立方体 3 条互相垂直的棱即为 a、b、c 的方向
六方 hexagonal	六重对称轴	$a=b$ $\alpha=\beta=90°$ $\gamma=120°$	c 平行于六重对称轴，a、b 平行于二重轴或 a、b 选垂直于 c 的恰当的晶棱
四方 tetragonal	四重对称轴	$a=b\neq c$ $\alpha=\beta=\gamma=90°$	c 平行于四重对称轴，a、b 平行于二重轴或选垂直于 c 的晶棱
三方 trigonal	三重对称轴	$a=b$ $\alpha=\beta=90°$ $\gamma=120°$	c 轴平行于三重对称轴，a、b 平行于二重轴或 a、b 选垂直于 c 的恰当的晶棱
正交 orthorhombic	3 个互相垂直的二重对称轴或 2 个相互垂直的对称面	$a\neq b\neq c$ $\alpha=\beta=\gamma=90°$	a、b、c 平行于二重轴或垂直于对称面
单斜 monoclinic	二重对称轴或对称面	$a\neq b\neq c$ $\alpha=\gamma=90°$ $\beta\neq 90°$	b 平行于二重轴或垂直于对称面，a、c 选垂直于 b 的晶轴
三斜 triclinic	无	$a\neq b\neq c$ $\alpha\neq\beta\neq\gamma\neq 90°$	a、b、c 选三个不共面的晶棱

知识点 2-6　从表 2-3 中三方晶系与六方晶系的晶胞特点似乎看不出区别，这是因为，晶系在划分时参考的是晶体结构，而从前面几节我们已经知道，晶体结构除了取决于晶胞的形状、尺寸（即点阵），还取决于晶胞内部原子、分子、离子的组成和空间分布（即基元）。从对称性可知，三方晶系沿 c 轴只有三重旋转对称性，也就是说，垂直于 c 轴的 a 轴和 b 轴尽管从几何上完全等价，但是从晶体学上来说并不等价。如图 2-7 所示，石英在 573℃会发生一级马氏体相变，从具有三方结构的 α-石英（低温相）转变为具有六方结构的 β-石英（高温相）。仔细比较 α-石英与 β-石英的结构可以发现，它们的区别主要就是 SiO_4 四面体结构产生了一定的扭转，导致 α-石英沿 c 轴旋转 60°后不会与旋转之前重合，但是旋转 120°后能够重合。

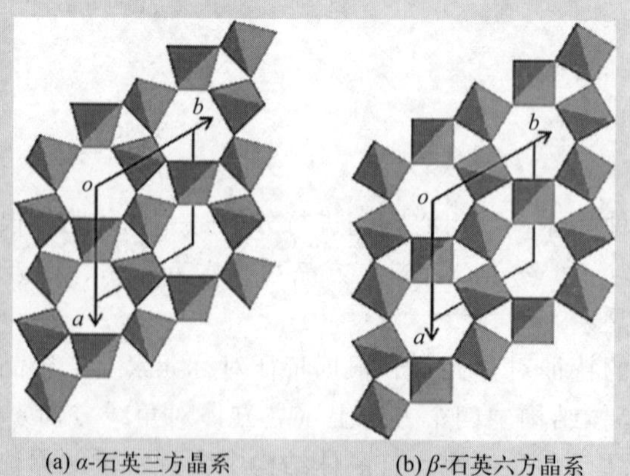

(a) α-石英三方晶系　　(b) β-石英六方晶系

图 2-7　石英的三方晶系和六方晶系结构

知识点 2-7 在某些教材中，七大晶系中没有三方，取而代之的是菱方。准确地说，菱方不算一类晶体结构，它只能算一类晶格，因此，菱方与其他六种晶系一起组成了 lattice system（字面翻译应该是“点阵系”），而不是 crystal system。但是历史原因，中文似乎把 crystal system 和 lattice system 全都翻译成了晶系，所以造成了以上混乱。菱方的晶胞特点是，$a=b=c$，$\alpha=\beta=\gamma\neq 90°$。

菱方晶体与三方晶体的关系是：所有的菱方晶体一定都是三方晶体，典型例子是方解石；但是三方晶体不一定都是菱方晶体，典型例子是 α-石英。因此，当我们使用 crystal system 时，方解石和 α-石英都是三方晶系的晶体；但是当我们使用 lattice system 时，方解石属于菱方，而 α-石英属于六方。换言之，尽管 crystal system 和 lattice system 都有六方，但是 crystal system 中六方晶系所包括的晶体数目少于 lattice system 中六方结构的晶体数目。

菱方晶胞（基矢记作 $\vec{a}_R$，$\vec{b}_R$，$\vec{c}_R$）与三方晶胞（基矢记作 $\vec{a}_T$，$\vec{b}_T$，$\vec{c}_T$）可以互相换算：

$$\begin{pmatrix}\vec{a}_R\\ \vec{b}_R\\ \vec{c}_R\end{pmatrix}=\frac{1}{3}\begin{pmatrix}-1 & 1 & 1\\ 2 & 1 & 1\\ -1 & -2 & 1\end{pmatrix}\begin{pmatrix}\vec{a}_T\\ \vec{b}_T\\ \vec{c}_T\end{pmatrix} \text{或} \begin{pmatrix}\vec{a}_H\\ \vec{b}_H\\ \vec{c}_H\end{pmatrix}=\begin{pmatrix}-1 & 1 & 0\\ 1 & 0 & -1\\ 1 & 1 & 1\end{pmatrix}\begin{pmatrix}\vec{a}_R\\ \vec{b}_R\\ \vec{c}_R\end{pmatrix}$$

知识点 2-8 晶系的划分由特征对称元素决定，而非由晶胞的形状特征决定。例如，利用实验手段测量某一晶体的晶胞参数，在实验误差范围内得到 $a=b\neq c$，$\alpha=\beta=\gamma=90°$，但如果晶体结构中不存在四重对称轴，那么该晶体仍不能划分为四方晶系。那么如何确定晶体的特征对称元素呢？主要是依靠 X 射线衍射的消光条件，具体原理可以参考第 6 章中关于结构因子与消光的相关内容。

2.5 布拉菲格子

考虑素单元与复单元，则每个晶系最多可以包含 4 种点阵。如果只是晶胞角上存在阵点，那么这种点阵称为简单点阵，若晶胞的面上或者体心处也有阵点，那么这种点阵便称为复杂点阵，包括底心、面心及体心点阵。1848 年，布拉菲证明了在七大晶系中，有且只有 14 种点阵，称作布拉菲格子或布拉菲点阵（表 2-4）。

表 2-4 14 种布拉菲点阵

序号	晶系	布拉菲点阵	晶胞参数	布拉菲晶胞
1 2 3	立方	简单立方 体心立方（BCC） 面心立方 （FCC）	$a=b=c$ $\alpha=\beta=\gamma=90°$	1　2　3

续表

序号	晶系	布拉菲点阵	晶胞参数	布拉菲晶胞
4	六方	简单六方	$a=b$ $\alpha=\beta=90°$ $\gamma=120°$	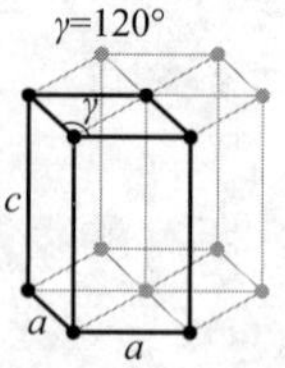 γ=120° 4
5 6	四方	简单四方 体心四方（BCT）	$a=b\neq c$ $\alpha=\beta=\gamma=90°$	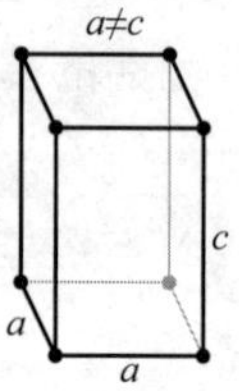 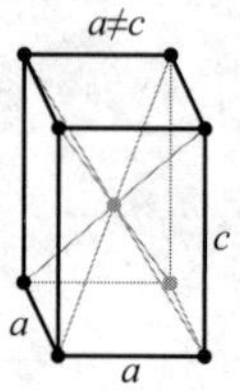 $a\neq c$ 5 $a\neq c$ 6
7	三方	简单三方	$a=b$ $\alpha=\beta=90°$ $\gamma=120°$	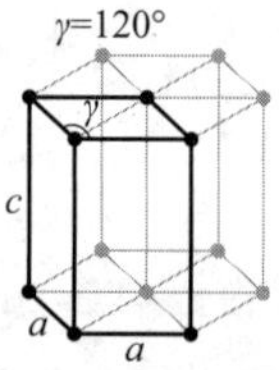 γ=120° 7
8 9 10 11	正交	简单正交 底心正交 体心正交 面心正交	$a\neq b\neq c$ $\alpha=\beta=\gamma=90°$	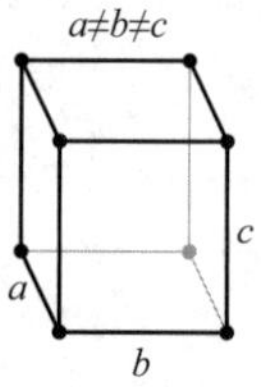 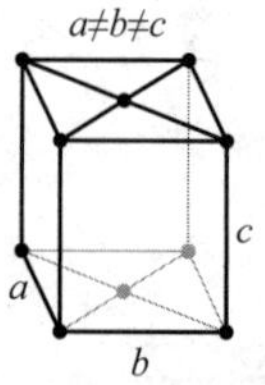 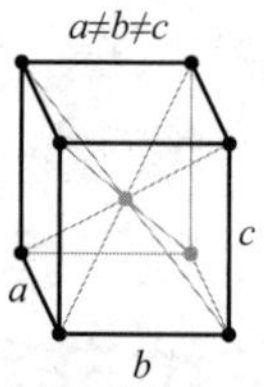 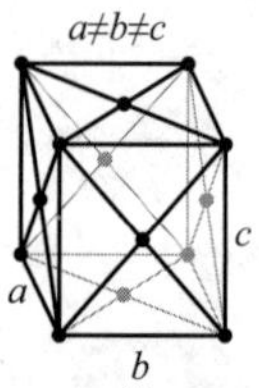 $a\neq b\neq c$ 8 $a\neq b\neq c$ 9 $a\neq b\neq c$ 10 $a\neq b\neq c$ 11
12 13	单斜	简单单斜 底心单斜	$a\neq b\neq c$ $\alpha=\gamma=90°$ $\beta\neq 90°$	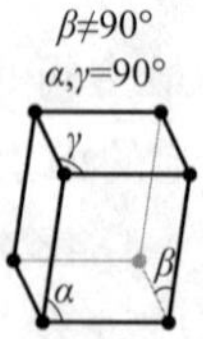 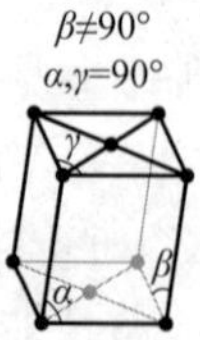 $\beta\neq$90° α,γ=90° 12 $\beta\neq$90° α,γ=90° 13
14	三斜	简单三斜	$a\neq b\neq c$ $\alpha\neq\beta\neq\gamma\neq 90°$	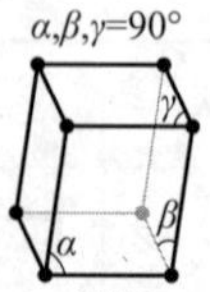 α,β,γ=90° 14

知识点 2-9 点阵类型有四种（简单、体心、面心、底心），晶系有七种，经过排列组合之后，为什么布拉菲格子的类型不是 28 种，而是 14 种？这是因为，那些“消失”的布拉菲格子和现在存在的这 14 种布拉菲格子的简并。比如，四方晶系只存在简单四方和体心四方的布拉菲格子，是因为如图 2-8 所示，底心四方与简单四方简并，而面心四方与体心四方简并。

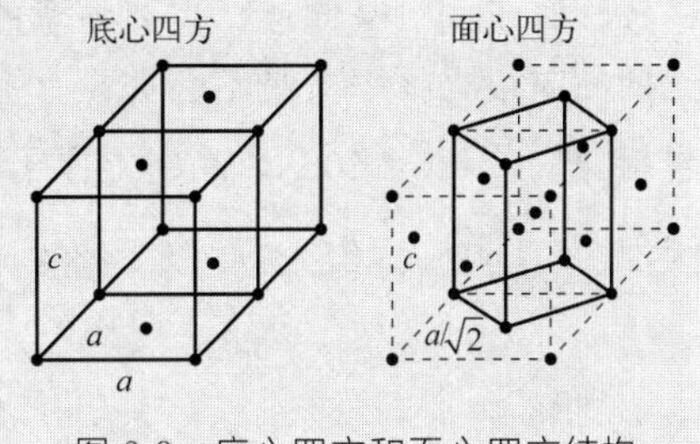

图 2-8 底心四方和面心四方结构

2.6 晶向

2.6.1 晶向的定义

晶体的空间点阵是由阵点在三维空间中周期排列得到的，所以可将晶体点阵按任意方向划分成一组平行的直线簇，阵点便等距离分布在任意一根直线上。不同的直线簇上阵点的密度一般是不同的，而在同一直线簇内，平行直线上阵点的分布完全相同。所以，我们可以用其中任意的一根直线代表整个直线簇，进而表示空间点阵。在晶体学上，把一个直线簇的方向称为晶向，代表的是直线簇上阵点排列的方向，为了表示方便，人们引入了坐标系统来表示晶向，将表示结果称为晶向指数。

2.6.2 晶向的表达

晶向的表达一般使用晶向指数。晶向指数表示晶体中阵点排列的方向，一般需要经过三个步骤得以确定。

① 建坐标系。在晶胞中以待定晶向上的某一阵点为原点，以布拉菲晶胞的基矢为坐标轴 $\vec{x}$、$\vec{y}$、$\vec{z}$，以晶胞参数 a、b、c 为坐标轴 $\vec{x}$、$\vec{y}$、$\vec{z}$ 的单位长度。

② 确定坐标值。若从原点出发，在 $\vec{x}$ 方向上移动 ua 长度，$\vec{y}$ 方向上移动 vb 长度，$\vec{z}$ 方向上移动 wc 长度，可以到达该晶胞中的另一阵点 P，则该阵点的坐标为（u，v，w）。

③ 写成晶向指数。将坐标值约成最小整数，并加上方括号，即写成 [$u\ v\ w$] 的形式，若某一坐标值为负数，则将负号写于方括号中对应坐标值的上方。此外还应当注意两点：第一，若已知晶体中两阵点的坐标（x_1，y_1，z_1）和（x_2，y_2，z_2），则过该两点的直线晶向即可确定，晶向指数为坐标差的最小整数比，即 $(x_2-x_1):(y_2-y_1):(z_1-z_2)=u:v:w$；第二，若晶体中两个晶向平行但方向相反，则晶向指数数字相同，只是符号全部变为相反。

2.6.3 晶向族

有时晶体中会出现这种情况：虽然某两个直线簇的方向不同，即晶向不同，但直线上阵点的排列情况却是相同的，人们把这样的一组晶向称为晶向族，用<uvw>表示。如立方晶系的<100>晶向族，就包括 [100]、[010]、[001]、[$\bar{1}00$]、[$0\bar{1}0$]、[$00\bar{1}$] 六个晶向，即空间坐标系的六个半轴。如图 2-9（a）所示，在立方晶系中这六个晶向上的原子排列情况完全一致，属于同一晶向族。需要注意的是，如果不是立方晶系，改变晶向指数的数字顺序所得到的晶向很大概率上是不会完全一致的。如图 2-9（b）所示，四方晶系的<100>晶向族，包括［100］和［$\bar{1}$00］，晶向上原子的间距为 a，以及［010］和［0$\bar{1}$0］，其晶向上原子的间距为 b，其中 $a=b$。之所以不包括［001］和［00$\bar{1}$］，是由四方晶系晶体的对称性决定的。

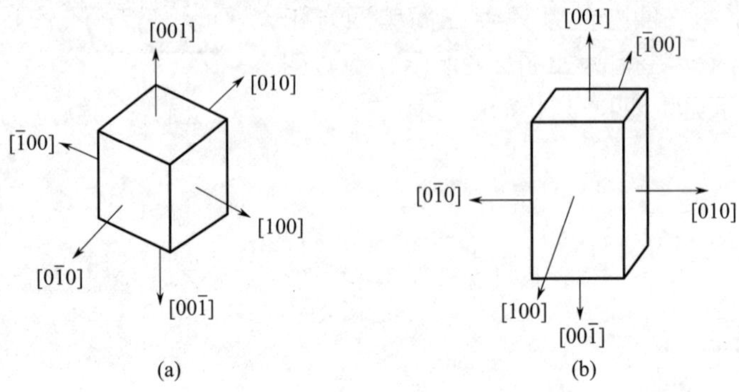

图 2-9 立方晶系（a）与非立方晶系（b）的晶向表达

2.7 晶面

2.7.1 晶面的定义

前文讲过，晶体的一个基本特点是各向异性，沿晶格的不同方向晶体性质不同。空间点阵既可以看成分列在一系列相互平行的直线系上的格点，这样的直线即为上节中的晶向；自然也可以看成分列在一系列相互平行且等距的平面系上的格点，这样的“一系列相互平行且等距的平面”的总和称为晶面。

显然，一个晶面就是一系列互相平行的平面，而一个空间点阵中可以有无数组方向不同的晶面。同一个晶面中各个平面上格点的分布情况完全相同，但不同的晶面上格点的排布有可能具有不同的特征。所以，晶面之间的差别主要取决于它们的取向，而非在同晶面里众多平行平面中的具体位置。

知识点 2-10 需要特别强调，一个晶面里面有无数互相平行且间距相等的平面。晶面和平面是完全不同的两个概念。晶面是晶体学的概念，平面是几何概念。

知识点 2-11 晶面包括两个方面的重要特征：一是方向，二是间距。晶面的方向往往指的是垂直于晶面的矢量的方向，即晶面法线的方向；晶面的间距等于晶面中两个相邻的互相平行的平面之间的距离。

2.7.2 晶面的表达

人们习惯用密勒指数（以英国晶体学家 W. H. Miller 命名，又叫晶面指数）来表示晶面。确定某一晶面密勒指数的过程称作标定，其方法如下。

在空间点阵中，以某格点为原点，以基矢 $\vec{a}$、$\vec{b}$、$\vec{c}$ 建立参考坐标系。假设某一晶面中离原点最近的那个平面与三个基矢相交，截距分别是 ra、sb、tc，其中 a、b、c 分别是晶胞参数，则我们采用截距的倒数之比（$1/r$）:（$1/s$）:（$1/t$）表示晶面。当晶面与某一基矢平行时，截距取∞，其倒数记为0。这些截距的倒数，就叫做密勒指数。为了表达一个晶面，需要三个密勒指数，用（hkl）表示。与负半轴切割的晶面的截距，其对应的密勒指数为负数，将负号写于小括号中对应密勒指数的上方。

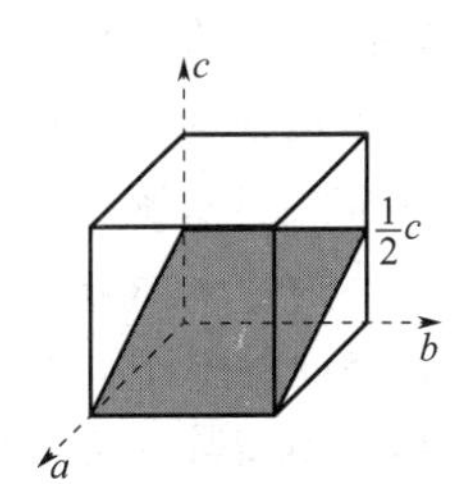

图 2-10　晶面指数的表示方法

例如，图 2-10 中阴影所示的某晶面中离原点最近的平面在 $\vec{a}$、$\vec{b}$、$\vec{c}$ 轴上的截距分别是 a、无穷、$c/2$，也就是说，该晶面将 $\vec{a}$、$\vec{b}$、$\vec{c}$ 轴分别分割成了 1 等份、0 等份、2 等份，因此该晶面的密勒指数为（102）。如果所求晶面在晶轴上的截距为负数，则在相应的指数上方加一负号，如（$\bar{1}10$）、（$11\bar{2}$）等。

知识点 2-12　关于密勒指数有两个问题需要注意。第一，严格意义上讲，密勒指数只用来表示晶面，不用来表示晶向。换言之，晶向指数不叫密勒指数。因此，“这个晶面的密勒指数是（hkl）”这个说法是对的，但是“这个晶向的密勒指数是 [uvw]”这样的说法是错误的。第二，在英语中，Miller index 指的是 h、k、l 中的任意一个，而当我们说某个晶面的密勒指数时，需要同时指明 h、k 和 l，因此需要用复数，即 Miller indices。与之类似的，密勒-布拉菲指数（即将在下一节中出现）的英文是 Miller-Bravais indices。

知识点 2-13　晶向的定义十分简单明了，但是晶面为什么要定义成一组互相平行、间距相等的平面的总和？密勒指数为什么要用“截距的倒数”这么麻烦的定义？这是因为，晶面从根本上说，是倒空间的概念。由于倒空间我们要到第 5 章才会讨论，所以在本章中，我们是在正空间描述这个概念，因此显得十分冗繁。到了第 5 章，我们会在倒空间中重新描述晶面和密勒指数，那个时候就能够体现出晶面的定义之美了。

知识点 2-14　晶向指数 [uvw] 和晶面指数（hkl）要不要约分、通分呢？由于 [uvw] 仅表示方向，并不表示长度，因此可以约分、通分为最简整数比。但是要注意，[123] 和 [$\bar{1}\bar{2}\bar{3}$] 表示的是相反的两个方向，因此在约分时不要改变正负号。而对于晶面指数（hkl），如前所述，它不仅指示了晶面的方向，还指示了晶面间距，如果对 hkl 进行约分或通分，虽然晶面的方向不会变化（其实也有可能会变 180°），但是晶面间距会发生改变，因此不应该约分、通分。

知识点 2-15　只有在立方晶系中，同指数的晶面与晶向才必定垂直。那么，如果不是在立方晶系中，是不是同指数的晶面与晶向一定不垂直呢？也不是。例如，在四方晶系中，[001] 晶向垂直于（001）晶面。

2.7.3　四指数

对于六方和三方晶系的晶体，晶向指数和晶面指数的确定方法有两种。一种是与其他五种晶系的晶体一样，采用三指数法；另一种是采用四指数法。四指数法如图 2-11 所示，建立一个由四个参考坐标轴组成的坐标系，其中的 $\vec{x}_1$、$\vec{x}_2$、$\vec{x}_3$ 三个坐标轴位于同一底面上，并且互成 120°，轴上的度量单位为六角底面的棱边长度，即晶格常数 a；另一个 $\vec{z}$ 轴垂直于底面，其度量单位为棱边高度，即晶格常数 c。由于采用了四个坐标轴，所以晶向指数和晶面指数也由四个数字组成，其普遍表示形式分别为［$uvtw$］和（$hkil$）。（$hkil$）这样的晶面指数表示方法又叫做密勒-布拉菲指数。

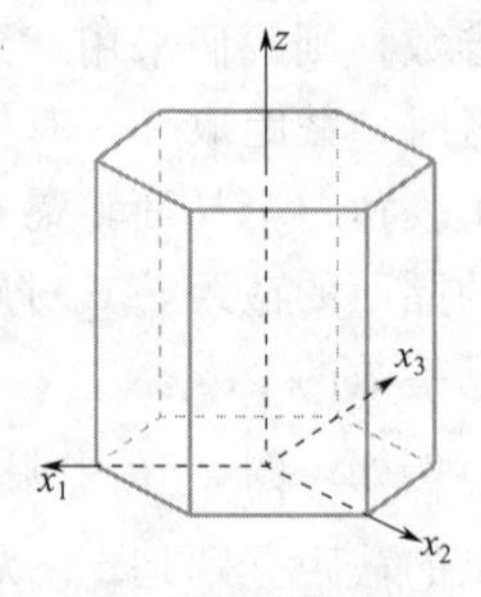

图 2-11　六方晶格的晶向及晶面四指数法坐标系的建立

为什么六方和三方晶系的晶体要采用四指数的方法表达晶向和晶面呢？下面我们以六方晶系为例，通过比较密勒-布拉菲指数和密勒指数，说明四指数表示法的直观性。显而易见，六方晶格中六个垂直于 $\vec{x}$ 轴的面的空间性质是等价的，这六个面所在晶面的密勒-布拉菲指数及密勒指数如表 2-5 所列。

表 2-5　六方晶格中与 $\vec{x}$ 轴垂直晶面的密勒-布拉菲指数及密勒指数

序号	密勒-布拉菲指数	密勒指数
1	$(2\bar{1}\bar{1}0)$	$(2\bar{1}0)$
2	$(11\bar{2}0)$	(110)
3	$(\bar{1}2\bar{1}0)$	$(\bar{1}20)$
4	$(\bar{2}110)$	$(\bar{2}10)$
5	$(\bar{1}\bar{1}20)$	$(\bar{1}\bar{1}0)$
6	$(1\bar{2}10)$	$(1\bar{2}0)$

当我们看到密勒指数为 $(2\bar{1}0)$ 和 (110) 的两个晶面时，不太容易反应过来这是同一个晶面族的两个晶面；但是如果我们看它们的密勒-布拉菲指数，$(2\bar{1}\bar{1}0)$ 和 $(11\bar{2}0)$，它们的关系则一目了然。

应当指出，在采用四轴坐标时，由于 $\vec{x}_1$、$\vec{x}_2$、$\vec{x}_3$ 坐标轴之间夹角均为 120°，所以在晶面指数（$hkil$）中，前三个指数只有两个是独立的，它们之间存在以下关系：

$$i=-(h+k) \tag{2-7}$$

或

$$h+k+i=0 \tag{2-8}$$

同样地，在晶向指数［$uvtw$］中，也存在以下关系：

$$t=-(u+v) \tag{2-9}$$

或

$$u+v+t=0 \tag{2-10}$$

将晶面指数从三指数（hkl）变为四指数（$hkil$），只需要注意 $i=-(h+k)$ 即可。但是对于晶向指数，三指数［uvw］与四指数［$UVTW$］的互相转换需要使用下述公式：

$$\begin{cases} U=\dfrac{1}{3}(2u-v) \\ V=\dfrac{1}{3}(2v-u) \\ T=-\dfrac{1}{3}(u+v) \\ W=w \end{cases} \tag{2-11}$$

或

$$\begin{cases} u=2U+V \\ v=U+2V \\ w=W \end{cases} \tag{2-12}$$

2.7.4 晶面族的表达

在同一晶体点阵中，有若干组晶面的相互间距和平面点阵的格点分布完全相同，如立方晶系中的六个立方面。这些空间位向和性质完全相同的晶面属于同一晶面族，用大括号 $\{hkl\}$ 来表示。

当我们考虑某个晶面族中包含哪些晶面时，需要注意以下两个问题。

第一，这与晶体的对称性有关。例如，当我们考虑 {100} 晶面族包含哪些晶面时，很显然，在立方晶系中 {100} 晶面族包含 (100)、(010)、(001)、$(\bar{1}00)$、$(0\bar{1}0)$、$(00\bar{1})$ 六个晶面，而四方晶系中由于 $a=b\neq c$，因此四方晶系中，{100} 晶面族包含 (100)、(010)、$(\bar{1}00)$、$(0\bar{1}0)$ 四个晶面，而 (001) 和 $(00\bar{1})$ 属于另一晶面族 {001}。

第二，对于某一确定的晶体对称性，具有不同密勒指数的晶面族包含的晶面的个数有可能不同。例如，六方晶系 {100} 晶面族包含六个晶面，而 {110} 晶面族包含 (110)、(101)、(011)、$(\bar{1}10)$、$(1\bar{1}0)$、$(\bar{1}\bar{1}0)$、$(\bar{1}01)$、$(10\bar{1})$、$(\bar{1}0\bar{1})$、$(01\bar{1})$、$(0\bar{1}1)$、$(0\bar{1}\bar{1})$ 十二个晶面。

习题

1. 固体是否可以同时具有五重旋转对称性与周期性？试举例说明。
2. 面心立方和六方晶体是否一定是最密堆积？试举例说明。
3. 对于单斜晶体，$[hkl]$ 方向是否一定不垂直于 (hkl) 晶面？试举例说明。

参考答案

第3章

X射线简介

1895年11月8日，时任德国维尔茨堡大学校长的德国物理家威廉·康拉德·伦琴(Wilhelm Conrad Röntgen)在进行阴极射线的实验时，观察到放在射线管附近涂有氰亚铂酸钡的屏上发出的微光，最后他确信这是一种尚未为人所知的新射线。伦琴的原始论文《一种新的X射线》在50天后，也就是1895年12月28日发表。1896年1月5日，奥地利一家报纸报道了伦琴的发现。伦琴发现X射线以后，维尔茨堡大学授予他荣誉医学博士学位。1895年到1897年间，他发表了3篇关于X射线的论文。有人提议将他发现的新射线定名为“伦琴射线”，伦琴却坚持用“X射线”这一名称（X表示未知）。1901年，首届诺贝尔奖颁发，伦琴获得诺贝尔物理学奖。

X射线一发现就被应用于医学诊断领域，时至今日，X射线已经在物理、化学、生物医药、材料、地质环境等诸多领域得到广泛应用。本章我们将学习X射线的物理性质、发生装置、吸收与屏蔽等。

3.1 X射线的本质

电磁波是指由同相振荡且互相垂直的电场与磁场在空间中衍生发射的振荡粒子波，是以波动的形式传播的电磁场，其传播方向垂直于电场与磁场构成的平面。X射线是一种电磁波，波长范围为0.01～10nm。由于在物质结构中，原子、分子和离子的距离正好落在X射线的波长范围内，所以，可以通过X射线在晶体上的散射获取丰富的微观结构信息。X射线可以用两种矢量（电场强度矢量$\vec{E}$和磁场强度矢量$\vec{H}$）的振动来表示。如图3-1所示，这两个矢量总是以相同的相位，在两个相互垂直的平面内作周期振动。电磁波的传播方向与矢量$\vec{E}$和矢量$\vec{H}$的振动方向垂直，传播速度等于光速。

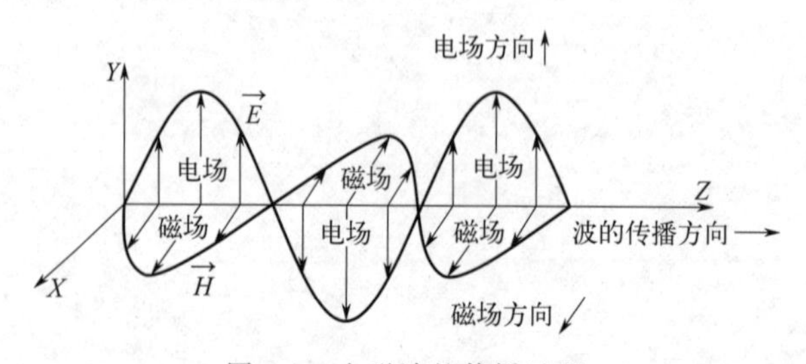

图3-1 电磁波的传播过程

与高速运动的电子、中子、质子等基本粒子一样，X射线也同样具有波粒二象性。描述X射线波动性质的物理量有频率ν、波长λ，描述其粒子特性的物理量有光量子能量E、动量p，它们之间的关系如式(3-1)、式(3-2)所示。

$$E=h\nu=h\frac{c}{\lambda} \tag{3-1}$$

$$p=\frac{h}{\lambda} \tag{3-2}$$

式中，h 为普朗克常数（6.626×10^{-34}J·s）；c 为光速（2.998×10^{8}m/s）。

X 射线与无线电波、可见光、紫外线、γ 射线的区别在于波长（能量）的不同。按照波长的由长到短，电磁波可以分为无线电波、红外线、可见光、紫外线、X 射线、γ 射线等。在电磁波谱中，X 射线的位置如图 3-2 所示。

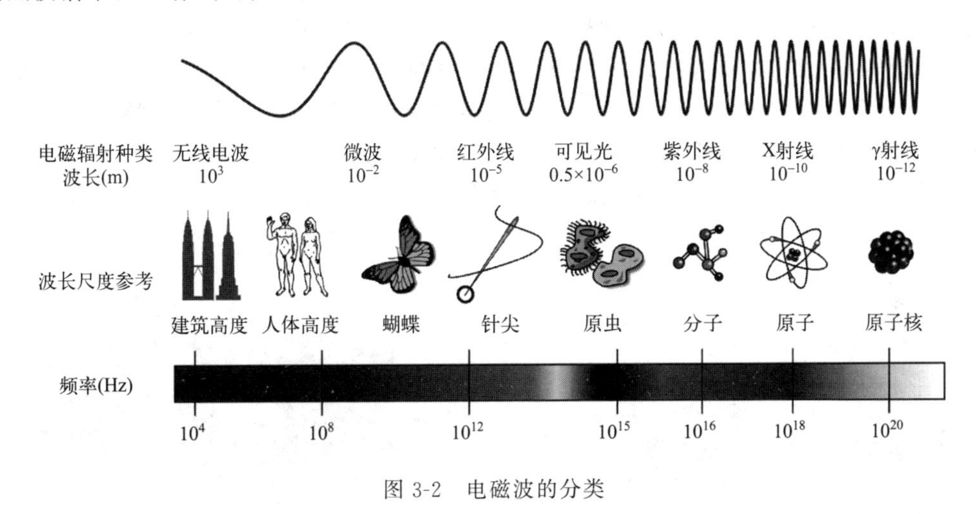

图 3-2　电磁波的分类

知识点 3-1　传统观念一般以能量和波长的不同区分 X 射线和 γ 射线，定义 0.01nm 为二者的边界。目前，也有人认为应该用电磁波产生的机制来区分二者：由电子发射的电磁波是 X 射线，由原子核发射的电磁波是 γ 射线。

3.2 X 射线的产生

3.2.1 几种典型的 X 射线管

想要系统地研究 X 射线的性质或者利用 X 射线进行相应的实验，都要求我们能够稳定地获取 X 射线，X 射线管可以帮助我们实现该目的。就目前存在的 X 射线管来讲，根据其工作方式可以分为四类，分别是充气 X 射线管、真空 X 射线管、旋转阳极 X 射线管以及微聚焦 X 射线管。

首先是出现时间最早的充气 X 射线管，也叫克鲁克斯射线管，其基本结构示意如图 3-3 所示。射线管内充满气体，在管内施加高压后，这些气体会发生电离，产生正离子与电子。正离子加速向阴极靶材运动产生更多电子，这些电子经过管内电压加速轰击阳极靶材，并最终产生可收集的 X 射线。由

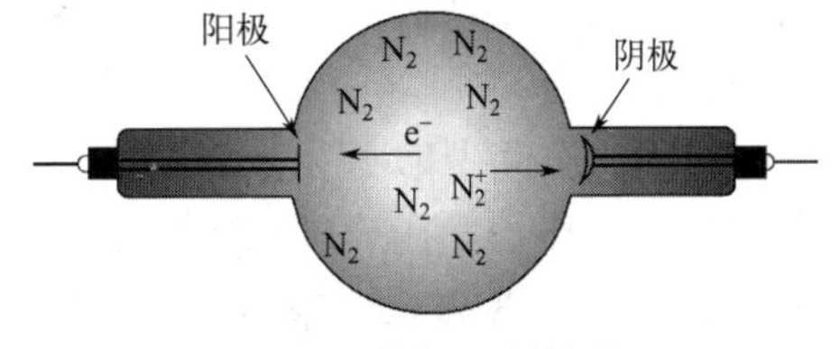

图 3-3　充气 X 射线管

于该过程中阴极靶材材料没有被加热，因此克鲁克斯射线管也被称为冷阴极 X 射线管。为了得到高品质 X 射线，阴极通常会被加工成凹面镜形状，使得其发射的电子的轰击位置更加集中。在不断产生 X 射线的过程中，管内被电离的气体逐渐减少，导致产生的软 X 射线（即能量较低、波长较长的 X 射线）增多，X 射线质量降低，因此需要定期更换和维护。

第二种射线管是真空 X 射线管，也叫库里奇射线管，其基本结构如图 3-4 所示。与充气 X 射线管不同的是，库里奇射线管管内须保持真空，而自由电子是由加热的阴极材料发射的。在经过加速电压加速后，自由电子轰击阳极靶材，产生 X 射线。由于自由电子的产生与阴极材料有关，因此阴极材料的选择尤为重要，目前一般采用的是钨丝。该过程中阴极材料加热升温，因此这种 X 射线管也被称为热阴极射线管。为了提升 X 射线品质，通常会用加工成圆筒形的钼罩套在钨丝外面施加负偏压，得到束斑尺寸较小的电子束。真空 X 射线管的出现使得 X 射线的品质大幅提升。为了满足更多的实验需求，人们开始着力于通过提高自由电子的密度来获得品质更优的 X 射线。然而，对于真空 X 射线管而言，阳极靶材在电子轰击下温度显著升高，导致 X 射线产率降低。因此，真空 X 射线管往往需要设计一套冷却系统，对阳极靶材进行降温。

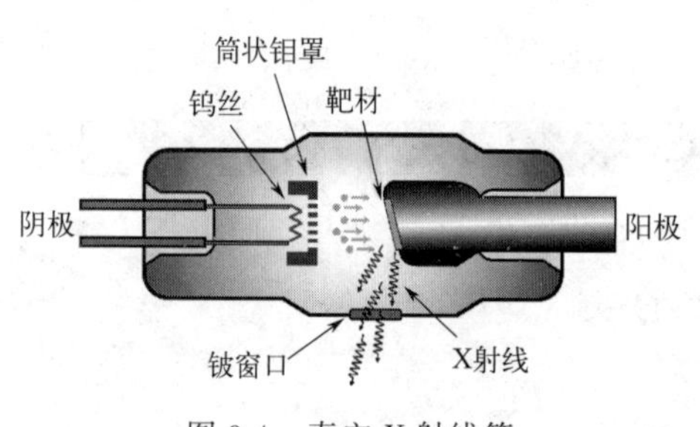

图 3-4　真空 X 射线管

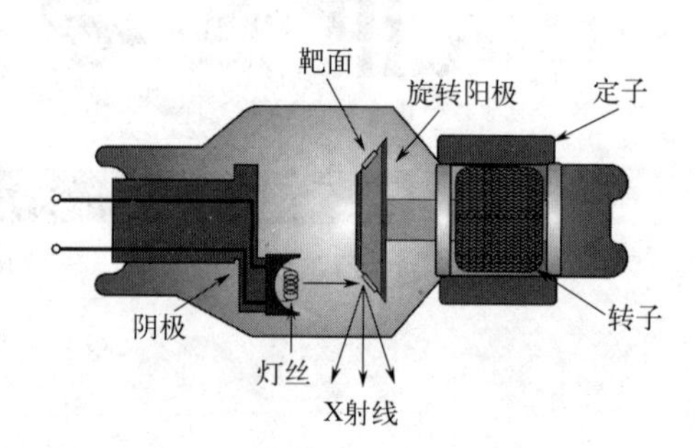

图 3-5　旋转阳极 X 射线管

在高密度电子束的轰击下，静止的阳极靶材会因受到轰击而损伤，旋转阳极 X 射线管应运而生，其基本结构如图 3-5 所示。它与真空 X 射线管最主要的不同就是，其阳极靶面可以相对于阴极灯丝高速旋转，转速达数千转每分钟，以降低高速、高密度自由电子与阳极靶材作用而造成的损伤与热效应，从而降低对自由电子能量的限制。

除了以上三种 X 射线管外，出于对高分辨率的实验需求，还有能产生束斑直径小于 50μm 的 X 射线管，它们也叫微聚焦射线管。根据阳极靶材的类型，该射线管可进一步分为固态阳极微聚焦射线管和液态金属阳极微聚焦射线管。前者的工作原理与真空 X 射线管并无本质区别，但该 X 射线管可将阴极发射的电子束进行更加精细的聚焦，从而产生束斑较小的 X 射线。但是由于此时轰击到阳极上的电子束被汇聚到了很小的尺寸，为了防止阳极靶材局部熔化，只好将电子束功率降低，这导致固态阳极微聚焦射线管的功率往往比较低。为解决这一问题，以液态金属（如镓、铟等）作为阳极靶材的液态金属阳极微聚焦射线管得到了开发及应用，该射线管的最大优势在于可以提高电子束的功率而不用担心靶材熔化的问题。

对于所有类型的 X 射线管而言，产生 X 射线的本质在于：经过加速的高能量电子与阳极靶材相互作用，在该过程中电子损失能量、阳极靶材获得能量，从而发射出 X 射线。X 射线管产生的 X 射线，根据其波长的特点、产生的机理，可以分为刹车辐射（又叫轫致辐射）和特征辐射，这两种辐射往往同时存在。

3.2.2 刹车辐射

在 X 射线产生的过程中，存在这样一种过程：经加速电压加速的电子与阳极靶材原子发生相互作用损失能量，这些损失的能量以一定形式随机分布，并以 X 射线辐射的形式释放，在 X 射线发射谱中表现为连续谱线，如图 3-6 所示。这一类型的辐射叫做刹车辐射，也叫做轫致辐射，英文叫 bremsstrahlung，由德文的 bremsen（刹车）和 strahlung（辐射）得来。该类辐射产生的原理如图 3-6 中（a）和（c）所示。

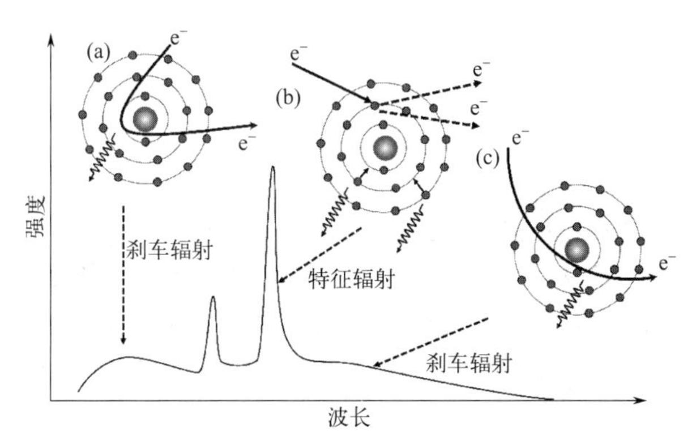

图 3-6 刹车辐射［（a）、（c）］和特征辐射（b）

3.2.3 特征辐射

除刹车辐射外，电子与靶材还存在另一种形式的相互作用，其原理如 3-6（b）和图 3-7（a）所示。具体来说，高速运动的自由电子与原子核外电子发生散射并将能量传递给核外电子，基态的核外电子吸收能量跃迁至能量更高的激发态，处于激发态的电子不稳定，跃迁回基态并释放能量，这部分能量以 X 射线的形式辐射，该过程称为特征辐射，这部分 X 射线称为特征谱线。

原子的核外电子在不同能级状态下具有不同的特定能量。同一种原子的 M 层电子能量高于 L 层电子能量，L 层电子能量高于 K 层电子能量，因此，处于较高能级（L 层、M 层）的电子跃迁回较低能级（K 层）时产生的 X 射线能量也不一样。对某种原子来说，当电子从 L 层跃迁至 K 层时，产生的 X 射线记作 K_α 线。如果在高能量分辨率下对 K_α 线进行分析，会发现 K_α 线中其实包含两种波长相近的谱线，分别记作 $K_{\alpha1}$ 和 $K_{\alpha2}$，这是由 L 层电子能量的微小差异导致的。当电子从能量更高的 M 层跃迁至 K 层时，产生的 X 射线称为 K_β。$K_{\alpha1}$、$K_{\alpha2}$、K_β 都属于原子的 K 系辐射，其示意图如图 3-7（b）所示。与之类似，如果 X 射线是由于电子从更高激发态（如 M 层、N 层）跃迁至次高激发态（L 层）而产生的，则该辐射称为 L 系辐射，根据跃迁过程所经历的能级，也可以将 L 系辐射分为 L_α（M→L）和 L_β（N→L）。

由于不同原子的相同能级具有不同的能量（比如 Cu 原子的 K 层与 Fe 原子的 K 层电子能量不同），因此特征谱线的能量不仅受能级跃迁过程的影响，更重要的是受阳极靶材的原子种类的影响，不同的阳极靶材能够产生不同能量或者波长的 X 射线。在一些 X 射线衍射实验（例如 X 射线测残余应力）中，就是利用这一特性，通过更换阳极靶材材料来获得不同波长的 X 射线，进而实现对不同材料的表征与测量。

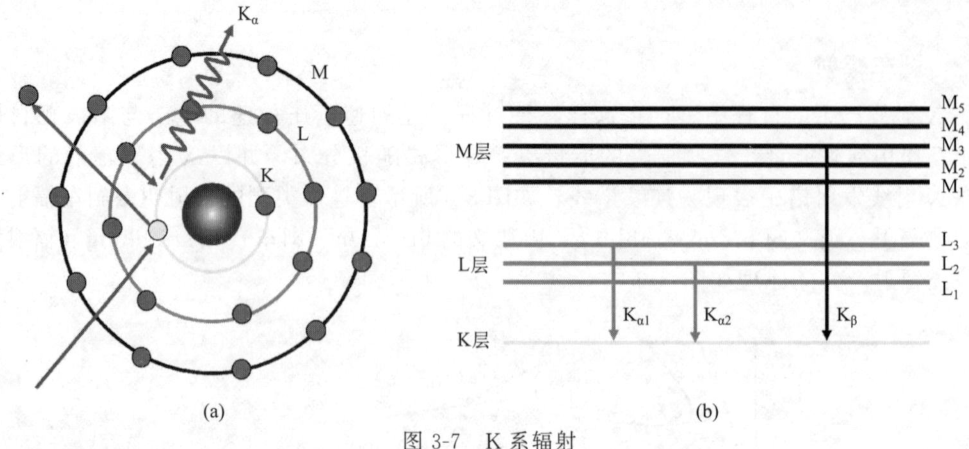

图 3-7　K 系辐射

知识点 3-2　无论刹车辐射还是特征辐射，都是由于电子能量变化产生的。刹车辐射是阴极发射出的电子轰击到阳极上之后，由于非弹性散射导致电子能量降低，随之产生的光子；特征辐射是由于电子由高能级跃迁到低能级而产生的光子。简单地说，刹车辐射波长连续是因为非弹性散射导致的能量损失量不确定，因此产生的 X 射线的波长相对随机；特征辐射 X 射线波长确定是因为不同能级之间的能量差是确定的。

知识点 3-3　刹车辐射是由阴极电子产生的，特征辐射是由阳极材料的核外电子产生的。

知识点 3-4　特征辐射的"特征"，是阳极材料的特征，与阴极电子几乎无关（只要阴极电子的能量不小于激发阳极材料原子核外电子所需的最低能量即可）。

3.2.4　同步辐射

近年来，一种新的辐射——同步辐射（synchrotron radiation）的概念和技术逐渐在多个学科领域中发挥重要作用。同步辐射现象首先被物理学家发现于同步加速器试验过程中。同步辐射装置包括电子枪、加速环、存储环和在存储环各个位置中引出的各种线站，在不同的线站中可以进行相应的同步辐射实验，其基本结构如图 3-8 所示。

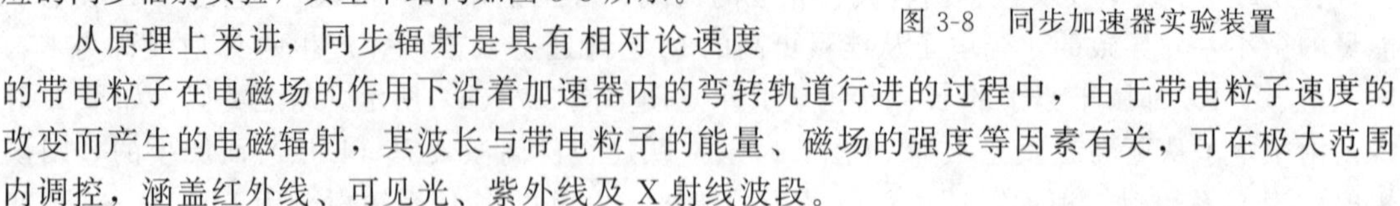

图 3-8　同步加速器实验装置

从原理上来讲，同步辐射是具有相对论速度的带电粒子在电磁场的作用下沿着加速器内的弯转轨道行进的过程中，由于带电粒子速度的改变而产生的电磁辐射，其波长与带电粒子的能量、磁场的强度等因素有关，可在极大范围内调控，涵盖红外线、可见光、紫外线及 X 射线波段。

3.3 X 射线的吸收

3.3.1　线性吸收系数

X 射线与物质之间的相互作用是 X 射线应用的基础。德国物理学家伦琴在发现 X 射线时就观察到它具有可见光无法比拟的穿透力，可使荧光物质发光，可使气体或其他物质电离等。

实验表明，当X射线穿过均匀物质时，其强度 I 的衰减率与物质内X射线穿过的距离 x 成正比，如式（3-3）所示。

$$-\frac{\mathrm{d}I}{I}=\mu\mathrm{d}x \tag{3-3}$$

式中，比例常数 μ 称为线性吸收系数。与物质的种类、密度和X射线的波长相关。其物理意义为，在X射线的传播方向上，穿过单位厚度的物质时X射线强度的衰减程度。

将式（3-3）积分后得到式（3-4）：

$$\frac{I_x}{I_0}=\mathrm{e}^{-\mu x} \tag{3-4}$$

式中，I_0 为入射X射线的强度；I_x 为穿过厚度为 x 的物质后透射X射线的强度；I_x/I_0 称为透射系数。

3.3.2 质量吸收系数

由于线性吸收系数 μ 与密度有关，故同一物质的不同物理状态下该系数的取值也有所不同。相比于线性吸收系数，质量吸收系数表达物质固有的吸收特性，其表达式如式（3-5）所示。

$$\mu_m=\frac{\mu}{\rho} \tag{3-5}$$

式中，ρ 为物质的密度。将式（3-5）代入式（3-4），得式（3-6）：

$$I_x=I_0\mathrm{e}^{-\mu_m\rho x} \tag{3-6}$$

式中，μ_m 为X射线通过单位质量物质后强度的相对衰减量。这样就摆脱了密度的影响，成为反映物质本身对X射线吸收性的物理量。该值通常可通过查表得到。

实践中有时需要计算含有一种以上元素的物质的质量吸收系数。无论此物质是混合物、溶液还是化合物，无论是固态、液态还是气态，其质量吸收系数均为各组分元素的质量吸收系数的加权平均值，即：

$$\overline{\mu}_m=\sum_{i=1}^{n}\mu_{mi}\omega_i \tag{3-7}$$

式中，n 为物质中的组元数；ω_i 为组元 i 的质量分数。

质量吸收系数 μ_m 与物质的密度 ρ 及其物理状态无关，而与物质的原子序数 Z 和X射线波长 λ 有关，其关系的经验式如式（3-8）所示。

$$\mu_m=k\lambda^3Z^3 \tag{3-8}$$

式中，k 为常数。

3.3.3 穿透深度

物质对X射线的吸收还可以用穿透深度来描述。穿透深度是光或其他电磁波对某物质的穿透能力的量度，此处定义为使得透射 X 射线强度减弱至最初入射强度的 $1/e$（约 37%）时，X 射线穿入物质内部的深度。对于给定的某种物质，穿透深度一般与 X 射线波长（也就是能量）相关。穿透深度 δ_p 可以表达为式（3-9）：

$$\delta_p = \frac{1}{\mu} = \frac{1}{\mu_m \rho} \tag{3-9}$$

式中，μ 为线性吸收系数；μ_m 为质量吸收系数；ρ 为物质密度。

3.3.4 吸收

如图 3-9 所示，结合式（3-8）与式（3-9），物质对 X 射线的吸收（或者说 X 射线在物质中的穿透）具有如下规律：当 X 射线的能量一定时，物质的原子序数越大，物质对 X 射线的吸收能力越强，穿透深度越小；而当物质的原子序数一定时，X 射线的波长越短、能量越大，物质对 X 射线的吸收能力越弱，穿透深度越大。一般情况下，波长在 0.01～0.1nm 之间的短波 X 射线具有很强的穿透性，我们称之为硬 X 射线；而波长在 0.1nm 以上的长波 X 射线很容易被吸收，我们称之为软 X 射线。但随着 X 射线能量的增大（或者说波长的减小），穿透深度并非连续增加，而是在某些能量位置上发生突跳（随着 X 射线能量升高穿透深度突然降低），这一尖锐的分隔被称为吸收边。原子序数越接近的物质，其穿透深度越相近，对 X 射线的吸收能力越相近，吸收边也越接近。

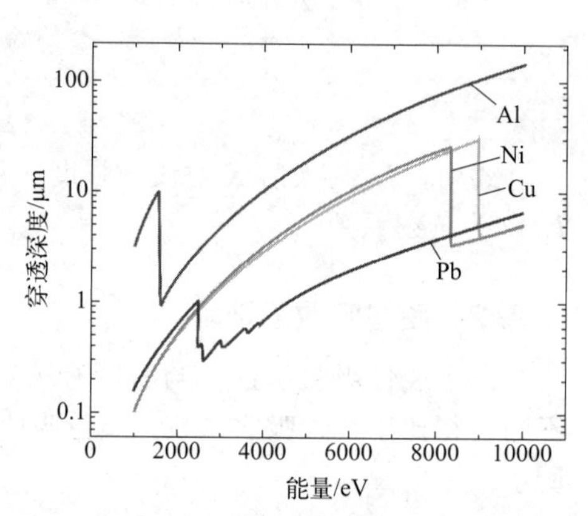

图 3-9　不同物质受不同能量 X 射线照射的穿透深度

要理解吸收边的物理意义，就要回到物质对 X 射线吸收的过程。物质以两种不同的方式吸收 X 射线，即散射和真吸收。这两种方式共同构成了由 μ_m 表示的总吸收。原子对 X 射线的散射在许多方面类似于空气中的尘埃粒子对可见光的散射，发生在所有方向上，并且由于散射光束中的能量不会出现在透射光束中，所以相对于透射光束而言，它被称为吸收。除了非常轻的元素外，散射只占总吸收的一小部分。真吸收是由原子内的电子跃迁引起的。入射 X 射线光子的能量如果超过某特定能量 W_k，就可激发 K 层电子跃迁，从而发生 K 系特征辐射，这种特征辐射称为荧光辐射。而要使 X 射线入射光子的能量超过特定值 W_k，则要求其波长必须小于某个值 λ_k，W_k 与 λ_k 的关系如式（3-10）所示。

$$W_k = h\nu_k = \frac{hc}{\lambda_k} \tag{3-10}$$

式中，ν_k 是 K 层吸收边对应的 X 射线的频率；λ_k 是 K 层吸收边对应的 X 射线的波长。由此可以看出，吸收边的物理意义是产生荧光辐射所需的 X 射线最小能量（或最大波长）。一种物质除了有 K 系特征辐射之外，还可能有 L 系、M 系等特征辐射。因此，每种物质都有一系列特征吸收边。

3.3.5 X 射线吸收的应用

3.3.5.1 X 射线的防护

人体受到过量 X 射线照射，可能引起局部组织损伤、坏死，尤其影响生殖细胞，影响程度取决于 X 射线的强度和人体受照射的部位。根据国际放射学会规定，正常人体接受 X 射线照射的安全剂量为每工作周不超过 0.77×10^{-4} C/kg。为保障从事 X 射线相关工作人员的健康和安全，我国制定了国家标准《电离辐射防护与辐射源安全基本标准》(GB 18871—2002)，要求对专业工作人员的照射剂量进行定期监测。

为避免对人体造成损害，常常选用原子序数大的物质来吸收 X 射线。一般多用重金属铅（主要因为铅原子序数足够大且相对便宜、易加工）制成铅屏或铅玻璃屏、铅玻璃眼镜、铅橡胶手套和围裙等，以有效屏蔽 X 射线。此外，还有专门设计的含高量锡的防辐射玻璃，含铋、钡、钨等重金属的防护服等。

3.3.5.2 滤光片（单色器）

如图 3-9 所示，波长处于吸收边两侧的不同波长的 X 射线的吸收系数显著不同。利用这一特性，可以制成滤光片，用以吸收不需要的辐射而得到近单色的 X 射线。例如，K 系辐射包含 K_α 和 K_β 谱线，在多晶衍射分析中，为了使衍射图谱简单易分析，往往希望过滤掉强度较低的 K_β 谱线及波长连续的韧致辐射谱。为此，可以选取合适的材料制成滤波片，这种材料的 K 吸收边 λ_K 处于光源的 λ_{K_α} 和 λ_{K_β} 之间，即 λ_{K_β}（光源）$<\lambda_K$(滤片)$<\lambda_{K_\alpha}$(光源)，这样滤波片对光源的 K_β 辐射吸收强烈，而对 K_α 辐射吸收很少。举例而言，铜的 X 射线源主要发出波长为 154 pm 和 139 pm 的两种 X 射线，而镍在 X 射线波长为 149 pm 时存在吸收边，故使用镍作为铜的滤光片可吸收稍高能量的 X 射线（波长为 139 pm)，同时让能量稍低的 X 射线（波长为 154 pm）通过而其强度不会显著降低，因此，带有镍滤光片的铜 X 射线源可以产生几乎单色的 X 射线。未滤波时 K_β 和 K_α 谱线的强度之比 $I_{K_\beta}/I_{K_\alpha}\approx1/5$，而使用滤波片后其强度比大大降低，$I_{K_\beta}/I_{K_\alpha}\approx1/600$。一般来说，在进行选择时，滤光片材料的原子序数会比 X 射线管阳极靶材物质的原子序数小 1～2。

3.4 X 射线的探测

X 射线探测器按照形状可以简单分为零维、一维和二维探测器。X 射线探测器从二十世纪发展至今，经历了模拟图像阶段、间接数字化阶段和直接数字化阶段三个时期。在模拟图像阶段，X 射线探测器主要通过胶片、增感屏来反映 X 射线的透视状况，最后洗印出片。二十世纪八十年代至二十一世纪初，间接数字化阶段的 X 射线探测器用一块成像板 (imaging plate) 成像，一次只能存储一张图片。而在直接数字化阶段，不仅存储图片的数量不再受限，成像的速度和质量都得到了质的飞跃。

X 射线探测器的工作原理基本都是把 X 射线的光信号转换为电信号，通过计算投在显示屏上的电荷量来计算所捕获到的光子数量。计算光子数量的方式有两种，根据方式的不同可以分为积分式探测器和单光子计数式探测器。前者是用积分的方式计算，后者是直接计算一个个光子的数量，后者比前者空间分辨率高、信噪比高、线性范围宽。目前市面上主流的X射线探测器正逐渐由积分式探测器向单光子计数式探测器转变。

3.5 X射线的应用

自1895年被伦琴发现以来，经过一百多年的发展，X射线在诸如材料科学与工程、物理化学、生物医药、地球科学等诸多领域都得到了广泛应用。总体而言，X射线的应用可以分为成像、衍射和光谱研究三个方面。

3.5.1 X射线成像

X射线成像技术广泛应用于材料探伤、地质勘测、安全检测、医学诊断等领域，这主要利用了X射线的穿透性、差别吸收、感光性等特点。

以医学诊断为例，由于X射线穿过人体时受到不同程度的吸收，如骨骼吸收X射线的能力强于肌肉，导致通过人体后的X射线量在荧光屏上或摄影胶片上引起的荧光作用或感光作用的强弱有较大差别，因而显示出不同强度的阴影效果。常见的胸部透视检查便是利用了X射线的这种性质，如图3-10所示。

工业上，X射线常被用于工件的精密无损检测，如果工件局部区域存在缺陷，它将改变物体对X射线的吸收，引起X射线强度的变化，在这种情况下，采用一定的检测方法，比如利用胶片感光来检测X射线强度，就可以判断工件中是否存在缺陷，甚至获得缺陷的位置、大小等信息。

除了进行相对简单的二维投影成像之外，还可以利用计算机断层扫描术（computed tomography，CT）对材料、零部件、生物体进行三维成像。而且，即使同为X射线成像，根据衬度来源的不同，可以分为吸收衬度成像、衍射衬度成像等。更加详细的X射线成像的知识，我们将在第4章进行讨论。

3.5.2 X射线衍射

在材料学、物理化学、晶体学研究中，利用X射线的衍射效应可以对材料进行物相、结构、应力应变、晶粒度等分析。将具有一定波长的单色X射线或波长连续变化的多色X射线照射到晶体上时，X射线遇到晶体内规则排列的原子、离子或分子而发生散射，散射的X射线在某些方向上相位得到加强，从而显示与晶体结构相对应的衍射花样。在劳厄、布拉格等科学家的努力之下，衍射花样与晶体结构的一一对应关系已经建立。因此，根据衍射花样便可以确定晶体的结构。

在DNA结构的发现过程中，X射线就扮演了重要角色。1953年，沃森和克里克从富兰克林在1951年拍摄的DNA晶体X射线衍射照片中获得了灵感，确认了DNA是双螺旋结构，还通过分析得出了螺旋参数（如图3-11所示）。北京大学唐有祺教授是国内最早从事利用X射线衍射技术进行生物大分子结构研究的科学家之一，在我国人工合成牛胰岛素的研究工作中厥功至伟。

X射线衍射是本书的主要内容之一，将在第5至第8章中进行深入探讨。

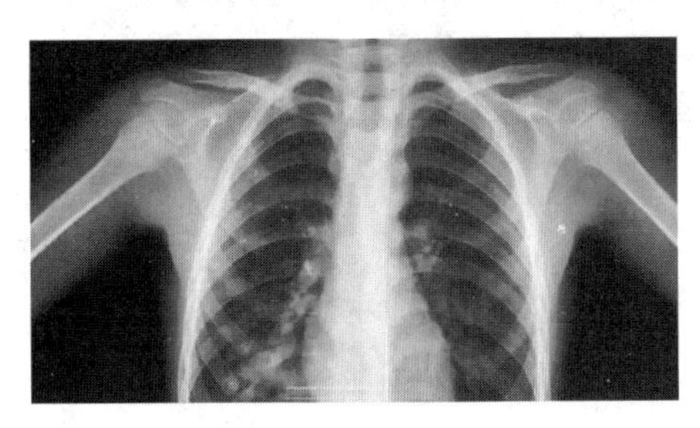

图 3-10　胸透照片

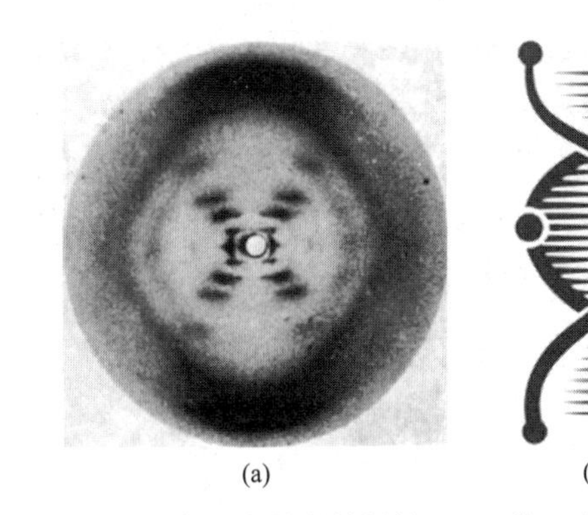

图 3-11　富兰克林所拍摄的 DNA 的 X 射线衍射照片（a）及 DNA 双螺旋结构示意（b）

3.5.3　X 射线光谱分析

在光谱学研究中，可以利用 X 射线的荧光效应获得物质的化学成分信息。以 X 射线荧光光谱分析（XRF）为例，当能量高于原子内层电子结合能的高能 X 射线与原子发生碰撞时，将驱逐内层电子而导致空穴的出现，使整个原子体系处于不稳定的激发态，而后，处于高能级的电子将自发地由能量高的状态跃迁到能量低的内层空穴处并释放一部分能量，该能量若以辐射形式放出，则产生 X 射线荧光，其能量等于两能级之间的能量差。

作为一种常用的化学成分分析手段，X 射线荧光光谱分析在人们的日常生活中获得了广泛应用。举例而言，为了深入探究达・芬奇画作中奇异的色彩呈现效果，科学家使用 X 射线对达・芬奇画作中所使用的釉料和色料薄层进行了分析（如图 3-12 所示）。他们发现达・芬奇采用了渲染层次这种绘画手法，即把一个色调调和到另一个色调中而使油画变得柔和，但常规的检测手段并不能辨别这种复杂的混合。在画作《蒙娜丽莎》中，达・芬奇将釉料应用于只有几微米厚的层中，釉料加在一起有 30 多层，但总厚度却不超过 40 微米。使用 X 射线荧光光谱分析仪对画作从明处到暗处进行成分分析，通过分析涂层中的化学成分，科学家们发现达・芬奇在《蒙娜丽莎》中使用高浓度的氧化锰绘制成阴影（MnO_2 约为 1.4%），而在其他一些作品中，他通常又使用铜来造影。由于这种对文物、艺术品分析表征的前提是无损、保护，故在 X 射线光谱法出现之前，人们对于绘画色彩背后的原理的研究是非常少的。在这类研究中，X 射线光谱分析技术最大的优势就是“无损”。

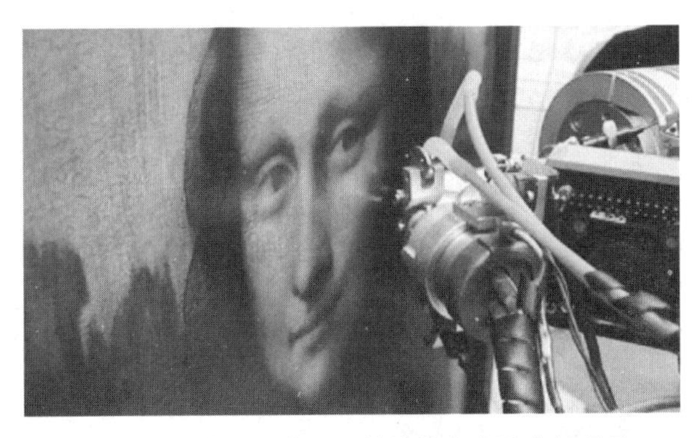

图 3-12　《蒙娜丽莎》X 射线荧光光谱分析现场

知识点 3-5 X 射线荧光（XRF）分析技术，这个名字中的“X 射线”，指的并非发射出来的荧光是 X 射线（虽然这也是事实，但是并非名字中 X 射线的含义），而是说，利用 X 射线做光源，对原子进行激发。在第 14 章，我们会讨论能谱与波谱，其实探测器探测到的也是荧光且荧光的能量也落在 X 射线范围内，但是由于激发源是高能电子束，那个时候就不能叫 X 射线荧光。

习题

1. X 射线在材料科学中的应用是否只有衍射分析？试举例说明。
2. X 射线在固体中传播时强度会随深度逐渐降低，有利还是有弊？为何？
3. 只有特征辐射有用，而刹车辐射没用。此说法是否正确？试举例说明。

参考答案

第 4 章

X 射线断层扫描

断层扫描术（tomography），也称断层成像、层析成像术，是指通过任何可穿透的波，对物体进行分段成像的方法。该技术广泛应用于材料科学、生物医药、考古学、信息科学等多个领域。任何可以穿过物体的电磁波或物质波均可用于断层扫描术，而其中应用历史最为悠久、应用范围最为广泛的，当属 X 射线。本章我们将一起学习 X 射线断层扫描的基本原理、技术特点以及成像的衬度。

4.1 X 射线断层扫描基本原理

X 射线断层扫描技术（X-ray computed tomography），简称 X 射线 CT 或 CT，可以在无损的情况下，提供样品内部结构信息，样品尺寸可以从米到几十纳米。

CT 技术使用具有穿透能力的 X 射线从不同的角度对物体进行照射，获取一系列的二维 X 光照片（radiograph），这一过程被称为 CT 扫描（CT scan）。在 CT 扫描结束之后，计算机重构算法对产生的一系列 X 光照片进行演算，可以获取样品截面信息的堆叠，由二维向三维扩展，这个过程能够提供样品内部结构的数字化三维灰度展现（通常被称为断层影像），这些影像可以被量化分析，以及从任何方向进行虚拟化切割，也可以通过程序进行单独着色或者渲染为透明色以对三维形态进行可视化表达。需要注意的是，正如二维图片由二维的像素（pixel）组成一样，CT 重构的三维图像由众多的立方体或长方体单元堆砌组成，这些基本单元被叫做体素（voxel）。

4.1.1 X 射线 CT 的基本硬件组成

X 射线 CT 包含三个基本组成部分，即 X 射线光源、X 射线探测器和样品台，根据功能的不同，CT 的整体架构也有所区分。如图 4-1（a），如果成像的对象是病人或者实验室动物，则是对象不动，X 射线光源和探测器绕着检测对象进行拍摄。如果成像对象是厘米级或者毫米级的样品，那么 X 射线光源和探测器可以保持不动，而样品进行转动。

在通常情形下，X 射线的光源可以是实验室常见的 X 射线光管或是同步辐射大科学装置。X 射线光管相对简单便宜，可选靶材多，光管射出的 X 光为圆锥状，包含了白光和靶材产生的特征峰，最大能量取决于加速电子的电压。由于常规的 X 射线光管光通量有限，为了使 X 射线得到充分的利用，使用这类光源的微束 CT 扫描仪光通路倾向于使用如图 4-1（b）所示的圆锥形光路设计。类似于近大远小的规律，为了成像中获得放大效果，可以将小样品向光源方向进行移动，投影就可以占据探测器上更多的像素，从而减小了每个体素所代表的有效尺寸。根据分辨率的不同，扫描时间可以从几分钟到几个小时。

同步辐射可以提供比 X 射线光管高几个数量级的光通量和单色光，这可以有效提高识别吸收率差距的敏感性，同步辐射产生的 X 射线可以具有空间相干性，对于相位衬度（见下节）的获取具有独特的优势。由于 X 射线源距离样品常常有几米到几十米，因此到达样品的 X 射线具有很高的平行度［如图 4-1（c）所示］。因此，重构时的体素尺寸和探测器的像素尺寸基本相同。利用同步辐射光源进行 CT 扫描的扫描时间可以从亚秒到分钟级。用于 CT 扫描的面探测器可以记录穿透样品投影的 X 射线强度的二维空间分布，多数探测器是将 X 射线信号通过闪烁体（scintillator）转换成可见光，然后经过大量半导体或其他设备，将可见光信号转换成电子信号以用于数码成像。

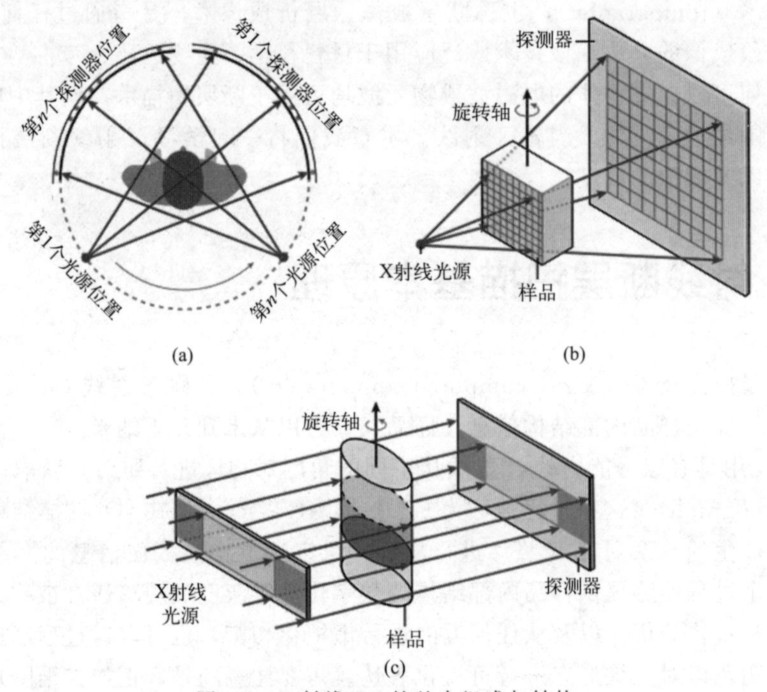

图 4-1　X 射线 CT 的基本组成与结构

（a）样品不动，X 射线光源与探测器转动；（b）锥形实验室 X 射线光源的 CT 扫描实验；（c）近平行同步辐射 X 射线光源的 CT 扫描实验

基于同步辐射光源的显微 CT 实验设置，典型的如美国先进光源 8.3.2 线站，使用了 50μm 厚 LuAG：Ce 闪烁体、10 倍光学镜头和一个 PCO edge sCMOS 探测器，每幅图像的采集需要曝光一定时间。实验中采集暗场像（合上 X 射线遮板）用来减去探测器暗计数，样品扫描前后还需采集明场像以归一化入射光在实验过程中的波动。

机械稳定性在 CT 中是必要的（包含设备和样品）。具体来说，在投影图像采集过程中，任何移动的精度必须小于体素尺寸，否则在重构过程中会造成模糊。虽然可以通过后期的算法对已知的机械移动进行校正，但旋转轴的摇晃或者是 X 射线光源的移动都将严重影响成像质量且是难以校正的，所以在成像前，对 X 射线光管或者单色器（同步辐射）进行充分加热是必要的，可以有效规避焦耳热导致的光源移动。

4.1.2　CT 的成像与重构基础

4.1.2.1　CT 的成像衬度

在了解了 CT 扫描仪的基本设置之后，需要进一步了解 CT 成像中衬度的由来。每张投影照片上衬度的形成都是X射线和物质相互作用的结果。因此，多种衬度模式可以适用不同的成像任务。当X射线穿过物体时，强度和相位都将随着折射率n而变化，折射率n为：

$$n=1-\delta+\beta i \tag{4-1}$$

式中，复数虚部β控制X射线衰减（吸收）；实数部分δ代表X射线穿过样品时产生的相迁移。前者可以用来获取吸收衬度或者衰减衬度（attenuation contrast），而实数部分可以用来获得相位衬度（phase contrast）。

（1）吸收衬度

吸收衬度来源于X射线穿过样品时的强度衰减，衰减规律符合以下朗伯-比尔定律（Lambert-Beer's law）。

$$I=I_0 e^{-\mu x} \tag{4-2}$$

式中，I_0为入射光强度；I为透射光强度；x为X射线在样品中通过的距离。线性吸收系数μ表达了X射线穿过材料时的衰减，可以用公式$4\pi\beta/\lambda$来计算，其中λ即X射线波长。当样品中含有多种成分和物相时，衰减就要计入X射线在穿过物体的过程中所经过的所有材料，对X射线通过的路程进行线积分，那么上式可以写为：

$$I=I_0 e^{-\sum_{i=1}^{n}\mu_i x_i} \tag{4-3}$$

式中，μ_i代表X射线通过样品时经过的材料i的线性吸收系数；x_i代表X射线通过样品时经过的材料i的厚度。

知识点4-1 低原子序数的材料，典型的如锂和碳，由于X射线通过时衰减小，在X光照片中较难获取吸收衬度，尤其是在样品中存在孔洞的情况下，难以从吸收衬度中识别孔洞和低原子序数的材料。这时候就需要辅助其他手段。

在第3章已经介绍过，通常情况下，特定元素的线性吸收系数随着X射线能量而变化，这一变化过程是平滑的，但是当X射线能量足够激发元素核外电子时，X射线吸收会出现阶跃式的变化。例如，Cu在X射线能量达到8979eV时出现K层电子跃迁，此时X射线能量被大量吸收，出现吸收边（absorption edge）。吸收边的存在意味着我们可以通过这一效应来识别不同的元素在样品中的分布。

（2）相位衬度

如上所述，有时仅仅依靠吸收衬度难以对不同的物质进行区分。根据式（4-1），这种情况下我们可以不考虑β而依靠实部δ来提供相位衬度，实现衬度增强。这是因为X射线在穿过物体时，波阵面会发生相位偏差，对于那些吸收低的材料而言，相位衬度往往要比吸收衬度高数个数量级。直接测量电磁波的相位移动是困难的，最简单的测量相位移动的方法就是通过将探测器拉到远离样品的位置，X射线在通过样品之后在空间中传播，部分不同相位的波发生干涉，形成明暗衬度，样品和探测器距离增加，衬度得到提高。这种方法叫做类同轴相位衬度成像，优势在于实验设置相对简单，不需要附加光学元件；缺点在于对于光源的相干性要求较高，目前在多数同步辐射线站上使用。

4.1.2.2 CT的重构

CT图像的形成与重构，从数学上描述是拉东变换（Radon transform）与拉东逆变换。拉东变换是一种积分变换，这种变换将二维平面函数 f 变换成一个定义在二维空间上的线性函数 Rf（Rf 表示对 f 做拉东变换），可以说如果 f 相当于人体组织，那么CT扫描的输出信号就相当于经过拉东变换的 f。拉东变换后的信号称作正弦图，因为一个偏离中心的点的拉东变换是一条正弦曲线，一系列小点的拉东变换看起来像一些具有不同相位和振幅的正弦波的叠加。因此，当一个二维图像旋转180°获得的投影以角度为横轴进行排布时，获得的图像即为该二维图像进行拉东变换获得的正弦图。将这一正弦图进行逆变换即可重建原图。

知识点4-2 值得注意的是，由于在数学上拉东变换与傅里叶变换密切相关，如果对正弦图先后进行两次傅里叶变换（一次一维傅里叶变换，一次二维傅里叶变换），也可获得重建图像。但是由于高频信号失真以及计算量大的原因，实际操作中还可以使用直接反投影法或者滤波反投影法，滤波反投影法更能提升图像质量。

我们可以将CT重构划分为以下步骤：多角度投影、建立正弦图、反向投影正弦图、反投影切片重构、三维重构。这里，我们以Shepp-Logan二维灰度模型为例进行说明。如图4-2所示，以一定的步长对模型进行扫描，将投影按旋转角度展开即可建立正弦图。如果步长为1°，那么正弦图相当于180个投影信号按顺序平铺。

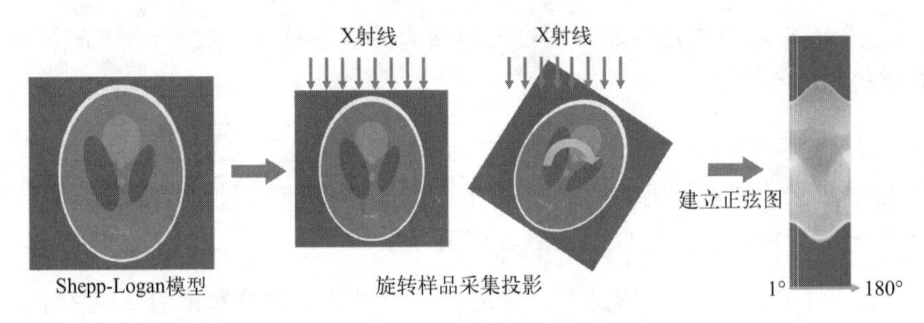

图4-2 CT投影信号采集

若我们采用直接投影法进行反投影重建，这一过程就是将正弦图中对应角度的投影均匀地“抹”回去，形成二维图像并逐一叠加。图4-3分别展示了以60°、10°和1°为步长重构的结果。可以很明显地看出，当CT扫描时，投影采集的步长越小、数量越多，图像的分辨率越好。

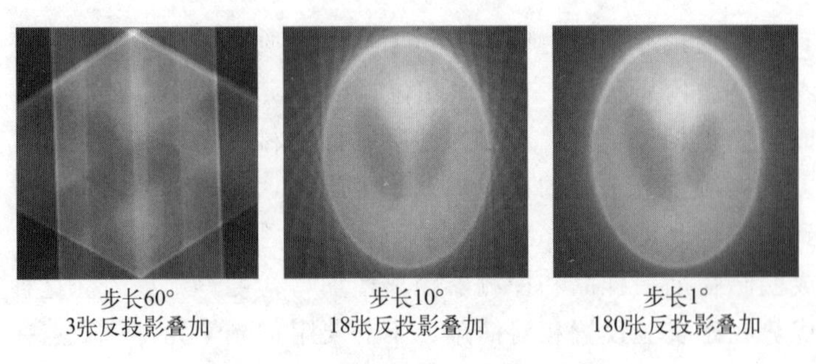

图4-3 直接反投影不同步长叠加

从直接反投影重构的图片可以发现，即使采集步长足够细小，重构的图像相对于原来的图像质量还是变差了，边缘带着晕。这是因为直接投影法从正弦图上一维信息变二维图像时，是将每个照射方向上采集到的一维投影信号平均填充到该方向的二维空间点上，这直接造成了原本应当灰度值为 0 的区域被赋予了值，典型的就是 Shepp-Logan 模型中间的黑色区域变灰以及图像边缘的“晕”。

那么，如何提高重构的图像质量？这就需要使用滤波反投影法。相对于直接反投影法，该方法对每一列信号分别在频域进行滤波，突出高频信号，典型的滤波器有 Ramp-Lak（R-L）滤波器和 Shepp-Logan 滤波器。图 4-4 即为增加了滤波器之后的反投影叠加效果，可以看出图像质量相对于直接投影获得了提高。这样的重构方法进一步推广到三维空间中，就能够对三维的样品进行重构以及切片，并基于衬度的选择对不同的相进行提取和量化分析。

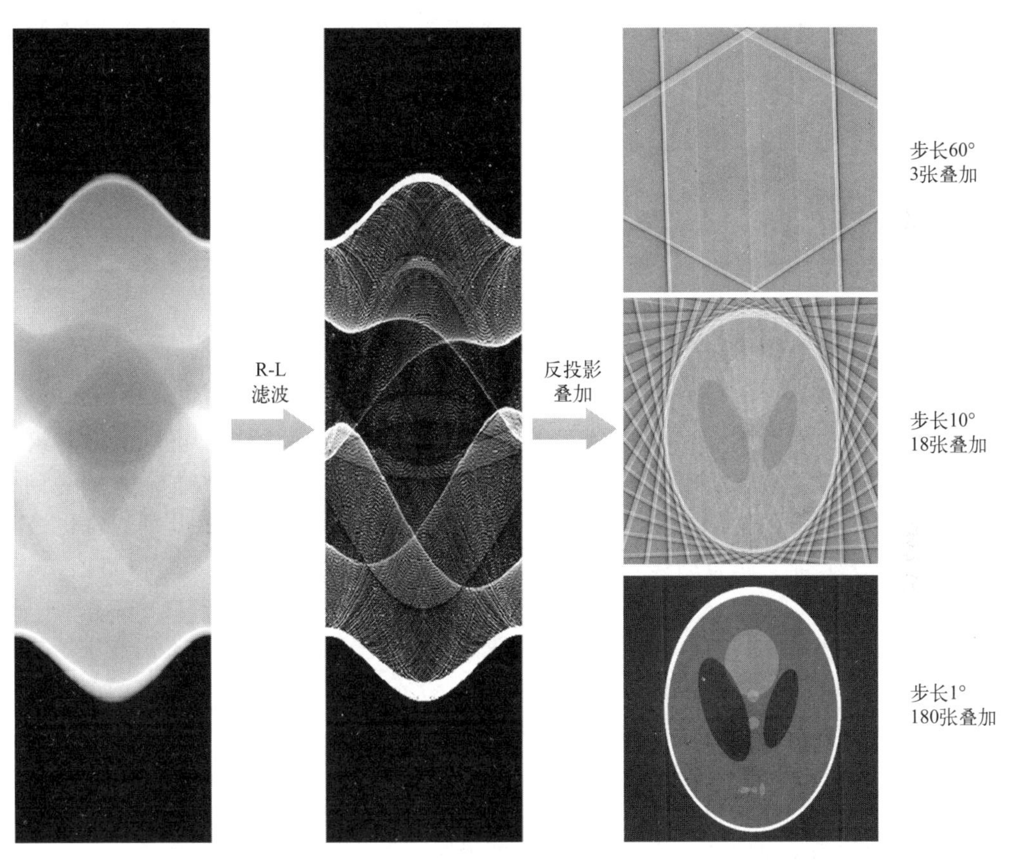

图 4-4　滤波反投影法

4.1.2.3　CT 扫描仪的选择

当我们决定是否或者如何来实施一次 CT 扫描时，有几个重要的因素需要考虑，包括：样品的尺寸、感兴趣部分的特征以及组分、可接受的 X 射线剂量以及时间分辨率的要求。取决于扫描条件和扫描的样品，空间分辨率（spatial resolution）通常要比体素的尺寸大。这里需要注意体素的尺寸和空间分辨率的概念需要有所区分。尽管通过提高衬度等手段，有可能可以检测到小于体素大小的特征，但是一般说来，要正确表征特征（形状、体积等），所选体素大小必须显著小于预期特征或它们分离产物的大小。常规的 CT（医学或者工业上使用）可以得到亚毫米级的分辨率（体素尺寸大于 100μm），显微断层扫描（micro-CT）通常指体素尺寸大于 0.1μm 具有微米级分辨率的技术，纳米 CT（nano-CT）是指体素尺寸下探到约 10nm 具有纳米级分辨率的技术。选择小的体素尺寸往往意味着所扫描物体的尺寸也更小，这是因为具有较小的有效像素尺寸通常意味着在探测器上记录的视场（field of view，FoV）也更小。此时，为了覆盖同样的样品范围，则需要将多个 FoV 拼接在一起，相关的采集时间也将增加，计算重建任务和存储需求也会随之增加。

选择空间分辨率适宜的 CT 扫描仪，特征之间的衬度至关重要。由于原子核外电子的散射作用，线性吸收系数通常随着元素原子序数的增加而增大，随着 X 射线能量的升高而减小，因此吸收衬度适合用来对比电子密度相差较大的材料，例如区分骨质中的裂纹、砂石中的孔洞等。低原子序数的材料，比如软组织和碳纤维复合材料，通常呈现出较差的吸收衬度，因此更适合使用相位衬度。吸收衬度可以通过选择 X 射线能量（单色光）或者能量范围（多色光）进行调控。X 射线能量过高，会导致 X 射线吸收过低，进而衬度不明显，而能量过低则会导致难以穿透样品，从而探测器上接收到的信号过少。衬度和样品穿透之间的平衡意味着样品的尺寸越大，所需要的 X 射线的能量也就越高。因此，纳米 CT 通常使用低能（＜1keV）和中能（5～30keV）X 射线，微束 CT 和临床用 CT 使用高能（分别是 30～300keV 和 80～140keV）X 射线，重工业中使用的 CT 系统 X 射线能量可以达到 400keV 以上。

4.1.3 CT 的图像处理算法以及应用案例

对于三维图谱成像的三维可视化，可以采用一些较为成熟的软件，如 FEI 公司的 Avizo 或者是图像处理开源软件 ImageJ。通过在切片图像上选取不同的衬度，可以将不同组分在扫描区域的分布重建出来。同时可以对三维模型直接截取截面观察内部结构，从而做到在样品无损的情况下获得样品内部结构信息。与一些三维建模软件相同，CT 软件通常也是通过三维视图加上三视图辅助进行图像观察，通过设置笛卡尔坐标系中的 X、Y 和 Z 值，CT 软件可以展示对应的 YZ、XZ 和 XY 截面的视图。

对于三维结构的重构，有时还需要对切片图像进行一些图像预处理以提高三维结构各组分之间的衬度，其中典型的有降噪处理以及对于孔洞分割分析的算法，比如高斯模糊（gaussian blur）、分水岭（watershed）和椭圆拟合算法。

4.1.3.1 高斯模糊

高斯模糊的作用是对图像进行降噪处理，减少图像细节并减弱图像层次感，因此又叫做高斯平滑，其数学原理是通过高斯函数（也用于表述统计学中的正态分布）来进行图像中每个像素的变换过程，高斯模糊在二维空间上的计算公式如下：

$$G(x,y)=\frac{1}{2\pi\sigma^2}e^{-\frac{x^2+y^2}{2\sigma^2}} \tag{4-4}$$

式中，x 和 y 为图片上像素点的坐标；σ 为高斯分布的标准差。每个像素的新值通过该公式被设置为该像素邻域的加权平均值。原始像素的值获得最重的权重（具有最高的高斯值），而相邻像素随着距原始像素的距离增加，权重减小。与其他更为均匀的模糊滤镜相比，这种模糊效果可以更好地保留边界。

4.1.3.2 分水岭算法

对于多孔结构中孔洞的划分需要用到分水岭（watershed）算法。该方法起源于地形学中分割流域的应用。现在分水岭的定义更为宽泛，分水岭线可以定义在边线上或是节点上，也可以是节点和边线的混合线，而流域也可以指连续域，因此可以利用分水岭算法对互相接触的孔洞或者颗粒在图像中进行划分。算法中将待操作的图像视为地形图，每个点的亮度代表其高度，以“洪水”对整个图像（地形）进行填充，为了防止不同“盆地”与“盆地”之间的水连通，建起“水坝”，即“分水线”，水位越高，水坝越高，直到所有的区域都被“水”没过，完成划分。由于噪点的存在，通常会造成图像的过度划分而形成大量碎片式的区域，因此在进行分水岭算法前需要结合高斯模糊进行降噪以及去细节处理。

4.1.3.3 椭圆拟合算法

该方法是在完成了图像分割的基础上进行的，实现针对多孔结构的孔形貌的研究，可以获得长短轴长度、旋转角度等孔洞的几何信息，通过对切片图像的批处理可以很容易获得每一切片上的孔形貌分布规律，以及在多孔样品厚度方向上孔形貌的演变规律。

以冷冻铸造成型的固态电解质三维结构框架为例，通过三维重构以及模型渲染，可以观察到如图 4-5 所示的多孔结构。从 XZ 截面看到内部的通孔，并且可以选择取出其中的一块区域，进一步观察孔壁的三维形貌。

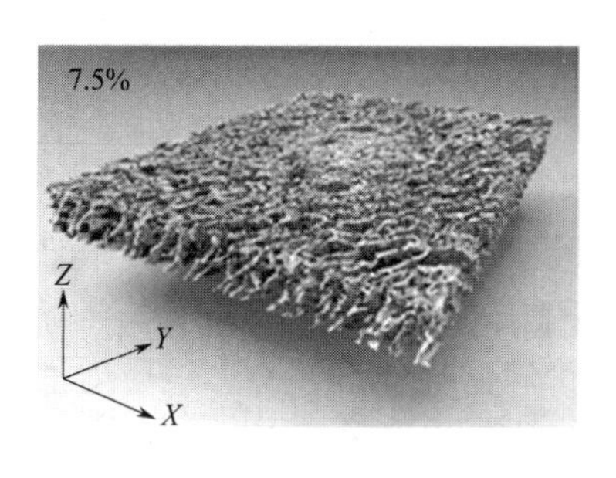

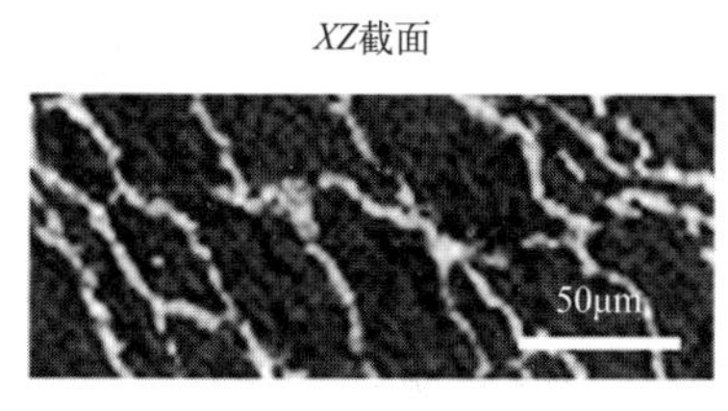

图 4-5 固态电解质三维结构框架重构

如果希望对孔洞结构进行量化分析，可以采用分水岭算法与椭圆拟合相结合的方法。如图 4-6 所示，在对原始图像［图 4-6（a）］进行高斯模糊与二值化后，使用分水岭算法对孔进行分割，得到图 4-6（b）和图 4-6（c）所示的结果；但是明显不同的是，图 4-6（b）形成了较多的过度分割，在对“分水线”参数进行优化后，图 4-6（c）中的结果得到明显改善。图 4-6（d）为单一孔的椭圆拟合。进行切片批量处理之后，可以对孔洞的形貌分布特征（例如椭圆的长、短轴之比）进行定量统计，如图 4-6（e）所示。

知识点 4-3 体素的尺寸决定了重构模型的尺寸，一般在重构模型时，会被要求提供体素的尺寸。此外，在展示 CT 模型时应当避免像二维图形一样标注一条标尺，因为三维视图的透视效果模型尺寸并不等于直接在二维图上测量得到的尺寸。

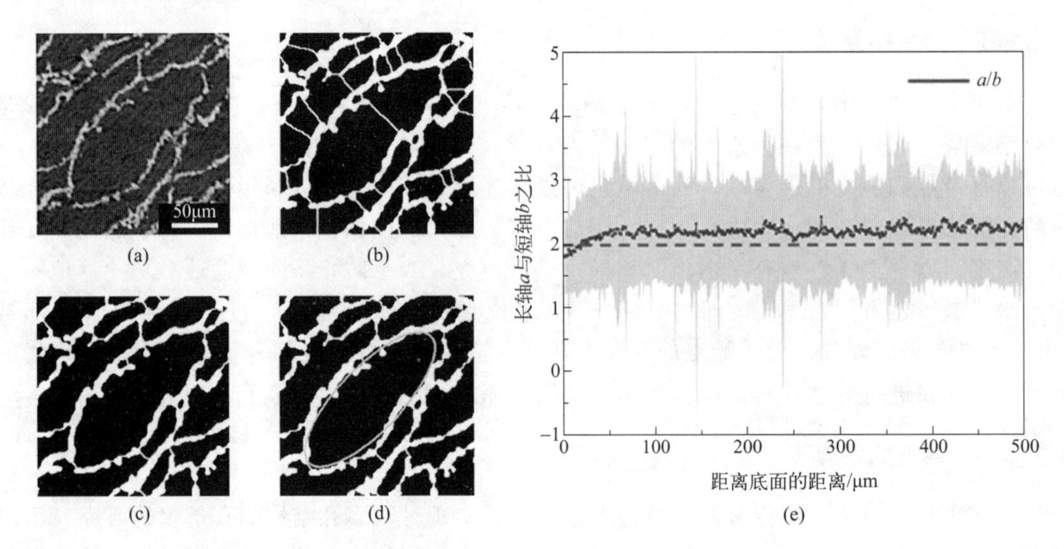

图 4-6　孔洞拟合及形貌演化

(a) 原始图像；(b) 分水岭算法分割；(c) 优化参数后的分水岭分割；
(d) 单一孔洞的椭圆拟合；(e) 椭圆拟合长短轴之比的定量统计

4.2 X 射线断层扫描术的衍射衬度

4.2.1 与劳厄衍射相结合的 CT

如前文所述，X 射线 CT 利用吸收衬度，被广泛应用于医学、工业探伤等领域，此外衍射衬度也被用于分析晶体材料的晶粒位置、形貌、取向等信息。因为 X 射线的波长与晶格参数在相近数量级，所以 X 射线照射晶体时将发生衍射。我们已经知道，X 射线衍射的方向与参与衍射的晶粒所关联的晶格在空间中的摆放（取向）、参与衍射的晶面间距和 X 射线的波长三者有关。在多晶材料中，每一个晶粒的取向都与周围晶粒的取向有所不同，每一个晶粒将在环绕样品的空间中产生多束衍射束。

如图 4-7 所示，一束平行单色光经过汇聚镜和狭缝后，被限制为层状光（厚度为微米级别）或平面光（尺寸为毫米级别），照射于绕一特定轴旋转的样品，同时发生透射及衍射。假想这个样品只存在图中所示的一个晶粒，则在样品后放置的二维相机可以收集到一个投向该相机的具有吸收衬度的透射斑（暗斑）。通过不断转动样品收集该吸收衬度，即可获得该晶粒的三维形貌。然而常见的材料为均质且致密的多晶样品，每一个晶粒的周围紧密围绕着元素成分相近的其他晶粒，此时相机收集到的透射斑反映的是该样品的宏观形貌，无法获得每一个晶粒单独的吸收衬度，进而无法表征该晶粒的形貌。此时，即可利用仅与该晶粒有关的衍射斑（亮斑）进行分析，通过收集样品中所产生的所有衍射束，并对其进行标定，将同属于一个晶粒的衍射斑收集起来，使用与 CT 吸收衬度三维重构相似的重构方法，即可获得该晶粒的位置、三维形貌。同时标定过程亦可获得该晶粒的取向和应力分布信息。这种利用 X 射线的衍射衬度进行晶粒拓扑学研究的办法，被称为衍射衬度断层扫描技术（diffraction contrast tomography，DCT）。因对 X 射线束平行性要求高，如图 4-7 所示的平行束单色光

DCT 设备通常出现于大型同步辐射研究中心。在最佳情况下，该技术可以同时表征样品内部几百至上千个晶粒。

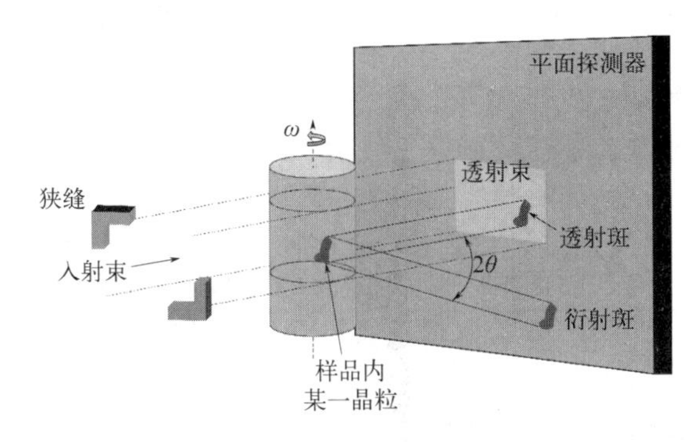

图 4-7　平行束 X 射线 DCT 原理

该技术的主要难点是将每一个晶粒与其对应的衍射斑进行匹配。一种方式是如图 4-8 所示的光线追踪法。该方法使用放置在与样品不同距离处的相机收集同一样品旋转角度 ω 的衍射信号，并将匹配到同属于一个衍射束的衍射斑进行连接，即可知道这个衍射斑所对应的晶粒的位置。

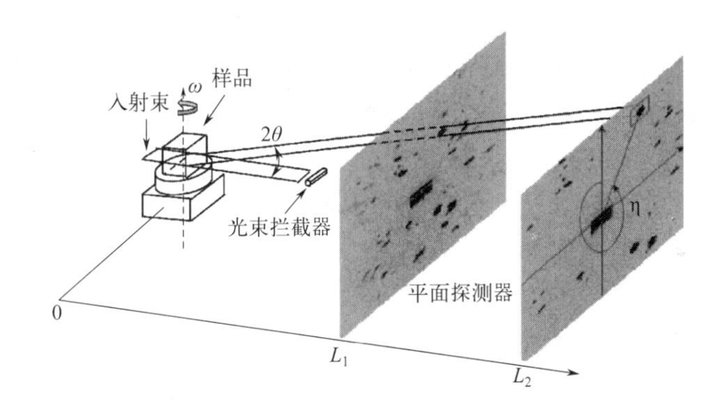

图 4-8　光线追踪法原理

另一种方法是使用弗里德尔对（Friedel pair）进行分析。在样品的 360°旋转过程中，每一个特定晶面的位置不断变化并使其接近或远离布拉格条件，探测器收集到的该晶面对应的衍射斑的强度在 0 与最大值之间不断变化。当一个衍射于晶面（hkl）的衍射斑强度达到最大值时，此时样品的旋转角度 ω 加 180°依然能够收集到属于该晶粒的晶面（$\bar{h}\bar{k}\bar{l}$）的最亮衍射斑。这一对衍射斑被称作弗里德尔对。如图 4-9 所示，衍射斑 A 在样品旋转角度 ω 时亮度最高，样品旋转角度 $\omega+180°$时探测器的相对位置亦在图中绘出，与衍射斑 A 同属一对弗里德尔对的衍射斑 B 位置也标记在图中。可见衍射斑 A 与 B 的连线通过该晶粒的重心。通过这两种办法将晶粒重心与衍射斑对应后，即可采用常见的衍射标定方法对其进行标定。

在实际实验时，这种技术通常有两种模式，用来兼顾时间分辨率、空间分辨率与角分辨率的需求。一种是远场标定模式，一般使用远场相机及平面光源，对晶粒的重心位置、体积、平均取向、平均应变张量进行表征。这种方式的角分辨率可达到 0.1°，时间分辨率可

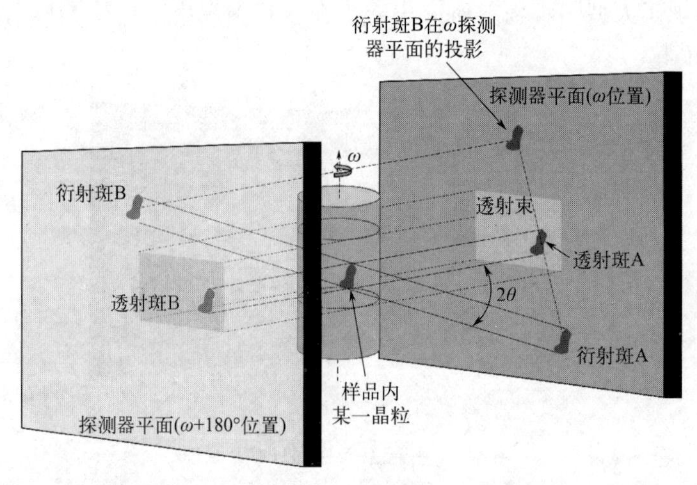

图 4-9 DCT 实验中互为弗里德尔对的衍射斑

达到分钟级，可应用于原位研究。另一种是近场三维重构模式，结合近场相机使用片层光对样品进行照射，再通过扫描多个片层重构出晶粒的三维形貌。该模式花费时间较长，通常需要几个小时。

基于同步辐射的三维衍射依赖于大科学装置，空间分辨率与角分辨率高。然而对于大部分研究与生产人员，应用同步辐射大科学装置进行研究成本高、实验周期长。因此基于实验室的衍射衬度断层扫描技术亦被开发出来。这种实验室 DCT 技术应用发散的多色光 X 射线源，利用劳厄汇聚效应（Laue focusing effect），在相比于同步辐射光源较低的亮度下亦可在可接受的数据采集时间（通常为 1～2 天）内完成实验。如图 4-10 所示，光源与样品间距离为 L，并将探测器放置在样品后与光源相距 $2L$ 的位置（被称为汇聚位置），此时对于给定的一组晶面，晶面间距相等，但波长和入射角在小范围内均可以发生衍射，如图可见 $\lambda_1>\lambda_2$，所对应的衍射角 $\theta_1>\theta_2$。在汇聚位置的探测器可以利用该效应收集到同一组晶面相近衍射条件下所汇聚的衍射斑，这些衍射斑是由不同波长的 X 射线汇聚而成，因而在亮度有限的实验室光源条件下能够尽量节约时间。然而相较于平行束光源，这些利用发散束光源产生的衍射斑存在一定程度的拉长与变形，无法直接利用断层扫描技术进行晶粒三维形貌重构。因此实验室 DCT 技术初期只能给出晶粒的重心位置、体积与取向信息。目前，一种基于种子扩张算法的晶界重构算法被应用于实验室 DCT 技术进行晶粒重构。该算法首先利

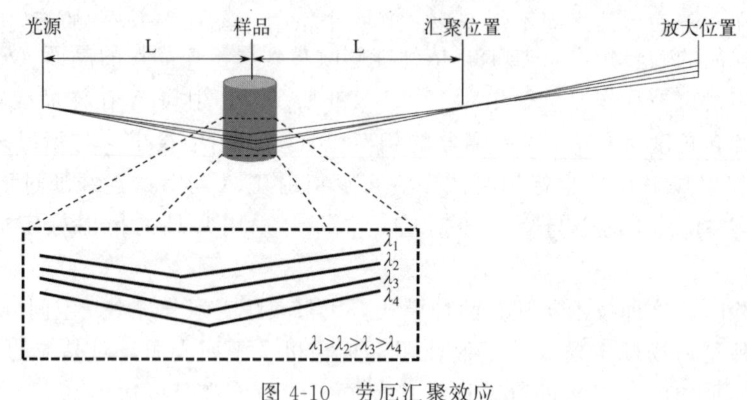

图 4-10 劳厄汇聚效应

用 CT 技术将样品划分为若干体元，然后将每一个晶粒的重心所在的体元当作种子，扩张种子周围的体元，在扩张时计算每一个体元为周围某个取向时的可靠系数，可靠系数最大的取向被赋予这个体元。这里的可靠系数被定义为观测到的衍射信号数与模拟的衍射信号数之比。相较于平行束光源的直接重构，这种重构方法无法给出晶粒内的应变，且小晶粒易被湮没于大晶粒之中无法识别，通常情况下，实验室 DCT 能够识别的晶粒尺寸在 20μm 以上。

4.2.2 与德拜衍射相结合

此外，X 射线粉末衍射和 CT 也能够相结合，简称 XRD-CT。利用衍射峰强弱作为衬度进行成像，十分适合粉末多晶材料中的相分布研究，其中基于同步辐射硬 X 射线的 XRD-CT 能够达到约 1μm 的高空间分辨率。如图 4-11 所示，不同于传统的 CT 扫描，在 XRD-CT 实验过程中，需要使用 X 射线束对样品进行平移扫描和旋转扫描，这里使用的 X 射线束往往为微米级尺寸，如欧洲同步辐射 XRD-CT 实验中 X 射线束斑尺寸为 2μm×4μm。同时，由于光源不动，样品相对地就需要进行平移和旋转双轴运动，平移运动方向垂直于 X 射线方向，旋转运动与常规 CT 相同，绕样品中轴进行定步长旋转，探测器采集的不是样品的投影，而是一系列的 XRD 衍射花样。

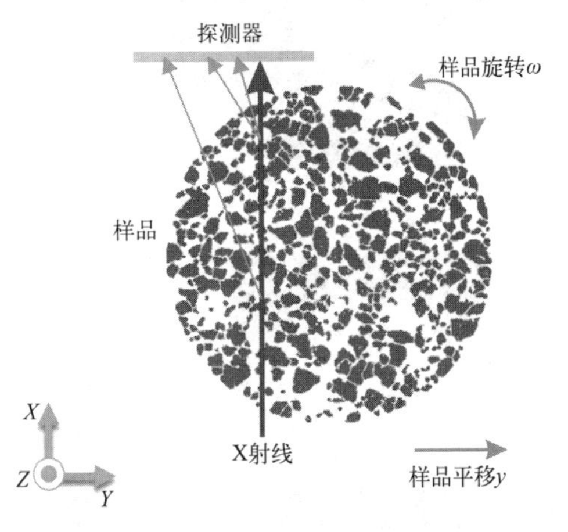

图 4-11　XRD-CT 实验设置

实际操作中，样品的运动以及探测器信号采集的模式是这样的：样品沿着 Y 方向按照一定的步长进行平移，这里的步长设置为 X 射线束斑的宽度，每走一步采集一次衍射花样。当 X 射线扫描完样品的宽度方向后，样品旋转一定角度，再次对整个样品宽度方向进行扫描和衍射花样采集，循环以上操作直到样品旋转完 180°。

知识点 4-4　假如 X 射线束斑宽度为 4μm，样品宽度为 500μm，样品旋转的步长为 3°，那么实际可以采集到的衍射谱数量为 $N_y \times N_\omega$，$N_y = 500/4 = 125$，$N_\omega = 180/3 = 60$，所以最终采集到的衍射谱为 7500 张。

XRD-CT 重构的流程如下图所示，首先对采集到的一系列的衍射花样进行方位角积分获得每张花样对应的一维德拜衍射谱，可以对每张衍射谱进行精修，随后根据衍射谱上不同相的衍射峰，进行相选取，如图 4-12 中的 a 和 b 所示。从下图展示的全局正弦图来看，我们可以类比常规的 CT 扫描方法，在角度相同的情况下，CT 正弦图的每一条明暗图像代表的是探测器采集到的一维投影，而 XRD-CT 的每一列明暗图像则代表着所选相的存在与否以及含量多寡，信息更为丰富。随后可以根据所选的 a 和 b 的正弦图分别进行重构，这样就能够从切片中获取每一种相的分布情况。

从上文可以看出，XRD-CT 采集到的衍射花样数量庞大，如果每张谱的收集时间为 0.8s，那么 7500 张就需要约 1.7h；如果我们还要兼顾厚度方向，XRD-CT 数据采集操作就要重复多次，时间也将成倍增加；此外图像处理、衍射谱精修都是耗时的。目前，对于 XRD-CT 的效率提升包括基于深度学习的数据分析以及数据采集策略优化，这使实验时间和分析成本得以减少，也有了使用 XRD-CT 进行原位实验的尝试，例如在能源材料领域，探究在电池循环过程中，正极材料中相演变的拓扑规律，或用于识别不同区域内材料的化学计量比变化等。

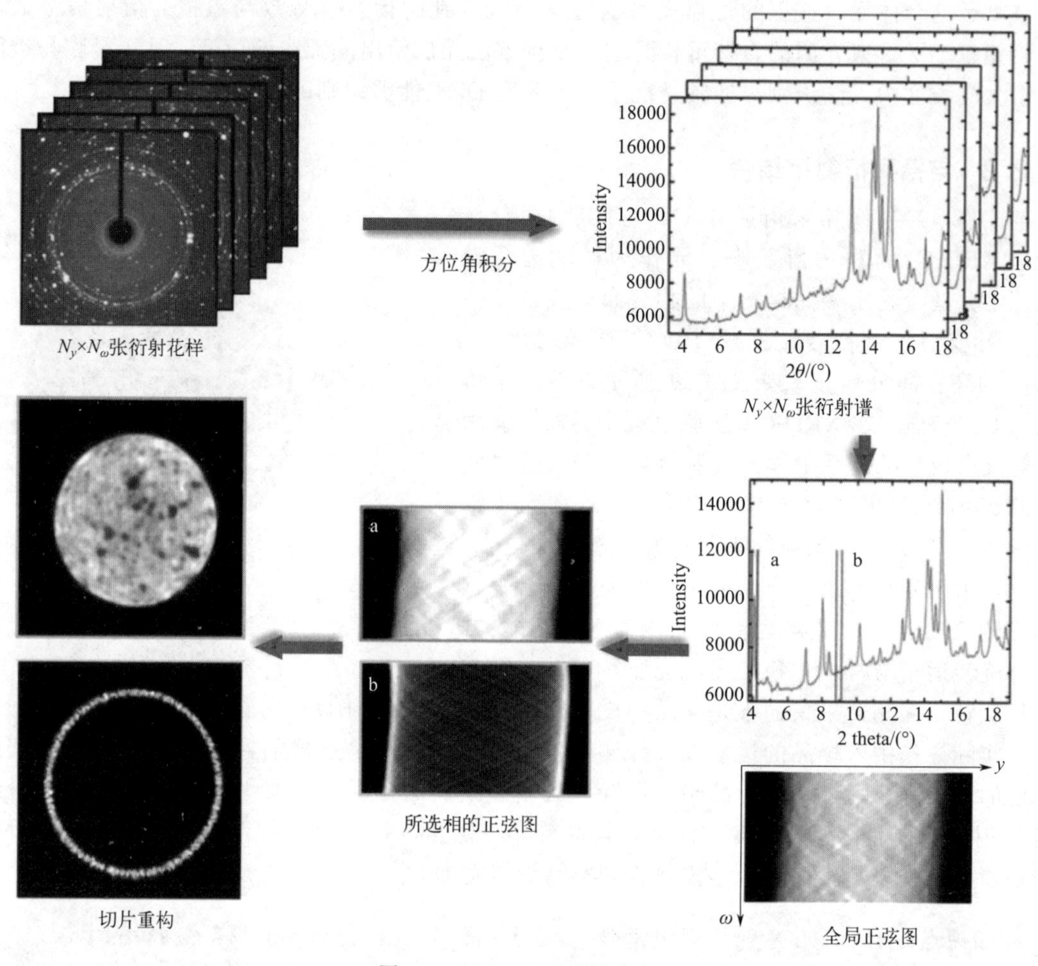

图 4-12　XRD-CT 重构流程

习题

1. 同利用单色光进行 CT 成像相比，用多色光进行 CT 成像有哪些优势和劣势？
2. 试说明吸收边对于成像的作用。
3. 试比较 CT 和普通的 X 光照相术。

参考答案

第 5 章

X 射线衍射的方向

1911 年冬到 1912 年春，德国物理学家劳厄（Max von Laue）在 Paul Knipping 和 Walter Friedrich 的协助下，经两次实验在 $CuSO_4 \cdot 5H_2O$ 晶体上得到了人类历史上第一张 X 射线衍射花样（X-ray diffraction pattern）照片，并推导出了 X 射线在晶体上衍射的几何规律（即劳厄方程），因此获得 1914 年诺贝尔物理学奖。

1912 年，英国物理学家布拉格父子（William Henry Bragg 和 William Lawrence Bragg）推导得出了用于描述衍射几何的、更加简洁的布拉格定律，并于 1915 年获得诺贝尔物理学奖。

与劳厄在同一课题组学习的德国物理学家埃瓦尔德（Paul Peter Ewald），博士期间主要研究 X 射线在单晶中的传播规律，他于 1912 年获博士学位，并提出了埃瓦尔德重构方法与埃瓦尔德球的概念，对于描述 X 射线在晶体中的衍射几何也具有重要作用。

本章我们将学习 X 射线衍射的布拉格定律、劳厄方程和埃瓦尔德球。

5.1 布拉格定律

5.1.1 波的合成

某一时刻，由波源最初振动状态传到的点所连成的曲面称为波前。波的合成过程如图 5-1 所示。波源 1 和波源 2 的波前为圆形，随着传播距离增加，其波前可近似认为是垂直于波传播方向的平面波。只考虑 A 方向，当 A_1 和 A_2 到达 S 处时有波程差 ΔA，即 A_2 多走了 ΔA 的距离。

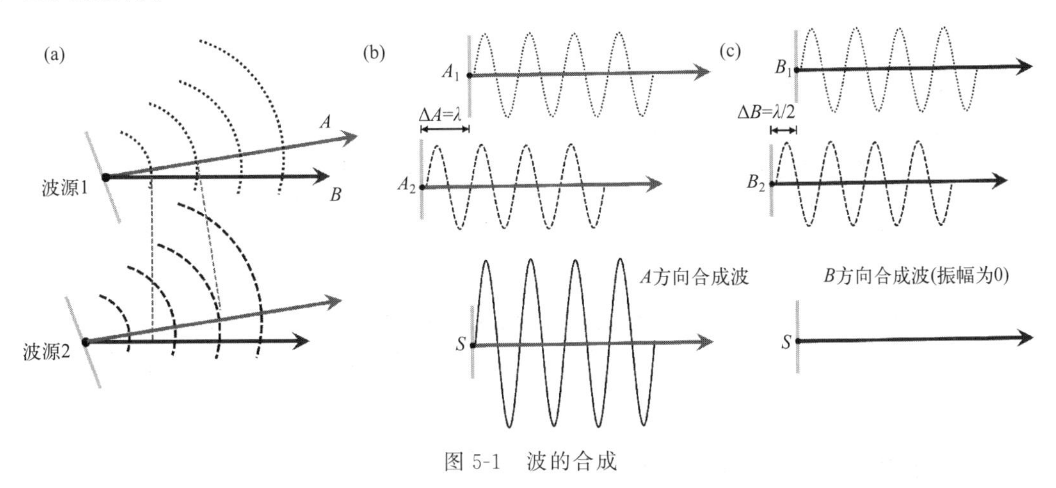

图 5-1　波的合成

如果 A_1，A_2 的相位完全一致，那么 ΔA 满足以下条件（其中 n 是整数，λ 是波长）：

$$\Delta A = n\lambda (n=0,1,2,3\cdots) \tag{5-1}$$

式中，n 为整数；λ 为波长。

则在 A 方向上两波相互加强，合成波振幅为原波振幅的叠加，该过程称为相长干涉。显然，上述波程差与方向相关。如果在 B 方向上 B_1 和 B_2 的相位完全相反，那么波程差 ΔB 满足以下条件：

$$\Delta B = (n+1/2)\lambda (n=0,1,2,3\cdots) \tag{5-2}$$

则在 B 方向上两波相互抵消，合成波振幅为零，该过程称为相消干涉。在介于 A 和 B 之间的方向上可以得到其他合成波，其振幅大小介于 A 方向和 B 方向上各自合成波振幅之间。

综上所述，两波之间具有波程差就会导致相位差，合成波振幅随相位差变化而变化。

5.1.2 X射线衍射

X射线衍射过程如图5-2所示。其中A、B、C代表三个相互平行的原子面（注意，这里应该叫三个原子面，而不是三个晶面，这三个原子面同属一个晶面），晶面法线垂直于该晶面。设晶面间距为 d，波长为 λ 的X射线单色平行光入射到晶面，且X射线与晶面的夹角为 θ。X射线照射到原子上，会被原子的核外电子向各个方向散射，产生散射束。

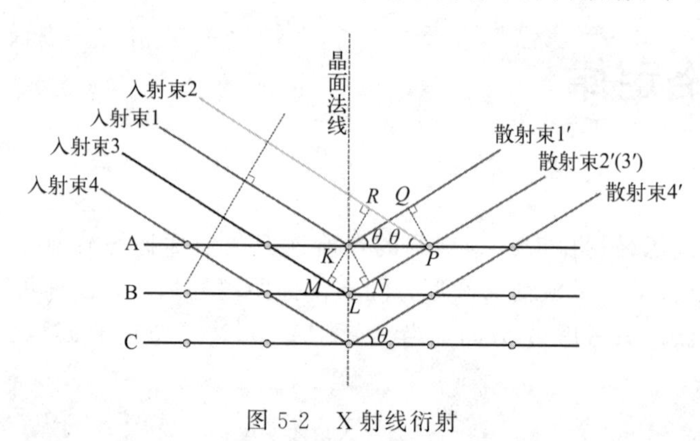

图5-2 X射线衍射

下面我们在入射束与晶面法线所确定的平面上，讨论散射束能够发生相长干涉的条件。

假设入射束1和入射束2分别被原子面A上的两个原子K和P散射，当散射束与晶面的夹角也等于 θ 时，散射束1′和散射束2′相位相同，发生相长干涉，X射线强度加强。这是因为两束波之间的波程差为零，即

$$QK - PR = PK\cos\theta - PK\cos\theta = 0 \tag{5-3}$$

现在考虑不同原子面上的散射情况。当入射束1和入射束3分别被原子面A上的原子K和原子面B上的原子L散射，且散射角也等于 θ 时，两束波之间的波程差为：

$$ML + NL = d\sin\theta + d\sin\theta = 2d\sin\theta \tag{5-4}$$

若波程差 $2d\sin\theta$ 为波长 λ 的整数倍，即

$$2d\sin\theta = n\lambda (n=0,1,2,3,\cdots) \tag{5-5}$$

则散射束1′和散射束3′的相位完全相同，发生相长干涉。

因此，要发生X射线衍射，必须使得入射束、晶面法线、散射束三线共面，且入射角θ、晶面间距d、波长λ满足式（5-5）。这就是布拉格定律（Bragg′s law），是X射线衍射中最基本的定律。式中n为整数，称为衍射级数。

由于$\sin\theta \leqslant 1$，n的大小有一定限制。对于一定的λ和d，必然存在可以产生衍射的若干个角θ_1、θ_2、θ_3，…分别对应于$n=1$、$n=2$、$n=3$，…的情况。$n=1$为第一级衍射，对应波1′和波2′之间的波程差为波长的一倍；而$n=2$为第二级衍射，对应1′和2′的波程差为波长的两倍，以此类推。由于衍射强度随着级数升高显著降低，因此一般只考虑一级衍射，式（5-5）中的n经常被忽略不写。

知识点5-1 布拉格定律最早是用来解释、描述X射线衍射的条件，后来人们发现，其他类型的电磁波的衍射，例如γ射线在晶体上的衍射、可见光/微波在人造晶体中的衍射，也符合布拉格定律，甚至量子束（如电子束、中子）在晶体上的衍射也符合布拉格定律。

知识点5-2 关于布拉格定律，有以下几个问题值得注意。

第一，图5-2中的A、B、C是一个晶面中的三个原子面，而不是与样品表面平行的平面。这对理解X射线测量宏观残余应力很重要。

第二，布拉格角的定义是入射束或衍射束与晶面的夹角。一个更方便使用的定义方法是，布拉格角是入射束的延长线与衍射束夹角的一半。这种对角度的定义与光的斯涅耳折射定律不同。在斯涅耳定律中，入射角、折射角被定义为入射束、折射束与界面法线的夹角。

知识点5-3 X射线的衍射和可见光的镜面反射表面上存在一些相同之处，但本质上是不同的。

表面上看起来相同的地方在于几何关系。入射束、法线（无论是反射面法线还是晶面法线）、反射束三线共面，且入射角和反射角相等。从这个表述上看，X射线衍射似乎与镜面反射是非常相似的，因此X射线衍射也被称为X射线反射（X-ray reflection）。

X射线衍射与镜面反射的不同之处为作用角度、范围和效率。

X射线衍射只在满足布拉格定律的特殊角度上产生，入射方向与衍射方向（或者说，入射束延长线与衍射束）的夹角等于2θ；而可见光的反射可以在任意角度产生，入射束与反射束的夹角可能等于任意值。

X射线衍射是由X射线经过晶体材料的晶格散射产生的，衍射束强度远小于入射束强度；而可见光反射则发生在两种介质的界面上，这两种介质不需要是晶体材料，反射效率可接近100%，反射光强度与入射光强度可比。

X射线衍射的强度是由处在X射线照射路径上的组成晶体的微观粒子共同贡献得到的，由于X射线的穿透能力强，需要考虑这些微观粒子分布的深度；而可见光的反射，往往仅发生在界面上很薄的区域内，很少需要考虑深度的问题。

5.2 劳厄方程

在晶格的弹性散射过程中，光子能量和频率不随散射而改变，可以借助劳厄方程将入射波与散射波联系起来。该方程最早由物理学家劳厄提出。

劳厄方程形式如式（5-6）所示：

$$\Delta\vec{k}=\vec{k}_{out}-\vec{k}_{in}=\vec{G} \tag{5-6}$$

式中，$\vec{k}_{in}$、$\vec{k}_{out}$ 和 $\vec{G}$ 分别是晶体的入射波矢、散射波矢和倒易晶格矢量（倒易晶格的概念在本章稍后出现）。

另外，劳厄方程也可以运用动量守恒方程表示：

$$h\vec{k}_{out}=h\vec{k}_{in}+h\vec{G} \tag{5-7}$$

这些方程属于矢量方程，但它们也等价于布拉格定律，而布拉格定律的形式更容易求解，它们讲述的是相同的内容。

假设晶格 L 中存在原始平移矢量 $\vec{a}$、$\vec{b}$、$\vec{c}$，晶格内原子位于下式所表示的格点中。

$$\vec{x}=p\vec{a}+q\vec{b}+r\vec{c} \tag{5-8}$$

式中，p、q、r 为整数。因此 $\vec{x}$ 所表示的每个格点是原始平移矢量的整数线性组合。

对于散射矢量 $\Delta\vec{k}=\vec{k}_{out}-\vec{k}_{in}$ 而言，需满足三个条件，即劳厄方程：

$$\begin{cases}\Delta\vec{k}\cdot\vec{a}=h\\ \Delta\vec{k}\cdot\vec{b}=k\\ \Delta\vec{k}\cdot\vec{c}=l\end{cases} \tag{5-9}$$

式中，h、k、l 为整数，对应晶面（hkl）的密勒指数，它可以确定一个散射矢量。当有无数多密勒指数可供选择时，满足劳厄方程的散射矢量就有无数多个。根据定义，任意散射矢量 $\Delta\vec{k}$ 都可以看作是从坐标系原点出发，指向某一特定的终点，因此，每个散射矢量 $\Delta\vec{k}$ 都与一个“终点”一一对应。那么，无数个散射矢量的集合构成了 L^*，称为晶格 L 的倒易晶格。

下面是关于劳厄方程的数学推导。

对于以单一频率 f（角频率 $\omega=2\pi f$）入射到晶体上的平面波，衍射波可以看作是从晶体发出的平面波的总和。入射波和散射波可以表示为：

$$f_{in}(t,\vec{x})=A_{in}\cos(\omega t-2\pi\vec{k}_{in}\cdot\vec{x}+\varphi_{in}) \tag{5-10}$$

$$f_{out}(t,\vec{x})=A_{out}\cos(\omega t-2\pi\vec{k}_{out}\cdot\vec{x}+\varphi_{out}) \tag{5-11}$$

式中，$\vec{k}_{in}$ 和 $\vec{k}_{out}$ 是入射和散射平面波的波矢量；$\vec{x}$ 是位置矢量；t 是表示时间的标量；φ_{in} 和 φ_{out} 是波的初始相位。为了简单起见，我们在这里将波作为标量，可以将这些标量波视为沿笛卡尔坐标系的某个轴（$\vec{x}$ 轴、$\vec{y}$ 轴、$\vec{z}$ 轴）的矢量波的分量。

入射波和衍射波在空间中独立传播，在晶体晶格 L 的格点处，这些波的相位重合。在晶格 L 的每个点 $\vec{x}=p\vec{a}+q\vec{b}+r\vec{c}$，有：

$$\cos(\omega t-2\pi\vec{k}_{in}\cdot\vec{x}+\varphi_{in})=\cos(\omega t-2\pi\vec{k}_{out}\cdot\vec{x}+\varphi_{out}) \tag{5-12}$$

即

$$\omega t-2\pi\vec{k}_{in}\cdot\vec{x}+\varphi_{in}=\omega t-2\pi\vec{k}_{out}\cdot\vec{x}+\varphi_{out}+2\pi n \tag{5-13}$$

式（5-13）中，整数 n 是由点 x 确定的。由于此方程在 $x=0$ 处成立，因此：

$$\varphi_{in}=\varphi_{out}+2\pi n' \tag{5-14}$$

式（5-14）中，n'也是整数。由于 n 和 $n\text{-}n'$ 均为整数，我们继续用 n 表示，即

$$\omega t-2\pi\vec{k}_{in}\cdot\vec{x}=\omega t-2\pi\vec{k}_{out}\cdot\vec{x}+2\pi n \tag{5-15}$$

经过合并同类项整理后可得：

$$\Delta\vec{k}\cdot\vec{x}=(\vec{k}_{out}-\vec{k}_{in})\cdot\vec{x}=n \tag{5-16}$$

此时，我们只需验证此条件在原始平移矢量 $\vec{a}$、$\vec{b}$、$\vec{c}$ 处满足即可。因此，由式（5-8）可得：

$$\Delta\vec{k}\cdot\vec{x}=\Delta\vec{k}\cdot(p\vec{a}+q\vec{b}+r\vec{c})=p(\Delta\vec{k}\cdot\vec{a})+q(\Delta\vec{k}\cdot\vec{b})+r(\Delta\vec{k}\cdot\vec{c}) \tag{5-17}$$

即

$$\Delta\vec{k}\cdot\vec{x}=ph+qk+rl=n \tag{5-18}$$

式中，$ph+qk+rl$ 为整数 n，此条件在原始平移矢量 $\vec{a}$、$\vec{b}$、$\vec{c}$ 处满足，证毕。

由劳厄方程可知 $\vec{k}_{out}-\vec{k}_{in}=\vec{G}$，即入射波矢和衍射波矢之差为任意倒格矢，如图 5-3 所示。

对于弹性散射而言，满足 $|\vec{k}_{out}|^2=|\vec{k}_{in}|^2$，同时 $|\vec{k}_{out}|=\dfrac{1}{\lambda}$，$|\vec{G}|=\dfrac{1}{d}n$，式中 λ 为 X 射线波长；d 为相邻平行晶格面的间距；n 为整数。由几何关系知：

$$|\vec{G}|=2k_{out}\sin\theta=\frac{2}{\lambda}\sin\theta=\frac{1}{d}n \tag{5-19}$$

整理后得：

$$2d\sin\theta=n\lambda \tag{5-20}$$

即为布拉格方程。

运用以下方法也可以推导出布拉格方程。

如图 5-4 所示，设 α_0 为入射角，α 为衍射角，相邻原子的波程差为 $a(\cos\alpha-\cos\alpha_0)$，产生相长干涉的条件是波程差为波长的整数倍，即

$$a(\cos\alpha-\cos\alpha_0)=h\lambda \tag{5-21}$$

式中，h 为整数；λ 为波长。一般来说，晶体中原子是在三维空间上排列的，所以为了产生衍射，必须同时满足：

$$\begin{cases}a(\cos\alpha-\cos\alpha_0)=h\lambda\\a(\cos\beta-\cos\beta_0)=k\lambda\\a(\cos\gamma-\cos\gamma_0)=l\lambda\end{cases} \tag{5-22}$$

上式为劳厄方程，与式（5-9）完全等价。三式联立求解可推导出布拉格方程。

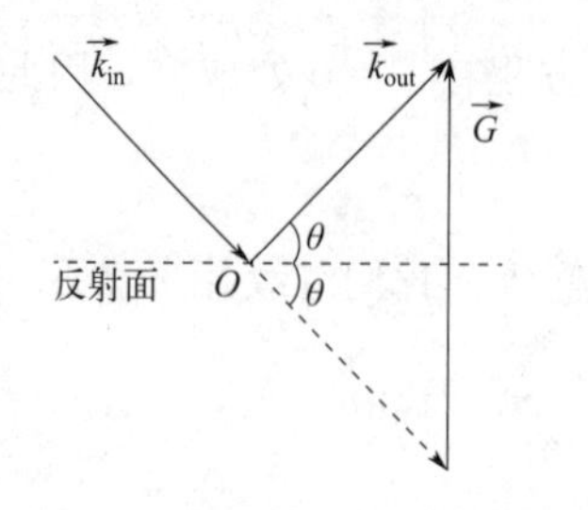

图 5-3 入射波矢与衍射波矢

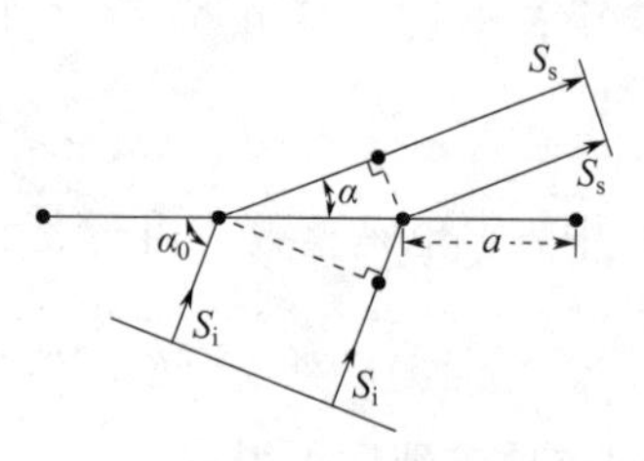

图 5-4 衍射的条件

5.3 埃瓦尔德球

5.3.1 倒易空间

为了更好地理解晶体发生 X 射线衍射的过程、判断 X 射线衍射的方向、对衍射花样中的衍射峰进行标定，科学家想出了一种基于画图的巧妙方法，并以最早提出该方法的科学家埃瓦尔德命名，称为埃瓦尔德构图法（Ewald construction）。

该方法首先要建立倒易空间的概念，并在倒易空间中描述衍射现象。我们把晶体实际存在的空间称为正空间或者实空间，由于晶体内部原子排布的周期性，可以对实空间的周期波函数进行简单的傅里叶变换，进而把所得到的信息提取出来，得到所谓的倒易空间特征。

知识点 5-4 我们需要认真思考“把晶体实际存在的空间称为正空间或者实空间”这句话。

首先，无论是正空间还是倒易空间，都是客观存在的，谈不上哪个是实际存在的，哪个是实际不存在的，它们仅仅是互为傅里叶变换。正空间 A 经过傅里叶变换后成为倒易空间 A^*；如果对倒易空间 A^* 进行傅里叶变换，则会回到正空间 A。如果我们不使用“空间”的概念，而是简单地说“周期（或者波长）”与“频率”，这就更容易理解了。无论是周期还是频率，它们都是客观的、实际的，仅仅是表达形式有所不同而已。由于人们认识晶体时首先选择了用“周期”来描述晶体的有序性，所以才把周期叫做正空间、把频率叫做倒易空间，其实根本无所谓哪个是“实”的、哪个是“虚”的。因此，我们在这本书中不会采用“实空间”的叫法。

其次，既然正空间和倒易空间仅仅是表达形式不同，那为什么我们又一定需要倒易空间的概念呢？我们可以回忆一下晶面、密勒指数等概念。大家一定还记得，晶面与几何中平面的概念完全不同，是一组互相平行的、间距相等的平面，而密勒指数的定义十分繁复，又是看截距、又是取倒数。之所以这样，由下面即将详细介绍的埃瓦尔德构图法可知，是因为 X 射线衍射技术能够直接“看”到晶体的频率。在频率空间，晶面会变得格外直观、容易理解和表达。

5.3.2 倒易点阵

晶体的原子在三维正空间周期性排列，在第 2 章我们已经介绍了晶胞、点阵、基元的概念，并介绍了用［uvw］表示晶向、用（hkl）表示晶面的方法。为了与倒易空间中的概念进行区分，我们把正空间的点阵称为正点阵或实空间。为了描述方便，选择正点阵中的某一阵点为原点 O，以晶胞基矢 $\vec{a}$、$\vec{b}$、$\vec{c}$ 为坐标轴建立坐标系。

为了描述倒易点阵的方便，需要在倒易空间也建立起与正空间唯一对应的坐标系及其与正空间坐标系的映射关系。假设倒易空间坐标系的坐标原点 O^* 与正空间的坐标原点 O 重合，三个坐标轴（分别记作 $\overrightarrow{a^*}$、$\overrightarrow{b^*}$、$\overrightarrow{c^*}$）与正空间坐标轴 $\vec{a}$、$\vec{b}$、$\vec{c}$ 的关系定义为：

$$\begin{cases}\overrightarrow{a^*}=\dfrac{\vec{b}\times\vec{c}}{V}\\\overrightarrow{b^*}=\dfrac{\vec{c}\times\vec{a}}{V}\\\overrightarrow{c^*}=\dfrac{\vec{a}\times\vec{b}}{V}\end{cases}\tag{5-23}$$

式中，V 表示晶胞的体积，数学表达为：

$$V=\vec{a}\times\vec{b}\cdot\vec{c}\tag{5-24}$$

从数学上容易证明，式（5-23）也可以表达为：

$$\begin{cases}\vec{a}\cdot\overrightarrow{a^*}=\vec{b}\cdot\overrightarrow{b^*}=\vec{c}\cdot\overrightarrow{c^*}=1\\\vec{a}\cdot\overrightarrow{b^*}=\vec{a}\cdot\overrightarrow{c^*}=\vec{b}\cdot\overrightarrow{a^*}=\vec{b}\cdot\overrightarrow{c^*}=\vec{c}\cdot\overrightarrow{a^*}=\vec{c}\cdot\overrightarrow{b^*}=0\end{cases}\tag{5-25}$$

从式（5-23）、式（5-25）均容易看出，倒易点阵的基矢 $\overrightarrow{a^*}$ 垂直于正空间基矢 $\vec{b}$ 和 $\vec{c}$ 所在的平面，而且倒易点阵基矢 $\overrightarrow{a^*}$ 与正空间基矢 $\vec{a}$ 的夹角小于 90°（锐角或 0°）。类似的规律对倒易点阵基矢 $\overrightarrow{b^*}$、$\overrightarrow{c^*}$ 也成立。

在这样的定义之下，倒易点阵中坐标为（hkl）的任意一点 P^* 具有以下两个重要的性质：

第一，倒易空间的矢量 $\overrightarrow{O^*P^*}$ 与正空间的晶面（hkl）垂直；

第二，倒易空间矢量 $\overrightarrow{O^*P^*}$ 的长度与晶面（hkl）的晶面间距 d_{hkl} 互为倒数，即

$$|\overrightarrow{O^*P^*}|=\frac{1}{d_{hkl}}\tag{5-26}$$

于是，在正空间中定义十分繁复的晶面，经过傅里叶变换后，就成了倒易空间中的一个倒易阵点。而且，晶面与倒易阵点一一对应，具有完美的映射关系。

知识点 5-5 正空间的点阵是一种抽象的、用以表达晶胞尺寸和形状的几何概念，因此，它的傅里叶变换倒易点阵也必然是一个几何概念。无论是正空间的阵点还是倒易空间的阵点，都不代表组成晶体的原子、分子或离子。

知识点 5-6 正空间平面点阵的倒易点阵的定义方式与三维空间十分类似，可以对式（5-25）进行简单改造之后得到：

$$\begin{cases}\vec{a}\cdot\overrightarrow{a^{*}}=\vec{b}\cdot\overrightarrow{b^{*}}=1\\ \vec{a}\cdot\overrightarrow{b^{*}}=\vec{b}\cdot\overrightarrow{a^{*}}=0\end{cases}\tag{5-27}$$

在这样的定义之下，倒易点阵中坐标为（$hk0$）的任意一点 $P*$ 仍然具有与在三维空间类似的重要性质：第一，倒易空间的矢量 $\overrightarrow{O^{*}P^{*}}$ 与正空间的晶面（$hk0$）垂直；第二，倒易空间矢量 $\overrightarrow{O^{*}P^{*}}$ 的长度与晶面（$hk0$）的晶面间距 d_{hk0} 互为倒数。具体实例可以参考图 5-5。

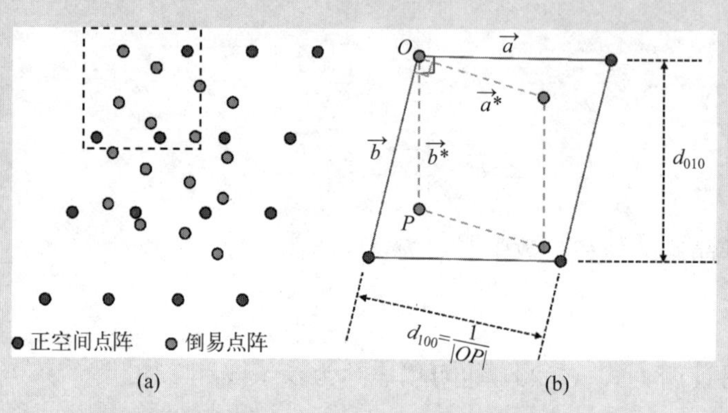

图 5-5　正空间点阵与倒易点阵的变换关系（二维）

知识点 5-7　在倒易空间中，（100）倒易阵点 P_1^* 与（200）倒易阵点 P_2^* 显然不重合、不是同一个点，所以，很明显，在晶体中（100）晶面和（200）晶面不是同一个晶面。所以，晶面的密勒指数不能随意通分、约分。这个道理就好像两个正弦函数，$f_1=\sin(x)$ 和 $f_2=\sin(2x)$，尽管正弦波 f_1 的所有波峰波谷的集合是正弦波 f_2 的真子集，但是肯定不能认为 f_1 可以约分为 f_2。

另一方面，尽管（100）和（200）倒易阵点不重合，但容易证明倒易矢量 $\overrightarrow{O^{*}P_1^{*}}$ 与 $\overrightarrow{O^{*}P_2^{*}}$ 平行。也就是说，(100）和（200）晶面相互平行。

上述讨论对任意晶面、任意倒易阵点（hkl）均适用。

知识点 5-8　在正空间中的一个晶面经过傅里叶变换后成为倒易空间中的一个阵点，那么正空间中的一个矢量呢？答案是，正空间中的矢量经过傅里叶变换后依然是矢量。简单来说，针对正空间的某个矢量，一定能够找到一个晶面（即使该晶面的密勒指数不是整数），使得该矢量与晶面垂直、该矢量的模长等于晶面间距。而该晶面对应于倒易空间中的某个点，倒易空间原点与该点的连线，即是与该正空间矢量相对应的倒易空间矢量。

5.3.3　埃瓦尔德球原理

有了倒易空间和倒易点阵的概念，就可以着手处理晶体的衍射问题。假设入射光的波矢为 $\vec{k}_{in}$，散射光的波矢为 $\vec{k}_{out}$，如果满足衍射条件，由布拉格定律可知，矢量（$\vec{k}_{out}-\vec{k}_{in}$）平行于发生衍射的（$hkl$）晶面的法线，且该矢量的模长与晶面间距之间满足如下关系：

$$|\vec{k}_{out}-\vec{k}_{in}|=\frac{n}{d_{hkl}} \tag{5-28}$$

如果仅考虑一级衍射，并且注意到（hkl）晶面对应的倒易矢量 $\vec{g}_{hkl}$ 平行于该晶面的法线且模长为 $1/d_{hkl}$，则可以得到布拉格定律在倒易空间的矢量表达式：

$$\vec{k}_{out}-\vec{k}_{in}=\vec{g}_{hkl} \tag{5-29}$$

考虑到弹性散射中，散射波波矢的模长 $|\vec{k}_{out}|$ 与入射波波矢的模长 $|\vec{k}_{in}|$ 相等，通过埃瓦尔德球可以更加形象地理解式（5-29）的物理意义。

图 5-6 展示了借助埃瓦尔德球理解衍射过程的基本思路。令入射光波矢的终点与倒易点阵的原点 O^* 重合，以入射光波矢的起点 O 作为球心、OO^* 为半径（长为 $1/\lambda$）画球，即得到埃瓦尔德球。若倒易阵点 P^* 恰好落在球壳上，则 P^* 所代表的晶面（hkl）满足布拉格定律，可以发生 X 射线衍射，且 $\overrightarrow{OP^*}$ 矢量即代表散射光波矢，$\overrightarrow{OP^*}$ 矢量与 $\overrightarrow{OO^*}$ 矢量的夹角为 2θ（θ 为布拉格角）。

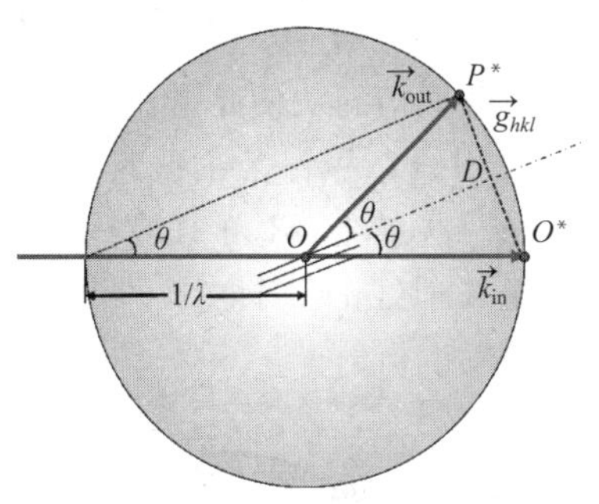

图 5-6　埃瓦尔德球图解法

由 O 向 O^*P^* 作垂线，垂足为 D，因为 O^*P^* 平行于（hkl）晶面的法线方向且长度等于 $1/d$。在等腰三角形 OO^*P^* 中，有 $O^*D=OO^*\cdot\sin\theta$，即有 $O^*P^*/2=\sin\theta/\lambda$，推导得 $2d\sin\theta=\lambda$。由此可知，埃瓦尔德球的方法与布拉格定律是完全等价的。

知识点 5-9　由埃瓦尔德球构建的过程可以看出，如果用单色光 X 射线进行单晶材料的衍射，就相当于是要让几何意义的、离散的点恰好落在几何意义的球壳上。不难想象，这并不是一件容易的事。所以，满足布拉格条件、实现 X 射线衍射是一件概率较小的事件。

知识点 5-10　用单色光 X 射线进行晶体衍射时，并不是所有的晶面都能够满足布拉格条件。如图 5-7 所示，当 X 射线的波长为 λ 时，其埃瓦尔德球如图中的 σ_1 所示。此时让入射 X 射线与晶体试样进行相对旋转，无论采用何种方式，埃瓦尔德球的球心都只能在 Σ_{O^*} 上运动，只不过埃瓦尔德球的方位不同而已（如埃瓦尔德球 σ_2、σ_3 等）。由此可以推论，用波长为 λ 的 X 射线进行衍射实验时，能够覆盖的倒易阵点一定都处于 Σ_L 球之内，只有这些倒易阵点所对应的晶面有可能满足布拉格条件、产生衍射峰。因此，Σ_L 球叫做极限球（limiting sphere）。极限球的半径等于 $2/\lambda$，是埃瓦尔德球半径的 2 倍。

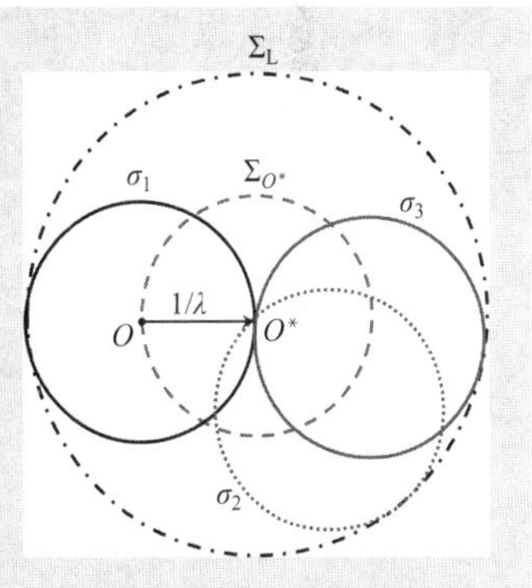

图 5-7　波长为 λ 的单色光 X 射线衍射的极限球

5.4　三种典型的衍射方法

如前所述，单色光 X 射线在单晶材料上发生衍射的概率较小（而且可以说，X 射线的单色性越好、平行性越好，单晶材料越完美、晶粒越大，发生衍射的概率就越小）。为了实现 X 射线衍射实验、获得衍射信号，从而对晶体材料的结构进行分析表征，常用的 X 射线衍射方法有劳厄衍射法、转动晶体法以及德拜衍射法三种，下面依次进行简要介绍。

5.4.1 劳厄衍射法

布拉格方程中存在三个参数 d、θ 和 λ。现设想用一束波长固定的 X 射线照射一个静止的单晶试样，若该晶体的晶面间距为 d，则布拉格方程中的 d 和 λ 就已经确定。而一旦该单晶体固定在样品台上之后，则晶体中各个晶面相对于这束 X 射线的入射角 θ 也是一个定值。这样固定的三个参数一般是很难“恰巧”满足布拉格方程的，因此衍射很难发生。所以，为了产生衍射信号，就必须设法使得 θ 或 λ 可变。

劳厄衍射法便是遵循这样的思路，采用波长连续变化的 X 射线（简称为多色光甚至白光 X 射线，尽管 X 射线其实并不存在“颜色”的概念）照射静止的单晶或晶粒数目很少的多晶。这意味着对于任意一个晶体面间距 d_i，只要 $\lambda_{min} \leqslant d_i \leqslant \lambda_{max}$（$\lambda_{min}$ 和 λ_{max} 分别是多色光 X 射线的最小波长和最大波长），多色光 X 射线中总会有一个合适的波长 λ_i，在这个晶面上发生衍射。

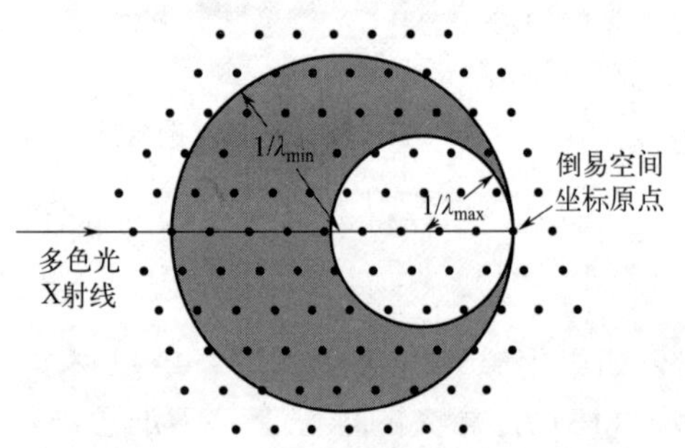

图 5-8 劳厄衍射法的埃瓦尔德图解

若从埃瓦尔德球作图的角度考虑该过程，如图 5-8 所示，在劳厄衍射中，由于入射的 X 射线为多色光 X 射线，波长在 λ_{min} 到 λ_{max} 范围内连续变化，因此埃瓦尔德球呈现出一定程度的“增厚”。此时，埃瓦尔德球变成了具有一定厚度的偏心中空球壳，在阴影体积之内（由于平面作图的限制，在图 5-8 中表现为阴影面积）的倒易阵点均满足布拉格条件，可以发生衍射。

劳厄衍射法是德国物理学家劳厄最早发现 X 射线能够在晶体上发生衍射时所用的方法。劳厄衍射法中，根据 X 射线源、晶体、底片的位置不同可分为透射法和反射法两种（如图 5-9 所示），一般选用二维探测器。由于该实验方法与照相类似，仅通过单次曝光即可获得衍射花样，因此又叫做劳厄照相法。需要说明的是，探测器并非必须与入射 X 射线垂直，但是为了正确标定劳厄衍射图谱中的各个衍射峰的密勒指数，必须准确校准探测器与试样、入射 X 射线之间的几何关系，包括 5 个主要参量，即：探测器到试样的距离，探测器相对于入射 X 射线的旋转角和倾斜角，以及 X 射线在试样表面的照射点在探测器平面上投影的横、纵坐标。

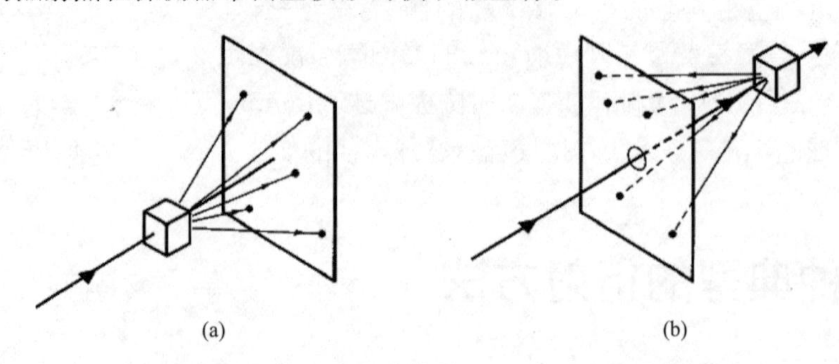

图 5-9 透射（a）及背散射（b）劳厄法实验示意

5.4.2 转动晶体法

如前所述，采用单一波长的 X 射线照射处于静止状态的单晶体，一般是不能发生衍射的，劳厄衍射法采用波长连续的 X 射线以确保满足布拉格条件，而转动晶体法则通过改变布拉格方程的另一参数 θ 达到同样的效果。

在转动晶体法中，使用单一波长的 X 射线照射一个处于转动状态的单晶体。当晶体转动时，晶体中的某一晶面与 X 射线的夹角将连续变化，因而总会找到角度 θ_i 满足布拉格公式而使得衍射发生，该过程如图 5-10 所示。当然，也可以选择晶体静止、X 射线光源相对晶体转动，或者晶体与 X 射线光源均转动。从根本上来说，这些实验模式尽管方法不同，但是原理完全一致。

转动晶体法在实验中的操作方法是将单晶体的某一晶带轴（晶带轴的定义在第 10 章中详细介绍）或某一重要的晶向垂直于 X 射线安装，再将底片在单晶体四周围成圆筒形，或者让探测器在这样的一个虚拟圆筒上运动。实验时让晶体绕选定的晶向旋转，转轴与圆筒状底片的中心轴重合。在单晶体不断旋转的过程中，某组晶面会于某个瞬间和入射线的夹角恰好满足布拉格方程，于是，在此瞬间便产生衍射线束，使底片感光、记录衍射峰。其原理如图 5-11 所示。此方法常用于未知晶体结构的确定。

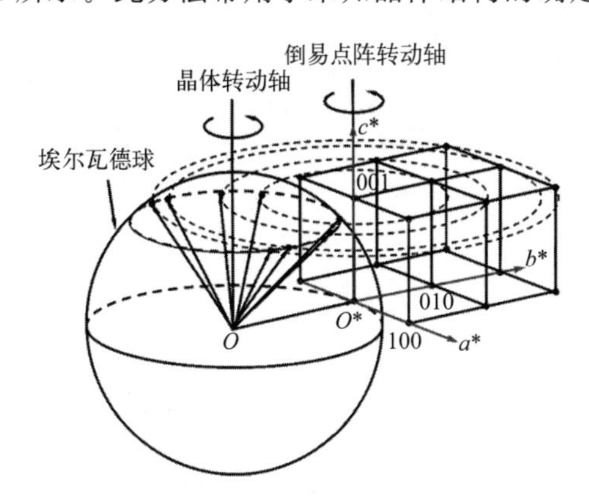

图 5-10 转动晶体法的埃瓦尔德图解

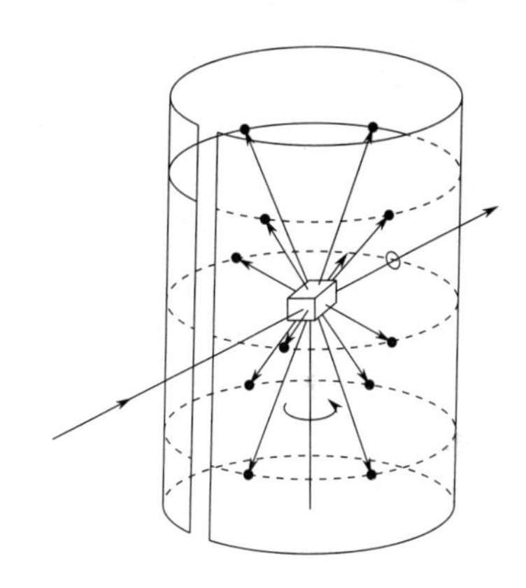

图 5-11 转动晶体法实验原理

5.4.3 德拜衍射法

改变布拉格方程中的参数 θ，除了可以采用转动晶体法对单晶试样进行表征之外，还可以采用德拜衍射法表征多晶和粉末试样。

德拜衍射法采用单一波长 X 射线照射多晶试样。考虑极端状态，多晶试样是由晶粒数目无穷多、晶体取向完全随机的粉末组成，故各晶粒中某种密勒指数的晶面会在空间中随机取向。这与转动晶体法中某晶面在不同时刻具有不同取向的情况相当，所以这种方法亦可发生衍射，其埃瓦尔德图解如图 5-12 所示。在德拜衍射中，倒易阵点不再是不连续的点，而是由于无穷多晶粒的存在，倒易阵点连接成为同心球壳，每个球壳对应一个特定的晶面间距。由布拉格方程可知，

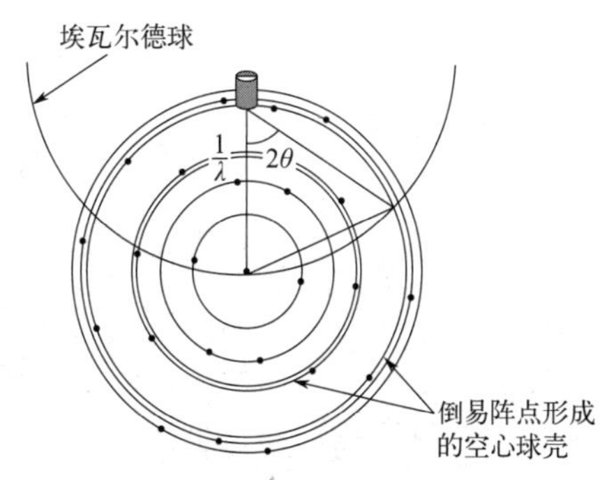

图 5-12 德拜法埃瓦尔德图解

当λ一定时，对应于$(h_1k_1l_1)$晶面必然有一个相应的$4\theta_1$角圆锥；同样，对应于$(h_2k_2l_2)$晶面也必然有另一个相应的$4\theta_2$角圆锥，这里θ_1和θ_2分别对应两个晶面各自的布拉格角。

德拜衍射法广泛用于物相的定性和定量分析，点阵参数测定，晶体结构表征，应力、织构、晶粒度的测定等工作。

知识点 5-11 如图 5-13 所示，由于采用的探测器、数据分析方法不同，粉末衍射的衍射谱有可能表现为一维衍射谱，表现为多个“峰”，也有可能表现为二维衍射谱，看起来像连续（晶粒数目多、取向随机）或非连续（晶粒数目不多、取向不完全随机）的“环”；而单晶衍射谱（无论是转动晶体法还是劳厄法），往往表现为一系列不连续的“点”或“斑”。

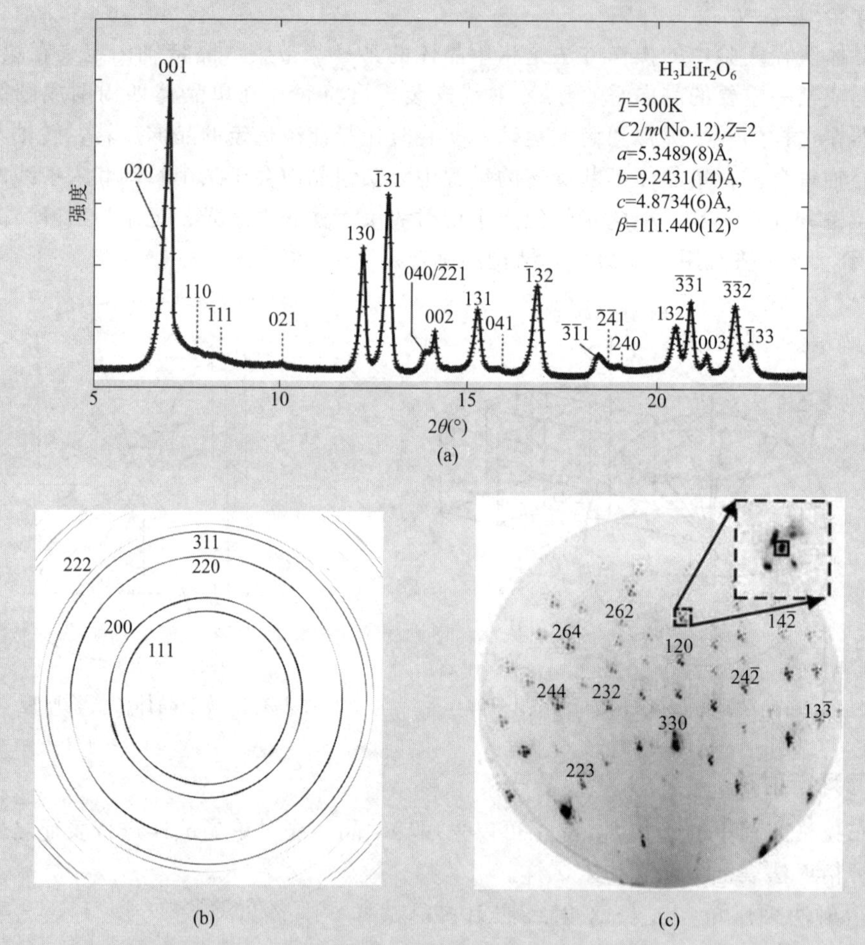

图 5-13 几种典型的衍射谱及衍射峰的标定

（a）一维粉末衍射谱；（b）二维粉末衍射谱；（c）单晶劳厄衍射谱（亚晶导致衍射峰劈裂）

无论标定哪一种衍射谱，都习惯于将密勒指数标记在相应的衍射峰旁边。严格来说，在标定衍射峰时，不需要加任何括号——尽管从原理上来说，对于粉末衍射谱，似乎应该把密勒指数写在大括号内，以表示晶面族；而对于劳厄衍射谱和转动晶体法的衍射谱，似乎应该把密勒指数写在小括号内，以表示晶面。

在要求不太严格时，也有研究人员把粉末衍射峰的密勒指数加上大括号或小括号，把劳厄衍射谱和转动晶体法的衍射谱的密勒指数加上小括号。这样做，至少从原理上来说能够讲得通。

但是，如果把劳厄衍射谱和转动晶体法的衍射谱的密勒指数加上大括号，或者是给任何一种衍射峰的密勒指数加上方括号（表示晶向）或者尖括号（表示晶向族），则肯定是错误的、原理上讲不通的。

习题

参考答案

1. 劳厄方程组在推导时并没有要求入射角等于衍射角，而布拉格定律要求入射角等于衍射角，说明这两种描述存在矛盾。试解释该说法是否正确？

2. 劳厄在描述衍射时没有用到晶面的概念，但是布拉格和埃瓦尔德用到了晶面。为什么？试体会“晶面”的定义之美。

3. 在埃瓦尔德球的描述中，如何体现入射束、衍射束、晶面法线三线共面？

第 6 章

X 射线衍射的强度

图 6-1 展示了三种“虚拟”立方晶系晶体的德拜衍射谱，这三种晶体分别具有简单立方、面心立方、体心立方结构，但是晶格常数 a 都等于 0.3613nm，且入射 X 射线均为 Cu K_α 线。如果仅考虑布拉格定律，我们可以预期，这三种晶体应该产生完全一致的德拜衍射谱，但是，事实上却并不是这样。我们发现面心立方晶体和体心立方晶体与简单立方相比，各自有一些衍射峰“消失”（即衍射峰强度为 0）。这是为什么呢？除此之外，即便是强度不为 0 的衍射峰，强度也各不相同。这又是为什么？

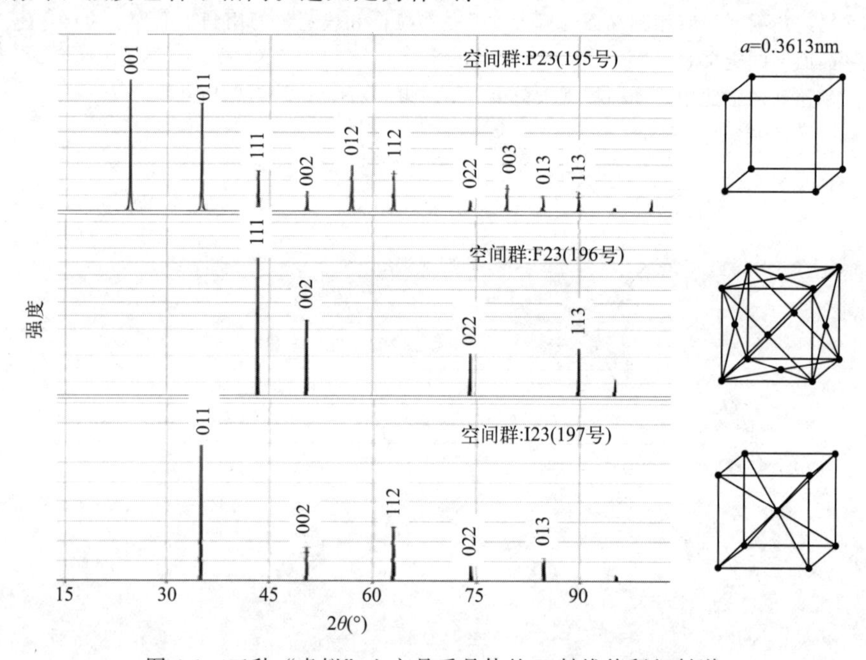

图 6-1　三种“虚拟”立方晶系晶体的 X 射线德拜衍射谱

本章，我们将聚焦于 X 射线衍射峰的强度，解答上述两个问题。需要注意的是，在没有特别说明的情况下，我们讨论的是利用非偏振的 X 射线在粉末晶体试样（即不存在择优取向）上进行德拜衍射实验时所得到的衍射峰的强度。

6.1 X 射线与孤立电子的相互作用

6.1.1　带电粒子对 X 射线的散射强度

X 射线是一种电磁波，强度随着时间呈正弦分布。当 X 射线照射到带电粒子上时，X 射线的振荡电场将会与该粒子产生相互作用，使其围绕平衡位置发生振动。而在振动过程中，带电粒子不断加速、减速，从而发射出与入射X射线波长相同的电磁波，该过程即为X射线在带电粒子上的散射。由于散射波与入射波的波长、频率相等，位相差恒定，因此在特定的方向上，各散射波发生相长干涉，该过程称之为相干散射。

尽管X射线被带电粒子散射到了各个方向，但散射波的强度取决于散射角度以及观测点与带电粒子的距离。假设强度为 I_0 的X射线的照射到质量为 m、电荷量为 q 的带电粒子上，在距离带电粒子 r 处观测到的散射波的强度可以表示为：

$$I=I_0\frac{q^4}{(4\pi\varepsilon_0)^2r^2m^2c^4}\sin^2\alpha \tag{6-1}$$

式中，c 是光速；α 是散射方向与带电粒子加速度方向（也就是与电场方向相反的方向）的夹角。

6.1.2 电子对非偏振X射线的散射强度

如图6-2所示，假设入射波沿着 OX 方向运动，在 O 点与电子碰撞发生散射。选择 XZ 平面上的某点 P 作为观测点，散射波 OP 与入射波夹角为 2θ，O 与 P 的距离为 R。假设入射的X射线是非偏振光且电场强度为 E_0，则其在 YZ 平面上可以分解为两个平面偏振分量，电场强度分别为 E_Y 和 E_Z。E_0 与 E_Y 和 E_Z 之间有如下关系：

$$E_0^2=E_Y^2+E_Z^2 \tag{6-2}$$

对于非偏振光，由于 E_0 在各个方向上的概率相等，所以 E_Y 和 E_Z 相等，因此式（6-2）可以写为：

$$E_Y^2=E_Z^2=\frac{1}{2}E_0^2 \tag{6-3}$$

由于电磁波的强度与其电场强度的平方成正比，所以：

$$I_Y=I_Z=\frac{1}{2}I_0 \tag{6-4}$$

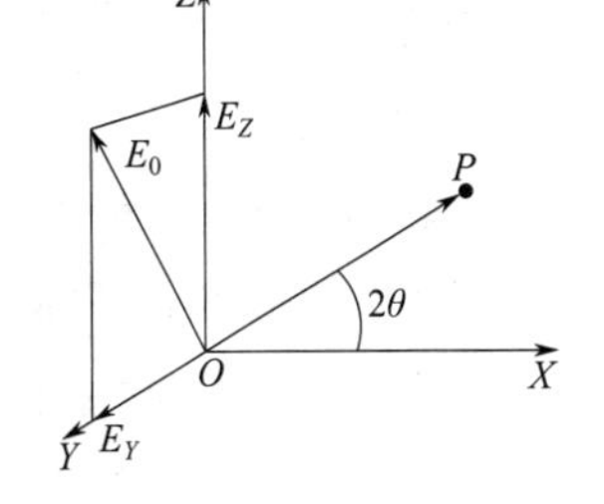

图6-2 单电子对X射线的散射

将式（6-4）代入式（6-1），假设由 E_Y 和 E_Z 产生的散射强度 I_{YP} 和 I_{ZP} 可以分别表示为：

$$I_{YP}=I_Y\frac{e^4}{(4\pi\varepsilon_0)^2m^2c^4R^2}\sin^2\varphi_Y \tag{6-5}$$

$$I_{ZP}=I_Z\frac{e^4}{(4\pi\varepsilon_0)^2m^2c^4R^2}\sin^2\varphi_Z \tag{6-6}$$

式中，$\varphi_Y=\pi/2$，$\varphi_Z=\pi/2-2\theta$。将该条件代入式（6-5）和式（6-6），再由 $I_P=I_{YP}+I_{ZP}$ 可以得到：

$$I_P=I_0\frac{e^4}{(4\pi\varepsilon_0)^2m^2c^4R^2}\left(\frac{1+\cos^2 2\theta}{2}\right) \tag{6-7}$$

式中，I_0 为入射X射线的强度；e 为元电荷电量；m 为电子静止质量；c 为光速；ε_0 为真空介电常数；2θ 为电场中的点 P 到原点连线与入射线方向的夹角；R 为电场中任一点

P 到发生散射的电子的距离。

式（6-7）就是著名的汤姆逊公式。该式表明：

① 散射波的强度很弱，比入射波的强度低一个数量级左右；

② 散射波的强度与观测点到电子的距离的平方成反比；

③ 在 $\theta=0$ 或 $(1/2)\pi$ 时，$I_P=I_0\ (e^4/R^2m^2c^4)$，在 $\theta=(1/4)\pi$ 或 $(3/4)\pi$ 时，$I_P=I_0\ (e^4/2R^2m^2c^4)$。这说明，一束非偏振的X射线经过电子散射后，其散射强度在空间各个方向上变得不相同，被偏振化，偏振化的程度取决于 2θ 角。因此，$(1+\cos^2 2\theta)/2$ 这一项通常被称为偏振化因子（记作 P），也叫极化因子。

由于X射线在晶体上的衍射强度与散射波强度直接相关，因此汤姆逊公式对理解衍射峰的强度具有重要意义。但是由于汤姆逊公式给出了散射波的绝对强度，绝对强度既难测量又难计算，故经常使用散射强度的相对值，这时候偏振化因子就显得尤为重要了。

知识点 6-1 根据式（6-1），当X射线照射到原子上时，发生受迫振动的不仅仅是核外电子，还有带正电荷的质子。但是，因为质子的质量远大于电子的质量，约为其1836倍，因此，X射线在质子上散射的强度仅为在电子上散射强度的 1836^{-2}，约三百万分之一，可以忽略不计。因此，我们讨论X射线在晶体上的衍射时，往往仅考虑核外电子对X射线的散射作用。同时需要注意的是，仅带电粒子对X射线有散射作用，不带电的粒子如中子无散射作用。

同为电磁波的 γ 射线在晶体上的衍射与X射线类似，也是核外电子起主要散射作用。物质波如中子、电子束在晶体上的衍射与电磁波显著不同，往往需要考虑原子核的散射作用。

知识点 6-2 偏振化因子的物理意义是，X射线经过电子的散射之后，成为偏振光，而不是当入射X射线是偏振光时才需要考虑偏振作用。

当入射X射线是非偏振光时，偏振化因子等于 $(1+\cos^2 2\theta)/2$；当入射X射线是偏振光时，偏振化因子等于 $[(1-f_z)+f_z\cos^2 2\theta]/2$，其中 f_z 表示入射X射线的强度在 $\vec{z}$ 方向的分量。

实验室用的X射线管发出的X射线都是非偏振光，同步辐射光源发出的X射线都是偏振光。

6.1.3 非相干散射

如图6-3所示，X射线与原子中受原子核束缚较小的电子或者自由电子作用后，部分能量转变为电子的动能，使其变为反冲电子，X射线偏离原来方向，能量降低，波长增加，其增量为：

$$\Delta\lambda=\lambda_2-\lambda_1=0.0243\times(1-\cos 2\theta) \quad (6\text{-}8)$$

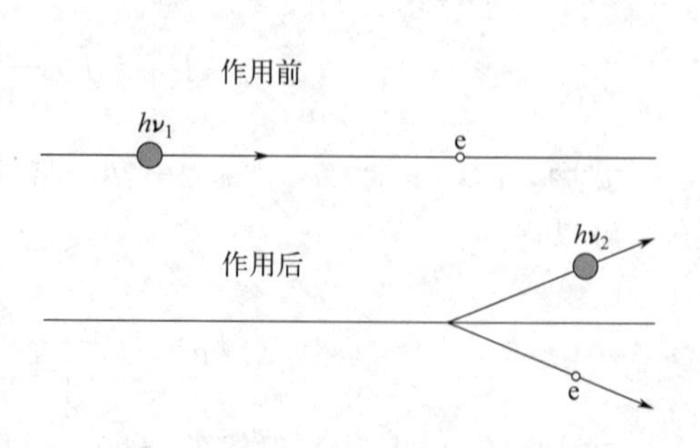

图6-3 非相干散射效应

式中，λ_1、λ_2 分别为X射线散射前后的波长；2θ 为散射角，即入射束与反射束的夹角。从式（6-8）可以看出，散射波的波长仅取决于入射波波长和散射角。由于散射波的相位与入射波的相位不存在固定关系，这种散射是不相干的，因此称为非相干散射。非相干散射现象是由美国物理学家康普顿（Arthur Holly Compton）和我国物理学家吴有训共同发现的，因此也被称为康普顿-吴有训散射。

非相干散射不可避免，但是又无法贡献衍射强度，只会在衍射图像中形成连续背底，其强度随着 $\sin\theta/\lambda$ 的增大而增强，对衍射谱的分析产生影响。入射波的波长越短，被照射物质的原子序数越小，该效应越显著。

6.2 X射线在单原子上的散射

由于原子核引起的X射线散射波的强度极弱，可以忽略不计，因此原子散射波其实就是原子中各个核外电子的散射波合成的结果。原子序数为 Z 的原子中有 Z 个电子，它们按照电子云分布规律分布在原子空间的不同位置上。所以，在某一方向上同一原子中的各个电子的散射波的相位不可能完全一致。图6-4为X射线受一个原子散射的示意图，为便于理解，将该原子中各个电子按经典原子模型分层表示。需要说明的是，本节内容中出现原子时，往往既代表不带电的原子，也可代表离子。仅仅是为了表述方便，我们就不每次都写“原子或离子”了。

然而，由测不准原理可知，我们只能知道电子云密度的空间分布，而难以测量任意时刻电子的准确位置，这就使得要计算某一方向上各个电子的散射波的加和变得异常困难。为了方便使用，引入原子散射因子的概念，一般记作 f，它是考虑了各个电子散射波的相位差之后同一原子中所有电子散射波合成的结果。数值上，它是在相同条件下，一个原子散射波与一个电子散射波的波振幅之比或强度之比，即

$$f=\frac{\text{单个原子散射的相干散射波的振幅}}{\text{单个电子散射的相干散射波的振幅}} \tag{6-9}$$

$$f=\frac{A_a}{A_e}=\left(\frac{I_a}{I_e}\right)^{\frac{1}{2}} \tag{6-10}$$

式中，A_a、A_e 分别表示为单个原子相干散射波振幅和单个电子相干散射波振幅；I_a、I_e 分别表示为原子散射波强度和电子散射波强度。f 反映了一个原子将X射线向某一方向相干散射时的散射效率。

原子散射因子可以查图（如图6-5）或查表6-1得到，表6-1所示为部分原子/离子的原子散射因子。仔细观察该表格，可以得出以下三个规律。

规律一，当 $\theta=0$ 时，f 等于核外电子数，或者说，f 等于核电荷数减去离子价态。随着 $\sin\theta/\lambda$ 变大，f 单调递减但是始终大于0。

规律二，对比Na和 Na^+ 可以看出，Na^+ 的 f 相对较小，原因是 Na^+ 的价态更正，核外电子数更少。因此，对于同一元素、同一 $\sin\theta/\lambda$ 而言，价态越负，f 越大；价态越正，f 越小。

规律三，对比 F^-、Ne、Na^+ 可以看出，Na^+ 的 f 最大，Ne次之，F^- 最小。因此，当核外电子数相同、$\sin\theta/\lambda$ 相等时，元素的原子序数 Z 越大，f 越大。

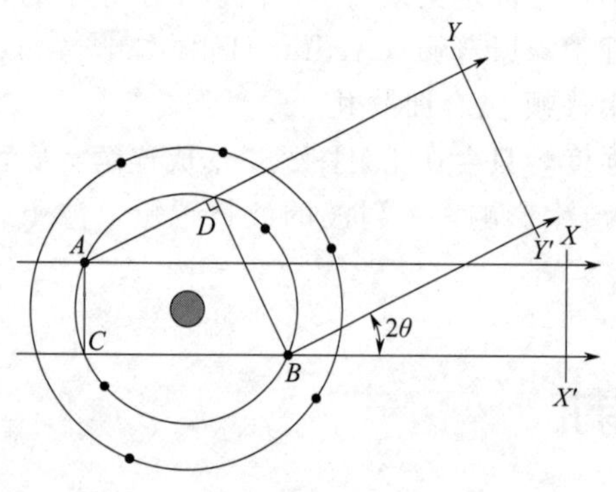

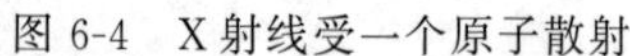

图 6-4 X 射线受一个原子散射

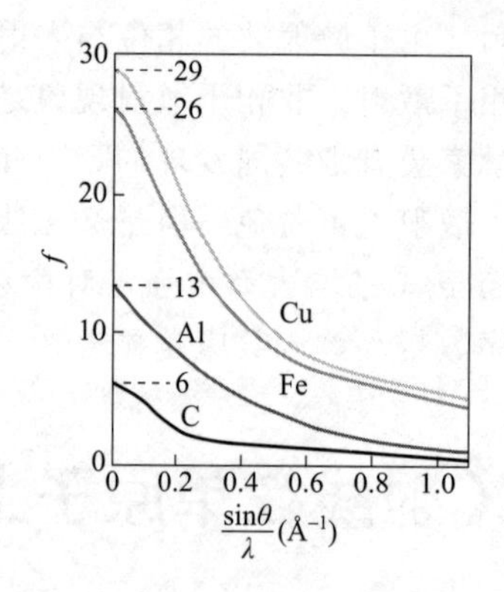

图 6-5 几种典型元素的原子散射因子曲线

上述规律二、规律三可以简单地理解为：原子/离子对 X 射线散射产生相干散射的同时也存在非相干散射。这两种散射强度的比值与原子中结合力弱的电子所占的比例有密切关系，此类电子所占比例越大，非相干散射和相干散射的强度比越大。所以，原子序数 Z 越小，非相干散射越强。

表 6-1 原子散射因子

$\sin\theta/\lambda$ /$Å^{-1}$	0.0	0.1	0.2	0.3	0.4	0.5	0.6	0.7	0.8	0.9	1.0	1.1
F^-	10	8.7	6.7	4.8	3.5	2.8	2.2	1.9	1.7	1.55	1.5	1.35
Ne	10	9.3	7.5	5.8	4.4	3.4	2.65	2.2	1.9	1.65	1.55	1.5
Na^+	10	9.5	8.2	6.7	5.25	4.05	3.2	2.65	2.55	1.95	1.75	1.6
Na	11	9.65	8.2	6.7	5.25	4.05	3.2	2.65	2.55	1.95	1.75	1.6
Mg^{+2}	10	9.75	8.6	7.25	5.95	4.8	3.85	3.15	2.55	2.2	2.0	1.8

6.3 X 射线在单个晶胞上的散射

为了得出衍射束强度的表达式，必须考虑由构成晶体的所有原子而非单个孤立原子造成的相干散射。由于原子在空间中以周期性方式排列，这便意味着散射波在某些确定的方向上有着严格的限制，它们被称为一组衍射束。这些衍射束的方向是由布拉格定律决定的。需要说明的是，布拉格定律是发生衍射的必要非充分条件，即：如果不满足布拉格定律，一定无法产生衍射束；然而，对于某一组互相平行且间距相等的原子面（晶面）来说，即使满足布拉格定律，也有可能不发生衍射。

在本节中，我们将推导晶体衍射束的强度相对原子位置的函数，前提是已经满足布拉格定律。由于晶体是晶胞的周期性重复排列，因此只需考虑单个晶胞内的原子排列对衍射束强度的影响。

定性来说，X 射线与单个晶胞的散射效应与上一节中讨论的单个原子散射的情况类似。对单个原子而言，对于任何方向的散射，除了极端情况（$2\theta=0$），单个电子散射的波都会出现相位差异。同样地，除了 $2\theta=0$ 这个特殊的方向之外，由晶胞的单个原子散射的波相位不一定相同。因此，必须建立相位差与原子的排列规律之间的定量关系。

这个问题最简单的方法是找到由原点的原子和另一个位置只在 X 方向可变的原子散射的波之间的相位差。为方便起见，考虑一个正交的晶胞，其截面如图 6-6 所示。以原子 A 为原点，X 射线入射方向表示为 1、2、3 光线，且衍射在（$h00$）晶面发生（该晶面的原子面在图中显示为竖直方向重复出现的线）。这意味着，此时（$h00$）晶面满足布拉格定律，并且 $\delta_{2'1'}$，即散射光线 2′和散射光线 1′之间的光程差，由以下公式给出。

$$\delta_{2'1'}=MCN=2d_{h00}\sin\theta=\lambda \tag{6-11}$$

从密勒指数的定义可以得到（$h00$）晶面的晶面间距 d_{h00}：

$$d_{h00}=AC=\frac{a}{h} \tag{6-12}$$

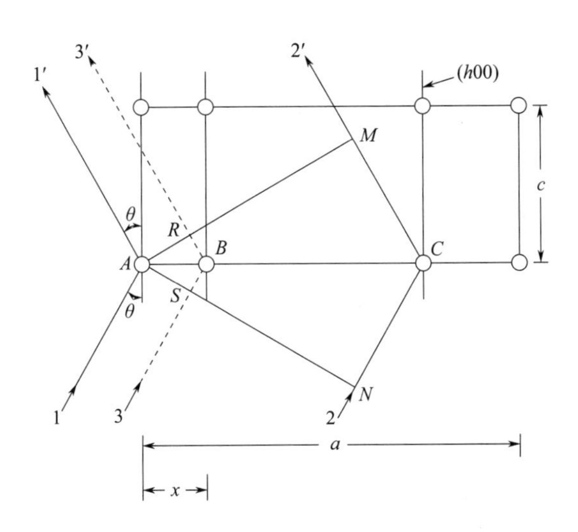

图 6-6　原子位置对衍射光线相位差的影响

与 A 相距 x 的原子 B 在同一方向上散射的 X 射线对这种散射有什么影响呢？需要注意的是我们只需考虑光线 1′、2′、3′这个方向，因为只有在这个方向才满足晶面（$h00$）的布拉格条件。显然，散射光线 3′和散射光线 1′之间的路径差，$\delta_{3'1'}$，将小于 λ，通过简单的比例关系可以表达为：

$$\delta_{3'1'}=RBS=\frac{AB}{AC}\lambda=\frac{x}{\frac{a}{h}}\lambda \tag{6-13}$$

相位差可以用角度来表示，也可以用波长来表示。两条射线在路径长度上相差一个整波长，则相位差为 2π。如果光程差是 δ，那么以弧度为单位的相位差 ϕ 由以下公式给出。

$$\phi=\frac{\delta}{\lambda}(2\pi) \tag{6-14}$$

使用角度表达更方便，因为它使相位差与波长无关。那么，由原子 B 散射的波和由原子 A 散射的波在原点的相位差由以下公式给出。

$$\phi_{3'1'}=\frac{\delta_{3'1'}}{\lambda}(2\pi)=\frac{2\pi hx}{a} \tag{6-15}$$

如果原子 B 的位置是由它的分数坐标 $u=\frac{x}{a}$ 表示，那么相位差可表达为：

$$\phi_{3'1'}=2\pi hu \tag{6-16}$$

该推导过程可以扩展到三维空间，其中原子 B 的实际坐标（x，y，z）或分数坐标（u，v，w），其中 u、v、w 分别等于 x/a、y/b、z/c（a、b、c 是晶格常数）。于是可以得出以下重要的关系，即对于（hkl）晶面的衍射，由原子 B 散射的波和由原子 A 在原点散射的波之间的相位差为：

$$\phi=2\pi(hu+kv+lw) \tag{6-17}$$

式（6-17）适用于任意晶体结构的晶胞。

如果原子 B 和原点的原子是不同种类的，那么光线 $3'$ 与 $1'$ 不仅相位不同，而且振幅也可能不同。在这种情况下，相对于由单个电子散射的波的振幅，这些波的振幅是由散射原子所对应的原子散射因子 f 与散射中涉及的 $\sin\theta/\lambda$ 值决定的。

由此，X 射线在单个晶胞上的散射问题已经找到思路：由晶胞的所有原子散射的波，考虑其不同的相位与振幅，为了能够进行加和，最方便的方法是将每个波表示为一个复数指数函数：

$$Ae^{i\phi}=fe^{2\pi i(hu+kv+lw)} \tag{6-18}$$

对于晶面（hkl）而言，晶胞中所有原子散射的波的加和被称为结构因子，用符号 F_{hkl} 表示。如果一个晶胞包含原子 1、2、…、N，分数坐标为（u_1，v_1，w_1）、（u_2，v_2，w_2）、…、（u_N，v_N，w_N），原子散射因子为 f_1、f_2、…、f_N，那么（hkl）晶面的结构因子 F_{hkl} 为：

$$F_{hkl}=f_1e^{2\pi i(hu_1+kv_1+lw_1)}+f_2e^{2\pi i(hu_2+kv_2+lw_2)}+\cdots+f_Ne^{2\pi i(hu_N+kv_N+lw_N)} \tag{6-19}$$

这个方程可以更简洁地写成：

$$F_{hkl}=\sum_{j=1}^{N}f_je^{2\pi i(hu_j+kv_j+lw_j)} \tag{6-20}$$

由结构因子的定义可知，F_{hkl} 是一个复数（只有某些特殊的情况下它的虚部可能为 0），它同时表示散射波的振幅和相位。与原子散射因子 f 类似，散射因子的模长 $|F_{hkl}|$ 给出了散射波的振幅的比例。

$$|F_{hkl}|=\frac{\text{单个晶胞中晶面}(hkl)\text{相干散射波的振幅}}{\text{单个电子散射的相干散射波的振幅}} \tag{6-21}$$

在满足布拉格定律的方向上，由单个晶胞中所有原子衍射的 X 射线的强度与所产生的散射波振幅的平方 $|F|^2$ 成正比，并且 $|F|^2$ 可以通过将式（6-20）中给出的 F 的表达式乘以其共轭而得到。因此，式（6-20）是 X 射线衍射中非常重要的公式，因为它可以建立起晶胞中所有原子的坐标、种类与晶体中任意晶面（hkl）的衍射峰强度的定量关系。

6.4 结构因子与消光条件

我们已经知道了如何定量计算晶体中单个晶胞的散射能力，即结构因子 F_{hkl}。下面我们将在不同的布拉菲格子中计算结构因子，并且回答以下几个重要问题：为什么布拉格定律是产生 X 射线衍射的必要非充分条件？什么情况下会出现满足布拉格定律、但 X 射线衍射峰强度为 0 的现象？

① 只含有一个原子的 P 型布拉菲格子是最简单的情况，其原子位于晶胞的坐标原点（0，0，0），若原子散射因数为 f，则其结构因子为：

$$F = f\mathrm{e}^{2\pi\mathrm{i}(0)} = f \tag{6-22}$$

结构因子的模长的平方为：

$$|F|^2 = f^2 \tag{6-23}$$

因此，P 型布拉菲格子的结构因子与 h、k、l 无关且均不为 0，即：对于任意晶面（hkl），简单点阵的晶体衍射强度均不为 0。

② 对于具有底心的布拉菲格子，由于“心”所在的面不同，结构因子 F 也不尽相同。假设“心”在 C 面（即基矢 $\vec{a}$、$\vec{b}$ 所决定的面），则该布拉菲格子中有两个原子，其中一个在晶胞的顶角，原子坐标为（0，0，0），另一个原子在 C 面中心，原子坐标为（1/2，1/2，0）。令原子散射因子为 f，可求得其结构因子为：

$$F = f\mathrm{e}^{2\pi\mathrm{i}(0)} + f\mathrm{e}^{2\pi\mathrm{i}(h/2+k/2)} = f[1+\mathrm{e}^{\pi\mathrm{i}(h+k)}] \tag{6-24}$$

因为（$h+k$）总是整数，所以此表达式可以在避免计算复杂共轭的情况下求值，并且表达式中的 F 也始终是实数而不是复数。当 h 和 k 同为奇数或偶数时，那么它们的和便恒为偶数，$\mathrm{e}^{\pi\mathrm{i}(h+k)}$ 等于 1，故其结构因子及其模长的平方为：

$$F = 2f（当 h 和 k 同奇同偶）$$
$$|F|^2 = 4f^2 \tag{6-25}$$

另一方面，如果 h 和 k 不同为奇数或偶数，那么它们的和恒为奇数，$\mathrm{e}^{\pi\mathrm{i}(h+k)}$ 等于 −1，故其结构因子及其模长的平方为：

$$F = 0（当 h 和 k 不同奇同偶）$$
$$|F|^2 = 0 \tag{6-26}$$

值得注意的是，在这两种情况中，密勒指数 l 的值对结构因子没有影响。例如，晶面（111）、（112）、（113）和晶面（021）、（022）、（023）均具有相同的结构因子 F，即 $2f$；类似地，晶面（011）、（012）、（013）和（101）、（102）、（103）的结构因子均为 0，代表此类晶面即使满足布拉格条件也不发生 X 射线衍射。像这样由于结构因子为 0 而导致衍射峰“消失”、不能发生衍射的现象称为消光。

③ 对于具有体心结构的 I 型布拉菲格子，每个晶胞包含两个原子，其中一个原子位于晶胞的顶角，坐标为（0，0，0），另一个原子位于晶胞的体心，坐标为（1/2，1/2，1/2）。

令原子散射因子为 f，则其结构因子 F 可以表示为：

$$F = f e^{2\pi i(0)} + f e^{2\pi i(h/2+k/2+l/2)} = f[1 + e^{\pi i(h+k+l)}] \tag{6-27}$$

通过密勒指数 $h+k+l$ 的奇偶性对结构因子 F 进行讨论：

$$F = 2f(\text{当 } h+k+l \text{ 为偶数})$$
$$|F|^2 = 4f^2$$
$$F = 0(\text{当 } h+k+l \text{ 为奇数})$$
$$|F|^2 = 0$$

④ 具有F型面心结构的布拉菲格子，每个晶胞中含有四个原子，它们的坐标分别是（0，0，0）、（1/2，1/2，0）、（0，1/2，1/2）、（1/2，0，1/2）。令原子散射因子为 f，则结构因子可表示为：

$$\begin{aligned} F &= f e^{2\pi i(0)} + f e^{2\pi i(h/2+k/2)} + f e^{2\pi i(k/2+l/2)} + f e^{2\pi i(h/2+l/2)} \\ &= f[1 + e^{\pi i(h+k)} + e^{\pi i(k+l)} + e^{\pi i(h+l)}] \end{aligned} \tag{6-28}$$

如果 h、k、l 全部是奇数或全部为偶数，那么（$h+k$）、（$h+l$）、（$k+l$）均为偶数，式（6-28）中含指数的每一项值均为1，所以：

$$F = 4f(\text{当 } h、k、l \text{ 全奇全偶})$$
$$|F|^2 = 16f^2$$

相反，如果 h、k、l 非全奇全偶，不论是两奇一偶还是两偶一奇，则（$h+k$）、（$h+l$）、（$k+l$）这三项必为两奇一偶，即式（6-28）中含指数的项中，有两项值为−1、一项值为1，可得：

$$F = 0(\text{当 } h、k、l \text{ 非全奇全偶})$$
$$|F|^2 = 0$$

此时晶面（hkl）的衍射峰消光，强度为0。故可知在面心布拉菲格子中，只有密勒指数为全奇或全偶的晶面才能发生衍射，如（111）、（200）、（220）等，而（100）、（210）以及（112）等晶面由于消光而不能发生衍射。

对上述四种类型的布拉菲格子的消光条件进行总结汇总，得到如表6-2所示的结果。

表6-2 四种类型布拉菲格子的消光条件

布拉菲格子类型	消光条件	
简单点阵	无	
底心点阵	A心	k 和 l 不同奇同偶
	B心	h 和 l 不同奇同偶
	C心	h 和 k 不同奇同偶
体心点阵	$h+k+l$ 为奇数	
面心点阵	h、k、l 非全奇全偶	

知识点 6-3 对于表 6-2，有以下几点需要强调。

首先，表 6-2 中消光的规律对于研究晶体结构、判断晶体的晶系非常重要。例如，假设有一个新的晶体结构，采用单色光 X 射线转动晶体法进行晶体结构的测定，如果发现这种晶体的衍射谱中，当 h、k、l 非全奇全偶时衍射峰发生了消光，这时候就可以判断该晶体具有面心的布拉菲格子。

其次，表 6-2 中，布拉菲格子类型与消光条件之间是必要非充分的关系，也就是说，具有表中所列出的消光条件时，必然具有与之对应的布拉菲格子类型；但是对于某种布拉菲格子类型，其消光条件可能并不仅仅是表中所列的条件。下面以晶体硅（Si）为例对这一问题进行详细说明。

如图 6-7 所示，晶体 Si 具有面心立方的布拉菲格子，但是它与 Al、Cu 等最密堆积的面心立方金属不同，每个晶胞中具有 8 个原子，原子坐标分别是：(0，0，0)、(1/2，1/2，0)、(1/2，0，1/2)、(0，1/2，1/2)、(1/4，1/4，1/4)、(3/4，3/4，1/4)、(3/4，1/4，3/4)、(1/4，3/4，3/4)。因此，晶体 Si 的结构可以看作是两个最密堆积的面心立方结构的叠加，而且这两个最密堆积的面心立方之间的相位差为 $(1/4)\vec{a}+(1/4)\vec{b}+(1/4)\vec{c}$。所以，晶体 Si 的结构因子 F 可以写成两个最密堆积面心立方的结构因子 F_{cpc} 的加和，即

$$
\begin{aligned}
F &= F_{cpc} + e^{2\pi i(h/4+k/4+l/4)} F_{cpc} \\
&= F_{cpc}[1+e^{\pi i(h+k+l)/2}]
\end{aligned}
\tag{6-29}
$$

所以，晶体 Si 的衍射消光条件为：$F_{cpc}=0$ 或 $e^{\pi i(h+k+l)/2}=-1$。由前面的讨论我们已经知道，$F_{cpc}=0$ 的条件是 h、k、l 非全奇全偶，而 $e^{\pi i(h+k+l)/2}=-1$ 的条件是 $h+k+l=4n+2$，其中 n 为整数。

换言之，晶体 Si 作为一种“特殊”的面心立方布拉菲格子，除了在表 6-2 中所列的面心立方消光条件下会消光之外，还会有更多的衍射峰会出现消光现象。事实上，晶体学家就是通过衍射峰的消光条件（这个消光条件比表 6-2 中列出的更详细、更复杂）来判断晶体中的对称元素，从而解析晶体的结构。

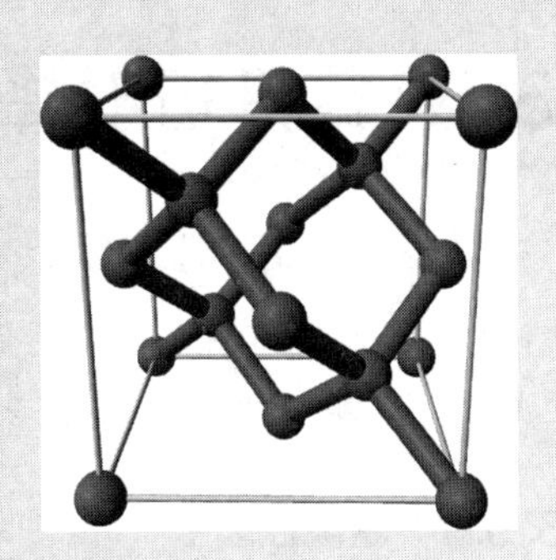

图 6-7 Si 晶体结构

⑤ 密排六方也是一种常见的晶体结构，其晶胞中含有两个原子，坐标分别是 (0，0，0) 和 (1/3，2/3，1/2)。若原子散射因数为 f，则其结构因子为：

$$
\begin{aligned}
F &= f e^{2\pi i(0)} + f e^{2\pi i(h/3+2k/3+l/2)} \\
&= f[1+e^{2\pi i[(h+2k)/3+l/2]}]
\end{aligned}
\tag{6-30}
$$

为计算简便，记 $[(h+2k)/3+l/2]=g$，则：

$$
F=f(1+e^{2\pi i g}) \tag{6-31}
$$

因为 g 可能是分数，所以此式仍然较复杂；但是如果给此式乘上它的共轭，就会得到结构因子 F 的模的平方：

$$
|F|^2 = f^2(1+e^{2\pi i g})(1+e^{-2\pi i g})
$$

$$=f^2(2+e^{2\pi ig}+e^{-2\pi ig}) \tag{6-32}$$

将其转换为三角函数形式，式（6-32）转化为：

$$\begin{aligned}|F|^2&=f^2(2+2\cos 2\pi g)\\&=f^2[2+2(2\cos^2\pi g-1)]\\&=f^2(4\cos^2\pi g)\\&=4f^2\cos^2\pi\left(\frac{h+2k}{3}+\frac{1}{2}\right)\end{aligned} \tag{6-33}$$

考虑 h、k、l 取值的全部可能，结果总结如表 6-3 所示。

表 6-3　密排六方点阵的结构因子

$h+2k$	l	$\|F\|^2$
$3n$	奇数	0
$3n$	偶数	$4f^2$
$3n\pm1$	奇数	$3f^2$
$3n\pm1$	偶数	f^2

知识点 6-4　表 6-3 所列规律适用于密排六方结构，而不是适用于所有的六方结构。

6.5 德拜衍射峰的相对强度

对于一个确定材料的德拜衍射，其衍射峰的强度除了受上文已经介绍的偏振化因子 P、结构因子 F 的影响之外，还受多重性因子 M、洛伦兹因子 L、吸收因子 F_{abs} 以及温度因子 DWF 的影响，本节将对这些影响衍射峰强度的因子进行逐一介绍。

6.5.1 多重性因子

在粉末衍射实验中，以立方点阵的 100 衍射峰为例，当单色光 X 射线以某一特定角度照射到粉末试样上，恰好能够在某些取向的晶粒的（100）晶面发生衍射；而对于粉末中其他取向的晶粒而言，在不改变入射光方向的条件下，可能无法发生衍射，也有可能发生衍射的是（010）晶面或（001）晶面。对于立方点阵来讲，这三个晶面的晶面间距相等，它们发生的衍射过程也等效，衍射峰位置重合。同样，考虑 111 衍射峰也会有类似的结果，立方点阵中和（111）晶面具有完全等效衍射过程的晶面还有（$11\bar{1}$）、（$1\bar{1}\bar{1}$）以及（$1\bar{1}1$）。所以，总的来说｛111｝晶面族发生衍射的概率是｛100｝晶面族发生衍射概率的 4/3，所以前者对衍射强度的贡献也应该是后者的 4/3。

在衍射强度表达式中，考虑到产生衍射峰的晶面数目不同，将其对衍射峰强度的影响定义为多重性因子 M，即具有相同晶面间距的晶面的数量。对于具有不同密勒指数的反平行晶面［如（100）晶面和（$\bar{1}00$）晶面］应该分别算入多重性因子，因此对于上述例子中，100 衍射峰的多重性因子是 6，而 111 衍射峰的多重性因子是 8。

多重性因子除了与衍射峰所对应晶面的密勒指数有关外，还和晶体结构、对称性有关。

对于四方晶系而言，(100) 晶面与 (010) 晶面等价，但是与 (001) 晶面不等价（晶面间距不相等），因此，100 衍射峰的多重性因子是 4，而 001 衍射峰的多重性因子是 2。不同晶体结构的多重性因子如表 6-4 所示。

表 6-4 不同晶体结构的多重性因子

晶体结构	多重性因子 M						
立方	$\frac{hkl}{48^*}$	$\frac{hhl}{24}$	$\frac{0kl}{24^*}$	$\frac{0kk}{12}$	$\frac{hhh}{8}$	$\frac{00l}{6}$	
六方、三方	$\frac{hk \cdot l}{24^*}$	$\frac{hhl}{12^*}$	$\frac{0k \cdot l}{12^*}$	$\frac{hk \cdot 0}{12^*}$	$\frac{hh \cdot 0}{6}$	$\frac{0k \cdot 0}{6}$	$\frac{00 \cdot l}{2}$
四方	$\frac{hkl}{16^*}$	$\frac{hhl}{8}$	$\frac{0kl}{8}$	$\frac{hk0}{8^*}$	$\frac{hh0}{4}$	$\frac{0k0}{4}$	$\frac{00l}{2}$
正交	$\frac{hkl}{8}$	$\frac{0kl}{4}$	$\frac{h0l}{4}$	$\frac{hk0}{4}$	$\frac{h00}{2}$	$\frac{0k0}{2}$	$\frac{00l}{2}$
单斜	$\frac{hkl}{4}$	$\frac{h0l}{2}$	$\frac{0k0}{2}$				
三斜	$\frac{hkl}{2}$						

6.5.2 洛伦兹因子

洛伦兹因子是一种影响衍射强度的三重因子。如图 6-8 (a) 所示，一束单色的入射光与晶体发生相互作用，让晶体绕着垂直面内穿过 O 点的轴均匀转动。为了方便起见，假设这一时刻平行于晶体表面的晶面严格满足布拉格定律，布拉格角为 θ_B，衍射强度分布曲线如图 6-8 (b) 所示，在 $2\theta_B$ 处衍射强度最大。如果将晶体在不断旋转的过程中产生的所有衍射信号都收集起来，就能测得衍射束的全部角度分布，即衍射的积分强度，表示为图 6-8 (b) 中曲线所包围的面积。积分强度显然比最大强度更有意义，因为前者能反映样品的特征信息而后者会被实验装置的一些微小调整所影响。除此之外，我们用肉眼判断光束强度时，往往比较的也是积分强度而不是最大强度。

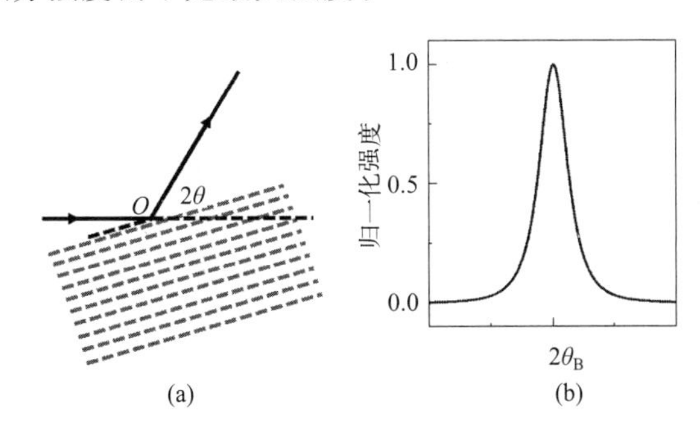

图 6-8 X 射线衍射示意 (a) 与衍射强度和衍射角曲线 (b)

在保证其他变量不变的情况下，衍射的积分强度会随着衍射角 θ_B 的变化而变化。我们可以从最大衍射强度和峰宽这两个方面得到这一相关性。上文说到当衍射角为 θ_B 时，严格满足布拉格定律，在曲线中 $2\theta_B$ 处衍射强度最大，但稍偏离 θ_B 的位置仍然可以产生衍射信号。I_{max} 值的大小取决于晶体在 $2\theta_B$ 近邻角度下仍可接收到衍射信号的范围。在图 6-9 (a)

中，虚线表示晶体绕着 $2\theta_B$ 旋转某一极小的角度 $\Delta\theta$ 后的位置。此时入射束及衍射束与衍射面的夹角不再相等，入射角为 $\theta_1=\theta_B+\Delta\theta$，出射角为 $\theta_2=\theta_B-\Delta\theta$，原子尺度的衍射示意如图 6-9（b）所示。因为后续原子面的 X 射线散射与第一个原子面的 X 射线散射相位是同步的，所以只需考虑第一层原子面的衍射相位关系。假设面内原子间距等于 a，则 Na 表示该面的特征长度。X 射线 1′和 2′的散射光程差如式（6-34）所示。

$$\begin{aligned}\delta_{1'2'}&=AD-CB\\&=a\cos\theta_2-a\cos\theta_1\\&=a[\cos(\theta_B-\Delta\theta)-\cos(\theta_B+\Delta\theta)]\end{aligned}\tag{6-34}$$

展开式（6-34）中的余弦表达式，可得：

$$\delta_{1'2'}=2a\Delta\theta\sin\theta_B\tag{6-35}$$

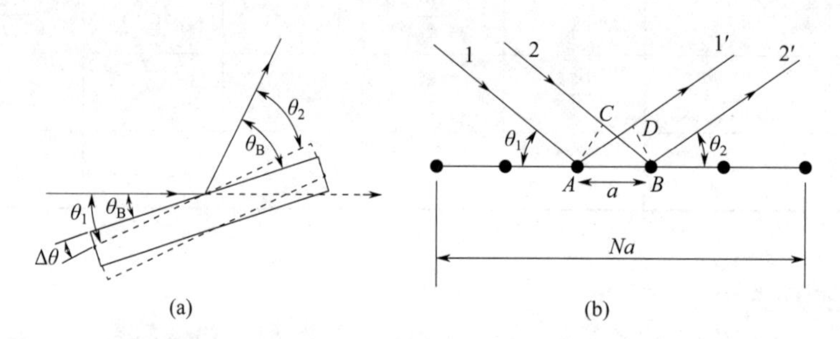

图 6-9 （a）德拜衍射中绕布拉格角 θ_B 转动某个微小 $\Delta\theta$；（b）原子尺度的原子衍射

在该面内两端原子的散射光程差是 $\delta_{1'2'}$ 的 N 倍。而如果光程差等于（$n+1$）/2 倍波长，衍射强度就会因为干涉相消而归零，即

$$2Na\Delta\theta\sin\theta_B=\frac{n+1}{2}\lambda\tag{6-36}$$

$$\Delta\theta=\frac{(n+1)\lambda}{4Na\sin\theta_B}\tag{6-37}$$

上述公式决定了晶体可绕 $2\theta_B$ 转动的角度范围。由于 I_{max} 与这个角度范围息息相关，因此可以简化为 I_{max} 与 $1/\sin\theta_B$ 成正比；换言之，随着布拉格角 θ_B 的增大，I_{max} 值会减小。

半高宽 B 定义为强度为最大衍射强度 I_{max} 的一半时衍射峰的宽度。在衍射强度曲线中，半高宽 B 随着布拉格角 θ_B 的增大而变大。通过推导可知，半高宽 B 正比于 $1/\cos\theta_B$。由于衍射的积分强度等于强度曲线下的面积，正比于 $I_{max}\cdot B$，即 $1/(\sin\theta_B\cos\theta_B)$ 或者 $1/\sin2\theta_B$。

需要说明的是，如图 6-9 所示，尽管上述规律在推导的过程中采用的是单晶衍射的模型，但是由于 X 射线粉末衍射过程可以看作 X 射线与粉末中各个晶粒相互作用的效应的加和，因此，衍射的积分强度正比于 $1/\sin2\theta_B$ 的结论对粉末衍射也完全适用。

另一方面，在粉末衍射中，考虑到对衍射强度的贡献主要来源于严格满足布拉格定律的晶粒以及近邻衍射角范围内对应的少许晶粒，虽然粉末的取向分布是随机的，但是某一确定的衍射峰的积分强度所对应的衍射晶粒，既不是粉末中所有的晶粒，其数量也不是常数，这一规律可以由图 6-10 得到直观的认知。一个半径为单位长度的球壳，球心 O 处放置粉末样品。对于 hkl 衍射峰，布拉格角为 θ_B，ON 为（hkl）晶面的法线。那么对于 hkl 衍射峰来说，只有晶面法线落在如图中所示的、宽度为 $\Delta\theta$ 的环带范围内的晶粒能够贡献衍射峰强度。假设粉末试样中的晶粒取向完全随机，因此晶面法线位于上述环带区域内的晶粒数目 N_{hkl} 占晶粒总数目 N_{total} 的比例等于环带面积与整个球壳表面积的比值，即

$$\frac{N_{hkl}}{N_{total}}=\frac{\Delta\theta \cdot 2\pi r^2 \sin\left(\frac{\pi}{2}-\theta_B\right)}{4\pi r^2}=\frac{\Delta\theta\cos\theta_B}{2} \tag{6-38}$$

由此可知，对某一 hkl 衍射峰的强度有贡献的晶粒的分数正比于 $\cos\theta_B$。所以，能够为透射式衍射实验（θ_B 小于 45°）贡献强度的晶粒数目多于能够为反射式衍射实验（θ_B 大于 45°）贡献强度的晶粒数目。

在进行粉末衍射时，我们很多时候都无法获得完整的衍射环，而只是采用零维或一维探测器采集衍射环的很小一部分。因此，我们更关心的是衍射环上单位长度的积分强度，而非将整个衍射环进行积分。如 6-11 所示，衍射环的半径正比于 $\sin2\theta_B$，所以，当 θ 从 0°到 90°逐渐变化时，θ_B 越接近于 45°，衍射环的半径就越大。为了消除这一效应对衍射强度的影响，我们引入第三个几何因子。由于衍射环的周长是 $2\pi R\sin2\theta_B$，其中 R 是探测器到试样的距离，因此单位长度对应的衍射信号的相对强度正比于 $1/\sin2\theta_B$。

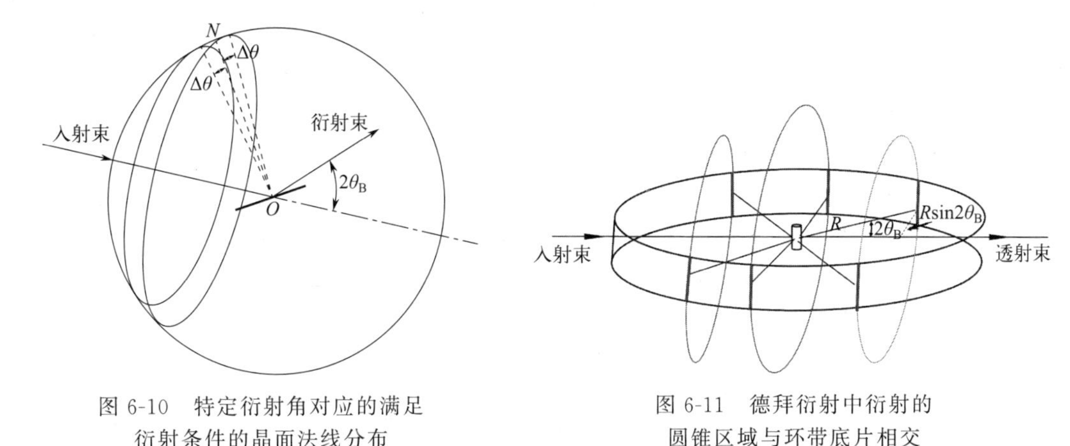

图 6-10　特定衍射角对应的满足衍射条件的晶面法线分布

图 6-11　德拜衍射中衍射的圆锥区域与环带底片相交

在定量分析衍射强度的过程中，将上述讨论的三个几何因子整合成一个因子（洛伦兹因子），记作 L。

$$L=\left(\frac{1}{\sin2\theta}\right)(\cos\theta)\left(\frac{1}{\sin2\theta}\right)=\frac{\cos\theta}{\sin^2 2\theta}=\frac{1}{4\sin^2\theta\cos\theta} \tag{6-39}$$

如果将洛伦兹因子和偏振化因子结合起来，忽略常数，则可得到新的复合因子，洛伦兹-偏振化因子，或 L-P 因子：

$$L\text{-}P=\frac{1+\cos^2 2\theta}{\sin^2\theta\cos\theta} \tag{6-40}$$

根据式（6-40），洛伦兹-偏振化因子关于布拉格角（θ_B）的变化规律如图 6-12 所示。从

图中可以看到，综合以上两个因子后的总效应是中等衍射角（θ_B 接近 45°）产生的衍射信号最弱，而前散射方向（θ_B 接近 0°）和后散射方向（θ_B 接近 90°）的衍射强度较大。

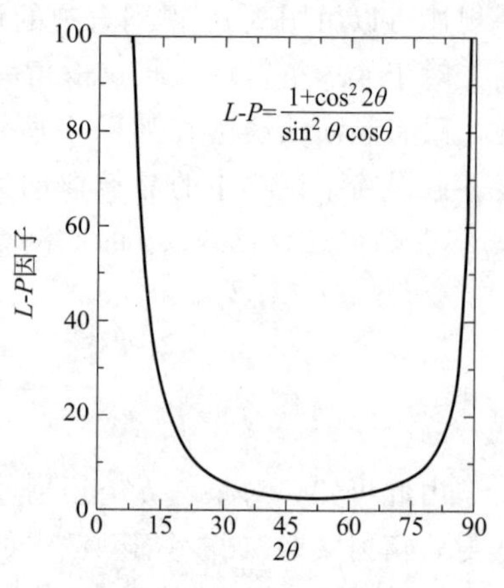

图 6-12 洛伦兹-偏振化因子随布拉格角的变化规律

6.5.3 吸收因子

要全面考虑衍射的强度，样品本身对 X 射线的吸收也是不可忽视的因素。为了简化，假设德拜衍射实验中，粉末状试样装在圆筒形的毛细管中，其截面如图 6-13（a）所示。在德拜衍射装置中，薄壁圆筒内的粉末样品置于摄像机轴上。对于透射式衍射，沿着入射方向 AB 将会发生入射束的吸收。在样品 B 点处，一部分入射束发生衍射，衍射束 BC 也会被样品吸收一部分强度。同样地，对于反射式衍射，入射束和出射束的吸收同样也会发生，就像图中的 DE 以及 EF。由于吸收效应的存在，直接导致衍射强度降低。

图 6-13（b）是一个强吸收效应样品的德拜衍射示意图。入射束穿过样品后强度大大降低，因此大部分的衍射强度来自样品左侧，因为左侧的反射式衍射束没有穿过样品，吸收效应最小；而向右的透射式衍射束穿过整个样品后被强烈地吸收。事实上，即使是向右的透射式衍射束也主要来自靠近样品边缘、厚度较小的部位。

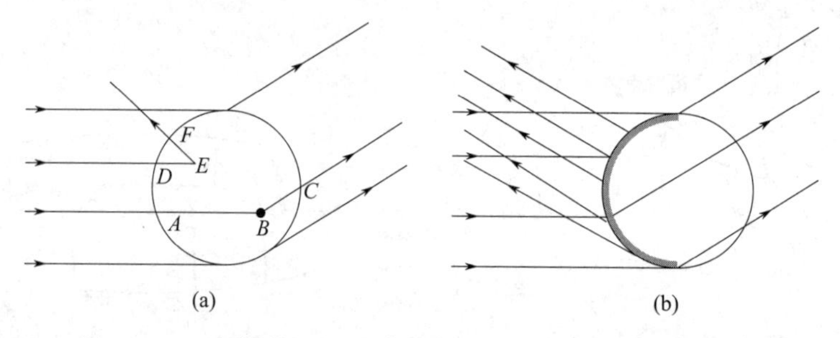

图 6-13 一般样品（a）和高吸收因子样品（b）的德拜衍射

不难发现，反射式衍射和透射式衍射的吸收程度的差异会随着材料对 X 射线吸收能力的降低而减小，但有一点是不变的，就是当其他条件都相同时，衍射角越小，吸收效应越强。当然，这一结论应该局限于德拜衍射方法中的圆柱状样品，因为对于平板状或者异形的样品来说，吸收因子的影响规律会完全不一样。

需要说明的是，要准确计算或测量吸收因子（记作 F_{abs}），即使是对形状最简单的圆柱状样品，也是十分困难的。不过通常情况下，在计算德拜衍射的强度时，吸收因子往往可以忽略不计。

6.5.4 温度因子

温度因子顾名思义是在衍射过程中衍射强度受温度影响的那部分，也称作德拜-沃勒因子，记作 DWF（Debye-Waller factor）。在理想的布拉格衍射分析中，假定原子在晶体中固定不动。但实际上，原子一刻不停地在材料中以平衡位置为中心进行热振动，而且这种热振动随着温度的升高而加剧。由于热振动的存在，会导致实际的衍射强度低于不考虑热振动的衍射强度，因此需要定义温度因子进而对计算的衍射强度进行修正。

温度因子的大小取决于散射矢量$\vec{q}$。对于一个给定的散射矢量$\vec{q}$，温度因子 $DWF(\vec{q})$ 能够得出弹性散射所占的比例，相应地非弹性散射所占的比例为 $1-DWF(\vec{q})$。在衍射分析中，弹性散射对应着明锐的衍射峰，而非弹性散射只会贡献衍射谱图的背景。

最基础的 DWF 的数学表达式是：

$$DWF=\langle \exp(i\vec{q}\cdot\vec{u})\rangle^2 \tag{6-41}$$

式中，$\vec{u}$ 是散射中心的位移（直观地理解，$\vec{u}$ 是一个与原子进行热振动时的位置与平衡位置之间的位移有关的物理量）；$\langle\cdots\rangle$ 表示对时间的平均。假设衍射中心进行简谐振动，又根据玻尔兹曼分布可知$\vec{q}\cdot\vec{u}$ 呈正态分布且均值为零，DWF 表达式可以写为：

$$DWF=\exp(-\langle[\vec{q}\cdot\vec{u}]^2\rangle) \tag{6-42}$$

假设原子的振动是各向同性的，则上式可以简化为：

$$DWF=\exp\left(-\frac{q^2\langle u^2\rangle}{3}\right) \tag{6-43}$$

式中，q 和 u 是各自矢量的模长；$\langle u^2\rangle$ 是位移平方的平均，经常记为 U。在国际晶体学表中，能够查表得到常数 U；而散射矢量$\vec{q}$ 的模长与晶面间距 d 的倒数成正比，或者直接由 X 射线的波长 λ 和布拉格角 θ_B 计算。

$$q=\frac{2\pi}{d}=\frac{4\pi\sin\theta}{\lambda} \tag{6-44}$$

这里需要说明的是，为了与大多数文献中给出的 U 配合使用，需要将 q 理解为 $2\pi/d$，而不是 $1/d$。

6.6 小结

对本章内容做一个简单的小结，德拜衍射峰的强度 I 除了与入射 X 射线的强度 I_0 成正比之外，还与结构因子的模的平方 $|F|^2$、偏振化因子 P、多重性因子 M、洛伦兹因子 L、吸收因子 F_{abs}、温度因子 DWF 成正比，可以写作：

$$I\propto I_0\cdot|F|^2\cdot P\cdot M\cdot L\cdot F_{abs}\cdot DWF \tag{6-45}$$

了解这个规律，不仅能够帮助我们解析晶体结构，也有助于研究晶体材料的织构等微观组织特征。当材料中的晶粒具有明显的择优取向时，我们推导洛伦兹因子时所作的“取向随机”的假设将不再成立，因此实际观测到的衍射峰的强度也将与“理想”粉末试样的衍射强度相背离。这时，运用推导洛伦兹因子时的基本思路和方法，则有望对试样中的择优取向进行定量表征。

习题

1. 面心立方 100 峰消光，说明它不具备（100）晶面。试解释该说法是否合理？

2. 有人说，既然 XRD 中面心立方晶体的 100、110 峰消光，干脆可以把它的（200）定义成（100）、（220）定义为（110），这样用起来很方便。试解释该说法是否合理并阐述原因。

参考答案

3. 如何理解偏振化因子？

4. 试描述多重性因子的物理意义，并解释其对衍射的影响。

第 7 章

多晶残余应力的 X 射线衍射测量

应力可以简单地分为瞬时应力（瞬间应力）和残余应力。

瞬时应力指的是由于受到力、热、光、电等外界刺激因素的影响而在材料中产生的应力。例如，在增材制造或焊接过程中，当激光或电子束扫过试样的瞬间，材料内部会由于温度场不均匀而产生应力；进行单轴拉伸测试时，试样内部也会因为外加拉力而产生应力。这些应力往往会随着时间、空间而变化——当激光或电子束热源位置改变、局域温度梯度消失后，应力随之变小；当外力撤销后，应力随之减小甚至有可能变为零。

与之相反的，如果材料发生了塑性变形，当外界施加的力、热、光、电等刺激完全撤销之后，为了保持材料内部各部分（有可能是各相，也有可能是各晶粒、各亚晶）之间的力的平衡，部分应力不会完全变为零，这种残留在材料、零部件中的应力称为残余应力，或者内应力。

残余应力对材料、工件的强度、疲劳性能、抗蚀性、电磁性能等均有可能产生显著影响；而在制造、热处理、表面处理与改性、塑性变形加工等过程中，残余应力状态可能发生显著变化。因此，对金属材料中的残余应力进行准确测量与表征具有重要的理论与工程意义。本章将简要介绍多晶材料中第一类残余应力的 X 射线衍射表征方法。

7.1 残余应力的分类

目前公认的残余应力分类方法由德国学者马赫劳赫（E. Macherauch）于 20 世纪 60、70 年代提出。如图 7-1 所示，根据应力平衡范围的大小，将残余应力分为三类。

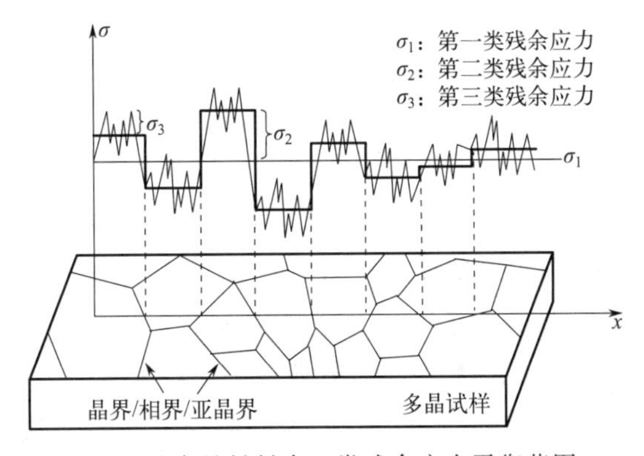

图 7-1　多晶材料中三类残余应力平衡范围

第一类残余应力在整个试样或部件内保持平衡，其产生原因是各种使材料产生不均匀应变的工艺，如焊接、铸造、锻造等。一般而言，宏观残余应力释放会使得材料的宏观体积或形状发生变化。

第二类残余应力在一定数目的晶粒、亚晶、相之间保持平衡，其产生原因主要有两种可能，一是材料相变过程中各相应力状态不同，二是材料变形恢复时各相、晶粒、亚晶形变恢复程度不同。例如，在马氏体相变中，有部分奥氏体转变成马氏体，由于相变后马氏体的体积大于相变之前奥氏体的体积，从而造成两相应力状态不同而产生了两相间的第二类残余应力。

第三类残余应力存在于若干个原子的距离内，该距离往往小于一个晶粒、一个亚晶或一个相。微观缺陷（如每一根位错、每一个空位）周围都会形成一个应力场，而在同一个晶粒内，这些微观缺陷所形成的应力之间保持平衡。这种应力就叫做第三类残余应力。

由于空间尺度的差别，第一类残余应力又叫做宏观残余应力，第二类与第三类残余应力合称微观残余应力。

知识点 7-1 在经典教科书中，经常看到以下表述："第一类残余应力的衍射效应是使得衍射束的方向产生位移，第二类残余应力的衍射效应是使衍射峰的峰形产生变化，第三类残余应力的衍射效应是使得衍射强度降低。"需要说明的是，这个描述主要针对的是各类残余应力对粉末衍射的影响。事实上，近年来随着同步辐射技术的发展，新的衍射技术不断涌现。例如，可以把高强度的 X 射线汇聚到微米甚至几十纳米，这样 X 射线的束斑就比很多工程材料中的晶粒尺寸更小。使用这种微聚焦的 X 射线进行应力测量时，第二类残余应力的衍射效应是使衍射峰的位置发生变化（布拉格角变化），第三类残余应力的衍射效应是使衍射峰的峰形产生变化，而且衍射峰的峰形由应变梯度的方向、大小等决定。

7.2 单轴应力的测量

在了解完上述应力相关的概念后，就可以着手于采用 X 射线衍射的方法测量材料的应力。为了简化问题，下面以单轴拉伸为例进行说明。

假设样品为多晶圆柱体，截面积为 A，沿着轴向施加拉力 F，建立坐标系如图 7-2 所示。多晶的假设有两层含义：第一，当采用单色光 X 射线进行实验时，一定有晶粒满足布拉格条件；第二，试样的力学与物理性能具有各向同性。

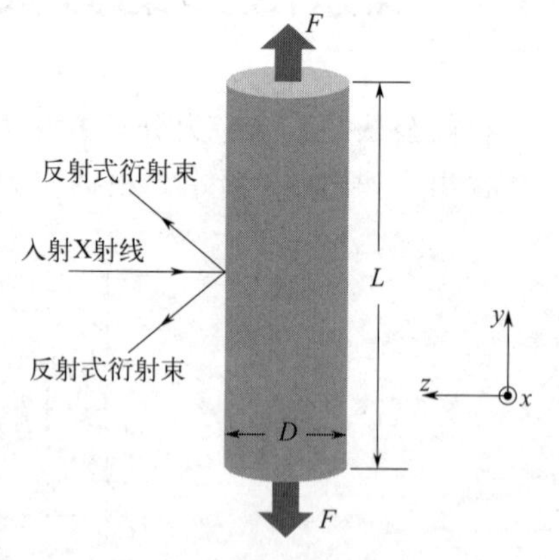

图 7-2 单轴拉伸试样中应力的 X 射线衍射测量

在此情况下，沿着 $\vec{y}$ 方向有应力 $\sigma_y = F/A$，而在另外两个方向应力为零。值得注意的是，σ_y 代表沿着 $\vec{y}$ 方向的正应力。此时样品中还存在沿着 $\vec{y}$ 方向的剪切应力，但是用 X 射线衍射的方法无法检测剪切应力，所以在此我们不予考虑。应力 σ_y 在 $\vec{y}$ 方向所产生的应变记作 ε_y，根据定义有：

$$\varepsilon_y = \frac{\Delta L}{L} = \frac{L_f - L_0}{L_0} \tag{7-1}$$

式中，L_0 和 L_f 分别是变形前后的样品长度。在弹性变形内应力应变的对应关系为：

$$\sigma_y = E\varepsilon_y \tag{7-2}$$

式中，E 是试样的弹性模量。尽管此时样品沿着 $\vec{x}$ 和 $\vec{z}$ 两个方向受到的应力为 0，但是依然会发生变形，表现为尺寸的减小。因此，根据应变的定义有：

$$\varepsilon_x = \varepsilon_z = \frac{D_f - D_0}{D_0} \tag{7-3}$$

式中，D_0 与 D_f 分别是变形前后圆柱形样品的截面直径。三个方向的应变之间满足以下规律：

$$\varepsilon_x = \varepsilon_z = -\nu\varepsilon_y \tag{7-4}$$

式中，ν 是材料的泊松比。对大部分金属以及合金材料，ν 的取值为 0.25～0.45。

为了测量材料所受应力 σ_y，只需要测量该方向的应变 ε_y。为了实现这一目的，需要在垂直于轴向 $\vec{y}$ 的晶面上进行 X 射线衍射实验。然而，实际操作中，除了在圆柱形试样两端之外，这一实验不易实现。因此，退而求其次选择近似平行于轴向 $\vec{y}$ 的晶面进行 X 射线衍射实验，通过测量晶面间距 d，并与无应力状态的晶面间距 d_0 对比，从而计算应变和应力。

有一点需要特别说明的是，用 X 射线衍射的方法测量的应变是晶格应变，也就是弹性应变，其数值往往很小（小于 1%），因此材料内部晶面间距 d 的改变量也非常小。所以为了保证测量的精确度，通常采用反射式衍射技术采集信号（具体原因将在第 7.4 节进行定量讨论）。

在这样的衍射几何之下，只有晶面（hkl）几乎平行于样品表面时，这些晶粒（如图 7-3 中晶粒 A 和晶粒 B）才有可能满足布拉格条件，贡献衍射峰强度；而对于（hkl）晶面与样品表面夹角较大的晶粒，如晶粒 C 和晶粒 D，则无法贡献衍射强度。

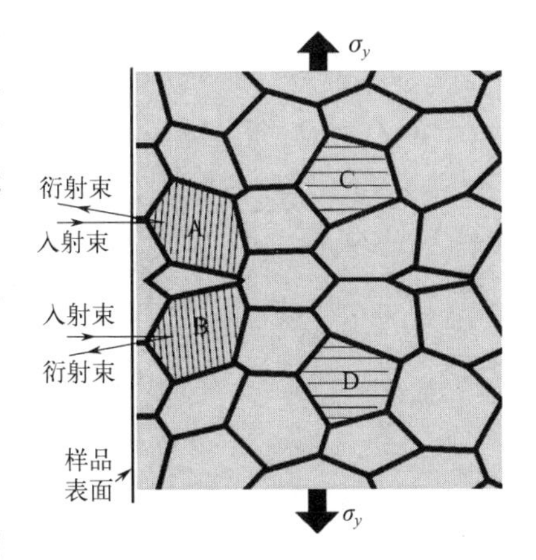

图 7-3　样品表面衍射

假设 X 射线的入射方向平行于 $\vec{z}$ 轴，通过上述办法，可以得到 $\vec{z}$ 方向的应变量：

$$\varepsilon_z = \frac{d_n - d_0}{d_0} \tag{7-5}$$

式中，d_0 和 d_n 分别是不受应力影响和受应力影响的晶面间距。下标 n 表示该晶面的法线与应力方向垂直。结合式（7-2）、式（7-4）、式（7-5），有：

$$\sigma_y = -\frac{E}{\nu}\frac{d_n - d_0}{d_0} \tag{7-6}$$

在式（7-6）中，E 和 ν 是材料的物理常数，一般是通过查文献获得。因此，要保证应力 σ_y 测量的精确度，需要获得无应力状态下的晶面间距 d_0 并准确测量应力状态下的晶面间距 d_n。

为了获得无应力状态下的晶面间距 d_0，途径一是通过查找文献，但是对于工程材料和试样，有可能会因为成分、制备工艺、热历史等的影响导致实际试样的 d_0 值与文献报道值有所差异。因此，可以考虑采用X射线衍射法测量 d_0。如果样品已经受力，那就需要对卸载后的样品进行测量；如果样品已经发生塑性变形，卸载后依然存在残余应力，则需要在卸载后的样品中切一小块无应力样品（必要时可能需要对切下来的小试样进行热处理以释放应力）进行测量。

而在使用X射线衍射法测量晶面间距（无论是 d_0 还是 d_n）时，为了保证测量精度，需要精确校准衍射几何，包括试样与探测器的距离、探测器中心等。一个常用的方法是将已知材料的粉末撒在待测样品的表面，这时就有机会同时采集到该已知粉末和待测试样的衍射峰，如图7-4所示。假设此时样品到探测器的距离为 D，已知粉末的晶面间距为 d_R；从衍射谱中可以测得已知粉末和待测试样的德拜衍射环半径分别为 r_R 和 r_S，则通过联立以下方程：

$$\begin{cases} 2d_R\sin\theta_R=\lambda \\ \sin\theta_R=\dfrac{r_R}{\sqrt{r_R^2+D^2}} \\ 2d_n\sin\theta_S=\lambda \\ \sin\theta_S=\dfrac{r_S}{\sqrt{r_S^2+D^2}} \end{cases} \tag{7-7}$$

可以计算待测试样的晶面间距 d_n：

$$d_n=d_R\frac{r_R}{r_S}\sqrt{\frac{r_S^2+D^2}{r_R^2+D^2}} \tag{7-8}$$

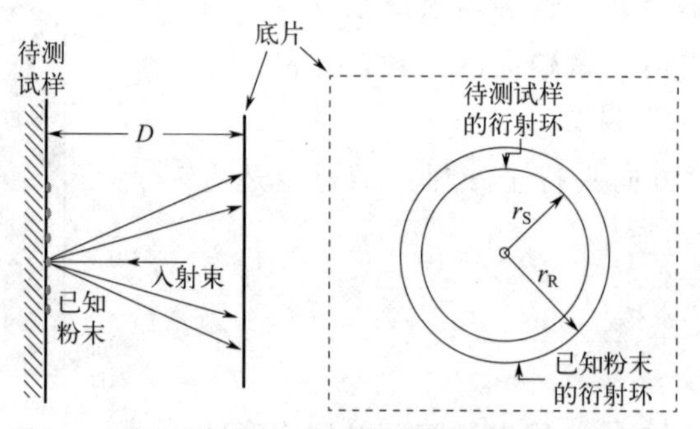

图7-4 利用已知粉末测量待测试样晶面间距的原理

7.3 平面应力的测量

对于一个只受到纯张力作用的棒状物体，正应力只作用于一个方向，即单轴应力。但是在宏观残余应力存在的区域内，材料的应力状态往往比较复杂，在两个或者三个方向上都有应力分量。这些应力分量之间互相垂直，形成了双轴或者三轴的应力系统。然而，在材料自由表面处，垂直于表面应力的分量为0，所以如果不考虑X射线的穿透效应，只考虑物体的表面，则不需要处理超过两个的应力分量。只有在块体样品的内部，应力才可能是三轴的。

如图 7-5 所示，将一部分表面当作一个应力体处理。为方便描述，建立一个笛卡尔坐标系 $O\text{-}xyz$，其中 $\vec{x}$ 与 $\vec{y}$ 在样品表面内，而 $\vec{z}$ 与样品表面的法线平行。应力、应变都是二阶张量，在笛卡尔坐标系之下，应力可以表达为一个对称矩阵：

$$\sigma=\begin{bmatrix}\sigma_{xx} & \sigma_{xy} & \sigma_{xz}\\ \sigma_{xy} & \sigma_{yy} & \sigma_{yz}\\ \sigma_{xz} & \sigma_{yz} & \sigma_{zz}\end{bmatrix} \tag{7-9}$$

在这样的表达式中，矩阵对角线上的分量 σ_{ii}（$i=x$，y，z）为正应力，非对角线上的分量 σ_{ij}（i，$j=x$，y，z）为剪切应力。无论应力状态如何，都可以找到三个相互垂直的方向，它们垂直于没有剪切应力作用的晶面，此时应力的表达式可以简化为：

$$\sigma=\begin{bmatrix}\sigma_1 & 0 & 0\\ 0 & \sigma_2 & 0\\ 0 & 0 & \sigma_3\end{bmatrix} \tag{7-10}$$

我们把这三个方向叫作主方向或主轴（principal axes）；对于作用于这些方向上的应力 σ_1，σ_2，σ_3，我们称其为主应力（principal stress）。为了方便起见，我们把这三个方向记作 1、2、3。在自由表面上，σ_3 与 σ_{zz} 平行且数值均等于 0。

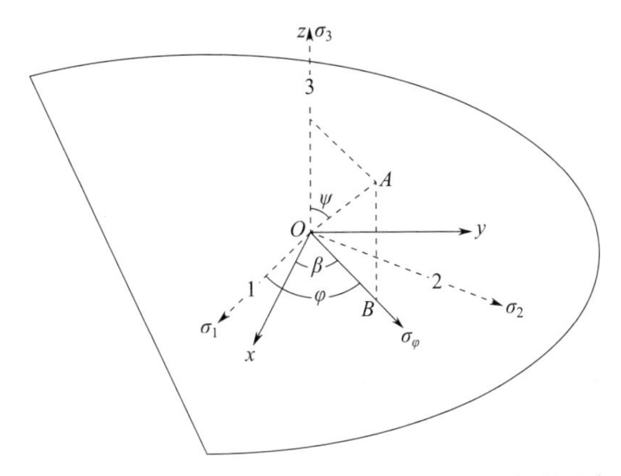

图 7-5　主应力（σ_1，σ_2，σ_3）与坐标系 $O\text{-}xyz$ 间的几何关系

式（7-9）和式（7-10）对应变也完全适用，换言之，如果我们把式（7-9）和式（7-10）中的 σ 全都换成 ε，它们仍然成立。但是，需要注意的是，在垂直于表面的方向上，应变分量 ε_3、ε_{zz} 是不为 0 的，原因是：

$$\varepsilon_3=\varepsilon_{zz}=-\frac{\nu}{E}(\sigma_1+\sigma_2) \tag{7-11}$$

ε_3 的值可以通过垂直入射的 X 射线衍射谱测得。将数值代入式（7-11），可以得到：

$$\frac{d_{\mathrm{n}}-d_0}{d_0}=-\frac{\nu}{E}(\sigma_1+\sigma_2) \tag{7-12}$$

根据式（7-12），在一般情况下，通过垂直入射的 X 射线衍射谱可以得到样品表面主应力的总和。

通常情况下，我们想要测量作用在某个特定方向的应力，比如图 7-5 中的 OB 方向，其中 OB 与主方向 1 的夹角为 φ，与 $\vec{x}$ 轴的夹角为 β。此时，考虑在两个方向上进行 X 射线衍射实验，其中一个是让衍射晶面的法线方向与试样表面的法线方向平行，另一个是让晶面法线的方向平行于图 7-5 中 OA 的方向，该方向与试样表面法线方向的夹角为 ψ。OA 位于通过 OB 方向（需要测量应力的方向）与试样表面垂直的平面上。我们将这两个晶面上测得的应变分别记作 ε_3 和 ε_ψ。弹性理论对于这两种应变给出了如下关系：

$$\varepsilon_\psi-\varepsilon_3=\frac{\sigma_\varphi}{E}(1+\nu)\sin^2\psi \tag{7-13}$$

同时，

$$\varepsilon_\psi=\frac{d_\psi-d_0}{d_0} \tag{7-14}$$

式中，d_ψ 是在应力作用下垂直于 OA 的晶面间距；d_0 是无应力状态下垂直于 OA 的晶面间距。结合式（7-13）和式（7-14），可以得到：

$$\frac{d_\psi-d_0}{d_0}-\frac{d_n-d_0}{d_0}=\frac{d_\psi-d_n}{d_0}=\frac{\sigma_\varphi}{E}(1+\nu)\sin^2\psi \tag{7-15}$$

观察式（7-15）发现，d_0 出现在分母中，即便替换为 d_n 也不会造成很大误差，因此，式（7-15）可以改写为：

$$\sigma_\varphi=\frac{E}{(1+\nu)\sin^2\psi}\left(\frac{d_\psi-d_n}{d_n}\right) \tag{7-16}$$

由式（7-16），我们可以从两张衍射谱所确定的晶面间距计算任意选择方向上的应力。实际操作时，其中一张衍射谱是令 X 射线垂直于表面入射，另一张是让 X 射线沿着 OA 方向入射。需要说明的是，OA 处于 OB（选定的需要测量的应力方向）与试样表面法线方向所决定的平面上，且与试样表面法线的夹角为 ψ。

另外，要注意的是，角 φ 没有出现在这个方程中。这对于研究人员来说绝对是好消息，因为这就意味着我们并不需要知道主应力的先验方向（事实上，的确绝大多数时候我们都不知道我们选择的需要测量应力的方向 OB 与 1 方向、2 方向的夹角）。

同时，式（7-16）告诉我们，用这个方法不需要知道无应力时的晶面间距 d_0。这对于某些成分复杂、晶格常数资料不丰富、偏聚严重的合金而言在应力测量时具有巨大优势，因为使用该方法不再需要切割部分样品、释放应力、测量 d_0。

使用直接比较法可以获得间距的准确测量，图 7-6 显示了在斜入射 X 射线衍射条件下二维探测器所收集到的衍射谱。首先，通过已知粉末的衍射结果（如图 7-6 中所示，已知粉末的衍射环的半径为 S_r）可以确定德拜衍射环的圆心位置。此时样品产生的德拜衍射环不再是完美的圆形，原因在于应变会随着晶面法线与试样表面法线之间的夹角 ψ 的变化而变化[如式（7-13）所示]。因此，探测器的“低”面（如图 7-5 中的点 1 所示）和探测器的“高”面（如图 7-5 的点 2 所示）的衍射角 2θ 会略有不同。此时可以简单理解为，在多晶材料的不同晶粒各形成了两组取向略有不同的晶面，分为组 1 和组 2，它们的法线 N_1 和 N_2 与入射波的夹角分别为 α_1 和 α_2。测量德拜环的半径 S_1 和 S_2，可以得到与表面法线夹角为

($\psi+\alpha_1$）和（$\psi-\alpha_2$）方向上的应变信息。通常情况下，我们只测量 S_1，因为环的这一边对应变更加敏感。

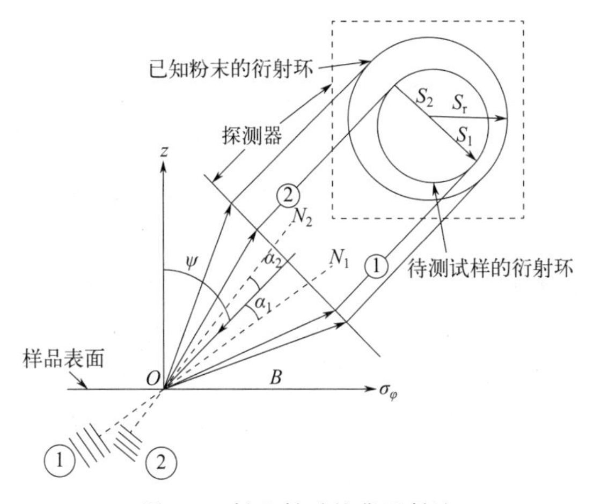

图 7-6　斜入射时的背反射法

为了进一步简化计算，可以将式（7-16）改写为更加实用的形式。通过对布拉格方程进行求导，可以得到：

$$\frac{\Delta d}{d}=-\cot\theta\Delta\theta \tag{7-17}$$

反射式衍射实验所获得的德拜环的半径 S 与样品到探测器的距离 D 之间的关系为：

$$S=D\tan(180^\circ-2\theta)=-D\tan2\theta \tag{7-18}$$

类似地，对式（7-18）进行求导，可以得到：

$$\Delta S=-2D\sec^2 2\theta\Delta\theta \tag{7-19}$$

结合式（7-17）、式（7-18），式（7-19）可以整理为：

$$\Delta S=2D\sec^2 2\theta\tan\theta\ \frac{\Delta d}{d} \tag{7-20}$$

结合：

$$\frac{\Delta d}{d}=\frac{d_\psi-d_\text{n}}{d_\text{n}} \tag{7-21}$$

以及：

$$\Delta S=S_\psi-S_\text{n} \tag{7-22}$$

式中，S_ψ 是斜入射 X 射线衍射谱中德拜环的半径，通常取图 7-6 中的半径 S_1；S_n 为正入射 X 射线衍射谱中德拜环的半径。将式（7-16）与式（7-20）、式（7-21）、式（7-22）结合起来，可以推导得到：

$$\sigma_\varphi=\frac{E(S_\psi-S_\text{n})}{2D(1+\nu)\sec^2 2\theta\tan\theta\sin^2\psi} \tag{7-23}$$

令

$$K_1=\frac{E}{2D(1+\nu)\sec^2 2\theta\tan\theta\sin^2\psi} \tag{7-24}$$

则式（7-24）可以写成一个较为简单的形式：

$$\sigma_\varphi=K_1(S_\psi-S_\mathrm{n}) \tag{7-25}$$

式中，K_1 被称为应力因子。它可以通过样品的种类、X 射线光源以及样品到探测器的距离计算得到。

对于作用于任何特定方向的应力 σ_φ，也可以通过如图 7-5 所示的实验方法进行单次曝光测量。由于使用的是二维探测器，所以仅需要单次曝光即可获得如图中所示的德拜衍射环。通过测量德拜环的半径 S_1 和 S_2，S_1 可以用来计算与表面法线夹角为（$\psi+\alpha_1$）方向上的应变，S_2 用来计算与表面法线的夹角为（$\psi-\alpha_2$）方向上的应变，将测量的值代入式（7-15）中可以得到：

$$\sigma_\varphi=\frac{E}{(1+\nu)\sin^2(\psi+\alpha_1)}\left(\frac{d_{\psi1}-d_\mathrm{n}}{d_0}\right) \tag{7-26}$$

$$\sigma_\varphi=\frac{E}{(1+\nu)\sin^2(\psi-\alpha_2)}\left(\frac{d_{\psi2}-d_\mathrm{n}}{d_0}\right) \tag{7-27}$$

式中，$d_{\psi1}$ 和 $d_{\psi2}$ 分别是根据 S_1 和 S_2 计算得到的晶面间距。令 $\alpha_1=\alpha_2=\alpha=$（$90°-\theta$），然后通过式（7-26）和式（7-27）消除 d_n，可以得到：

$$\sigma_\varphi=\left(\frac{E}{1+\nu}\right)\left(\frac{d_{\psi1}-d_{\psi2}}{d_0}\right)\left(\frac{1}{\sin 2\psi\sin 2\alpha}\right) \tag{7-28}$$

在该等式中，由于只需要单次曝光，因此它比两次曝光节约了一半的时间，但它的缺点是可能造成较大误差。

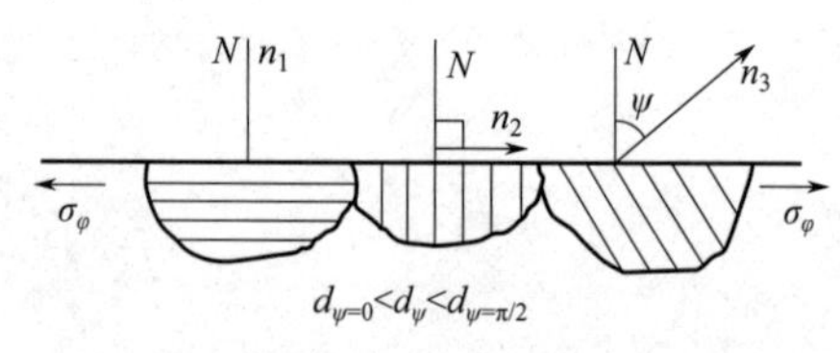

图 7-7　晶粒取向的不同导致应变的差异

对于晶粒尺寸适中、无织构的多晶材料，其中含有大量取向各异的晶粒。因此当 X 射线照射到样品表面时，一般认为会照射到多个晶粒。各个晶粒中晶面（hkl）的法线与试样表面法线之间也会存在着不同的夹角 ψ。对于图 7-7 中左侧的晶粒，其指定的（hkl）晶面平行于试样表面，即 $\psi=0°$；中间晶粒的（hkl）晶面垂直于试样表面，即 $\psi=90°$。当材料中存在余应力 σ_φ 时，不同取向的晶粒中的（hkl）晶面间距 d 随着 ψ 发生变化。假设 σ_φ 是拉应力，当 $\psi=0°$时，晶面间距 d 变小且变化量在所有取向的晶粒中最大；当 $\psi=90°$时，垂直于应力方向的晶面间距 d 变大且变化量在所有取向的晶粒中最大。这就解释了为什么有应力的材料的德拜衍射环不再是完美的圆形。

7.4 衍射角的选择及误差分析

7.4.1 衍射角的选择

如式（7-17）所推导的，待测的物理量应变 $\Delta d/d$ 正比于布拉格角的余切值 $\cot\theta$ 以及

布拉格角的变化量 $\Delta\theta$（实际应用中，$\Delta\theta$ 需要以弧度表示）。因为应变较小，往往仅为 10^{-3} 数量级，所以布拉格角的变化量 $\Delta\theta$ 一定是很小的。

考虑到某个试样或零部件中的应变是客观存在的，所以可以认为，$\cot\theta$ 与 $\Delta\theta$ 的乘积是一个常数。要提高应变的测量精度，则需要降低 $\cot\theta$ 与 $\Delta\theta$ 测量的相对误差。如果我们认为仪器设备所导致的误差（如 X 射线的单色性、准直性、平行性，探测器的精度等）是无法改变的，那么降低测量相对误差最直接的方式就是让布拉格角的变化量 $\Delta\theta$ 尽量大，换言之，也就是要让 $\cot\theta$ 尽可能小。

因此，在利用 X 射线衍射的方法进行应力测量时，衍射角 2θ 越大，应力测量的精度越高。在实际测量过程中，一般要求衍射角 2θ 大于 120°。

不同晶面具有不同的变形机制，对于弹性应变和非弹性应变的响应也不同，所以在不同晶面上测得的应力通常是不可比的；此外，由于 X 射线穿透样品的深度不同，特别是当样品中存在较大应力梯度时，使用不同的 X 射线测量得到的应力也没有可比性。如果样品中晶粒尺寸较大，选择多重性因子大的晶面则更为有利。通过精确对比前人研究数据及测量结果，使用测量过的晶面进行应力测量，可以减少工作量。

每次改变或更换 X 射线管时，有必要检查衍射仪的校准情况。

常用多晶材料残余应力测量所用 X 射线管及晶面的推荐参数如表 7-1 所示。

表 7-1　常用多晶材料残余应力测量所用 X 射线管及晶面的推荐参数

材料	晶体结构	特征谱线	滤波片	波长/Å	2θ/(°)	hkl	多重性因子
铁素体 α-Fe	BCC	Cu K_α	V	2.2897	156.1	211	24
奥氏体 γ-Fe	FCC	Mn K_α	Cr	2.1031	152.3	311	24
		Cr K_α	V	2.2897	128.8	220	12
纯铝	FCC	Cr K_α	V	2.2897	139.3	311	24
		Cr K_α	V	2.2897	156.7	222	8
		Cu K_α	Ni	1.5406	162.6	333/511	32
		Cu K_α	Ni	1.5406	137.5	422	24
镍合金	FCC	Mn K_α	Cr	2.1031	152～162	311	24
		Fe K_α	Mn	1.9360	127～131	311	24
钛合金	HCP	Cu K_α	Ni	1.5406	139.4	213	24
纯铜	FCC	Cu K_α①	Ni	1.5406	144.8	420	24
		Cu K_α	Ni	1.5406	136.6	331	24
钨合金	BCC	Co K_α	Fe	1.7889	156.5	222	8
钼合金	BCC	Fe K_α	Mn	1.9360	153.2	310	24
α-Al_2O_3	HCP	Cu K_α	Ni	1.5406	152.8	330	6
		Ti K_α	Sc	2.7484	156.5	214	24
γ-Al_2O_3	FCC	Cu K_α	Ni	1.5406	146.1	844	24
TiN	FCC	Cu K_α	Ni	1.5406	125.7	422	24

① 需要注意 K_β 线荧光

知识点 7-2　上述对应力测量精度的讨论仅适用于多晶材料的单色光 X 射线衍射测量，不适用于单晶应力测量。

7.4.2 误差分析

7.4.2.1 仪器与定位误差

X射线衍射残余应力测量的误差主要源自衍射峰位置的定位精度。对于高衍射角测量技术，衍射仪校准或样品定位时 $25\mu m$ 的误差所导致的应力测量误差约为±14MPa，并且随着衍射角的增大，此误差会迅速增加。

衍射仪校准要求样品旋转和定位的 θ 轴和 ψ 轴重合，使衍射体积以这些重合轴为中心。如果使用聚焦衍射仪，接收狭缝必须沿着以旋转轴为中心的半径做径向移动。所有的校准都可以使用无应力粉末样品进行检查：如果衍射仪校准正确，那么压实的粉末样品在布拉格角附近发生衍射，其残余应力测量结果应不超过±14MPa。在残余应力测量中，校准及定位不准均会导致系统误差。

7.4.2.2 样品几何形状的影响

样品表面粗糙度太大、缺陷太多，或X射线照射区域内存在弯曲，亦或是样品几何因素对X射线束的干扰作用，都会使得残余应力测量过程中出现类似于样品位移的系统误差。铸造样品一般晶粒都较为粗大，这会使得可以产生衍射峰的晶粒变少，从而使衍射峰不再对称，进一步导致衍射峰定位及残余应力测量过程中产生随机误差。在对粗晶样品进行残余应力测量时，将样品沿 ψ 轴在几度范围内摆动，可以使得产生衍射峰的晶粒变多。但总的来说，一般对于晶粒较为粗大的样品，使用X射线衍射的方法进行残余应力测量误差较大，不推荐。

7.4.2.3 X射线弹性常数的影响

潜在系统比例误差的主要来源是X射线弹性常数值 $E/(1+\nu)_{(hkl)}$ 的测定。残余应力测量值与X射线弹性常数值成正比，但由于弹性各向异性，X射线弹性常数测量值可能与平均值相差40%。通过将材料加载到已知的应力水平，并测量晶格间距的变化，将此变化值作为所加应力和 ψ 倾斜度的函数，经验上可以认为X射线弹性常数等于用最小二乘回归法拟合该函数曲线得到的直线斜率。

习题

用一个面探测器做透射式X射线多晶衍射，假设X射线透射束正好位于面探测器中心位置且与探测器垂直。

1. 如果衍射峰形成一系列强度分布连续且均匀的同心圆环，说明材料具有什么特征？
2. 如果衍射环强度不均匀，说明什么？
3. 如果衍射环不连续，有可能是什么原因？
4. 如果衍射花样由圆环变成椭圆，说明什么？
5. 如果多晶材料受应力，是否一定无法得到圆环？

参考答案

第 8 章

同步辐射微束劳厄衍射

X 射线衍射作为一种晶体结构、微观组织结构表征方法，最大的缺点是空间分辨率较差。此外，另一个重要的缺陷在于，当进行单晶应力应变测量时，由于倒易阵点稀疏，如果进行单色光 X 射线衍射，衍射信号难以捕捉、耗时长。为了克服上述两大困难，利用同步辐射提供的高强、高亮 X 射线光源，开发了同步辐射微束劳厄衍射技术。本章将对该方法进行简要介绍。

8.1 实验装置及方法

同步辐射微束劳厄衍射技术利用同步辐射光源在多级光学聚焦镜辅助下产生的微、纳米级的高通量多色 X 射线束，来进行单晶以及晶粒大于束斑尺寸的多晶材料的晶体取向、晶界类型、应力应变分布的高通量表征。尽管国内外各同步辐射微束劳厄衍射实现装置的技术细节各不相同，但是基本原理有相同之处。下面以我国第三代同步辐射光源上海光源测试线站搭建的微束劳厄衍射示范装置为例进行说明，光学聚焦元件的排布如图 8-1 所示。

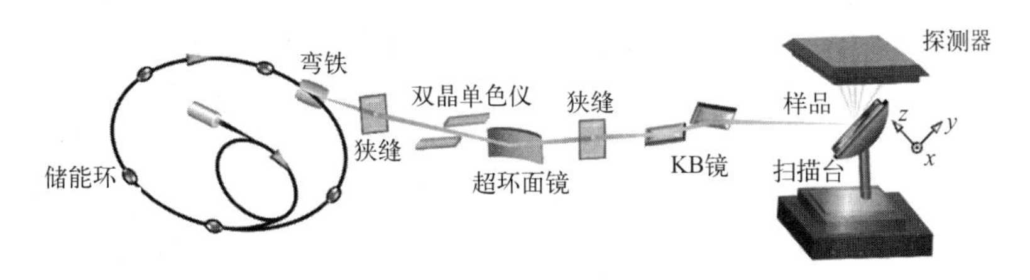

图 8-1　同步辐射微束劳厄衍射光学聚焦元件的排布

在线性加速器和助推器中将电子加速到相对论速度，并将其传输至储能环上，而后利用在储能环上安装的磁铁使电子运动路径发生偏转从而产生同步辐射 X 射线，光子能量与储能环的能量、磁铁的磁场等有关。国际上进行同步辐射微束劳厄衍射实验的线站，光子能量大多为 4～30keV。光子通量是另一个重要技术指标，微束劳厄衍射实验线站的光子通量在 10keV 下可达 10^{10} 光子/秒以上。未聚焦多色光束斑尺寸（以半高宽计算）约 161μm(水平)×51μm(竖直)，后续将通过一系列光学器件对光束进行聚焦；未聚焦多色光接收角在水平方向为 2.5mrad，垂直方向为 0.3mrad，接收角可通过距光源 18.5m 的第一道白光狭缝进行调整。在距离多色光狭缝 2.5m 的下游放置水冷双晶单色器，以实现在单色光/多色光模式间切换，并且可以通过调整 X 射线入射单色器的角度实现单色光波长的选择。在双晶单色器下游 3m 处安装超环面镜以实现 X 射线在水平与竖直方向的汇聚，超环面镜以单晶硅为主体，表层为 50nm 厚的镀铑涂层，这样的设计使得超环面镜具有优异的反射率。超环面镜的粗糙度小于 3Å，掠射角 2.8mrad，若光束能量更高，掠射角需进一步降低。在多色光模式下，超环面镜采用水冷系统来尽可能地降低多色光同步辐射带来的高热负荷所引起的热变形。

在光束通过第二道狭缝后，在距离光源 43m 的位置，将通过一对相互垂直放置的聚光镜使多色 X 射线实现微米级的精细聚焦。这种聚光镜由美国科学家 Paul Kirkpatrick 和他的学生 Albert Baez 发明，因此又叫做 Kirkpatrick-Baez 镜，或简称 KB 镜。两块 KB 镜均由超抛光的单晶硅基材加 50nm 厚的镀铑涂层制成，其尺寸分别为 320mm 长、12.5mm 宽、10mm 厚和 220mm 长、12.5mm 宽、10mm 厚。KB 镜放置于氦气舱以避免污染。同时，为了防止入射 X 射线束产生的热的影响，需设计冷却系统保持 KB 镜处于恒定温度。

光束经过上述一系列光学元器件后，可获得束斑直径为微米级、能量为 4～20keV 的多色光或单色光，焦距 120mm，汇聚角为 0.2mrad(水平)×0.12mrad(竖直)。

由于聚焦后的光束焦点固定不变（理想状态下的确是希望束斑位置恒定，但是由于受到 X 射线源、光路稳定性等因素的影响，束斑位置会略有变化，不过一般变化都是在微米量级)，因此需要一套精密的样品台运动机构，保证试样恰好处于 X 射线焦点位置且可以实现微、纳米尺寸的 X 射线光束在试样表面的扫描，并根据实验需要对试样进行倾转。一般来说，同步辐射微束劳厄衍射实验的样品台需要有 8 个自由度，包括：三维空间的粗调、三维空间的细调、绕 $\vec{x}$ 轴和 $\vec{z}$ 轴的旋转。绝大多数情况下不需要绕 $\vec{y}$ 轴转动。为了兼顾空间分辨率和探测器覆盖角，样品通常倾转至 45°，并通过调整样品高度使样品表面恰好处于 X 射线焦点处。衍射信号的接收采用二维探测器，探测器法线与入射 X 射线束成 90°，放置在样品表面上方。探测器与试样的距离需要平衡以下两个因素：考虑角度空间的分辨率，应该将探测器放置得尽量远；考虑覆盖角度的范围，应该将探测器放置得尽量近。根据经验，一般来说需要保证探测器在 2θ 方向上覆盖 50°左右。由于使用了二维探测器和高通量多色光 X 射线，因此不需要转动样品，只需要单次短时间（短至毫秒级）曝光即可收集到高质量劳厄衍射谱，该劳厄衍射谱所蕴含的晶体结构与微观结构信息取决于微、纳米 X 射线束斑所照射的面积及 X 光所穿透的深度范围内的晶体体积；通过对衍射谱的分析，可以获得晶体的物相、取向、晶格应变/应力、缺陷类型（空位、位错）及密度等重要信息；配合高精度扫描样品台，可以实现在 $\vec{x}$ 和 $\vec{y}$ 方向的逐点扫描，在每个扫描位置收集劳厄衍射谱，从而实现试样微观组织结构空间分布的表征。

8.2 衍射谱的解析

扫描式同步辐射微束劳厄衍射是一种高通量材料显微结构表征手段，一个扫描区域往往包含成千上万张劳厄谱，因此手动分析衍射谱是不现实的，需要开发计算机软件进行自动分析。目前，常用的劳厄衍射谱分析软件包括美国劳伦斯伯克利国家实验室开发的 XMAS、美国阿贡国家实验室的 LaueGo、法国欧洲同步辐射光源的 LaueTools，以及我国科研人员开发的 PYXIS 等。

尽管算法不尽相同，但是劳厄衍射谱的自动化分析步骤基本相同，详述如下。

8.2.1 图像处理与背底扣除

一般来说，探测器采集数据时，往往已经将空间中的部分噪音信号进行了过滤处理，但是实际获得的劳厄衍射谱中依旧包含 X 射线荧光信号等，形成“背底”，如图 8-2（a）所示。由原始衍射谱可以看出，越靠近探测器中心（用五角星标记），荧光背底信号越强。这些信号可能会遮盖一些强度比较弱的衍射峰，例如图 8-2（b）所示的 $\bar{1}19$ 衍射峰和 119 衍射峰。这些衍射峰只有当我们采用合适的算法扣除背底之后才会被发现。

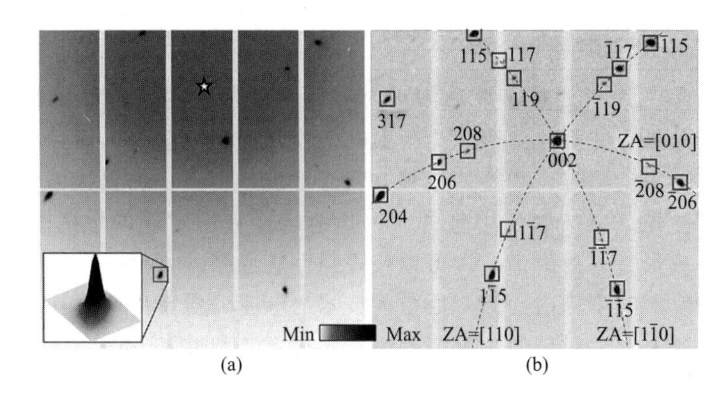

图 8-2　典型的镍基高温合金同步辐射微束劳厄衍射谱

（a）原始衍射谱；（b）扣除背底后的衍射谱

8.2.2　衍射几何参数校准

为了标定劳厄衍射谱，需要将探测器上衍射峰的位置坐标转化到倒易空间，因此需要对衍射几何参数（样品到探测器距离、X 射线焦点在探测器上的投影坐标及探测器在空间的偏移角度）进行精确校准。在无应变、无缺陷的单晶 Si 片上采集劳厄衍射谱，通过已知的晶胞参数计算劳厄衍射峰的理论位置，与实验结果比对，从而对衍射几何参数进行校准，这是一种常用的方法。

8.2.3　劳厄衍射峰搜索

由于样品中的缺陷和残余应力应变往往造成衍射峰的形状偏离对称分布，很难使用二维高斯或者洛伦兹分布去拟合峰的形状和位置，因此一般采用一种更有效的寻峰算法。首先根据背底平均强度设置一个阈值，超过阈值的像素点可以认为是衍射峰所在的区域；在衍射峰区域内找到局部最大值，然后再通过另一个阈值将最大值周围的像素进行筛选；如果筛选出的像素区域是一个连通域，然后再在这个连通域中进行二维高斯拟合，得到准确的衍射峰的位置和峰宽。

8.2.4　劳厄衍射峰的标定

对于所选择的晶体，根据其对称性与晶胞参数，考虑消光条件，计算理论衍射峰，通过计算两两衍射峰之间的夹角，得到一个标准库。对于实验得到的衍射谱，经过以上步骤获得了衍射峰位置之后，根据衍射几何关系得到每个衍射峰对应的散射矢量，并将其归一化处理。计算两两散射矢量之间的夹角与标准库内夹角的偏差，如果偏差小于阈值，则标定成功。微束劳厄衍射技术的取向分辨率一般可以达到 0.001°或更好，甚至可以测量得到单根位错导致的晶格转动和畸变。

需要说明的是，衍射峰标定所需要的时间随着衍射峰数目的增多而迅速延长，而采用标定晶带轴的方法可以使得标定过程大大提速。如图 8-2（b）中虚线所示，同一个晶带轴上的衍射峰都落在一个圆锥曲线上。显然，每一个晶带轴上都有几个甚至几十个衍射峰，因此，如果标定晶带轴而不是衍射峰，就可以实现标定时间成百倍的缩短。

8.2.5 弹性应变张量的测量

劳厄衍射谱包含了 X 射线在其探测体积内的塑性和弹性变形信息。由于塑性变形一般来自位错、孪晶、晶界等的贡献，表现为衍射峰强度与形状的改变，而弹性变形则会导致衍射峰位置产生微小的、肉眼难以觉察的偏移，通过测量这种微小的偏移可以得到弹性应变的信息。而且，由于一张二维衍射谱中包含多个衍射峰，它们对应的散射矢量具有不同的方向，因此，仅通过一张劳厄衍射谱，即可以获得弹性应变张量，而不仅仅是沿着某个方向的弹性应变。一般来说，同步辐射微束劳厄衍射技术的应变分辨率由两个互相矛盾的因素共同决定，一是探测器每个像素对应的角度范围（该角度越小则应变分辨率越好），二是探测器覆盖的角度（该角度越大则应变分辨率越好）。一般来说，同步辐射微束劳厄衍射技术的应变分辨率可达到约 5×10^{-4}。

8.3 单晶取向的表达

通过标定劳厄衍射谱，可以得到晶体的取向信息。晶体的取向可以用很多种方法进行表达，这里我们介绍一种简单的矩阵表达方法。如图 8-3 所示，通过标定劳厄衍射谱，即可知道晶胞的基矢 $\vec{a}$、$\vec{b}$、$\vec{c}$ 在参考坐标系（又叫实验室坐标系）O-xyz 中的取向。一般来说，参考坐标系 O-xyz 的建立往往依托于实验室中某些相对稳定不变的结构或方向，因此常常被叫做实验室坐标系。例如，既可以以 X 射线入射的方向定为 $\vec{y}$ 方向，探测器平面法线方向定为 $\vec{z}$ 方向，$\vec{x}$ 方向则定义为同时垂直 $\vec{y}$ 和 $\vec{z}$ 且满足右手系的方向；也可以定义 $\vec{x}$、$\vec{y}$ 方向在样品表面内且 $\vec{x}$ 垂直于 X 射线入射方向，$\vec{z}$ 同时垂直于 $\vec{x}$、$\vec{y}$ 且满足右手系（此时 $\vec{z}$ 垂直于样品表面）。

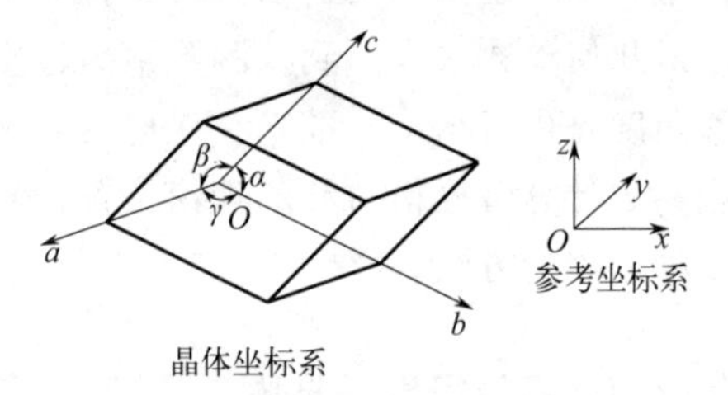

图 8-3　晶体坐标系和参考坐标系（实验室坐标系）

为方便表示，将基矢 $\vec{a}$、$\vec{b}$、$\vec{c}$ 在 i 轴（$i=\vec{x}$，$\vec{y}$，$\vec{z}$）上的投影分别记作 a_i、b_i、c_i，则可以定义描述晶体取向的矩阵 $\boldsymbol{G}$。

$$\boldsymbol{G}=\begin{bmatrix} a_x & b_x & c_x \\ a_y & b_y & c_y \\ a_z & b_z & c_z \end{bmatrix} \tag{8-1}$$

通过晶体取向矩阵 $\boldsymbol{G}$ 可以方便地实现实验室坐标系 O-xyz 与晶体坐标系 O-abc 的变换，即：与实验室坐标系 O-xyz 中的矢量 $\begin{bmatrix} x \\ y \\ z \end{bmatrix}$ 垂直的晶面的密勒指数 h、k、l 可以由式

(8-2) 进行计算。

$$\begin{bmatrix} h \\ k \\ l \end{bmatrix} = \boldsymbol{G}^{\mathrm{T}} \begin{bmatrix} x \\ y \\ z \end{bmatrix} \tag{8-2}$$

而与实验室坐标系 O-xyz 中的矢量 $\begin{bmatrix} x \\ y \\ z \end{bmatrix}$ 平行的晶向 $[uvw]$ 则可以由式 (8-3) 进行计算。

$$\begin{bmatrix} u \\ v \\ w \end{bmatrix} = \boldsymbol{G}^{-1} \begin{bmatrix} x \\ y \\ z \end{bmatrix} \tag{8-3}$$

式中，$\boldsymbol{G}^{-1}$ 表示取向矩阵 $\boldsymbol{G}$ 的逆矩阵。

知识点 8-1 晶体取向矩阵 $\boldsymbol{G}$ 既没有归一化，各列之间也不正交；相反地，晶胞参数的信息都包含在取向矩阵 $\boldsymbol{G}$ 里面。因此，当使用式 (8-2) 时，计算得到的密勒指数大概率不是整数，在实际应用时往往需要将其近似为最简整数比。这与我们之前说的密勒指数往往不能约分、通分是否矛盾呢？不矛盾，因为通过式 (8-2)，只能计算晶面法线的方向，并不能知道晶面间距。

8.4 取向差的计算与晶界的表征

确定晶体取向之后，可以进一步计算两个晶粒之间的取向关系，也就是取向差。假设两个晶粒的取向矩阵分别为 $\boldsymbol{G}_1$ 和 $\boldsymbol{G}_2$，那么二者之间的取向差为：

$$\Delta\boldsymbol{G} = \boldsymbol{G}_2[\boldsymbol{G}_1]^{-1} \tag{8-4}$$

$\Delta\boldsymbol{G}$ 矩阵为旋转矩阵。对于刚性旋转，往往用矩阵 $\boldsymbol{R}$ 来表示。该矩阵的行列式 $\det(\boldsymbol{R})$ 为 1，且 $\boldsymbol{R}$ 的逆矩阵 $\boldsymbol{R}^{-1}$ 与 $\boldsymbol{R}$ 的转置矩阵 $\boldsymbol{R}^{\mathrm{T}}$ 完全相等。

为了更直观地将矩阵 $\boldsymbol{R}$ 与旋转一一对应，可以将矩阵 $\boldsymbol{R}$ 转换为角轴对 $\{\theta, \vec{\nu}\}$，即将取向矩阵 $\boldsymbol{G}_1$ 绕着实验室坐标系 O-xyz 中的矢量 $\vec{\nu}$ 旋转角度 θ 后与 $\boldsymbol{G}_2$ 重合，其中 θ 和 $\vec{\nu}$ 与 $\boldsymbol{R}$ 的关系如下：

$$\theta = \arccos\left(\frac{\mathrm{tr}(\boldsymbol{R}) - 1}{2}\right) \tag{8-5}$$

$$\vec{\nu} = \frac{1}{2\sin\theta} \begin{bmatrix} \boldsymbol{R}(3,2) - \boldsymbol{R}(2,3) \\ \boldsymbol{R}(1,3) - \boldsymbol{R}(3,1) \\ \boldsymbol{R}(2,1) - \boldsymbol{R}(1,2) \end{bmatrix} \tag{8-6}$$

式中，tr($\boldsymbol{R}$）为旋转矩阵的对角线之和，即矩阵的迹（trace)。

需要强调的是，当我们计算两个晶体之间的取向差时，需要考虑晶体的对称性。例如，对于立方晶系的晶胞来说，当我们把某一取向 $\boldsymbol{G}_1$ 的基矢 $\vec{a}$、$\vec{b}$、$\vec{c}$ 进行轮换时，它的取向其实并没有变，但是它相对于 $\boldsymbol{G}_2$ 的取向差，无论是角度还是旋转轴，都变化了。我们都知道面心立方的金属材料可能产生孪晶，一种常见的孪晶律是以 {111} 晶面为对称面，考虑到面心立方金属原子的密排方式，这种孪晶律与绕着＜111＞晶向旋转 60°是等价的。然而，对于孪晶面两侧的 $\boldsymbol{G}_1$ 和 $\boldsymbol{G}_2$ 来说，并不是任意 $\boldsymbol{G}_1$、$\boldsymbol{G}_2$ 表达方式都会得出 $\{\frac{\pi}{3}$，＜111＞$\}$ 的角轴对。因此，我们计算取向差时，往往需要考虑所有等价的 $\boldsymbol{G}$。

那么如何得到所有等价的 $\boldsymbol{G}$ 呢？这时候就需要考虑晶系和劳厄群。具体对应关系可以通过查表 8-1 和文献获得。

表 8-1　晶系和劳厄群

晶系	劳厄群
三斜	$\bar{1}$
单斜	$2/m$
正交	mmm
四方	$4/m$，$4/mmm$
三方	$\bar{3}$，$\bar{3}m$
六方	$6/m$，$6/mmm$
立方	$m\bar{3}$，$m\bar{3}m$

以金属材料中常见的面心立方结构（劳厄群 $m\bar{3}m$）为例。查表可知，劳厄群 $m\bar{3}m$ 的对称性用矩阵可以表达为：

$$\begin{bmatrix}1&0&0\\0&1&0\\0&0&1\end{bmatrix}\begin{bmatrix}-1&0&0\\0&1&0\\0&0&-1\end{bmatrix}\begin{bmatrix}-1&0&0\\0&-1&0\\0&0&1\end{bmatrix}\begin{bmatrix}1&0&0\\0&-1&0\\0&0&-1\end{bmatrix}$$

$$\begin{bmatrix}0&0&1\\1&0&0\\0&1&0\end{bmatrix}\begin{bmatrix}0&0&-1\\1&0&0\\0&-1&0\end{bmatrix}\begin{bmatrix}0&0&-1\\-1&0&0\\0&1&0\end{bmatrix}\begin{bmatrix}0&0&1\\-1&0&0\\0&-1&0\end{bmatrix}$$

$$\begin{bmatrix}0&1&0\\0&0&1\\1&0&0\end{bmatrix}\begin{bmatrix}0&-1&0\\0&0&1\\-1&0&0\end{bmatrix}\begin{bmatrix}0&-1&0\\0&0&-1\\1&0&0\end{bmatrix}\begin{bmatrix}0&1&0\\0&0&-1\\-1&0&0\end{bmatrix}$$

$$\begin{bmatrix}0&0&-1\\0&-1&0\\-1&0&0\end{bmatrix}\begin{bmatrix}0&0&1\\0&-1&0\\1&0&0\end{bmatrix}\begin{bmatrix}0&0&1\\0&1&0\\-1&0&0\end{bmatrix}\begin{bmatrix}0&0&-1\\0&1&0\\1&0&0\end{bmatrix}$$

$$
\begin{bmatrix} -1 & 0 & 0 \\ 0 & 0 & -1 \\ 0 & -1 & 0 \end{bmatrix}
\begin{bmatrix} 1 & 0 & 0 \\ 0 & 0 & -1 \\ 0 & 1 & 0 \end{bmatrix}
\begin{bmatrix} 1 & 0 & 0 \\ 0 & 0 & 1 \\ 0 & -1 & 0 \end{bmatrix}
\begin{bmatrix} -1 & 0 & 0 \\ 0 & 0 & 1 \\ 0 & 1 & 0 \end{bmatrix}
$$

$$
\begin{bmatrix} 0 & -1 & 0 \\ -1 & 0 & 0 \\ 0 & 0 & -1 \end{bmatrix}
\begin{bmatrix} 0 & 1 & 0 \\ 1 & 0 & 0 \\ 0 & 0 & -1 \end{bmatrix}
\begin{bmatrix} 0 & 1 & 0 \\ -1 & 0 & 0 \\ 0 & 0 & 1 \end{bmatrix}
\begin{bmatrix} 0 & -1 & 0 \\ 1 & 0 & 0 \\ 0 & 0 & 1 \end{bmatrix}
$$

因此，计算 $\boldsymbol{G}_2$ 与 $\boldsymbol{G}_1$ 的取向差时，实际上需要考虑 24 种完全等价的 $\boldsymbol{G}_1$，并分别与 $\boldsymbol{G}_2$ 进行比较，获得 24 组旋转轴和旋转角。然后，判断是否孪晶，往往需要同时关注旋转轴和旋转角，如果恰好是某种特定的角轴对（实际操作中需要考虑测量误差、晶体塑性变形等因素，从而给旋转轴和旋转角一定的误差容限），则判断其为孪晶关系；如果不是孪晶，则视 θ 的大小判断这两种取向在同一晶粒内分属不同的亚晶（对应低角晶界）还是分属于不同的晶粒（对应高角晶界）。

8.5 单晶应力应变的测量

不同于粉末（多晶）X 射线衍射，由于单晶衍射仅在样品与入射 X 射线取向关系达到特定条件时才能测得各晶面对应的衍射峰，所以使用传统的单色光 X 射线衍射法测量单晶需要不断旋转和倾转样品以测得足够的衍射峰，并通过各衍射峰晶面间距与其理论值的差距计算应力应变。然而，考虑到多数情况下单晶样品的取向信息未知，实验中无法确定如何旋转和倾转样品才能测得衍射峰，因此只能通过穷举法，花费大量时间以尝试所有取向。

而如上文所述，使用多色光甚至白光的劳厄衍射并配合二维面探测器，可以在不调整样品取向和探测器位置的条件下，通过一次曝光测得多个衍射峰。通过使用同步辐射光源，一次 0.1s 的曝光便足以获得一张包含足够多衍射峰的劳厄图谱以进行应力应变计算。同时，得益于如 KB 镜等先进 X 射线光学设备的发展和差分孔径法辅助技术，基于同步辐射的劳厄衍射实现了微米级至亚微米级的空间分辨率。

除了需要使用劳厄衍射这一表征技术，单晶应力应变测量中的数据处理方法与多晶衍射测应力应变的方法也完全不同。在单晶中，由于各晶面都有唯一的取向，因此无法像多晶衍射一样，通过在不同方向上测量同一（或相同几个）晶面族的晶面间距实现不同取向上的应变的测量。因此，对于单晶，需要测量不同取向上的不同晶面，以综合获得材料整体的应变信息。同时需要强调的是，由于同步辐射 X 射线能量较高，衍射信号的来源不局限于材料表面，故在后续介绍的劳厄衍射测量单晶应力应变的方法中，不再使用应力状态为平面应力状态的假设。

这里，具体介绍一种通过计算晶格常数并结合单晶的取向信息计算应力应变的方法。该方法被 PYXIS、XMAS、LaueGo 等主流同步辐射微束衍射数据分析软件采用。除此方法外，还有其他的方法可以通过劳厄衍射图谱计算应力应变，但其核心原理与此处所介绍的方法相同，读者可以根据自身需要推导新的方法。

8.5.1 从衍射矢量到晶格常数

衍射矢量即为各衍射峰对应的 X 射线出射波矢与 X 射线入射波矢的差，实践中，往往使用上文提到的参考坐标系 $O\text{-}xyz$ 表示各波矢。然而，由于现有的二维 X 射线探测器仅能探测 X 射线光子的数目，而无法分辨 X 射线光子的能量，故劳厄衍射中的衍射峰仅能表示出射波矢的方向，而无法得到出射波矢的长度。同样地，鉴于此处我们仅考虑弹性散射，入射波矢的长度与出射波矢相同，衍射矢量的方向可以通过入射波矢和出射波矢的方向确定，但是其长度无法确定。因此，我们用单位矢量劳厄衍射图谱中各衍射峰对应的衍射矢量，并将其记作 $\vec{k}_i$，其中 $1 \leqslant i \leqslant n$，$n$ 为劳厄衍射图谱上的衍射峰的数量。

由于衍射矢量的方向即为其对应晶面的方向，为了后续计算的便捷，我们定义正交化矩阵 $\boldsymbol{M}$，来实现在笛卡尔坐标系下表示不同密勒指数的晶面方向。这里，我们定义该笛卡尔坐标系的 $\vec{z}$ 轴与晶体学坐标系下的 $\vec{c}$ 轴平行，$\vec{x}$ 轴位于晶体学坐标系下 $\vec{a}$ 轴与 $\vec{c}$ 轴的平面内，其矩阵形式为：

$$\boldsymbol{M}=\begin{bmatrix} a\sin\beta & bq\sin\alpha & 0 \\ 0 & b\sqrt{1-q^2}\sin\alpha & 0 \\ a\cos\beta & b\cos\alpha & c \end{bmatrix} \tag{8-7}$$

式中，$q=\dfrac{\cos\gamma-\cos\alpha\cos\beta}{\sin\alpha\sin\beta}$；$a$、$b$、$c$、$\alpha$、$\beta$ 和 γ 为材料的晶格常数。根据该正交化矩阵，可以由晶面的密勒指数计算该晶面在笛卡尔坐标系下的方向矢量 $\vec{k}_{s,i}=(\boldsymbol{M}^{\mathrm{T}})^{-1}\cdot[h_i \quad k_i \quad l_i]^{\mathrm{T}}$。然而，考虑到劳厄衍射中各晶面的衍射峰无法体现其对应晶面的晶面间距，即无法体现晶面方向矢量 $\vec{k}_{s,i}$ 的模长，故这里将方向矢量归一化，使用其单位矢量 $\hat{k}_{s,i}$ 进行计算。

我们仔细观察归一化后的单位矢量 $\hat{k}_{s,i}$ 可以发现，其自由度会减少，即其不再与晶格常数 a、b、c、α、β 和 γ 都相关，而是与 a/c、b/c、α、β、γ 这 5 个变量相关。因此，在后续的计算中，我们也仅能对这 5 个变量进行求解，即将正交化矩阵重新定义为：

$$\boldsymbol{M}=\begin{bmatrix} t_1\sin\beta & t_2 q\sin\alpha & 0 \\ 0 & t_2\sqrt{1-q^2}\sin\alpha & 0 \\ t_1\cos\beta & t_2\cos\alpha & 1 \end{bmatrix} \tag{8-8}$$

式中，$q=\dfrac{\cos\gamma-\cos\alpha\cos\beta}{\sin\alpha\sin\beta}$；$t_1=a/c$；$t_2=b/c$。

这里我们通过衍射矢量 $\vec{k}_i$ 和晶面方向 $\hat{k}_{s,i}$ 完全平行的条件，可以求解 a/c、b/c、α、β、γ 这 5 个变量。但是由于其分别表达在参考坐标系和正交化的晶体坐标系下，无法直接利用两个矢量平行的条件。虽然参考坐标系与正交化的晶体坐标系之间的关系可以通过求解晶体的取向获得，但是在计算准确的取向过程中，需要依赖我们现在要求解的实际晶格常数 a/c、b/c、α、β、γ。所以，为了在之后的计算中不依赖晶体取向信息，我们通过比较各个衍射矢量之间的角度关系和各晶面方向之间的角度关系来利用矢量平行这一条件，使用方程组表达为：

$$\begin{cases} \hat{k}_{s,1} \cdot \hat{k}_{s,2} = \vec{k}_1 \cdot \vec{k}_2 \\ \hat{k}_{s,1} \cdot \hat{k}_{s,3} = \vec{k}_1 \cdot \vec{k}_3 \\ \quad \cdots \\ \hat{k}_{s,i} \cdot \hat{k}_{s,j} = \vec{k}_i \cdot \vec{k}_j \\ \quad \cdots \\ \hat{k}_{s,n-1} \cdot \hat{k}_{s,n} = \vec{k}_{n-1} \cdot \vec{k}_n \end{cases} \quad i=1,2,\cdots,(n-1);j=(i+1),(i+2),\cdots,n \tag{8-9}$$

式中，n 为衍射峰的数量。该方程组中共包含 $n(n-1)/2$ 个方程，并通过这些方程求解 a/c、b/c、α、β、γ 这 5 个变量。因此这里往往使用单纯形法等数值计算方法获得最优解，读者可以根据实际情况选择合适的数值计算方法。由于应变往往较小，使用的数值计算方法中的初始值可以采用所测材料的理论晶格参数。

8.5.2 从晶格常数到应力应变张量

通过上一节所述方法，a/c、b/c、α、β、γ 这 5 个变量已经被求解。可见，这 5 个变量仅能表示晶格的形状相对于理论晶格的变化，而无法表示晶格各向同性的膨胀或缩小。这里晶格形状的变化即表现为偏应变。实际计算时，分别计算测量的 a/c、b/c、α、β、γ 这 5 个变量对应的正交化矩阵 $\boldsymbol{M}$ 和理论晶格常数对应的正交化矩阵 $\boldsymbol{M}_0$。在正交化的晶格坐标系下，全应变张量 $\boldsymbol{\varepsilon}$ 可以表达为：

$$\boldsymbol{\varepsilon} = \frac{1}{2}\left[\left(\frac{\boldsymbol{M}}{\boldsymbol{M}_0}\right)^T + \left(\frac{\boldsymbol{M}}{\boldsymbol{M}_0}\right)\right] - \boldsymbol{I} \tag{8-10}$$

式中，$\boldsymbol{I}$ 为单位矩阵。劳厄衍射无法测量全应变张量 $\boldsymbol{\varepsilon}$，而只能测量偏应变张量 $\boldsymbol{\varepsilon}'$。因此，需要在全应变张量中剔除静水压部分，即沿着三个坐标轴的平均应变。

$$\boldsymbol{\varepsilon}' = \boldsymbol{\varepsilon} - \boldsymbol{\Delta} = \begin{bmatrix} \varepsilon_{11} & \varepsilon_{12} & \varepsilon_{13} \\ \varepsilon_{21} & \varepsilon_{22} & \varepsilon_{23} \\ \varepsilon_{31} & \varepsilon_{32} & \varepsilon_{33} \end{bmatrix} - \begin{bmatrix} \delta & 0 & 0 \\ 0 & \delta & 0 \\ 0 & 0 & \delta \end{bmatrix} = \begin{bmatrix} \varepsilon_{11}-\delta & \varepsilon_{12} & \varepsilon_{13} \\ \varepsilon_{21} & \varepsilon_{22}-\delta & \varepsilon_{23} \\ \varepsilon_{31} & \varepsilon_{32} & \varepsilon_{33}-\delta \end{bmatrix} \tag{8-11}$$

式中，$\boldsymbol{\Delta}$ 是沿着三个坐标轴的平均应变，即 $\delta = \frac{\varepsilon_{11}+\varepsilon_{22}+\varepsilon_{33}}{3}$。

上述的偏应变张量是表达在正交化的晶格坐标系下的，而实际工作中，我们往往需要使用上文所述的晶体取向并将其表达在参考坐标系下。具体操作为，将表示晶体取向的矩阵 $\boldsymbol{G}$ 分解为 $\boldsymbol{G}=\boldsymbol{R} \cdot \boldsymbol{M}$。在参考坐标系下的偏应变张量即为：

$$\boldsymbol{\varepsilon}_{xyz} = \boldsymbol{R} \cdot \boldsymbol{\varepsilon} \cdot \boldsymbol{R}^{\mathrm{T}} \tag{8-12}$$

测量了弹性应变张量之后即可利用胡克定律计算弹性应力张量，即：

$$\sigma'_{ij} = C_{ijkl} \cdot \varepsilon'_{kl} \tag{8-13}$$

式中，C_{ijkl} 为弹性张量，是三维四阶张量，具有 81 个独立分量。基于应力张量与应变张量的对称性，弹性张量也具有对称性（$C_{ijkl}=C_{ijlk}$ 且 $C_{ijkl}=C_{jikl}$），因此独立分量数目降至 36 个，即：

$$
\begin{bmatrix} \sigma_{11} \\ \sigma_{22} \\ \sigma_{33} \\ \sigma_{32} \\ \sigma_{31} \\ \sigma_{21} \end{bmatrix} = \begin{bmatrix} C_{11} & C_{12} & C_{13} & C_{14} & C_{15} & C_{16} \\ C_{21} & C_{22} & C_{23} & C_{24} & C_{25} & C_{26} \\ C_{31} & C_{32} & C_{33} & C_{34} & C_{35} & C_{36} \\ C_{41} & C_{42} & C_{43} & C_{44} & C_{45} & C_{46} \\ C_{51} & C_{52} & C_{53} & C_{54} & C_{55} & C_{56} \\ C_{61} & C_{62} & C_{63} & C_{64} & C_{65} & C_{66} \end{bmatrix} \begin{bmatrix} \varepsilon_{11} \\ \varepsilon_{22} \\ \varepsilon_{33} \\ 2\varepsilon_{32} \\ 2\varepsilon_{31} \\ 2\varepsilon_{21} \end{bmatrix} \tag{8-14}
$$

但是，利用胡克定律计算偏应力张量的方法具有一定的局限性，需满足以下条件：

$$
\boldsymbol{\sigma} = \boldsymbol{\sigma}' + \boldsymbol{P} = \boldsymbol{C} \cdot (\boldsymbol{\varepsilon}' + \boldsymbol{\Delta}) \tag{8-15}
$$

式中，$\boldsymbol{\sigma}$ 为全应力张量。式（8-13）与式（8-15）同时成立需满足以下条件：

$$
\boldsymbol{P} = \boldsymbol{C} \cdot \boldsymbol{\Delta} = \begin{bmatrix} C_{11} & C_{12} & C_{13} & C_{14} & C_{15} & C_{16} \\ C_{21} & C_{22} & C_{23} & C_{24} & C_{25} & C_{26} \\ C_{31} & C_{32} & C_{33} & C_{34} & C_{35} & C_{36} \\ C_{41} & C_{42} & C_{43} & C_{44} & C_{45} & C_{46} \\ C_{51} & C_{52} & C_{53} & C_{54} & C_{55} & C_{56} \\ C_{61} & C_{62} & C_{63} & C_{64} & C_{65} & C_{66} \end{bmatrix} \begin{bmatrix} \delta \\ \delta \\ \delta \\ 0 \\ 0 \\ 0 \end{bmatrix} \tag{8-16}
$$

式中，$\boldsymbol{P}$ 为静水压。当且仅当满足以下条件时，式（8-16）成立。

$$
\begin{cases} C_{11} + C_{12} + C_{13} = C_{21} + C_{22} + C_{23} = C_{31} + C_{32} + C_{33} \\ C_{41} + C_{42} + C_{43} = C_{51} + C_{52} + C_{53} = C_{61} + C_{62} + C_{63} = 0 \end{cases} \tag{8-17}
$$

查表可知，只有对于立方晶系的晶体，式（8-17）才能保证成立。也就是说，只有这时才能通过胡克定律和测量所得的偏应变张量计算得到偏应力张量。而对于非立方晶体而言，计算出的偏应力张量与实际偏应力张量略有不同，但在大多数情况下，这是一个很好的近似。

8.6 案例：固态电解质的应变演化

全固态电池的设计与开发是进一步提升现有锂电池的安全性和能量密度的重要方向。而固态电解质是全固态电池中最重要的关键技术之一。现有的研究发现，锂枝晶穿透固态电解质作为电池失效的重要形式，其失效过程可能与固态电解质中的应变分布演化有着密切联系。基于同步辐射微束劳厄衍射的高空间分辨率和高应变分辨率，我国研究人员使用该表征方法对石榴石型锂镧锆氧（$Li_7La_3Zr_2O_{12}$，LLZO）固态电解质在 Li/LLZO/Li 结构电池的对称循环过程中的取向差与应变演化进行了表征并取得了初步结果。

如图 8-4（a）所示，在有气氛保护的原位加电装置中，研究人员对 Li/LLZO/Li 结构电池进行了对称循环，并分别在循环前、2 小时（3 个周期）循环后、24 小时（16 个周期）循环后对图中虚线框内固态电解质靠近电极的区域进行了微束劳厄衍射表征。之后，研究人员将电流密度提高了一倍并再次循环了 3 小时（3 个周期）后，再次在同一区域进行了微束劳厄衍射表征。

在扫描表征中，仅需 0.1 秒的曝光即可获得一张如图 8-4（b）所示的衍射图谱，并在 $300\mu m \times 300\mu m$ 的范围内，以 $2\mu m$ 的步长获得了 22500 张劳厄图谱。对这 22500 张图谱进行前文所述的解析，即可获得取向差与应变的分布。而对比原始状态和不同的循环状态的表征结果，即可分析不同循环状态取向差与应变分布的演化。

图 8-4（c）和图 8-4（d）分别展示了对衍射图谱进行解析后相邻扫描点取向差的分布和沿着样品表面方向（即 $\vec{z}$ 方向）的偏应变分量的分布，图中的 Scan0 到 Scan3 分别对应了原始状态和 3 个不同的循环状态。得益于同步辐射微束劳厄衍射极高的取向和应变分辨率，图中虚线框部分的 0.05°以内的取向差变化和 0.05%左右的偏应变变化都可以被清晰地展示出来。

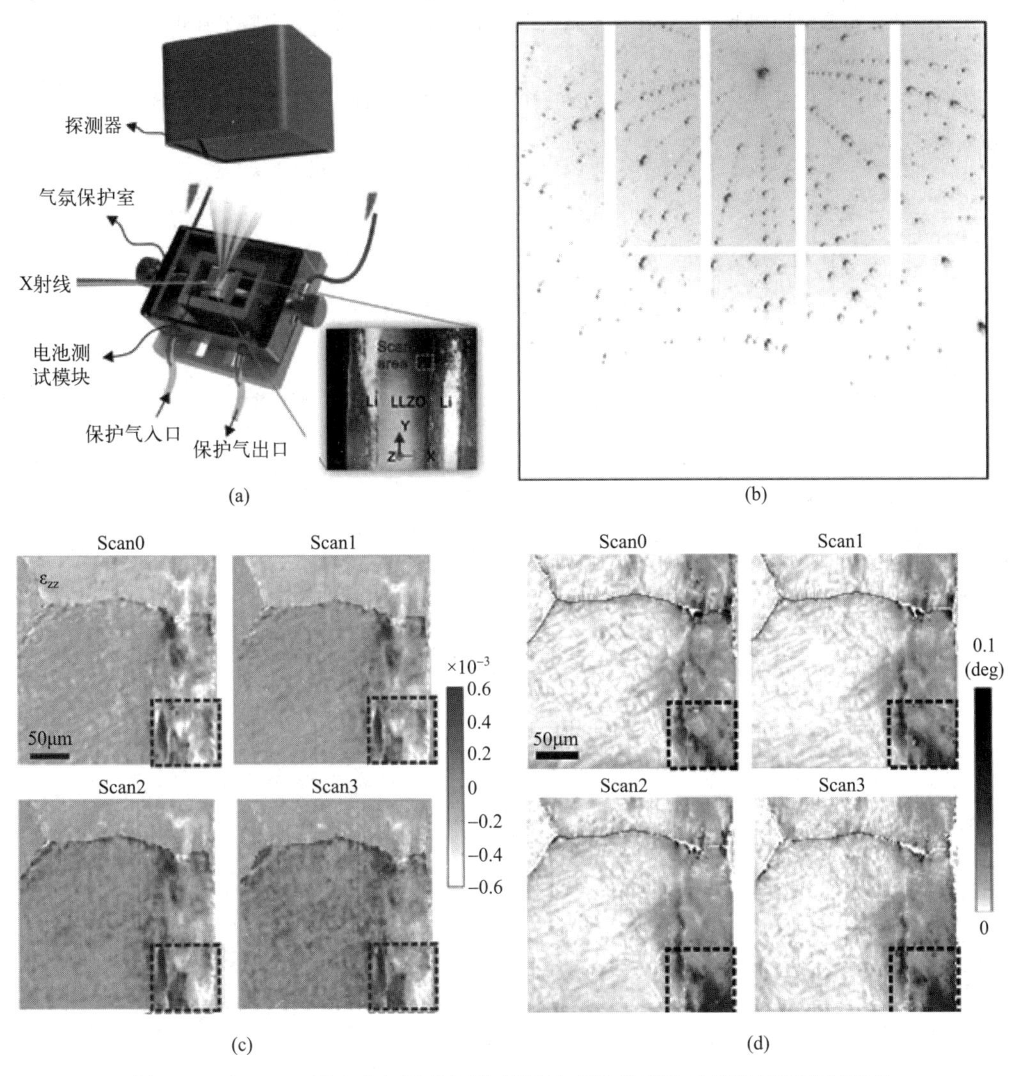

图 8-4　对 LLZO 固态电解质的同步辐射微束衍射原位表征装置和表征结果

（a）原位表征装置和表征区域；（b）LLZO 固态电解质的典型劳厄衍射图谱；

（c）原始状态和不同循环状态的相邻扫描点取向差的分布；

（d）原始状态和不同循环状态的偏应变张量 zz 分量的分布

习题

假设有一个二维单晶晶体，仅由原子 A 组成。晶格常数：$a=1\text{Å}$，$b=\sqrt{3}\text{Å}$，$\gamma=90°$，每个晶胞含有两个原子，原子坐标分别是（0，0，0）和（$\frac{1}{2}$，$\frac{1}{2}$，0）。在该晶体上进行劳厄衍射，入射束波长范围为$\frac{1}{3}$Å 到 1Å，沿着［110］方向入射。

参考答案

1. 画出晶体结构示意图，标出晶胞，计算倒易点阵基矢 $\boldsymbol{a}^*$ 和 $\boldsymbol{b}^*$。

2. 画出倒易点阵和埃瓦尔德球（记作埃瓦尔德球 1）。

3. 证明 $0\bar{3}0$ 劳厄峰和 $0\bar{4}0$ 劳厄峰重合。

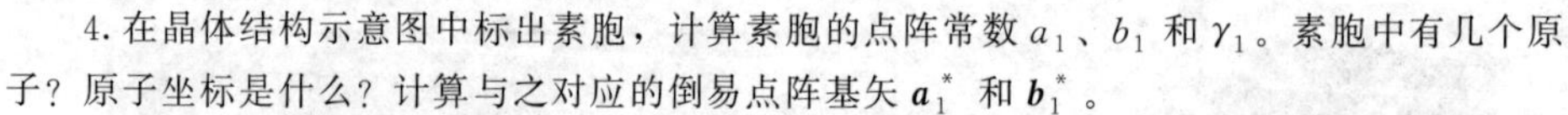
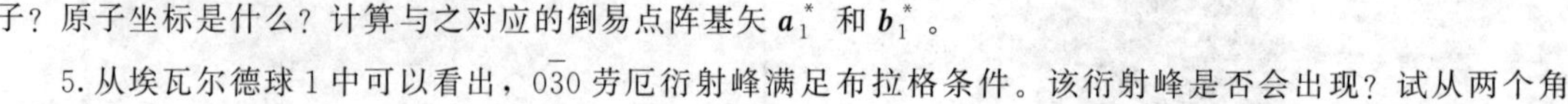

4. 在晶体结构示意图中标出素胞，计算素胞的点阵常数 a_1、b_1 和 γ_1。素胞中有几个原子？原子坐标是什么？计算与之对应的倒易点阵基矢 $\boldsymbol{a}_1^*$ 和 $\boldsymbol{b}_1^*$。

5. 从埃瓦尔德球 1 中可以看出，$0\bar{3}0$ 劳厄衍射峰满足布拉格条件。该衍射峰是否会出现？试从两个角度解释说明原因。

第三篇

透射电子显微分析

第 9 章

电子光学及透射电子显微镜

9.1 电子光学原理简述

9.1.1 光学显微镜的分辨率极限

9.1.1.1 光的衍射

光和无线电波一样都属于电磁波，由于其具有波动性，使得由透镜各部分折射到像平面上的像点及其周围区域的光波相互发生干涉作用，产生衍射现象。即使是一个理想的点光源通过透镜成像时，由于衍射效应，在像平面上也不能得到一个理想的像点，而是形成一个具有一定尺寸的中央亮斑及其周围明暗相间的圆环所组成的艾里（Airy）斑，如图 9-1 所示。

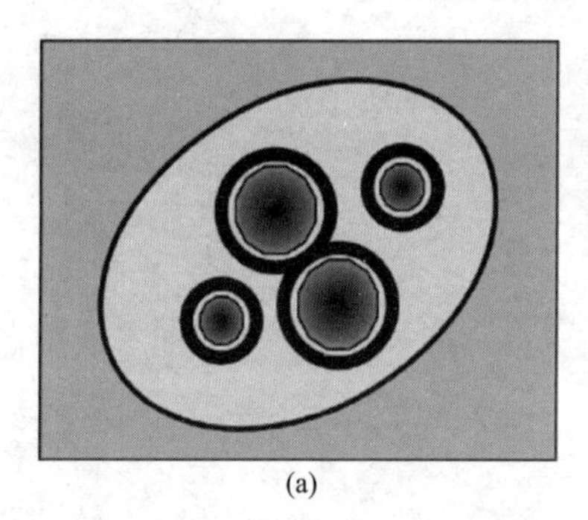
(a)

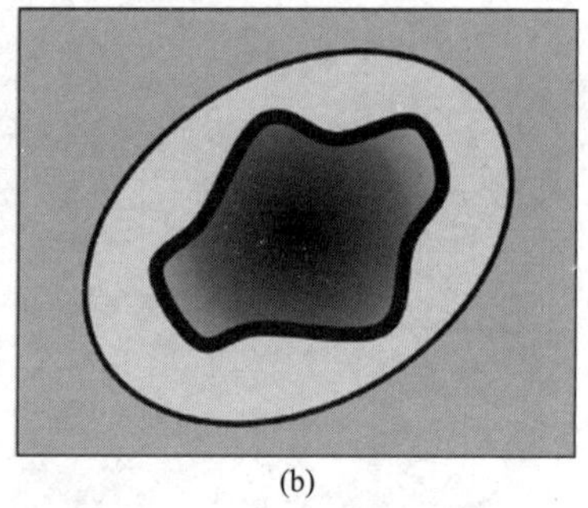
(b)

图 9-1 艾里斑

(a) 可分辨；(b) 不可分辨

根据衍射理论推导，点光源通过透镜产生的艾里斑 R_0 的表达式为：

$$R_0=\frac{0.61\lambda}{n\sin\alpha}M \tag{9-1}$$

式中，n 为介质的折射率，如果是在空气中，则 $n=1.0$；λ 为照明光波长；α 为透镜孔径半角；M 为透镜放大倍数。

习惯上把 $n\sin\alpha$ 叫做数值孔径，也可用 N. A. 来表示。式（9-1）说明艾里斑半径与照明光源波长成正比，与透镜数值孔径成反比。

9.1.1.2 光学显微镜分辨率理论极限

一个样品可看成是由许多物点所组成。设想这些物点相邻、但不相重叠，当用波长 λ 的光波照射物体时，每一个物点都可看成一个“点光源”。用透镜成像时，每一“点光源”都在透镜的像平面上形成各自的艾里斑像。如果两物点相距比较大，相应的艾里斑像也彼此分开；当两物点彼此接近时，相应的艾里斑像也彼此接近，直至部分重叠，如图 9-2 所示。瑞利建议分辨两艾里斑像的判据是：两艾里斑中心间距等于第一暗环半径 R_0，此时两中央峰之间叠加强度比中央峰最大强度低 19%，肉眼仍能分辨。通常把两艾里斑中心间距等于第一暗环半径 R_0 时，样品上对应的两个物点间距离 Δr_0 定义为透镜能分辨的最小距离。

$$\Delta r_0=\frac{R_0}{M} \tag{9-2}$$

$$\Delta r_0=\frac{0.61\lambda}{n\sin\alpha} \tag{9-3}$$

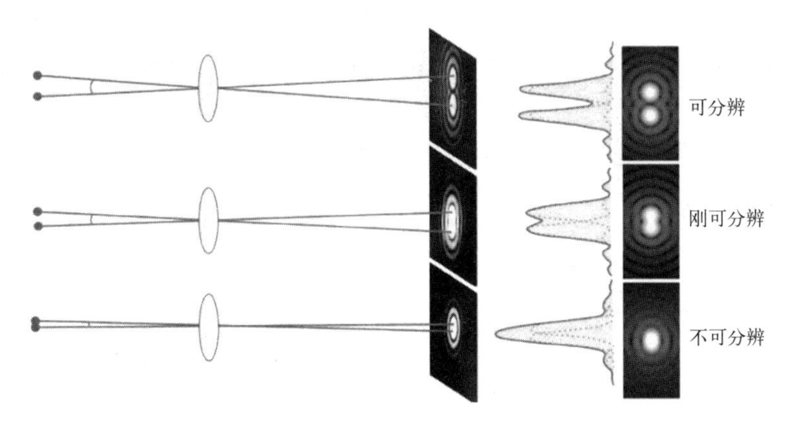

图 9-2　艾里斑像判据

对于玻璃透镜来说，其最大孔径半角 $\alpha=70°\sim75°$，在介质为玻璃情况下，$n\approx1.5$，式 (9-3) 可以简化为：

$$\Delta r_0\approx\frac{1}{2}\lambda \tag{9-4}$$

光学显微镜的分辨率取决于光源波长，约为波长的一半。可见提高分辨率关键在于减小光源的波长。在可见光波长范围内，其分辨率极限为 200nm。

9.1.2　电子的波性及其波长

若要提高显微镜的分辨本领，关键是要有短波长的照明源，顺着电磁波谱往短波长方向看：

① 紫外线——会被物体强烈地吸收；

② X 射线——无法使其会聚。

鉴于光的波粒二象性（光电效应），德布罗意认为运动的微观粒子（如电子、中子、离子等）的性质与光的性质之间存在着深刻的类似性。1923 年电子衍射实验（如图 9-3 所示）证实电子具有波动性，波长比可见光小 10^5 个数量级；1926 年发现用轴对称非均匀磁场能使电子波聚

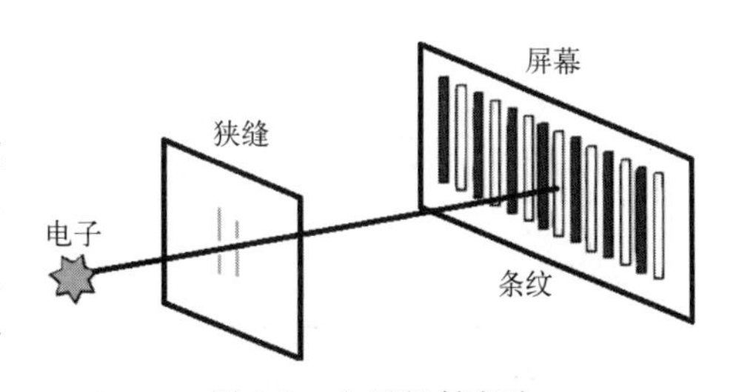

图 9-3　电子衍射实验
电子的干涉条纹，电子的粒子性与波动性

焦；1933年设计并制造出世界上第一台透射电子显微镜（TEM）。

20世纪90年代，由于纳米科技的飞速发展，对电子显微分析技术的要求越来越高，进一步推动了电子显微学的发展。目前，透射电镜已发展到了球差校正透射电镜的阶段。目前世界上生产透射电镜的主要有三家电镜制造商：日本的日本电子（JEOL）和日立（Hitachi）以及美国的赛默飞（Thermo Fisher，原FEI）。

9.1.2.1 电子的基本性质

电子波的波长取决于电子运动速度和质量，即

$$\lambda=\frac{h}{mv} \tag{9-5}$$

式中，h 为普朗克常数；m 为电子质量；v 为电子的速度，它与加速电压 U 的关系为：

$$\frac{1}{2}mv^2=eU \tag{9-6}$$

式中，e 为电子的电荷。由上式得：

$$v=\sqrt{\frac{2eU}{m}} \tag{9-7}$$

$$\lambda=\frac{h}{\sqrt{2emU}} \tag{9-8}$$

若电子速度较小，其质量和静止时相近，$m \approx m_0$；如果加速电压很高，使电子具有极高的加速度，电子质量 m 需经相对论校正，此时：

$$m=\frac{m_0}{\sqrt{1-\left(\frac{v}{c}\right)^2}} \tag{9-9}$$

式中，c 为光速。把 $h=6.63\times10^{-34}\text{J}\cdot\text{s}$，$e=1.60\times10^{-19}\text{C}$，$m_0=9.11\times10^{-31}\text{kg}$ 代入，可得到不同加速电压下电子波的波长，见表9-1。

表9-1 不同加速电压下电子波波长

加速电压/kV	电子波长/Å	加速电压/kV	电子波长/Å
1	0.388	40	0.0601
2	0.274	50	0.0536
3	0.224	60	0.0487
4	0.194	100	0.0370
5	0.173	200	0.0251
10	0.122	500	0.0142
20	0.0859	1000	0.00687

可见光波长为390～760nm，在常用加速电压下，电子波波长比可见光波长小5个数量级。从原理上说，若能用波长这样短的电子波做光源，可以显著地提高显微镜的分辨本领和

有效放大倍数。问题在于能否制造出使电子波聚焦成像的透镜。

电子是带负电的粒子。物理学指出，电子波在静电场或磁场中运动，与光波在不同折射率的介质中传播相比较，具有相似的光学性质。

9.1.2.2 电子与物质的相互作用

电子与物质作用产物如图 9-4 所示。

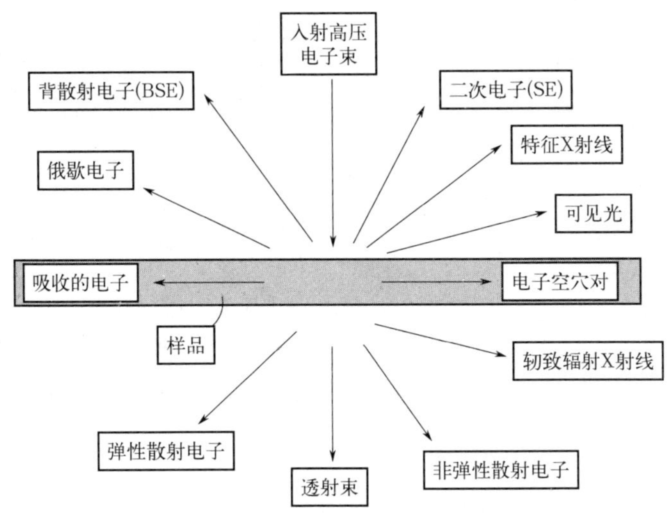

图 9-4 电子与物质作用产物

(1) 散射电子

电子的“弹性散射”和“非弹性散射”这两个术语分别简单地描述了电子无能量损失的散射过程和具有一定可测能量损失（相比于入射电子束能量，通常很小）的散射过程，在这两个过程中，都可以把束流电子和样品中的原子看作粒子，而且入射电子被样品中原子的散射可以看成是类似台球碰撞的相互作用。这个会在第 10 章具体介绍。

我们也可以基于电子的波动特性，把散射电子分成“相干”和“非相干”两类。这些不同的分类之间都是相关的，因为弹性散射电子通常都是相干的，而非弹性散射电子通常是非相干的。假定入射的电子波是相干的，也就是说实质上电子与电子之间是同步传播的（同相位），且都具有由加速电压决定的固定波长。在大多数情况下这是一个很好的假设。因此，电子束和样品相互作用之后，相干散射的电子仍然保持同相位，而非相干散射的电子之间就没有相位关系了。

散射可以产生不同的角分布，前向散射或背散射。这里散射是指当电子垂直于样品入射时，经散射后电子的出射方向同入射束之间的夹角关系，如果电子散射角小于 90°，称为前向散射；如果电子散射角大于 90° 则为背散射。这些不同的散射通过下面的一般性原理而相互关联，图 9-5 对此进行了总结。

(2) 吸收电子

入射电子进入样品后，经多次非弹性散射使其能量消耗殆尽，最后被样品吸收，这部分入射电子称为吸收电子。吸收电子产生于样品表层约 $1\mu m$ 的深度范围内；吸收电子产额随

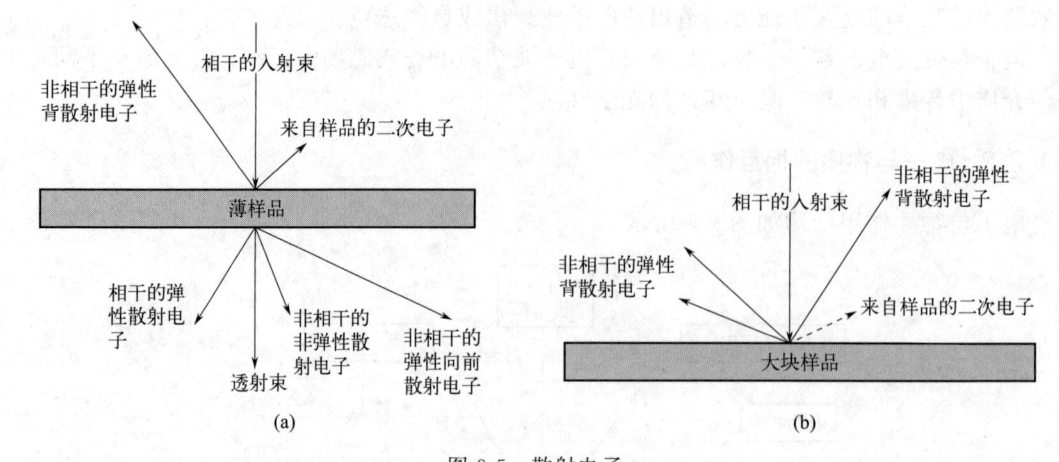

图 9-5　散射电子

(a) 薄样品中可以产生前向散射电子和背散射电子；(b) 大块样品只产生背散射电子

样品平均原子序数增大而减小。因为，在入射电子束强度一定的情况下，背散射电子产额大的区域吸收电子就少，所以吸收电子像也可提供原子序数衬度。

吸收电子像主要应用于定性分析材料的成分分布和显示相的形状和分布。

(3) 透射电子

若入射电子能量很高，且样品很薄，则会有一部分电子穿过样品，这部分入射电子称为透射电子。

透射电子中除了能量和入射电子相当的弹性散射电子外，还有不同能量损失的非弹性散射电子，其中有些电子的能量损失具有特征值，称为特征能量损失电子。特征能量损失电子的能量与样品中元素的原子序数有对应关系，其强度随对应元素含量增大而增大。利用电子能量损失谱仪接收特征能量损失电子信号，可进行微区成分的定性和定量分析

(4) 二次电子

在入射电子作用下，样品原子的外层价电子或自由电子被击出样品表面，称为二次电子。二次电子产生于样品表层 5～10nm 的深度范围内，能量较低，一般不超过 50eV，大多数均小于 10eV。其产额对样品表面形貌非常敏感，因此二次电子像可提供表面形貌衬度。二次电子像主要用于断口分析、显微组织分析和原始表面形貌观察等。

(5) 电子信号间的关系

如果使样品接地，上述四种电子信号强度与入射电子强度（i_0）之间应满足：

$$i_b + i_s + i_a + i_t = i_0 \tag{9-10}$$

式中，i_b、i_s、i_a 和 i_t 分别为背散射电子、二次电子、吸收电子和透射电子信号强度。上式两端除以 i_0 得：

$$\eta + \delta + \alpha + \tau = 1 \tag{9-11}$$

式中，η、δ、α 和 τ 分别为背散射、发射、吸收和透射系数。上述四个系数与样品质量厚度的关系如图 9-6 所示。

(6) 特征X射线

如前一章所述，当入射电子的能量足以使样品原子的内层电子击出时，原子处于能量较高的激发态，外层电子将向内层跃迁填补内层空位，发射特征X射线释放多余的能量。特征X射线产生于样品表层约1μm的深度范围内，其能量或波长与样品中元素的原子序数有对应关系，其强度随对应元素含量增多而增大。特征X射线主要用于材料微区成分定性和定量分析。

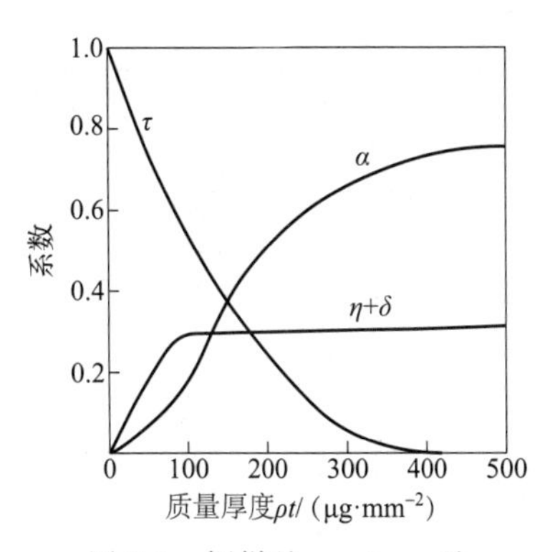

图9-6 铜样品η、δ、α及τ与质量厚度的关系（入射电子能量E_0=10keV）

(7) 俄歇电子

处于能量较高的激发态原子，外层电子向内层跃迁填补内层空位时，不以发射特征X射线的形式释放多余的能量，而是向外发射外层的另一个电子，称为俄歇电子。俄歇电子产生于样品表层约1nm的深度范围内。其能量与样品中元素的原子序数存在对应关系，能量较低，一般为50～1500eV，其强度随对应元素含量增多而增大。俄歇电子主要用于材料极表层的成分定性和定量分析

9.1.2.3 相长干涉

考虑电子波为一个含有振幅和相位的无限平面波，波函数表达式为：

$$\psi=\psi_0\exp(\mathrm{i}\phi) \tag{9-12}$$

式中，ψ_0为振幅；ϕ为相位。相位与位置x有关，如果x变化一个波长λ，那么相位变化了2π。换言之，两个单色波（波长相同）的相位差$\Delta\phi$与它们从光源到探测器的光程差Δx有关，可以表示为：

$$\Delta\phi=\frac{2\pi}{\lambda}\Delta x \tag{9-13}$$

波与波之间的干涉都是基于考虑相位关系的振幅叠加。如果样品中所有原子的散射波满足相长干涉，那么它们的相位差必须为2π的整数倍。显然，这种情况需要所有波的光程差都是入射波长的整数倍。只要散射中心在空间周期性分布就可以满足该条件。幸运的是，所有晶体都具有这样的特征，这样相长干涉的数学描述就简化了。前文针对X射线有详细介绍，对于电子也完全一样，布拉格方程同样适用，因为它不依赖于散射机制，只依赖于散射几何。

9.1.3 电子显微镜与光学显微镜、X光衍射仪特性之比较

近代材料学者利用许多波性粒子与材料作用产生信号来分析材料的结构与缺陷。常用分析仪器包括光学显微镜、X光衍射仪及电子显微镜。这些分析仪器各有所长，亦有不足之处。现将上述三种分析仪器的特性、功能及适用范围表列于表9-2，最有效的分析方法是配合使用各种仪器，以期功用能相辅相成。

表 9-2 常用分析仪器比较

仪器特性	光学显微镜	X 光衍射仪	电子显微镜
物质波	可见光	X 光	电子
波长	约 5000Å	约 1Å	0.037Å（100kV）
介质	空气	空气	真空（$<10^{-2}$torr 至 10^{-4}torr）
分辨率	约 2000Å	X 射线：10^{-4}Å 无法直接成像	衍射：10^{-10}Å 直接成像：点与点间 1.8Å，线与线间 1.4Å
偏折聚焦镜	光学镜片	无	电磁透镜
样品	不限厚度	反射：不限厚度	透射式：约 1000Å 扫描式：仅受试样基座大小限制
信号分布	表面区域	统计平均	局部微区域
获得信息	表面微细结构	主要为相的晶体结构、化学组成	晶体结构、微细结构、化学组成、形貌分析、电子分布情况等

9.2 电子波与电磁透镜

9.2.1 电子波在电磁场中的运动

9.2.1.1 电子在静电场中的运动

在电荷或带电物体周围存在着一种特殊的场，即电场。相对于观察者为静止的，不随时间变化的电场叫做静电场。电场有两项重要的性质：第一，位于电场中的电荷将受到所处位置电场施加的作用力，即电场力；第二，电荷在电场中运动，电场力做功，这表明电场具有能量。通常把电场作用在单位正电荷上的电场力定义为电场强度，其矢量表达式为：

$$\vec{E}=\frac{\vec{f}}{q} \tag{9-14}$$

式中，$\vec{E}$ 为电场强度（简称场强或 E 矢量）；$\vec{f}$ 为电场施加给试验电荷的作用力；q 为试验电荷电量。

通常以正电荷在电场中所受电场力的方向来定义电场强度的方向。

既然一定形状的光学介质界面可以使光波聚焦成像，那么类似形状的等电位曲面簇也可以使电子波聚焦成像。

9.2.1.2 电子磁场中的运动

电荷在磁场中运动将受到磁场的作用力，即洛伦兹力，其矢量表达式为：

$$\vec{f}=q\vec{v}\times\vec{B} \tag{9-15}$$

式中：q 为运动电荷带电量；$\vec{v}$ 为电荷运动速度；$\vec{B}$ 为电荷所在位置磁感应强度。

由于电子带负电荷，它在磁场中运动时所受的磁场力可用以下矢量表达式来表示：

$$\vec{f}_e = -e\vec{v} \times \vec{B} \tag{9-16}$$

当电子速度与均匀磁场并不垂直，而是成一定夹角时，可将速度 $\vec{v}$ 分解为垂直于磁场的分量 $\vec{v}_r = \vec{v}\sin\theta$ 和平行于磁场的分量 $\vec{v}_z = \vec{v}\cos\theta$。由于电子具有 $\vec{v}_r$ 分量，磁场力的作用将使它作匀速圆周运动。由于具有 $\vec{v}_z$ 分量，电子将沿磁感应强度 $\vec{B}$ 的方向做匀速直线运动，电子运动是上述两种运动的合成，其轨迹是一螺旋线，如图 9-7 所示。

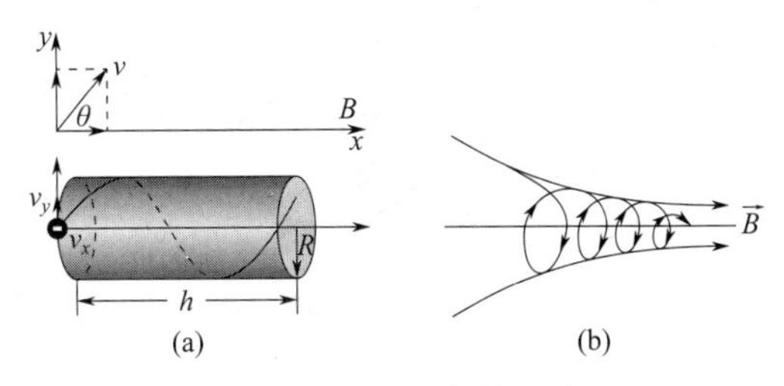

图 9-7　电子的螺旋运动

（a）均匀磁场；（b）不均匀磁场

可以凭借轴对称的非均匀电场、磁场的力，使电子会聚或发散，从而达到成像的目的。

由静电场制成的透镜称为静电透镜；由磁场制成的透镜称为电磁透镜。电磁透镜与静电透镜的比较见表 9-3。

表 9-3　电磁透镜与静电透镜的比较

电磁透镜	静电透镜
① 改变线圈中的电流强度可很方便地控制焦距和放大率； ② 无击穿，供给磁透镜线圈的电压为 60～100V； ③ 像差小	① 需改变很高的加速电压才可改变焦距和放大率； ② 静电透镜需数万伏电压，常会引起击穿； ③ 像差较大。

正是由于电磁透镜和静电透镜相比具有很多优点，故在实际中应用较多的是电磁透镜，我们只分析磁透镜是如何工作的。

9.2.2 电磁透镜

透射电子显微镜中用磁场使电子波聚焦成像的装置是电磁透镜。

图 9-8 与图 9-9 为电磁透镜的聚焦原理示意图。通电的短线圈就是一个简单的电磁透镜，它能形成一种轴对称不均匀分布的磁场。磁力线围绕导线呈环状，磁力线上任意一点的

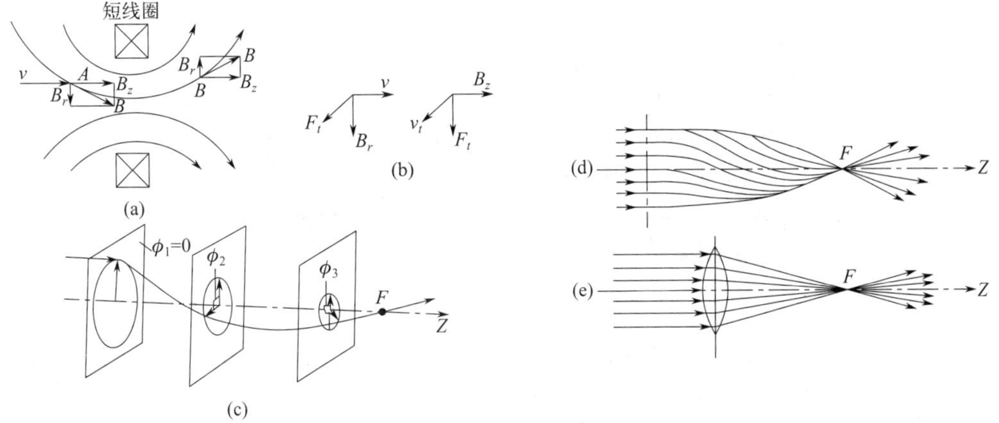

图 9-8　电磁透镜的聚焦原理

（a）磁场聚焦；（b）电子在磁场中；（c）电子在磁场中做螺旋运动；

（d）电磁透镜的焦点；（e）光学镜片的焦点

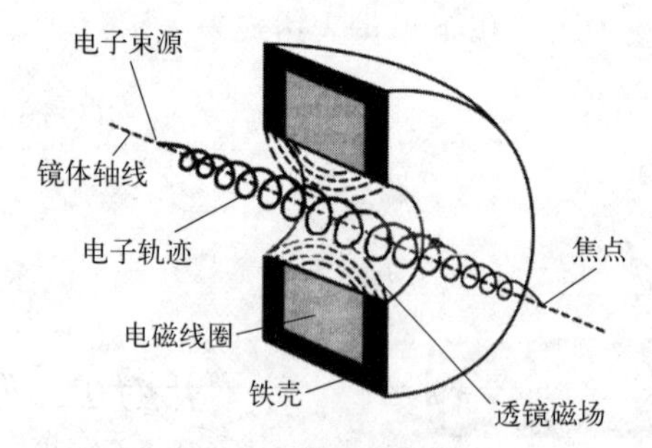

图 9-9 电磁透镜聚焦原理

磁感应强度 $\vec{B}$ 都可以分解成平行于透镜主轴的分量 $\vec{B}_z$ 和垂直于透镜主轴的分量 $\vec{B}_r$ [图 9-8 (a)]。电子以速度 $\vec{v}$ 进入磁场 A 点，电子受到 $\vec{B}_r$ 分量作用，由右手法则，电子受切向力 $\vec{F}_t$。

切向力 $\vec{F}_t$ 使电子获得切向速度 $\vec{v}_t$，$\vec{v}_t$ 随即与 $\vec{B}_z$ 分量叉乘，形成向透镜主轴靠近的径向力 $\vec{F}_r$，径向力使电子向主轴偏转（聚焦）。

电子到达 B 点，$\vec{B}_r$ 方向改变 180°，$\vec{F}_t$ 随之反向，$\vec{F}_t$ 反向只能使 $\vec{v}_t$ 减小，不能改变 $\vec{v}_t$ 方向，因此，穿过线圈的电子依然趋向于向主轴靠近，结果使电子作如图 9-8 (c) 所示的圆锥螺旋近轴运动。一束平行于主轴的入射电子束通过电磁透镜时将被聚焦在轴线上一点，即焦点，这与光学玻璃凸透镜对平行于轴线入射的平行光的聚焦作用十分相似。

由于短线圈磁场中，一部分磁力线在线圈外，对电子束的聚焦成像不起作用，磁感应强度比较低，短线圈外加铁壳和内加极靴后，可明显改变透镜的磁感应强度分布。图 9-10 为一种带有软磁铁壳的电磁透镜示意图。导线外围的磁力线都在铁壳中通过，在软磁壳的内侧开一道环状的狭缝，从而减少磁场的广延度，使大量磁力线集中在缝隙附近的狭小区域之内，增强了磁场的强度。为了进一步缩小磁场的轴向宽度，还可以在环状间隙两边接出一对顶端呈圆锥状的极靴，如图 9-11 所示。带有极靴的电磁透镜可以使有效磁场集中到沿透镜轴向几毫米的范围之内。图 9-12 给出了裸线圈、加铁壳和极靴后透镜的磁感应强度分布。

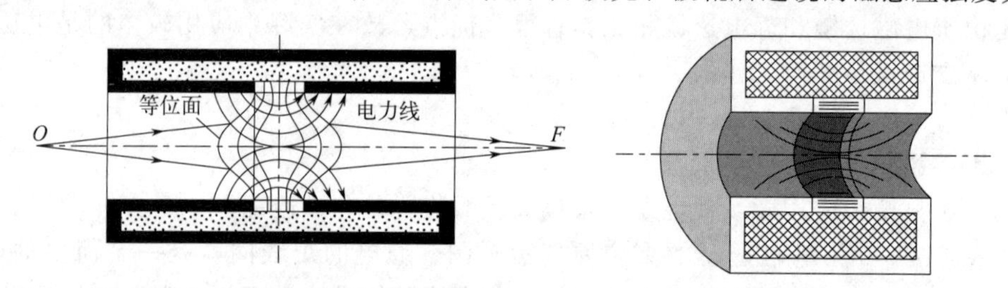

图 9-10 带有软磁铁壳的电磁透镜

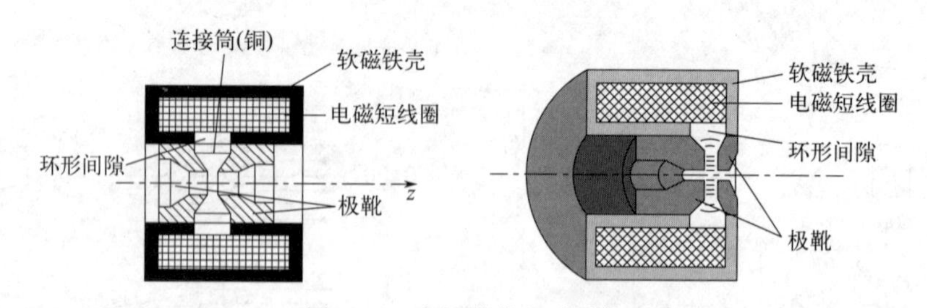

图 9-11 有极靴的电磁透镜

比较图 9-8 中 (d) 和 (e) 可见，电磁透镜对平行于主轴的电子束的聚焦与玻璃透镜相似，其物距 L_1、像距 L_2、焦距 f 的关系为：

$$\frac{1}{f}=\frac{1}{L_1}+\frac{1}{L_2} \tag{9-17}$$

放大倍数 M 为：

$$M=\frac{f}{L_1-f} \tag{9-18}$$

焦距 f 可由下式近似计算：

$$f\approx K\frac{U_r}{(IN)^2} \tag{9-19}$$

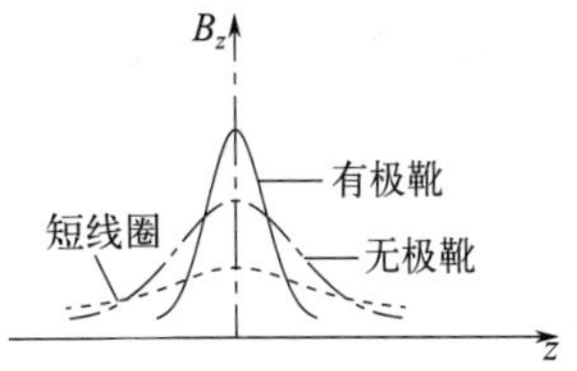

Bz
有极靴
短线圈
无极靴
z

图 9-12 裸线圈和加极靴前后透镜的磁感应强度分布

式中，K 为常数；U_r 为经校正的加速电压；IN 为线圈安匝数。

式（9-19）表明，无论激磁方向如何，电磁透镜的焦距总是正的，焦距和放大倍数的大小可通过改变励磁电流而改变，电磁透镜是变焦距或变倍率的汇聚透镜，这是它有别于光学玻璃凸透镜的一个特点。

对于光学凸透镜来说，当其物距大于焦距时，在透镜后面得到倒立的实像；当其物距小于焦距时，在透镜前面得到正立的虚像。因此，当透镜由实像过渡到虚像时，像的位置发生倒转。电磁透镜也具有类似的现象。但由于成像电子在透镜磁场中将发生旋转，相应旋转了一个附加的角度，即所谓的电磁透镜磁转角 φ，因此电磁透镜成像时，物与像的相位相对于实像来说为 $180°\pm\varphi$；对于虚像来说为 $\pm\varphi$。电磁透镜磁转角 φ 与励磁安匝数（IN）成正比，其方向随励磁方向而变。

9.3 电磁透镜的像差与分辨率

9.3.1 像差

电磁透镜像差分为两类，即几何像差和色差。几何像差是因为透镜磁场几何方向上的缺陷而造成的。几何像差包括球差、像散和彗差，又称为单色光引起的像差。球差是由于透镜中心区域和边缘区域对电子折射能力不同而形成的；像散是由于透镜磁场的非旋转对称性引起不同方向的聚焦能力出现差别；彗差是轴外物点发出的宽光束通过透镜后未汇聚于一点，而是呈彗星状图形的一种失对称的像差。

色差是波长不同的多色光引起的像差。色差是透镜对能量不同的电子的聚焦能力的差别引起的。下面将分别讨论几何像差和色差形成的原因，以及消除或减小这些像差的途径。

9.3.1.1 几何像差

（1）球差

简单来说就是电磁透镜不能把光线聚在一点。球差即球面像差，球差是由于透镜中心区域和边缘区域对电子的折射能力不同而形成的，离开透镜主轴较远的电子（远轴电子）比主轴附近的电子（近轴电子）折射程度更大。当物点 P 通过透镜成像时，电子就不会聚到同一焦点上，从而形成了一个焦斑，如果像平面在远轴电子的焦点和近轴电子的焦点之间作水平移动，就可以得到一个最小的散焦圆斑。最小散焦圆斑的半径用 R_s 表示。若把 R_s 除以放大倍数，就可以把它折算到物平面上去，其大小 $\Delta r_s=R_s/M$（M 为透镜的放大倍数）。用Δr_s 表示球差的大小，就是说，物平面上两点距离小于 $2\Delta r_s$ 时，则透镜不能分辨，即在透镜的像平面上得到一个点。Δr_s 的计算：

$$\Delta r_s = \frac{1}{4} C_s \alpha^3 \tag{9-20}$$

式中，C_s 为球差系数；α 为孔径半角。

通常情况下，物镜的 C_s 值为 1～3mm。从式（9-20）可以看出，减小球差的途径是减小 C_s 和小孔径角成像，因为球差和孔径半角的三次方成正比，所以用小孔径角成像时，可使球差明显减少。

透镜的球差只能部分减弱，但不能完全消除。在透射电镜中，可以通过添加物镜球差校正器来减弱球差，提高分辨率，如图 9-13 和图 9-14 所示。球差校正的扫描 TEM 可以实现原子分辨率，如图 9-15 所示。

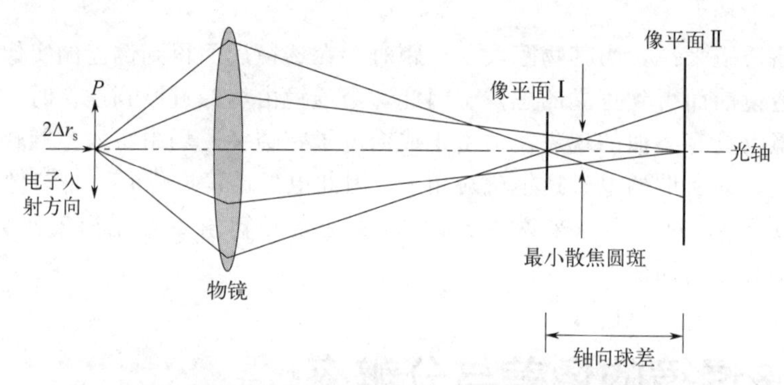

图 9-13 透镜中心与边缘折射率不同造成的球差

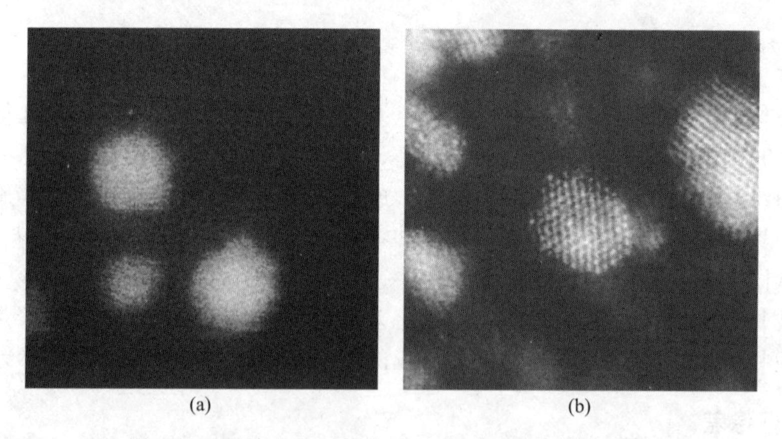

图 9-14 无球差校正图像（a）和球差校正图像（b）

（2）像散

像散是由透镜磁场的非旋转对称引起的。极靴内孔不圆、上下极靴的轴线错位、制作极靴的材料材质不均匀以及极靴孔周围局部污染等原因，都会使电磁透镜的磁场产生椭圆度。透镜磁场的这种非旋转性对称使它在不同方向上的聚焦能力出现差别，结果使成像物点 P 通过透镜后不能在像平面上聚焦成一点，如图 9-16 所示。在聚焦最好的情况下，能得到一个最小散焦圆斑，把最小散焦圆斑的半径 R_A 折算到物点 P 的位置上去，就形成了一个半径为 Δr_A 的圆斑，即 $\Delta r_A = R_A / M$，用 Δr_A 表示像散的大小，可通过下式计算：

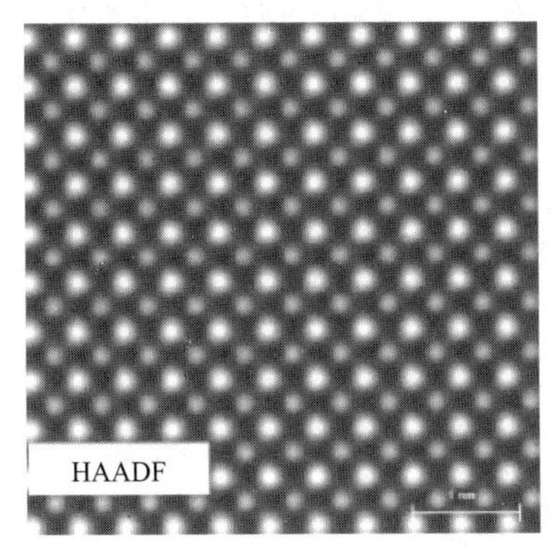

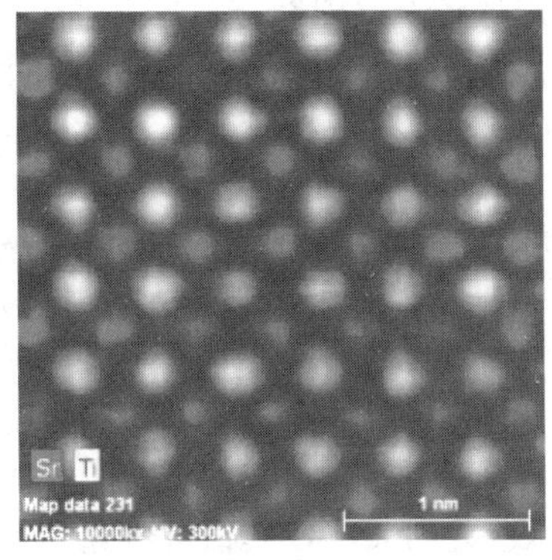

图 9-15 球差校正的扫描 TEM 实现了原子分辨率

$$\Delta r_A = \Delta f_A \alpha \tag{9-21}$$

式中，Δf_A 为磁场出现非旋转对称时的焦距差；α 为孔径半角。

如果电磁透镜在制造过程中已存在固有的像散，则可以通过引入强度和方位均可调节的校正磁场来进行补偿。这个产生校正磁场的装置就是消像散器。

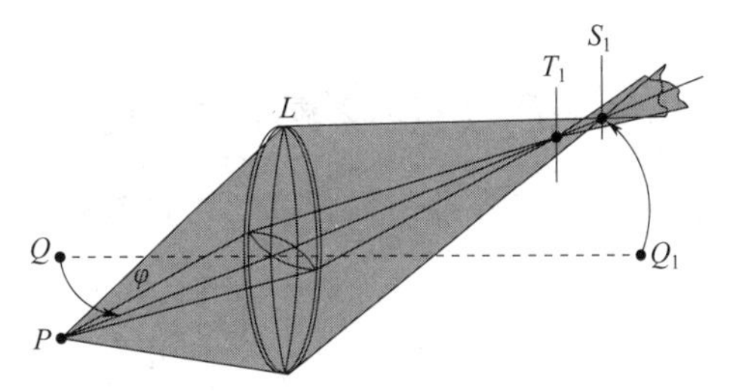

图 9-16 透镜磁场的非旋转对称造成的像散

(3) 彗差

由位于主轴外的某一轴外物点，向光学系统发出的单色圆锥形光束，经该光学系统折射后，若在理想平面处不能结成清晰点，而是结成拖着明亮尾巴的彗星形光斑，则此光学系统的成像误差称为彗差。由于物点在透镜中心轴以外，使得电子束与轴线倾斜成一定角度，破坏了透镜的对称性，从而产生彗差，彗差如图 9-17 所示，彗差严重时，成像面（高斯面）上不会得到清晰的点，而是形成像彗星一样沿某一方向延伸的模糊图像。在电镜中，由于物点不会偏移很大，所以只要保证机械轴和光轴的合轴度较好，系统产生的彗差一般对成像的影响很小，透射电镜的实际彗差如图 9-18 所示。

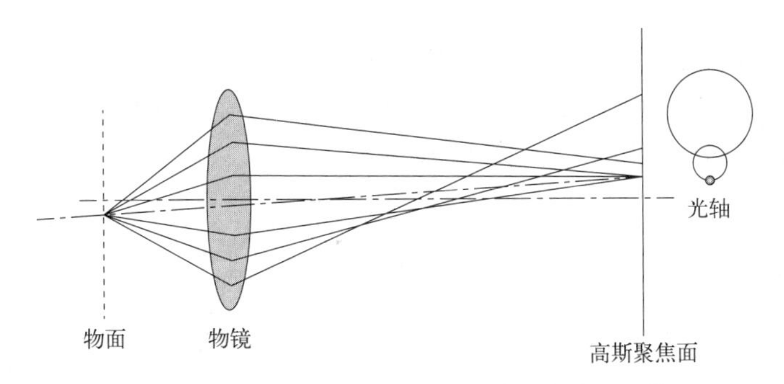

图 9-17 不在主轴的发光点经过透镜折射产生的彗差

图 9-18 TEM 下的实际彗差

9.3.1.2 色差

色差是由入射电子波长（或能量）的非单一性导致的聚焦能力的差别所造成。

图 9-19 为形成色差原因的示意图。若入射电子的能量出现一定的差别，能量较高的电子在距透镜光心较远的地方聚焦，而能量较低的电子在距透镜光心较近的地方聚焦，由此形成了一个焦距差。使像平面在长焦点和短焦点之间移动时，也可得到一个最小的散焦斑，其半径为 R_c。

将 R_c 除以透镜的放大倍数 M，即可把散焦斑的半径折算到物点 P 的位置上去，这个半径大小等于 Δr_c，即

$$\Delta r_c = \frac{R_C}{M} \tag{9-22}$$

用 Δr_c 表示色差的大小，其值可以通过下式计算：

$$\Delta r_c = C_c \alpha \left| \frac{\Delta E}{E} \right| \tag{9-23}$$

式中，C_c 为色差系数；$\frac{\Delta E}{E}$ 为电子能量变化率，其取决于加速电压的稳定性及电子穿过样品发生非弹性散射的程度。可通过稳定加速电压和单色器来减小色差。

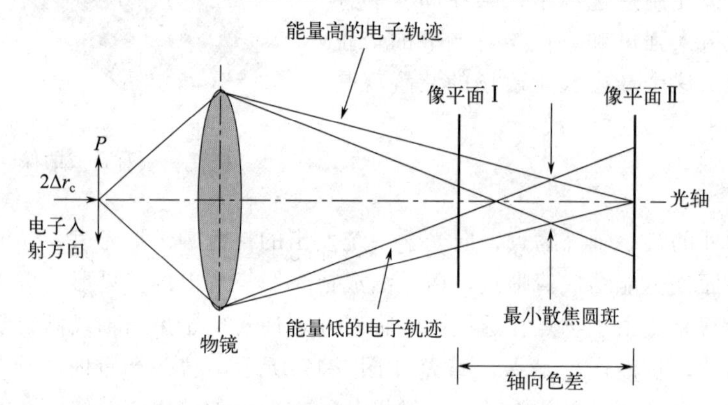

图 9-19　入射波长的非单一性造成的色差

9.3.2 球差系数和色差系数

球差系数 C_s 和色差系数 C_c 是电磁透镜的指标之一，其大小除了与透镜结构、极靴形状和加工精度等有关外，还受励磁电流的影响，C_s 和 C_c 均随透镜励磁电流的增大而减小，如图 9-20 所示，若要减小电磁透镜的像差和色差，透镜线圈应尽可能通以大的励磁电流。

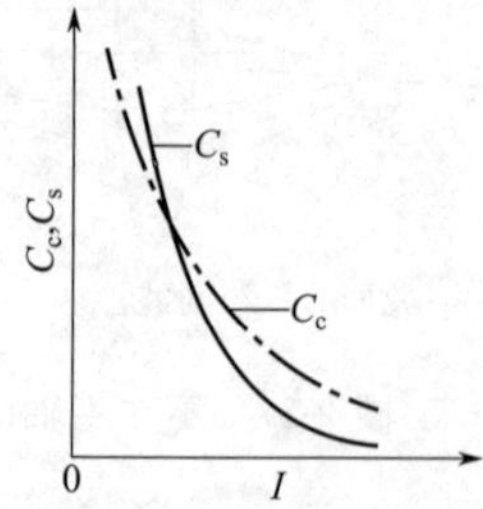

图 9-20　励磁电流对透镜球差系数 C_s 和色差系数 C_c 的影响

9.3.3 分辨率

电磁透镜的分辨率由衍射效应和球面像差决定。

9.3.3.1 衍射效应对分辨率的影响

由衍射效应所限定的分辨率可由艾里公式计算，即

$$\Delta r_0 = \frac{0.61\lambda}{n\sin\alpha} \tag{9-24}$$

式中，Δr_0 为成像物体（试样）上能分辨出来的两个物点间的最小距离，用它来表示分辨率的大小，Δr_0 越小，透镜的分辨率越高；λ 为波长；n 为介质的相对折射率；α 是透镜的孔径半角。可见，波长 λ 愈小、孔径半角 α 愈大，衍射效应限定的分辨率 Δr_0 就愈小，透镜的分辨率就愈高。

现在我们来分析一下 Δr_0 的物理含义。图 9-21 中物体上的物点通过透镜成像时，由于衍射效应，对应物点的像是中心最亮、周围呈亮暗相间的圆环的圆斑——艾里斑。若有两个物点 S_1、S_2 通过透镜成像，像平面上对应的两个艾里斑为 S_1'、S_2'，如图 9-21（a）所示；当两个埃利斑所形成的峰谷间的强度差为 19%时（把强度峰的高度看作 100%），是人眼刚能分辨的临界值。式（9-24）中的常数 0.61 就是以这个临界值为基础的。当峰谷之间出现 19%强度差时，像平面上 S_1'和 S_2'的距离恰好为艾里斑半径 R_0，折算回到物平面上点 S_1 和 S_2 的位置上去时，就能形成两个以 $\Delta r_0 = R_0/M$ 为半径的小圆斑，两个圆斑之间的距离与它们的半径相等。如果把试样上 S_1 和 S_2 点间的距离进一步缩小，那么人们就无法通过透镜把它们的像 S_1'和 S_2'分辨出来。由此可见，若以任一物点为圆心，并以 Δr_0 为半径作一个圆，那么与之相邻的第二物点位于圆周之内时，透镜就无法分辨出此两物点间的反差。若两个物点的间距小于 Δr_0，则无法通过透镜分辨这两个物点的像。因此 Δr_0 就是衍射效应限制的透镜的分辨率。

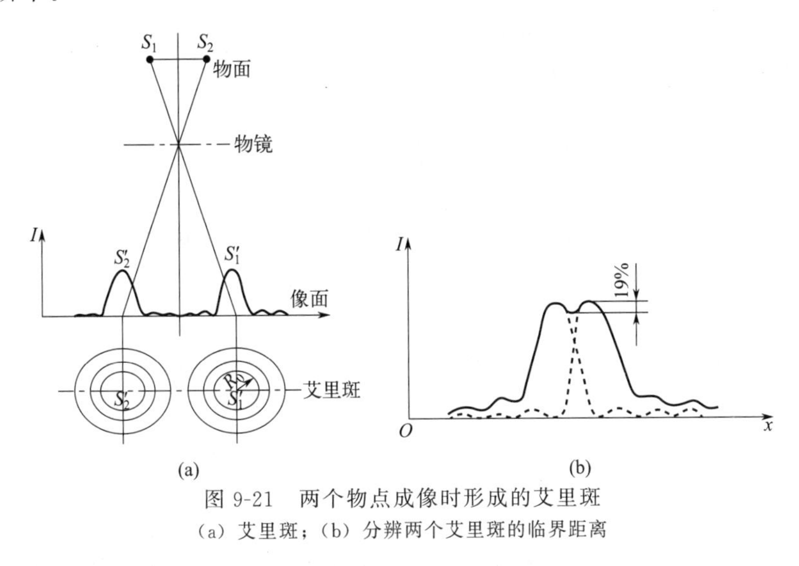

图 9-21　两个物点成像时形成的艾里斑

（a）艾里斑；（b）分辨两个艾里斑的临界距离

9.3.3.2　像差对分辨率的影响

如前所述，由于球差、像散和色差的影响，物体（试样）上的光点在像平面上均会扩展成散焦斑。各散焦斑半径折算回物体后得到的 Δr_s、Δr_A、Δr_c 自然就成了由球差、像散和色差所限定的分辨率。

因为电磁透镜总是会聚透镜，所以球差便成为限制电磁透镜分辨率的主要因素。若同时考虑衍射和球差对分辨率的影响，则会发现改善其中一个因素时会让另一个因素变坏。为了使球差 Δr_s 变小，可以通过减小 α 来实现（$\Delta r_s = \frac{1}{4} C_s \alpha^3$），但从衍射效应来看，$\alpha$ 减小将使 Δr_0 变大，分辨率下降。因此，两者必须兼得。关键在于确定最佳的孔径半角 α_0，使得衍射效应艾里斑和球差散焦斑尺寸大小相等，表明两者对透镜分辨率影响效果一样。即

$\Delta r_0=\Delta r_s$，求得 $\alpha_0=12.5\left(\frac{\lambda}{C_s}\right)^{\frac{1}{4}}$。这样，电磁透镜的分辨率为 $\Delta r_0=A\lambda^{\frac{3}{4}}C_s^{\frac{1}{4}}$，$A$ 为常数，$A\approx0.4\sim0.55$。由此可见，提高电磁透镜分辨率的主要途径是提高加速电压（减小电子束波长 λ）和减小球差系数 C_s。目前，透射电镜的最佳分辨率可达 10^{-1}nm 数量级，如日本日立公司的 H-9000 型透射电镜的点分辨率为 0.18nm。

9.4 电磁透镜的景深和焦长

9.4.1 景深

电磁透镜的另一特点是景深（或场深）大，焦长很长，这是小孔径角成像的结果。任何样品都有一定的厚度。从原理上讲，当透镜焦距、像距一定时，只有一层样品平面与透镜的理想物平面相重合，能在透镜像平面获得该层平面的理想图像。而偏离理想物平面的物点都存在一定程度的失焦，它们在透镜像平面上将产生一个具有一定尺寸的失焦圆斑。如果失焦圆斑尺寸不超过由衍射效应和像差引起的散焦圆斑尺寸，那么对透镜像分辨率并不产生什么影响。因此，定义透镜物平面允许的轴向偏差为景深，见图 9-22。当物平面偏离理想位置时，将出现一定程度的失焦，若失焦斑尺寸不大于 $2\Delta r_0$ 对应的散焦斑时，对透镜分辨率不产生影响，由图可得景深 D_f 为：

$$D_f=\frac{2\Delta r_0}{\tan\alpha}\approx\frac{2\Delta r_0}{\alpha} \tag{9-25}$$

这表明，电磁透镜孔径半角 α 越小，景深越大。一般的电磁透镜 $\alpha=10^{-2}\sim10^{-3}$rad，$D_f=(200\sim2000)\ \Delta r_0$。如果透镜分辨率 $\Delta r_0=1$nm，则 $D_f=200\sim2000$nm。对于加速电压为 100kV 的电子显微镜来说，透射电镜样品厚度一般控制在 200nm 左右，因此在透镜景深范围内，样品各层面的细节都能显示清晰的图像。如果允许较差的像分辨率（取决于样品），那么透镜的景深就更大了。电磁透镜景深大，对于图像的聚焦操作（尤其是在高放大倍数情况下）是非常有利的。

9.4.2 焦长

当透镜焦距和物距一定时，像平面在一定的轴向距离内移动，也会引起失焦。如果失焦引起的失焦圆斑尺寸不超过透镜因衍射和像差引起的散焦斑大小，那么像平面在一定的轴向距离内移动，对透镜的分辨率没有影响。定义透镜像平面允许的轴向偏差为焦长（也称焦深），见图 9-23。当像平面在一定范围内移动时，若失焦斑不大于 $2\Delta r_0$ 对应的散焦斑，对透镜分辨率也无影响，由图 9-23 可得焦长 D_L 为：

$$D_L=\frac{2\Delta r_0 M}{\tan\beta}\approx\frac{2\Delta r_0}{\alpha}M^2 \tag{9-26}$$

式中，$\beta=\alpha/M$，M 为透镜放大倍数。表明焦长 D_L 随 α 减小而增大。如一电磁透镜分辨率$\Delta r_0=1$nm，$\alpha=10^{-2}$rad，$M=200$ 倍，计算得焦长 $D_L=8$mm。这表明该透镜实际像平面在理想像平面上或下各 4mm 范围内移动时不需要改变透镜聚焦状态，图像仍保持清晰。

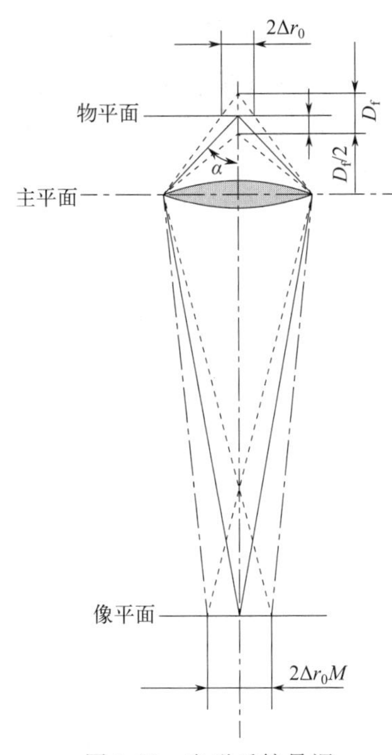

图 9-22　电磁透镜景深

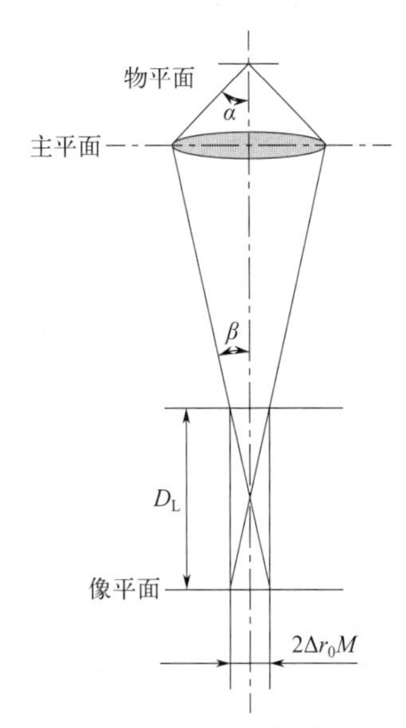

图 9-23　电磁透镜焦长

对于由多级电磁透镜组成的电子显微镜来说，其终像放大倍数等于各级透镜放大倍数之积，因此终像的焦长就更长了，一般来说 10～20cm 是不成问题的。电磁透镜的这一特点给电子显微镜图像的照相记录带来了极大的方便，只要在荧光屏上图像聚焦清晰，那么在荧光屏上或下十几厘米放置照相底片，所拍摄的图像也将是清晰的。

9.5 透射电镜的结构及成像原理

9.5.1 照明系统

照明系统由电子枪、聚光镜和相应的平移、对中、倾斜调节装置组成。其作用是提供一束亮度高、照明孔径小、平行度好、束流稳定的照明源，并将从照明源获得的电子照射到样品上。照明束需满足在 2°～3°范围内倾斜。

9.5.1.1 电子枪

电子枪是 TEM 的电子源，有热发射和场发射两种。常用的是热阴极三级电子枪，由钨丝阴极、栅极帽和阳极组成，如图 9-24 所示。电子枪的负高压加在栅极上，阴极和栅极间有数百伏电位差而构成自偏压回路，栅极可控制阴极发射电子的有效区域，自偏压回路的作用是稳定和调节束流场发射枪性能，使得电子束具有束斑尺寸小、亮度高、能量分散度小等特点。(详细介绍见 9.6.1)

9.5.1.2 聚光镜

聚光镜用来汇聚电子枪射出的电子束，使其以最小的损失照明样品，并调节照明强度、孔径角和束斑大小。高性能透射电镜一般都采用双聚光镜系统，如图 9-25 所示。第一聚光镜是强励磁透镜，作用是缩小或调节束斑尺寸，将电子枪交叉斑减小至 1/50～1/10；第二聚光镜是弱励磁透镜，适焦时放大倍数为 2 倍左右，可在样品平面获得 2～10μm 的照明电子束斑。

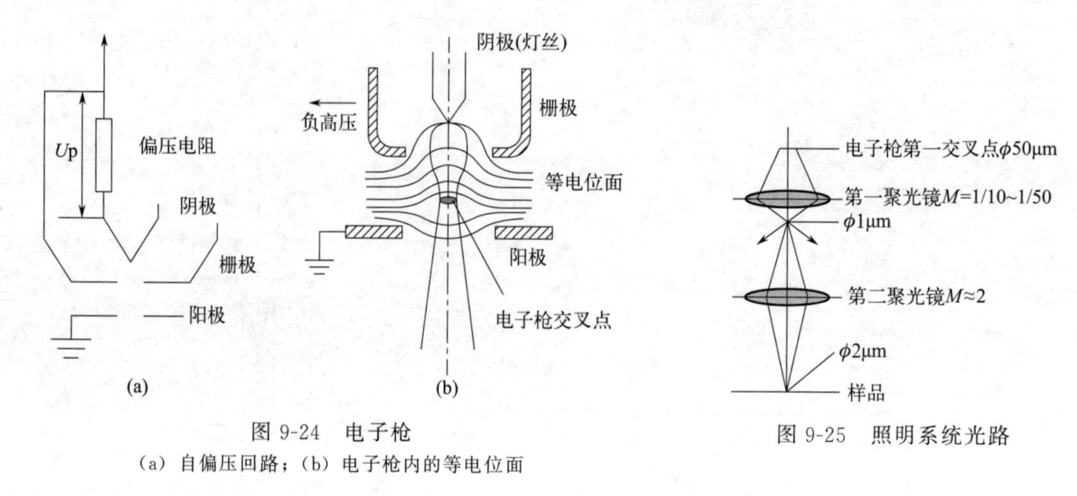

图 9-24　电子枪

（a）自偏压回路；（b）电子枪内的等电位面

图 9-25　照明系统光路

9.5.1.3　平行束照明

TEM 在适当地放大倍数（20000×～100000×）下，要实现平行束的操作，可以通过减弱 C2 透镜令 C1 形成交叉截面的欠焦像。欠焦状态样品处的电子束平行度比过焦时好。如图 9-26 所示。

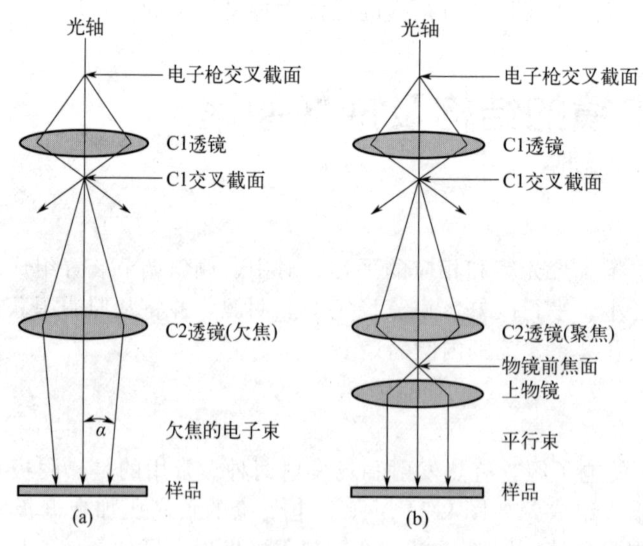

图 9-26　TEM 基本原理图（a）及成像情况（b）

图 9-26（a）基本原理图，利用 C1 和 C2 透镜成像，图中电子束并不严格平行于光轴，若 $\alpha < 10^{-4}$ rad（0.0057°），可认为电子束是平行的。图 9-26（b）为多数 TEM 使用成像情况，利用 C1 和 C2 成的像位于上物镜的前焦面上，能够在样品平面上获得平行束照明。

事实上，为了获得高质量的选区衍射花样（SADP）和图像衬度，平行束照明是必要的，在解释经典图像时经常假设电子束是平行的。需要注意的是，平行束并不是完全平行的，只是会聚程度较小而已。

平行束照明的情况下，需形成衍衬像和 SADP 时，C1 不动，改变 C2 光阑就能够得到所需的图像。通常小光阑可以减小作用在样品上的束流，减小电子束的会聚角，从而使得电子束更加平行，如图 9-27 所示。

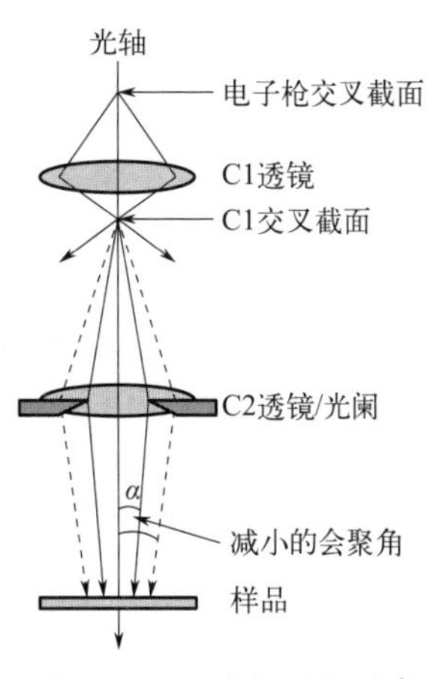

图 9-27 C2 光阑对电子束平行度的影响

9.5.1.4 会聚束照明

为了使样品某些特定部位的电子束强度增加，获得来自局域样品的信号时，就需要使用会聚束的操作，这时需要提高电子束的聚焦程度。简单的，可以通过 C2 透镜聚焦而非散焦来实现，同时，会在样品上形成 C1 交叉截面的像，如图 9-28（a）所示。这样就可以通过观察电子源的像来调整电子源的饱和度或者测量束斑尺寸。当 C2 处于聚焦状态时，电子束平行度最低，会聚度最高。而荧光屏上电子束照明强度会最大，图像衬度就会降低，一些 SADP 会扭曲。理想情况下，TEM 中样品较薄，但通常我们总是需要调整 C2 来补偿厚样品中较低的电子束透射率。

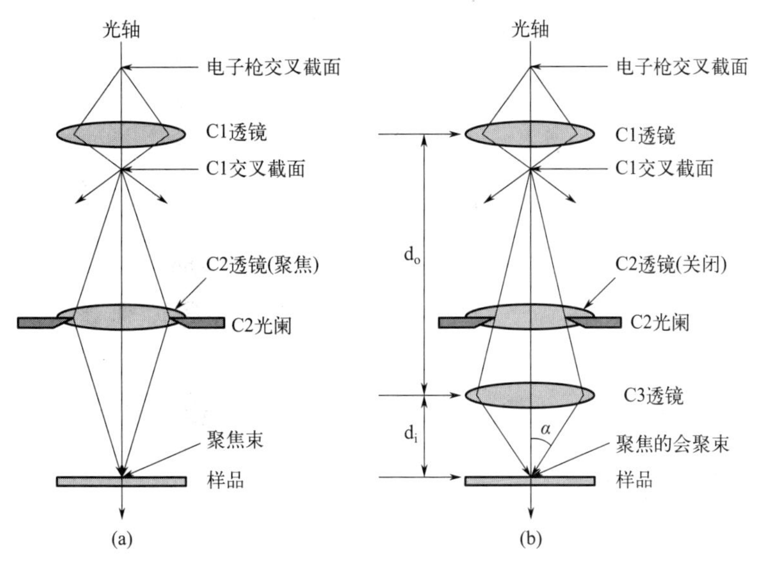

图 9-28 TEM 中的会聚束/探针模式

（a）基本原理；（b）多数 TEM 中的实际情形（上物镜作为 C3 物镜使用）

会聚束 TEM 模式与传统的平行束 TEM 模式完全不同。C1 用于控制作用在样品上的束斑大小，如图 9-29 所示，C1 较强时束斑较小，C1 较弱时束斑较大。

9.5.1.5 平移与倾转电子束照明

为了将微小的电子束移动到感兴趣的区域进行分析，需要在样品上平移电子束。为了用特定的衍射斑来形成中心暗场像、旋进电子衍射等，需要使电子束倾转偏离光轴来完成照明操作。平移和倾转的操作都是通过电位器的改变来完成的。电位器即扫描线圈，通过电流的改变产生局域磁场来偏转电子束，如图 9-30 所示。

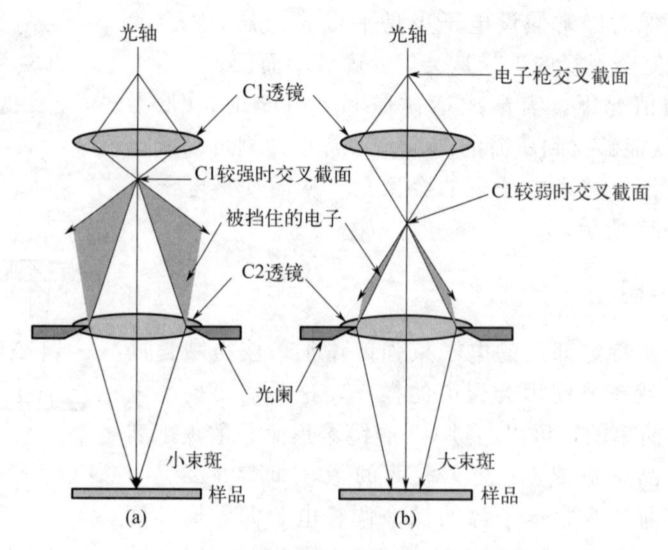

图 9-29　C1 透镜的强度对束斑尺寸的影响

（a）较强的 C1 会在样品上得到更小的电子束斑；（b）较弱的 C1 会产生较大的电子束斑

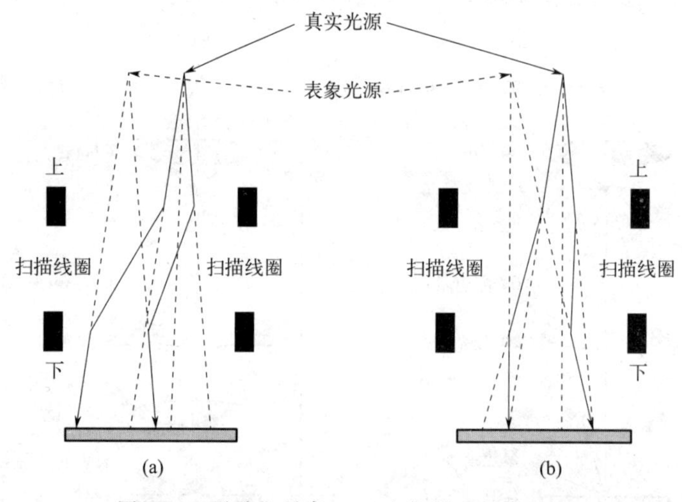

图 9-30　平移电子束（a）和倾转电子束（b）

9.5.2 成像系统

成像系统主要由物镜、中间镜和投影镜组成。

9.5.2.1 物镜

物镜是最核心的部件，它是用来形成第一幅高分辨率电子显微图像或电子衍射花样的透镜。透射电镜分辨率的高低主要取决于物镜。物镜是一个强励磁、短焦距（$f=1\sim3$mm）的透镜，高质量物镜的分辨率可达 0.1nm 左右，放大倍数一般为 100～300 倍。

物镜的分辨率主要决定于极靴的形状和加工精度，一般来说，极靴内孔和上下极靴之间的距离越小，物镜的分辨率就越高。为了减小物镜的像差，经常会在物镜的后焦面上放置一个可以减小球差、像散和色差的物镜光阑。物镜光阑位于后焦面时，可以方便地完成暗场成像和衍射成像操作。

需要注意的是，在实验中，入射电子束穿过样品经物镜聚焦成像，在物镜背焦面上形成衍射花样，在像平面上形成显微图像。改变物镜放大倍数的成像操作是通过改变物镜的焦距和像距来实现的。

9.5.2.2 中间镜

中间镜是弱励磁、长焦距变倍率透镜，可在 0～20 倍范围内调节。放大倍数大于 1，用来进一步放大物镜像；放大倍数小于 1，用来缩小物镜像。

中间镜的作用是利用其可变倍率控制电镜的总放大倍数及实现透射电镜成像操作与衍射操作的转换。若将中间镜物平面与物镜像平面重合，则在荧光屏上获得一幅放大的显微图像，即为电子显微镜中的成像操作；若将中间镜物平面与物镜的背焦面重合，则在荧光屏上得到一幅电子衍射花样，称为 TEM 中的电子衍射操作，如图 9-31 所示。

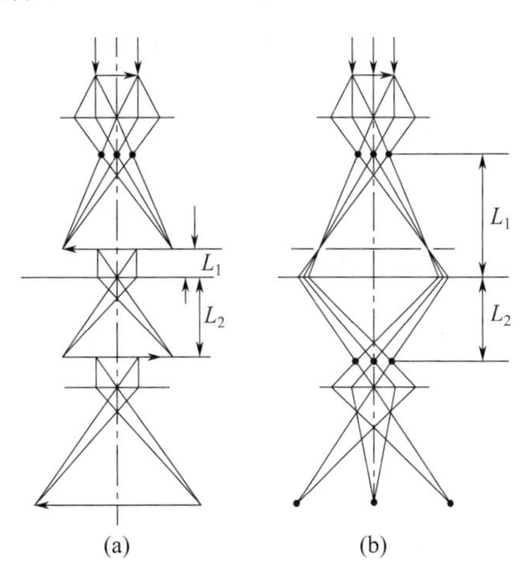

图 9-31　成像光路系统

（a）高倍放大；（b）电子衍射

9.5.2.3 投影镜

投影镜是短焦距、强励磁透镜，其作用是把经过中间镜放大（或缩小）的像（或电子衍射花样）进一步放大，并投影到荧光屏上。投影镜的励磁电流是固定的，因为成像电子进入投影镜的孔径角很小（约 10^{-5} rad），故其景深和焦长都非常大。由于投影镜景深和焦长都很大，这就允许其物平面和像平面的位置在一定范围内移动且不会影响图像的清晰度，方便调节显微镜的总放大倍数，有利于观察和记录。

9.5.3 观察和记录系统

早期的观察和记录装置包括荧光屏和电子感光底片。通常采用人眼较为敏感的、发绿光的荧光物质涂制的荧光屏，这有利于高放大倍数、低亮度图像的聚焦和观察。并且使用对电子束曝光敏感、颗粒度很小的电子感光底片记录，电子感光底片是一种红色盲片，底片曝光时间有手动、自动两种控制方式。

近期的透射电镜多数均配备了电荷耦合器件 CCD 成像系统，可以将图像输入到计算机显示器上用于观察，图像可采用多种文件格式进行存储和输出，图像观察和记录非常方便。

9.6 透射电镜的主要部件及工作原理

9.6.1 电子枪

透射电镜电子枪有两种电子源（阴极）：一种是热电子源，即电子源加热时产生电子；另一种是场发射电子源，在它与阳极之间施加一个大电势时产生电子。电子源是电子枪的重要组成部分。目前热电子发射源使用 LaB_6，但其产生的电子单色性较差；场发射电子源主要使用 W，能够产生单色性较好的电子。

电子枪由电子源和能够控制电子束且能够引导其进入 TEM 的照明系统组成，有热发射和场发射两种。电子枪需要能像透镜一样有效地聚焦电子。对于两种不同的电子源，枪的设计原理是一致的。

9.6.1.1 热电子枪

LaB_6 晶体是现代透射电镜所用的唯一热电子源，因为发光效率高、亮度大，LaB_6 晶体可用作三级式电子枪的阴极，如图 9-32 所示。热电子枪的三个主要组成部分为阴极、韦氏极（栅极）和阳极。其中阴极与外界高压电缆相连。LaB_6 晶体被装在金属丝上通过电阻加热形成热发射。韦氏极就像一个简单的电子透镜，韦氏极电子透镜是电子通过的第一个透镜。

阴极发出的电子，相对于接地的阳极就会产生一个较高的电势差，通过这个电势差，电子会被加速，这样就获得了一个 TEM 可使用的照明源。而为了使阳极孔中的电子束进入显微镜，需要在韦氏极加一个小的负偏压，在这个负电场的作用下，电子在韦氏极和阳极之间会聚于一个交叉点，如图 9-33 所示。枪的电路设计可以使发射电流和韦氏极偏压同步增加，形成自偏压枪。枪系统里的自偏压回路的作用是稳定和调节束流场发射枪性能，使得电子束流具有束斑尺寸小、亮度高、能量分散度小等特点。

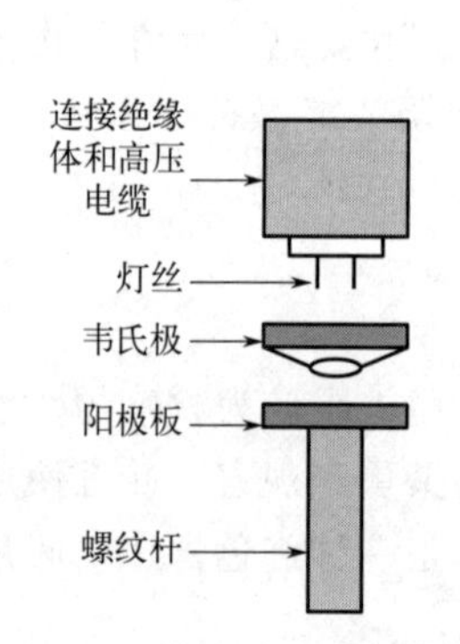

图 9-32 热电子枪的主要组成部分

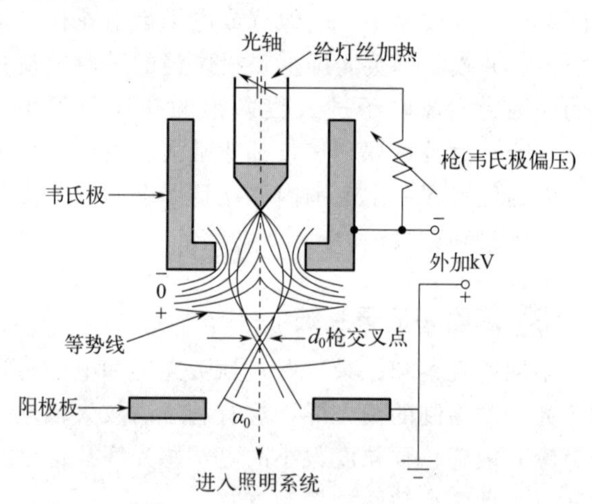

图 9-33 进入 TEM 照明系统中的真实电子源

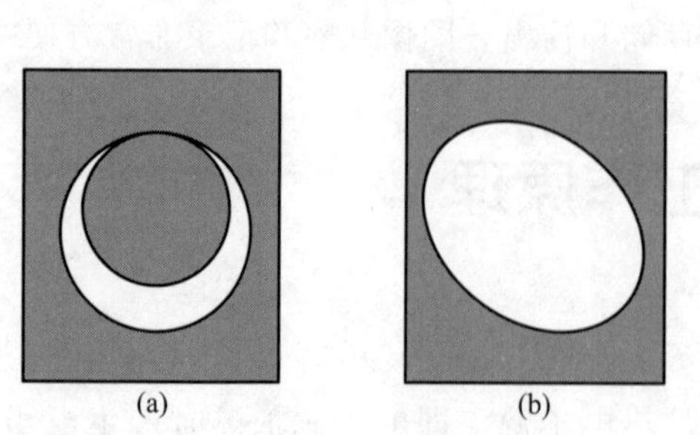

图 9-34 电子源未饱和（a）和电子源已饱和（b）

事实上，电子源在饱和状态下工作不仅能够延长寿命，还能够获得最佳亮度。达到饱和的标准方法是观察 TEM 观察屏上的电子源在交叉点的像，此图像显示了电子源发射出的电子的分布，当在中心的亮斑观察不到细节时，阴极达到饱和，如图 9-34 所示。并且此图像可以用来给电子枪的组件对中，使电子束方向沿着 TEM 的光轴方向。LaB_6 电子源工作的最佳条件是略低于饱和状态，有利于延长寿命且不会过度地损失信息。需要注意的是当需要手动操作透射电镜的电子源时，必须缓慢加热和缓慢冷却，否则可能导致电子源损坏。

9.6.1.2 场发射枪（FEG）

场发射是指强电场作用下电子从阴极表面释放出来的现象。场发射电子枪由一个阴极和两个阳极构成：第一阳极也称取出电极，其上施加一稍低（相对第二阳极）的吸附电压，比阴极正几千伏，用以将阴极上面的自由电子吸引出来；第二阳极也称加速电极，其上的极高电压可达到100kV及以上，用以将自由电子加速到很高的速度来产生电子束流，如图9-35所示。

第一阳极加以合适的吸附电压，阳极产生一个类似于静电透镜一样的电子束交叉点，如图9-35所示。该透镜控制着有效电子源的大小与位置，但并不灵活。在电子枪中加入一个磁透镜能够给出更可控的电子束，电子枪中该透镜的缺陷（主要是球差）对于电子源大小的确定更为重要（详见9.3.1）。

场发射枪需要清洁的表面和高真空环境，但即使在超高真空下，随着使用时间的增加，枪表面依然会被污染。这时就需要增加吸附电压来补偿，通常使用“闪蒸”去除污染。“闪蒸”是指反转针尖（图9-36）上的电势，“吹掉”表面原子层；或者将针尖迅速加热到5000K左右使污染物挥发、去除。其实对于大多数冷场发射枪来说，当吸附电压增大到一定值时，会自动进行闪蒸。对于肖特基场发射枪，由于其持续加热，不会产生闪蒸现象。基于碳纳米管的电子源的性能则更加优异，但其商用效能还有待考察。

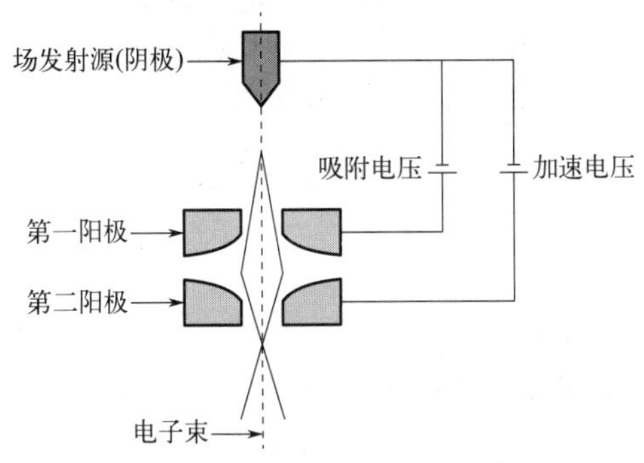

图9-35 场发射源中电子的路径

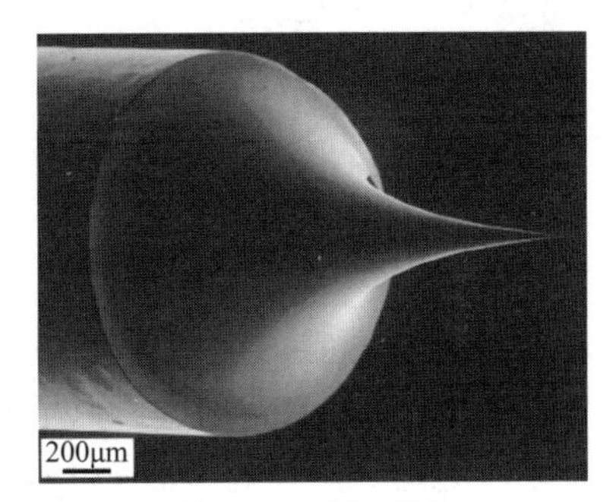

图9-36 FEG针尖

9.6.2 电磁透镜的分类及位置

TEM中的电磁透镜主要分为两类：强励磁电磁透镜和弱励磁电磁透镜。9.2节已经详细介绍过电磁透镜的原理，这里不再赘述，直接介绍其分类及位置。

透射电镜中电磁透镜按用途分为四种：

① 聚光镜　第一聚光镜、第二聚光镜；

② 物镜　上物镜、下物镜；

③ 中间镜　第一中间镜、第二中间镜；

④ 投影镜　第一投影镜、第二投影镜。

透射电镜中电磁透镜按原理分为两种：

① 强励磁透镜　第一聚光镜、上物镜、下物镜、第一投影镜、第二投影镜；

② 弱励磁透镜　第二聚光镜、第一中间镜、第二中间镜。

TEM 中，电磁透镜的用途在 9.5 节已详细论述，各透镜的放置位置如图 9-37 所示。

9.6.3 极靴

一般来说，电磁透镜由两部分构成，如图 9-38 所示。第一部分是由软磁材料，例如软铁，所制成的圆柱形对称磁芯，其上有一个小孔，称为极靴孔；软铁称为极靴。多数透镜都有上、下两个极靴，它们可以是独立的两块软铁，也可以是同一块软铁上的两个部分。两级正对表面间的距离称为极靴间隙，极靴孔/间隙的值作为一个重要的变量控制着透镜的聚焦行为。第二部分是环绕在每个极靴上的铜线圈，通电时，孔中会产生磁场，磁场沿透镜纵向不均匀，但是轴对称的。而透镜的磁场强度则直接影响着 TEM 的光路。

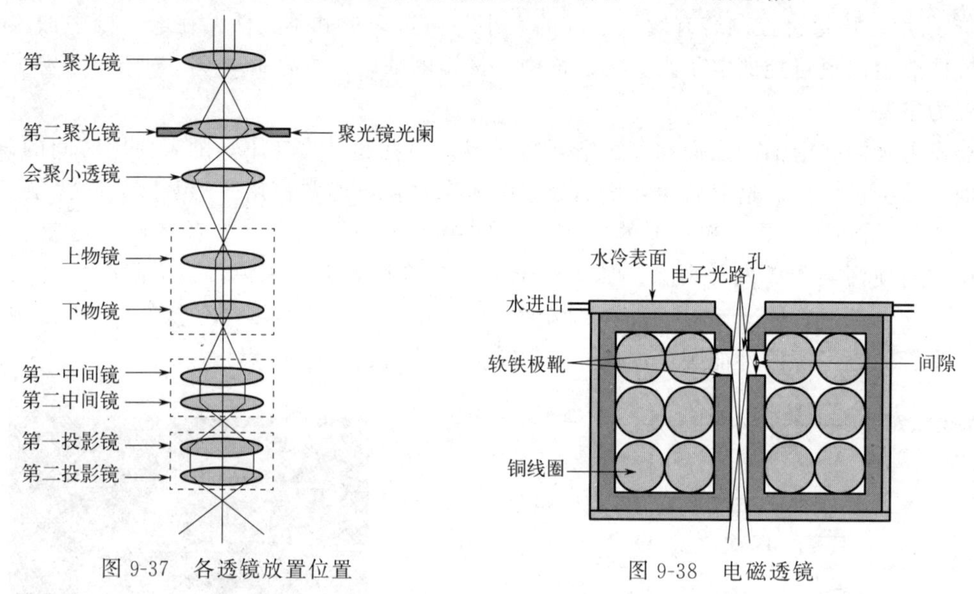

图 9-37 各透镜放置位置

图 9-38 电磁透镜

铁靴透镜不能超过其饱和磁感应强度的特点，限制了透镜的焦距和形成束斑的能力。使用超导透镜即可克服这个问题，但超导透镜的局限性是只能产生固定场，灵活性不够。但也因为超导透镜能够产生超强的磁场，其本身的像差很小，故其可以被用来制作结构紧凑的 TEM。

软铁极靴位于透镜中部的孔中，并被通过电流来磁化极靴的铜线所包围。轴上磁场最弱，距离极靴越近，磁场越强。

极靴的主要作用是为了获得磁场较好的线性分布。电磁透镜的焦距总是正的，焦距随励磁电流大小而变化，电磁透镜是变焦距或变倍率的会聚透镜。如图 9-39 所示，短线圈外加铁壳和内加极靴后，可明显改变透镜的磁感应强度分布。

9.6.4 光阑的分类及其位置

光阑通常是金属圆盘中的圆形孔，由高熔点金属铂、钼等制备。TEM 中主要有三类光阑：聚光镜光阑、物镜光阑、选区光阑。

9.6.4.1 聚光镜光阑

聚光镜光阑用于限制和改变照明孔径半角、改变照明强度。在双聚光镜系统中，聚光镜

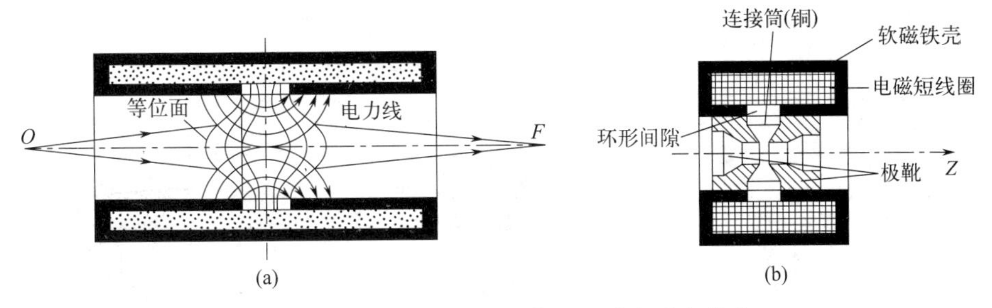

图 9-39　电磁透镜结构及轴向磁感应强度分布

（a）带有软磁壳的电磁透镜；（b）有极靴的电磁透镜

光阑常安装在第二聚光镜下方，光阑孔直径为 20～400μm，其放置位置如图 9-40 所示。

9.6.4.2　物镜光阑

物镜光阑又称为衬度光阑（因为可以提高图像的衬度），通常安装在物镜的后焦面上，光阑孔直径为 20～120μm，如图 9-41 所示。物镜光阑能够减小物镜的球差，选择成像电子束获得明场或暗场像，如图 9-42 所示。需要注意的是，暗场成像是通过对入射电子束的偏转来完成的。

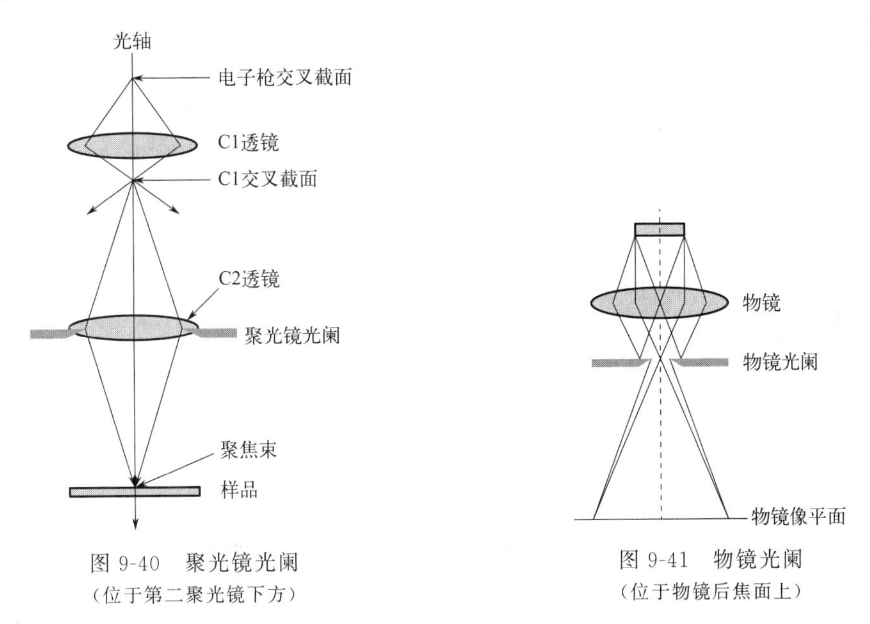

图 9-40　聚光镜光阑

（位于第二聚光镜下方）

图 9-41　物镜光阑

（位于物镜后焦面上）

物镜光阑用无磁性的金属（铂、钼等）制成。由于小光阑孔容易被污染，高性能的电镜常用抗污染光阑（自洁光阑），其结构见图 9-43。光阑孔四周的缝隙使光阑热量不易散失，常处于高温状态，污染物就不容易沾染上去。需要注意的是，装在一个光阑杆上的四个光阑需要依次插入，并使得光阑孔中心位于电子束的轴线上，即处于合轴状态。

9.6.4.3　选区光阑

选区光阑又称为场限光阑或视场光阑。衍射分析时，其用于限制和选择样品的分析区域，实现选区电子衍射。选区光阑安放在物镜的像平面上（图 9-44），因为这样放置所得到

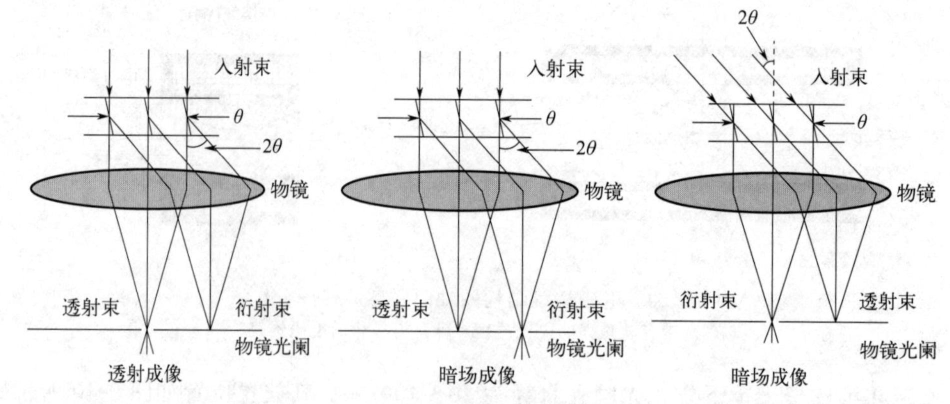

图 9-42　TEM 中的物镜光阑选择透射或衍射成像

的效果与光阑放置在样品平面处是完全一致的，并且能够将光阑孔径做得较大，光阑孔直径在 20～400μm。若物镜放大 50 倍，则一个直径为 50μm 的光阑就可以选择样品上直径为 1μm 的区域。同样地，选区光阑也是用无磁金属制成的。

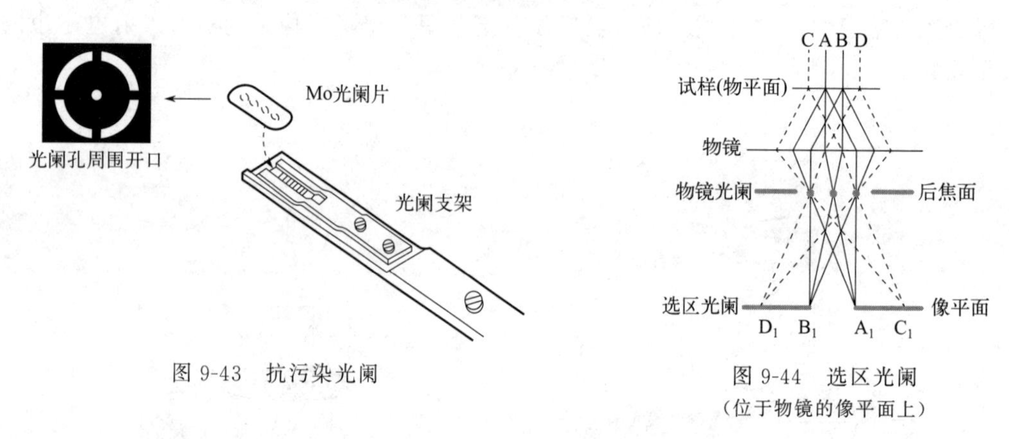

图 9-43　抗污染光阑

图 9-44　选区光阑
(位于物镜的像平面上)

9.6.5 样品杆

为了能够在 TEM 下观察到样品的信息，需要把样品装载在样品杆上并一同插入 TEM 的测角台。在 TEM 观察系统中必不可少的是样品杆和测角台。在某些特殊的应用中，需要把样品杆和测角台进行组合优化，以达到理想的分析效果。例如用低能电子衍射和 TEM 的俄歇分析来进行表面研究。

TEM 的样品杆很重要，因为样品需要置于物镜间，且物镜的各种像差直接影响显微镜的分辨率。由于透射电镜样品既小又薄，通常需要用一种有许多网孔、外径为 3mm 的样品铜网来支持，样品和铜网装在样品杆的槽里（铜网的放大图如图 9-45 所示）。样品杆有侧插式和顶插式两种，其主要作用是承载样品，并且使样品能在物镜极靴孔内平移、倾斜、旋转。

9.6.5.1 侧插式样品杆

侧插式样品杆是标准样品杆，其关键部件如图 9-46 所示。

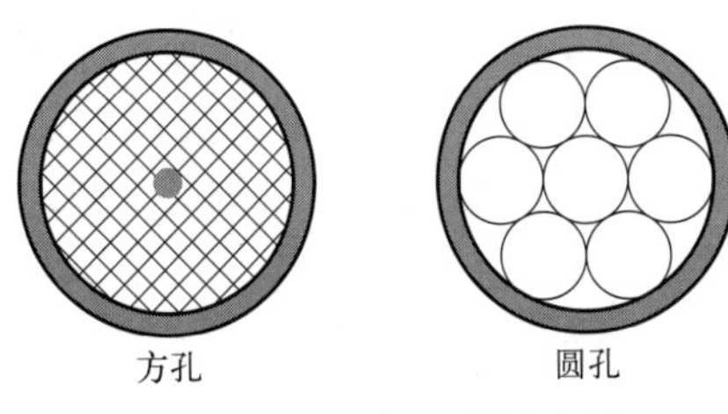

图 9-45 样品铜网的放大图

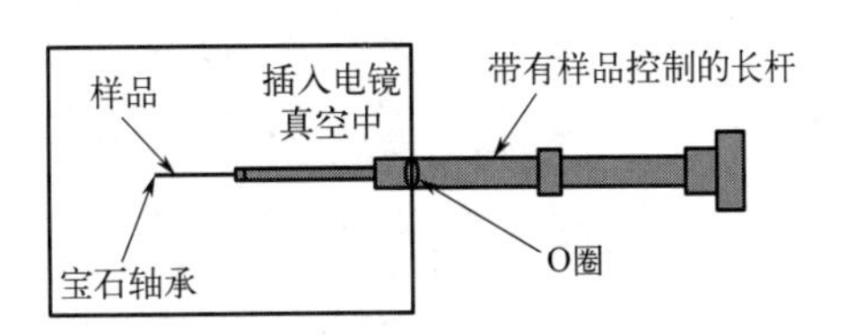

图 9-46 测角台中的侧插式样品杆的主要部件

样品被固定在样品杆一端的槽里。样品杆一端装有宝石与测角台上的宝石轴承啮合，使得对样品操作时更加的稳定。样品杆中含有 O 圈的一端被密封到真空里，对样品的操作是通过对样品杆的控制来实现的。

O 圈是与电镜镜筒机械连接的一种密封元件，为提高真空，有些样品杆有两个 O 圈，两圈之间的部分独立抽取真空；宝石轴承是另一个与镜筒机械连接的元件，推动该轴承就可以使样品前后、左右移动。就像 O 圈一样，必须保持轴承清洁，否则样品会不稳定；样品槽用来直接盛放样品，但会在镜筒内产生杂散电子和 X 射线，所以分析电镜样品杆上的样品槽是由 Be 制成的，以减少 X 射线的产生，否则会影响微区分析；固定环或螺丝用来固定槽中的样品，该环（图中未给出）也由 Be 制成，且需精心设计，必须紧紧固定住样品。

9.6.5.2 顶插式样品杆

顶插式样品杆（图 9-47）使用得越来越少，因为顶插式样品杆在 TEM 中不能完成能谱（EDS）分析，并且设计旋转、平移较为容易的样品杆难度较大。但其不与外界直接相连的特点，使其漂移很小，能够得到较为精准的图像。顶插式样品杆的另一个缺点是物镜的上下极靴必须不对称，这限制了透镜的极限分辨率。

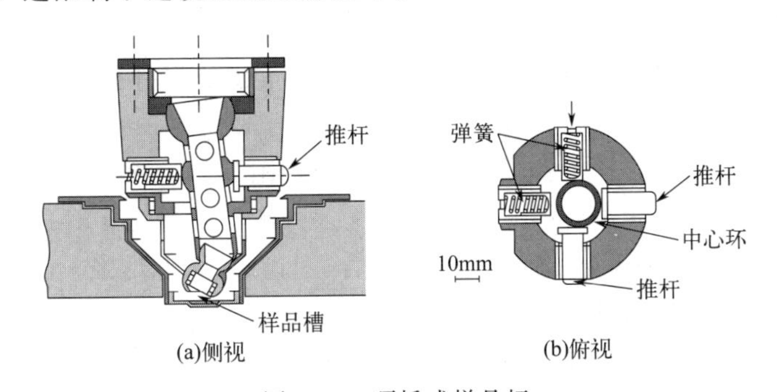

图 9-47 顶插式样品杆

9.6.5.3 其他新型的样品杆

除了以上两种主要类型的样品杆外，还有各种功能的样品杆。

（1）倾转样品杆

单倾转样品杆：最基本的样品杆，适合初学者使用。虽然只能绕着杆轴旋转，但其便宜耐用，同时也能得到较为优秀的实验数据。

双倾转样品杆：最常用的样品杆。可以绕着或垂直杆轴倾转，实现晶体取向调整，尤其对于多晶体材料。

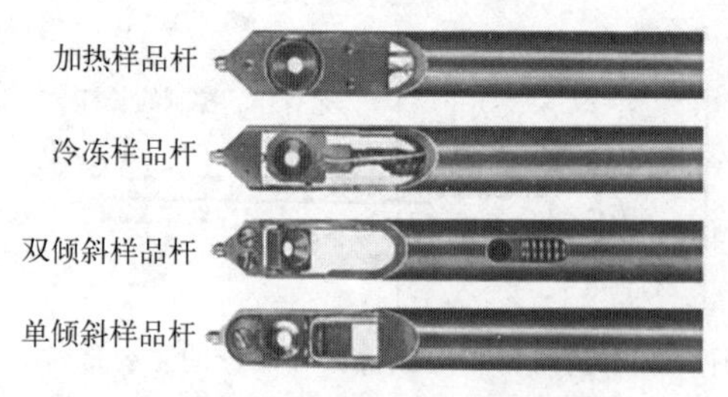

图 9-48　不同的侧插式样品杆

多样品杆：单倾转样品杆的一种，一次可以装载 5 个样品。

块样品杆：用于表面成像和衍射，其取样区域较大。

一些常用的样品杆如图 9-48 所示。

（2）原位样品杆

加热样品杆：是一种可用于原位透射电镜表征的实验装置，它可以在透射电镜中将样品升至一定的温度，然后利用透射电镜的高分辨率优势研究材料的结构和性质。

冷冻样品杆：这种样品杆可以达到液氦或者液氮的温度，是 EDS、EELS、CBED 研究的最佳选择。它不仅是原位研究超导材料的必备附件，也是研究聚合物和生物组织的理想工具。

拉伸样品杆：可以给样品施加载荷，从而容易地观察到位错运动和断裂的动态变化等。

还有许多其他类型的样品杆，对于新样品杆的开发和它们在原位研究中的应用是不可避免的课题之一。

9.6.6 信号的探测

TEM 的图像和衍射花样反映的是电子被薄样品散射后形成的两种不同的二维电子强度分布信息。对于传统 TEM 模式，因为入射束是固定的，图像和衍射花样都是静态的，所以在显微镜镜筒内可以容易地把图像和衍射花样投影到观察屏上。TEM 图像是物镜像平面上电子密度变化的模拟图像，在电子离开像平面到被投射到观察屏之间不能以任何方式操纵图像或图像衬度。

对于 STEM 模式，图像不是静态的，而是伴随着很小的探针扫描观察区域后连续形成的图像。这时可以用不同类型的电子探测器来探测电子信号。如果要探测二次电子（SE）或背散射电子（BSE）信号，探测器要放在样品测角台附近。如果希望得到前向散射的电子所形成的图像，例如在 TEM 荧光屏所看到的情况，探测器安装在 TEM 观测室里即可。

扫描图像所具有的这种连续性特征使其很适合进行在线图像增强、图像处理以及后续的图像分析。从任何电子探测器中得到的信号在显示到荧光屏之前都可以进行数字化和电子调控，而模拟图像不可能进行这些处理。同时可以通过调整数字信号来提高衬度或降低噪声，也可以存储数字信息并对其进行数学上的处理。

计算机技术的发展，使得通过 TV 摄像机记录 TEM 模拟图像并对其数字化成为可能，电荷耦合器件（CCD）摄像机应运而生，它可以用来对图像进行在线观察和处理，尤其是高分辨 TEM 图像。目前的 TEM 中 CCD 技术得到广泛地使用。除了使用荧光屏探测电子之外，还可以采用一些其他方法来探测电子。这种探测器通常是半导体探测器或闪烁体光电倍增系统。

9.6.6.1 半导体探测器

半导体探测器主要用来对高能的前向散射电子和高能 BSE 成像。半导体探测器是一种掺杂的单晶硅片，带电粒子在半导体探测器的灵敏区内产生电子-空穴对，电子-空穴对在外电场的作用下漂移而输出信号。室温下产生一个电子-空穴对需要 3.6eV 的能量，一个 100keV 的电子理论上能产生 28000 个电子，这表明探测器的最大增益为 30000。但实际上因为空穴、电子的复合，探测器的实际增益会有损失，实际获得的增益约为 20000。半导体探测器对于收集和放大电子信号是非常有效的，但因为其固有电容较大，所以不够灵敏，这也直接导致了半导体探测器不适用于信号强度存在较大变化幅度的场景。

半导体探测器易于制作和加工，更换便宜，且只要样品平整就可以切成任何形状。这使得半导体探测器很适合放入 TEM 的镜筒和测角台的狭窄空间中。例如把半导体探测器制作成环形，就可以有效地探测到散射电子，这就得到了一个暗场探测器。但半导体探测器有大的暗电流（其产生原因是电子-空穴对的热蒸发），会产生一定的底噪，并且对于低能的电子不够敏感。中等加速电压获得的电子束照明，探测器极易受到损坏。尽管缺点较多，但是半导体探测器远比闪烁体探测器耐用。

9.6.6.2 闪烁体探测器

闪烁体和荧光屏中发生的阴极射线发光过程类似，当闪烁体受到电子冲击时，就会发出可见光。观察静态的 TEM 图时，希望荧光屏在电子撞击后的一定时间内持续放出光，所以选择长延迟的闪烁体。一般说来，一旦闪烁体探测器将入射电子信号转化为可见光，从闪烁体发出的光就可以被光电倍增（PM）系统放大，倍增系统通过光纤和闪烁体连接，如图 9-49 所示。

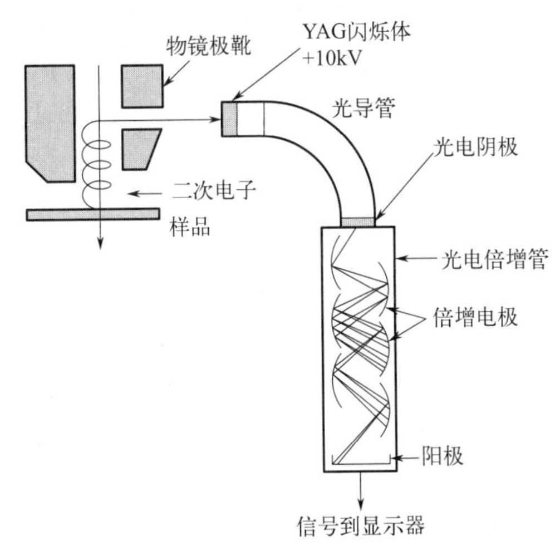

图 9-49　TEM 中探测二次电子的闪烁体光电倍增探测系统

样品产生的二次电子向后螺旋通过极靴，被高压加速到闪烁体上，产生可见光，通过光纤输送到光电阴极，将可见光转换成电子。在到达显示屏之前，电信号被 PM 管放大。

闪烁体探测器性能优异，获得的增益非常高（10^n 量级），具体取决于光电倍增器中倍增器电极的数目 n。相对于半导体探测器，闪烁体探测器的噪声低，带宽范围大，所以低强度图像能很容易地显示出来。但闪烁体探测器没有半导体探测器耐用，对辐射损伤很敏感，特别是长时间暴露在电子束下时。闪烁体探测器相比于半导体探测器更加贵重和庞大，既不适合放置在 TEM 测角台内，也不容易加工成多探测器结构。闪烁体探测器能量转化效率也较低（2%～20%），通常每一个 100keV 的入射电子只能产生 4000 个光子，仅为半导体探测器的 1/7，但这种低效率可以由光电倍增管的增益补偿。

总的来说，TEM/STEM 系统中，多数类型的电子探测更倾向于使用闪烁体光电倍增探测器而非半导体探测器。需要注意的是要减少高强度电子束，以免损坏探测器和降低探测效率。

9.6.6.3 电荷耦合探测器（CCD）

CCD 摄像机正成为实时记录图像和衍射花样的标准器件。CCD 摄像机也可用作二维阵列来并行收集 EELS 和能量过滤像。

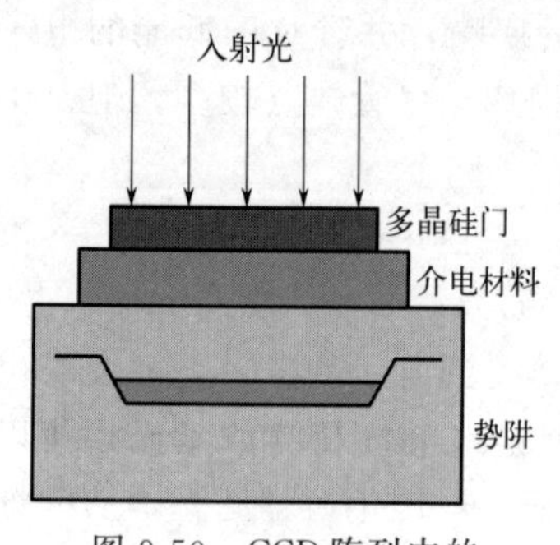

图 9-50 CCD 阵列中的一个储存单元（显示了单个像素下面势阱内的电荷储存）

CCD 是存储由光或电子束产生的电荷的金属/绝缘体/硅设备。CCD 阵列由成千上万个像素组成，这些像素为单独的电容，通过每个 CCD 单元下面产生的势阱而相互绝缘，所以能收集正比于入射束强度的电荷，如图 9-50 所示。

TEM 读取 CCD 的帧时取决于图像的尺寸和读取探测信号的技术。超高速 CCD 摄像机读取速度可以大于 105 帧/秒，在标准 TEM 中如此高的速度并没有多大作用。值得注意的是，时间分辨的 TEM 是一个重要的领域。在这种专业设备中，就需要超快记录了，通常帧时小于 0.001s，远小于标准的 0.033s，可用于原位记录快速过程。

CCD 探测器在冷却状态下，即使输入信号很低，仍具有低噪和高探测率的特点。CCD 探测器动态范围很广，很适合记录强度跨度很大的衍射花样。且能够对输入信号线性响应，对大量像素的响应很均匀。但是 CCD 设备造价高昂，大大限制了它的应用。

9.6.7 球差校正器

电子束波长与球差是限制电磁透镜分辨率的主要因素，提高电磁透镜分辨率的主要途径是提高加速电压和减小球差系数 C_s。提高加速电压可以减小电子波波长，从而提高电磁透镜的分辨率。但是过高的加速电压限制了分析样品的种类，同时，严重破坏了样品的结构。此外，超高压设备价格昂贵且维护成本较高，弊端较多。因此，通过减小球差系数 C_s 来提高电磁透镜的分辨率是当前主流的方法。

球差就是球面像差，是透镜像差中的一种。透镜系统无论是光学透镜还是电磁透镜，都无法完美对焦。对于凸透镜，透镜边缘会聚能力比透镜中心更强，导致所有光线无法会聚到一个焦点从而影响成像能力。在光学镜组中，凸透镜和凹透镜组合能有效减少球差，然而电磁透镜却只有“凸透镜”而没有“凹透镜”，因此球差成为影响电镜分辨率最主要和最难校正的因素。

透射电镜中球差校正作用可用图 9-51 简单概括。而球差校正器的本质就是给电磁透镜提供一个能产生凹透镜作用的器件，来抵消球差。

无球差校正器时，光源发射电子束，通过聚光镜、聚光镜光阑和物镜后，由于透射电镜的物镜不可避免地存在球差，导致样品中的点在成像过程中扩散成圆盘。球差校正器的作用可类比于一个凹透镜，将经过聚光镜后的电子光束发散，使不同角度的电子束通过物镜后重新汇聚到一个点上，从而消除物镜球差带来的影响，提高透射电镜分辨率。

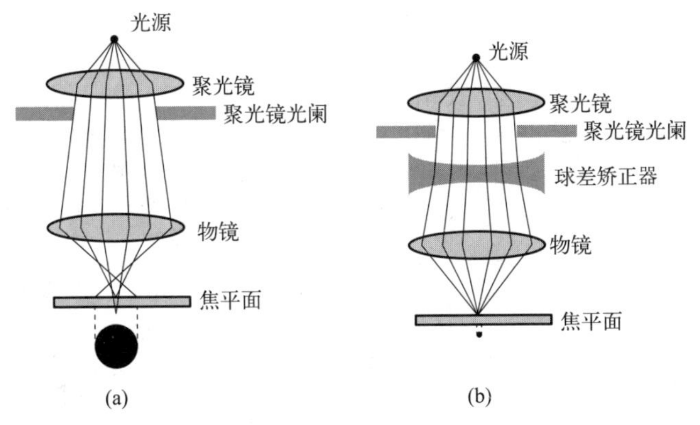

图 9-51　无球差校正器时的光路图（a）和有球差校正器时的光路图（b）

球差校正的实现必须依赖于电磁棱镜的重新设计。使用多极子校正装置调节和控制电磁透镜的聚焦中心从而实现对球差的校正，能实现亚埃级的分辨率。多极子校正装置通过多组可调节磁场的磁镜组对电子束的洛伦兹力作用逐步调节透射电镜的球差（例如四极、六极、八极磁场，如图 9-52 所示），来实现亚埃级的分辨率。

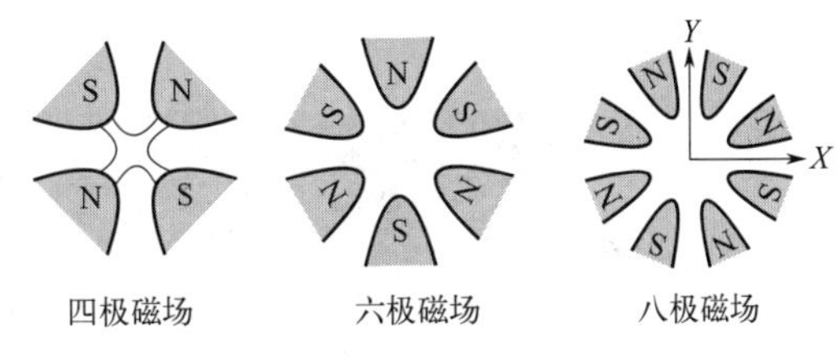

图 9-52　多极子球差校正装置磁场

透射电镜中包含多个磁透镜：聚光镜、物镜、中间镜和投影镜等。球差是由于磁透镜的构造不完美造成的，那么这些磁透镜组都会产生球差。对于 STEM，聚光镜球差是影响分辨率的主要原因，故球差校正器会安装在聚光镜位置，即为球差校正 STEM。当使用普通图像模式时，影响成像分辨率的主要是物镜的球差，这时校正器安装在物镜位置，即为球差校正 TEM。在一台透射电镜上安装两个校正器的，就是双球差校正 TEM。此外，由于校正器有电压限制，因此不同型号的球差校正透射电镜有其对应的加速电压。

传统的 TEM 或者 STEM 的分辨率在纳米级、亚纳米级，而球差校正透射电镜的分辨率能达到埃级，分辨率的提高能够更深入地了解材料。球差校正透射电子显微镜可以在原子尺度内同时研究材料的晶体结构和对应的电子结构特征，理解样品的微观晶体结构与性能之间的关联。球差校正电镜在材料科学、生物材料、有机材料等领域中成为微观结构表征的重要手段。

9.7　透射电子显微镜成像的分辨率

9.7.1　衍射极限

衍射极限是指一个理想物点经光学系统成像，由于衍射的限制（物理光学限制），不可能得到理想像点，而是得到一个夫琅禾费衍射像。一般光学系统的口径都是圆形，得到的夫琅禾费衍射像称为艾里斑。这样每个物点的像就是一个弥散斑，两个弥散斑靠近后就不好区分，这就限制了显微镜的分辨率，艾里斑越大，分辨率越低。对于其详细的公式运算，9.3 节已给出。

9.7.1.1 点分辨率

点分辨率的测定：将铂、铂-铱或铂-钯等金属或合金，用真空蒸发的方法得到粒度为0.5～1nm、间距为0.2～1nm的粒子，将其均匀地分散在火棉胶（或碳）支持膜上，在高放大倍数下拍摄这些粒子的像。为了保证测定的可靠性，至少在同样条件下拍摄两张底片，然后经光学放大（5倍左右），从照片上找出粒子间最小间距，除以总放大倍数，即为相应电子显微镜的点分辨率。如图9-53所示。

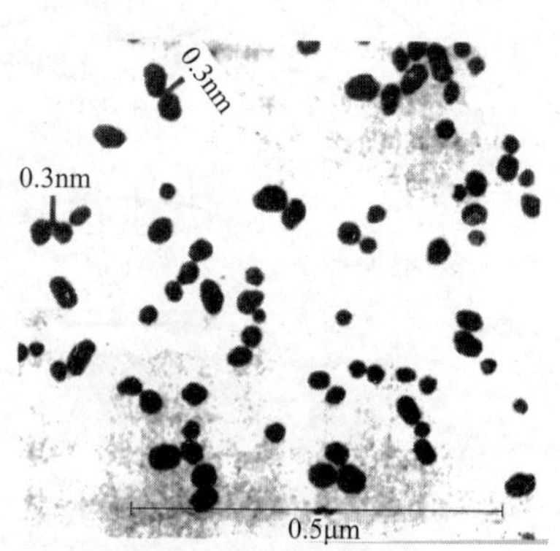

图9-53 点分辨率的测定（真空蒸镀金颗粒）

目前，利用非晶碳膜的高分辨像，作傅立叶变换获得衍射花样，第一暗环半径的倒数即为点分辨率。如图9-54所示。

图9-54 非晶合金的高分辨像（a）和晶态金属的高分辨像（b）

9.7.1.2 晶格分辨率

晶格分辨率的测定：以利用外延生长方法制得的定向单晶薄膜作为标样，拍摄其晶格像。优点是不需要知道仪器的放大倍数，因为事先可精确地知道样品的晶面间距。根据仪器分辨率的高低，选择晶面间距不同的样品作标样，如图9-55所示。测定TEM晶格分辨率常用的晶体见表9-4。

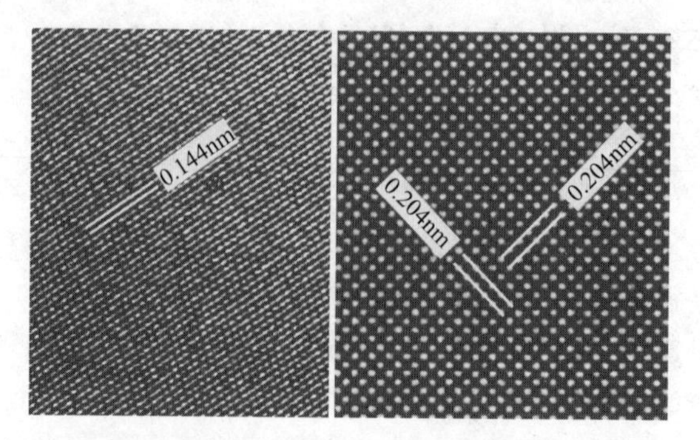

图9-55 金的（220）、（200）面的晶格像测定晶格分辨率

表 9-4　测定晶格分辨率常用晶体

晶体	衍射晶面	晶面间距/nm
铜酞青	(001)	1.26
铂酞青	(001)	1.194
亚氯铂酸钾	(001)	0.413
	(100)	0.699
金	(200)	0.204
	(220)	0.144
钯	(111)	0.224
	(200)	0.194
	(400)	0.097

9.7.1.3　放大倍数

透射电子显微镜的放大倍数将随样品平面高度、加速电压、透镜电流而变化。为了保持仪器放大倍数的精度，必须定期进行标定。常用的方法是用衍射光栅复型作为标样，在一定条件（加速电压、透镜电流等）下，拍摄标样的放大像。然后从底片上测量光栅条纹像的平均间距，与实际光栅条纹间距之比即为仪器相应条件下的放大倍数，如图 9-56 所示。这样进行标定的精度随底片上条纹数的减少而降低。

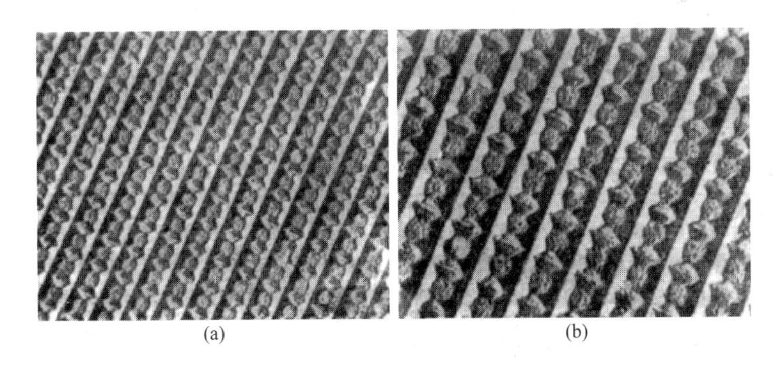

(a)　(b)

图 9-56　1152 条/纳米衍射光栅复型放大像

如果对样品放大倍数的精度要求较高，可以在样品表面放少量尺寸均匀、并精确已知球径的塑料小球作为内标准测定放大倍数。在高放大倍数的情况下，可以采用前面用来测定晶格分辨率的晶体样品来作标样，拍摄晶格条纹像，测量晶格像条纹间距，计算出条纹间距与实际晶面间距的比值即为相应条件下仪器的放大倍数。

9.7.2　像差及校正

正如前面章节所说像差主要有几何像差和色差两类，几何像差包括球差和像散。球差校正在，9.6.7 节已经详细论述，这里只介绍像散和色差的校正。

9.7.2.1 像散校正

像散是由透镜磁场的非旋转对称引起的。对于像散的消除，一般分为两个步骤。首先是物镜旋转中心对中，然后是光轴上衍射花样的对中。这两步操作可称为合轴操作。

物镜旋转中心对中的目的是保证物镜磁场相对光轴中心对称，这样穿过样品的透射电子在穿过透镜时受到的磁场作用是对称的。如果这个磁场偏离中心，电子就会偏离光轴，增大像散。对中的操作为：从相对较低的放大倍数开始，选取一个明显的参考点，移至屏幕中心，调节物镜励磁电流使之过焦或欠焦，同时观察该点的旋转方式。若点不偏离屏幕中心，说明透镜是对中的。在较大的放大倍数下重复操作即可完成对中。

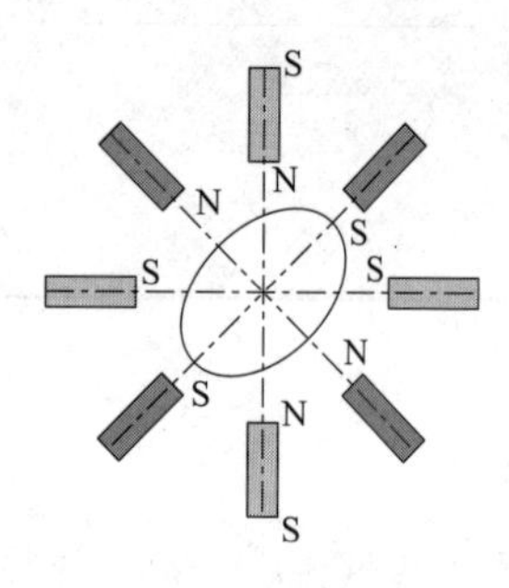

图 9-57 电磁式消像散器

将像和衍射花样对中之后，主要的问题就是物镜和中间镜的像散。就算将物镜对中，残留的污染物依然可以引起像散，因此必须通过物镜消像散器引入补偿场。电磁式消像散器如图 9-57 所示，其类似于球差校正器中引入的八级磁场。

中间镜的像散是次要影响因素，只会影响衍射花样。因为物镜不对衍射花样放大，只由中间镜来实现放大。如果透镜存在残余像散，衍射花样在聚焦过程中会有正交扭曲。这种影响很小，且只有在使用衍射聚焦控制对衍射花样聚焦时才能在双目镜中看到。正如处理图像中的像散一样，需要简单地调整中间镜消像散器补偿过焦和欠焦时斑点的扭曲。

9.7.2.2 色差校正

色差是由于入射电子波长（或能量）的非单一性导致聚焦能力的差别所造成的。色差的消除一般是通过稳定加速电压和对光源使用单色器来完成。

9.8 透射电镜样品的制备

9.8.1 概述

由于电子束的穿透能力比较低，用于 TEM 分析的样品非常薄，根据样品的原子序数不同，一般在 5～500nm 之间，要制备这样薄的样品并不容易。常用的方法有复型法、电解抛光法、离子减薄法等。而对于可使用样品的要求，则是其必须对电子束透明且能够导电，并且有代表性，能真实反映出材料的实际特征。

9.8.2 样品制备方法

透射电镜的样品制备是一项较复杂的技术，它对能否得到好的 TEM 像或衍射谱是至关重要的。一般来说，加速电压愈高，原子序数愈低，电子束可穿透的样品厚度就愈大。对于 100～200kV 的透射电镜，要求样品的厚度为 50～100nm，对于高分辨率透射电镜（HRTEM），要求样品厚度约 15nm（越薄越好）。常用的方法有化学减薄法、电解双喷法、解理法、超薄切片法、粉碎研磨法、聚焦离子束（FIB）、机械减薄法、离子减薄法等等。

用什么方法制备 TEM 样品取决于要观察什么，一般说来，纳米材料使用微栅承载，且不同的材料选择的微栅不同。图 9-58 总结出了不同类型样品制备的流程图。

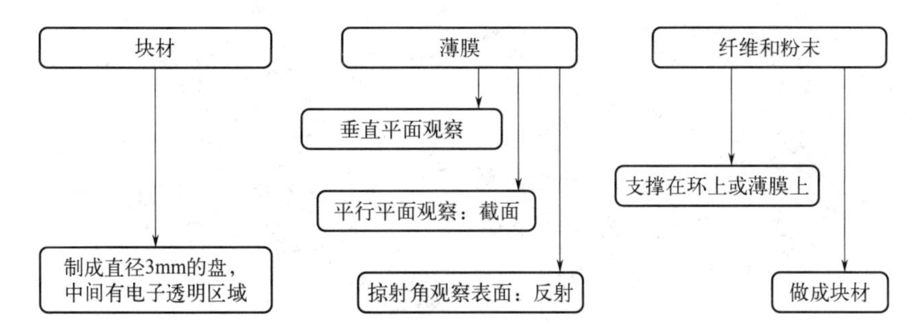

图 9-58 可能会碰到的不同类型样品的制备流程

大部分 TEM 样品是支撑在微栅或单缝的 Cu 圈上，这两种方法处理薄样品时可以较方便地使用镊子操作。图 9-59 给出了不同类型的支撑网（环），通常样品或微栅的直径为 3mm。

9.8.3 粉末样品的制备

粉末的颗粒尺寸及其分布、形状对最终制成的样品的性能有显著影响，粉末样品制备的关键是如何将超细的颗粒分散开，各自独立而不团聚。透射电镜分析的粉末颗粒一般都小于铜网小孔，因此要先制备对电子束透明的支持膜。常用支持膜有火棉胶膜和碳膜，将支持膜放在铜网上，再把粉末放在膜上送入电镜分析，如图 9-60 所示为已制备好的粉末电镜观测样品。粉末颗粒样品制备的关键取决于能否使其均匀分散到支持膜上。

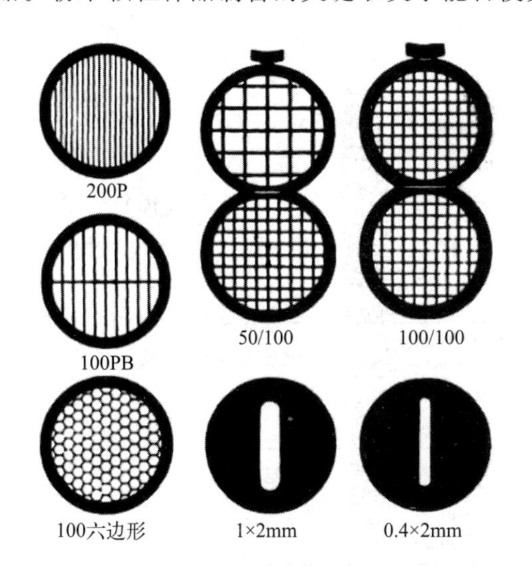

图 9-59 不同网络类型和大小的样品支撑网（环）

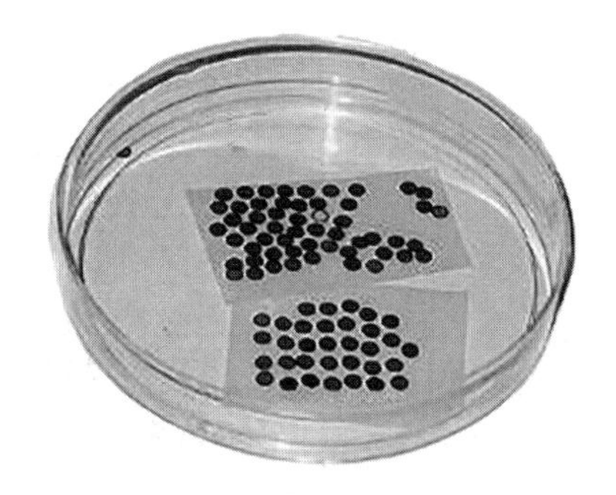

图 9-60 已制备好待观测的样品

粉末法又称悬浮液法，适用于粉末可以被电子穿透的样品的制备，如炭黑、黏土矿物等。图 9-61 给出了超细陶瓷粉末的照片。

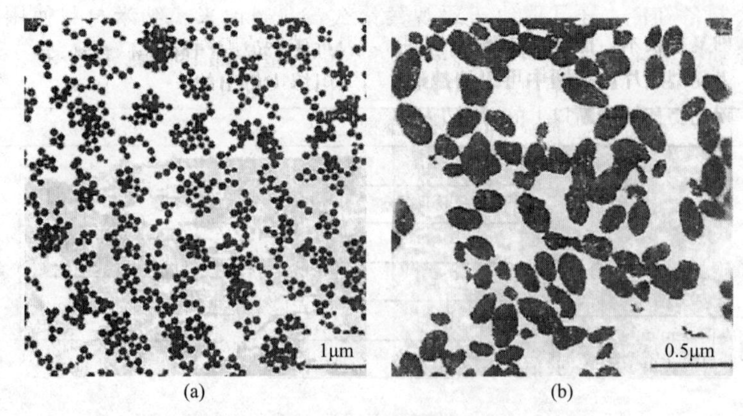

图 9-61 超细陶瓷粉末的透射电镜照片

(a) Y_2O_3; (b) Fe_2O_3

9.8.3.1 胶粉混合法

在干净玻璃片上滴火棉胶溶液，然后在胶液上放少许粉末并搅匀，再将另一玻璃片压上，两玻璃片对严并突然抽开，然后烘干。用刀片划成小方格，将玻璃片斜插入水杯中，在水面上下空插，膜片逐渐脱落，用铜网将方形膜捞出，待观察。

9.8.3.2 支持膜分散粉末法

通常用超声波搅拌器，把要观察的粉末或颗粒样品加水或溶剂搅拌为悬浮液。然后，用滴管把悬浮液滴一滴在黏附有支持膜的样品铜网上，静置干燥后即可供观察。

9.8.4 块体样品的制备

块体样品是 TEM 中常用的观测样品之一。其制备要求薄膜样品的组织结构必须和大块样品相同，在制备过程中，组织结构不发生变化；厚度必须足够薄，能被电子束透过；有一定强度和刚度，在制备过程中，在一定的机械加持力作用下不会发生变形或损坏；在样品制备过程中表面不产生氧化和腐蚀。一般情况下薄膜样品在制备过程中的操作步骤如图 9-62 所示。

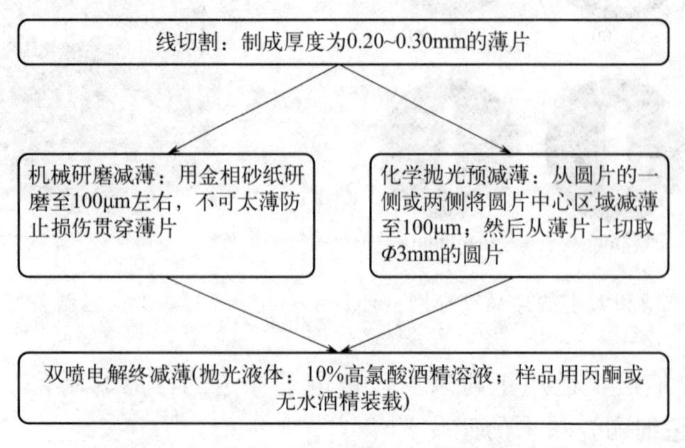

图 9-62 块体 TEM 样品的一般操作步骤

例如，从大块金属材料上制备 TEM 样品的流程如下。

第一步是从大块试样上切割厚度为 0.3～0.5mm 的薄片。电火花线切割是常用的方法，见图 9-63。电火花切割可切下厚度小于 0.5mm 的薄片，切割时损伤层比较浅，可以通过后续的磨制或减薄除去。但电火花切割只能用于切割导电样品，对于陶瓷等不导电样品可使用金刚石刀片或线切割。

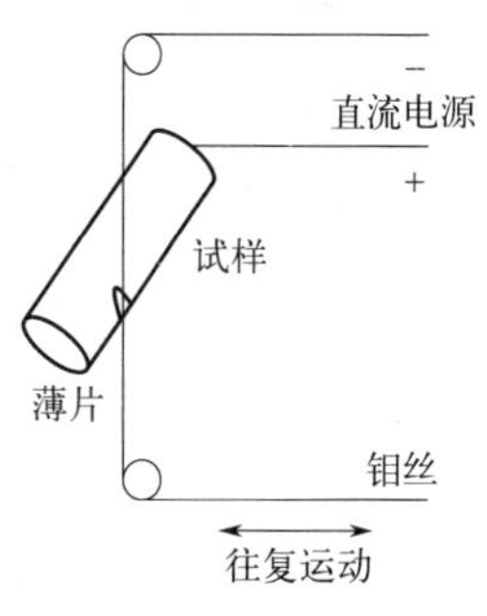

图 9-63　金属薄片的线切割

第二步是样品的预先减薄，其目的是将上一步的切片中心变薄，一般使用的方法有两种，机械研磨法和化学减薄法。机械研磨法是通过手工研磨来完成的，把切割好的薄片一面用黏结剂粘接在样品座表面，然后在水砂纸上进行研磨减薄。若材料较硬，可研磨至 70μm 左右；若材料较软，则减薄的最终厚度不能小于 100μm。化学减薄法是把切割好的金属薄片放入配好的试剂中，使它表面受腐蚀而脱落，优点是表面没有机械硬化层，薄化后样品的厚度可以控制在 20～50μm。化学减薄时须把薄片表面充分清洗，去除油污或其他不洁物，否则将得不到满意的结果。

第三步是样品的最终减薄，最终减薄方法有两种，双喷电解减薄和离子减薄。

（1）双喷电解减薄法

如图 9-64 所示，此法制成的薄膜样品，中心附近有一个相当大的薄区，可以被电子束穿透，直径 3mm 圆片周边好似一个厚度较大的刚性支架。因为 TEM 样品座的直径也是 3mm，采用双喷电解法制备好的样品可以直接装入电镜进行观察分析，具有效率高、操作简便的优点。

（2）离子减薄

属于物理方法的减薄，它采用离子束将试样表层材料层层剥去，最终使试样减薄到电子束可以通过的厚度。图 9-65 是离子减薄装置示意图。试样放置于高真空样品室中，离子束（通常是高纯氩）从两侧在 4～6kV 加速电压加速下轰击试样表面，使样品表面溅射而减薄，样品表面与离子束成 0°～25°的夹角。离子减薄方法可以适用于矿物、陶瓷、半导体及多相合金等电解抛光所不能减薄的材料。离子减薄的效率较低，约为 4μm/h，但离子减薄的质量高且薄区大。

双喷电解减薄和离子减薄的对比如表 9-5 所示。

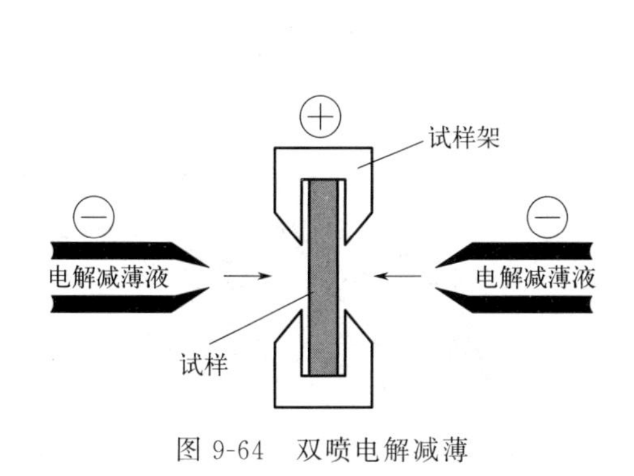

图 9-64　双喷电解减薄

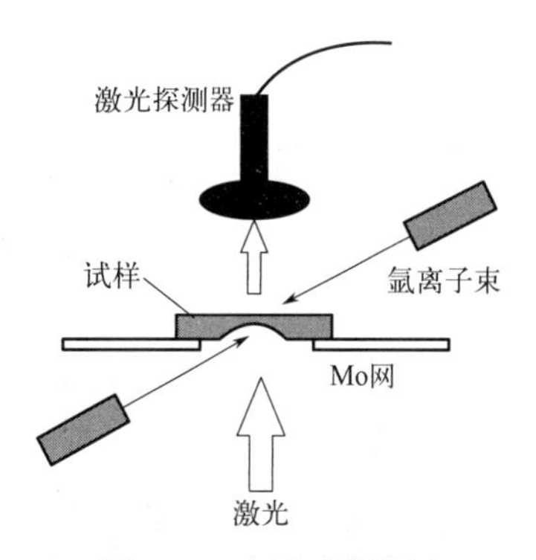

图 9-65　离子减薄装置

表 9-5 双喷电解减薄和离子减薄对比

类型	适用的样品	效率	薄区大小	操作难度	仪器价格
双喷减薄	金属与部分合金	高	小	容易	便宜
离子减薄	矿物、陶瓷、半导体及多相合金	低	大	复杂	昂贵

9.8.5 截面样品

截面样品是一种特殊类型的自支撑样品，如果要研究其界面结构就必须掌握这种样品的制备技术。TEM 的一个主要局限是在电子束方向（样品厚度方向）上对样品结构和化学性质的变化不敏感，因此，如果要观察界面附近的结构和化学变化，必须制备界面平行于电子束的样品，这就涉及 TEM 截面样品制备。截面样品一般是半导体器件，通常是多层的，具有多个界面。

有多种方法制备截面样品，其基本原理类似。首先，样品切片、对粘在一起形成类似三明治的多层结构；其次，把三明治切开就能看到各层，之后的制备流程类似于块体样品。如图 9-66 所示，把样品切成垂直于界面的薄片，界面粘接在一起夹在两块垫片之间，垫片可以是硅、玻璃或其他材料。这样样品的整个宽度就比支撑网的狭缝宽一些，用胶把夹好的样品粘在支撑网上，再进行后续研磨、抛光、离子减薄等步骤。此过程中，关键是如何把样品对粘起来形成牢固的三明治结构。可以使用特定的环氧胶进行低温固化，这样就不必对样品进行加热处理。环氧胶层的厚度必须厚到有足够好的结合力，但是也不能太厚，否则最终离子减薄时会被全部减掉。可以用超声钻把黏合的部分切成 3mm 的圆片，也可以把样品切得很小，嵌入到直径为 3mm 的壁管中，把管子切成圆片后就可以做后续的研磨和减薄。

9.8.6 聚焦离子束（FIB）

聚焦离子束法必须在聚焦离子束（FIB）系统中进行。该系统除了具有 Ga 离子发射装置外，还有类似于扫描电镜的二次电子信号检测及其成像系统，可以检测制样过程中 Ga 离子所激发出的二次电子，并使其成像。系统将 Ga 离子束会聚在直径只有几十纳米的范围内，对样品进行轰击，通过轰击对样品进行加工和减薄。样品在遭受轰击过程中将产生二次电子，它可以被系统检测并形成二次电子像。FIB 本质上是内附了离子刻蚀的 SEM（双束系统），单离子枪发出易控制的 Ga 离子束（而不是离子减薄用的 Ar 离子束），图 9-67 给出了 FIB 设备的示意图。

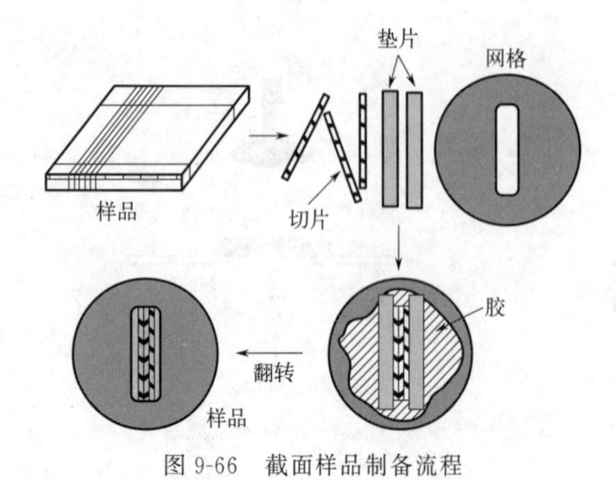

图 9-66 截面样品制备流程

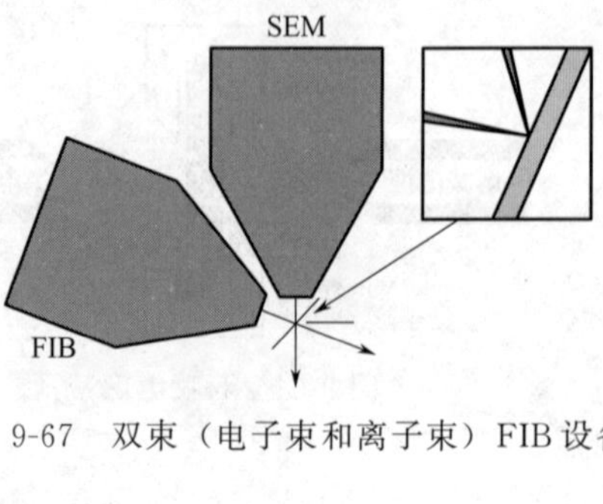

图 9-67 双束（电子束和离子束）FIB 设备

9.8.7 复型技术

所谓复型，就是样品表面形貌的复制，是一种间接的分析方法，因为通过复型制备出来的样品是真实样品表面形貌组织结构的薄膜复制品。目前，主要采用的复型方法有一级复型、二级复型、萃取复型三种。由于其在观察断口方面的优异性，复型电镜分析技术至今仍然被使用。

9.8.7.1 一级复型

一级复型分为两种，塑料一级复型和碳一级复型。

塑料一级复型如图 9-68（a）所示，从图中可以看出，塑料一级复型是负复型（样品上凸出部分在复型上是凹下去的），不破坏样品。在电子束垂直照射下，会在荧光屏上形成一个具有衬度的图像。如分析金相组织时，这个图像和光学金相显微组织之间有着极好的对应性。塑料一级复型一般用作金相样品的分析，但分辨率较低。

碳一级复型，其示意图见图 9-68（b）。制备这种复型的过程是直接把表面清洁的金相样品放入真空镀膜装置中，在垂直方向上向样品表面蒸镀一层厚度为数十纳米的碳膜。把镀有碳膜的样品用小刀划成对角线小于 3mm 的小方块，然后把此样品放入配好的分离液内进行电解或化学分离。分离开的碳膜在丙酮或酒精中清洗后便可置于铜网上放入电镜观察，其分辨率较高。

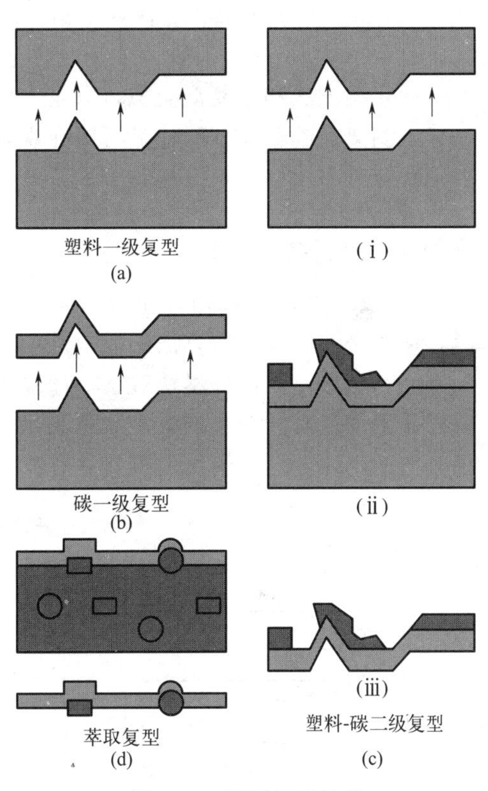

图 9-68 不同复型技术

9.8.7.2 二级复型

二级复型是目前应用最广的一种复型方法。它是先制成中间复型（一次复型），然后在中间复型上进行第二次碳复型，再把中间复型溶去，最后得到的是第二次复型。图 9-68（c）为塑料-碳二级复型制备过程的示意图，图（ⅰ）为塑料中间复型；图（ⅱ）为在揭下的中间复型上进行碳复型，为了增加衬度可在倾斜 15°～45°的方向上喷镀一层重金属，如 Cr、Au 等，称为投影；图（ⅲ）为溶去中间复型后的最终复型。

图 9-69 为合金钢回火组织及低碳钢冷脆断口的二级复型照片。从图中可以清楚地看到回火组织中析出的颗粒状碳化物和解理断口上的河流花样。

9.8.7.3 萃取复型

在对第二相粒子的形状、大小和分布进行分析的同时还需要对第二相粒子进行物相及晶体结构分析时，常采用萃取复型的方法。萃取复型的示意图如图 9-68（d）所示。

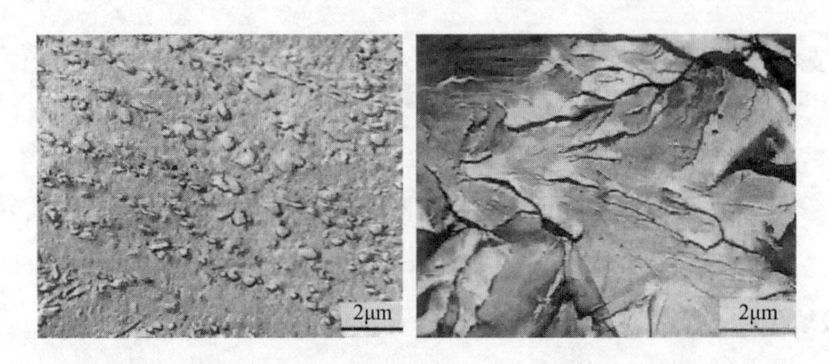

图 9-69　30CrMnSi 钢回火组织与低碳钢冷脆断口的复型图像

这种复型方法和碳复型类似，只是金相样品在腐蚀时应进行深腐蚀，使第二相粒子容易从基体上剥离。萃取复型的样品可以在观察样品基体组织形态的同时，观察第二相颗粒的大小、形状及分布，并对第二相粒子进行电子衍射分析，还可以直接测定第二相的晶体结构。

9.8.8　样品制备总结

开始制备 TEM 样品时一定要清楚研究什么。图 9-70 所示的流程图总结了各种可能的选择，请务必注意所选取方法的局限性。

样品制备好以后最好尽快观察，如果不行的话，要把样品保存在合适的条件下。通常要保持样品干燥（水分会影响大多数材料的表面区域），可以存放在惰性气体（干燥的氮气，或抽真空的干燥器）和惰性的容器（有滤纸的培养皿）中。

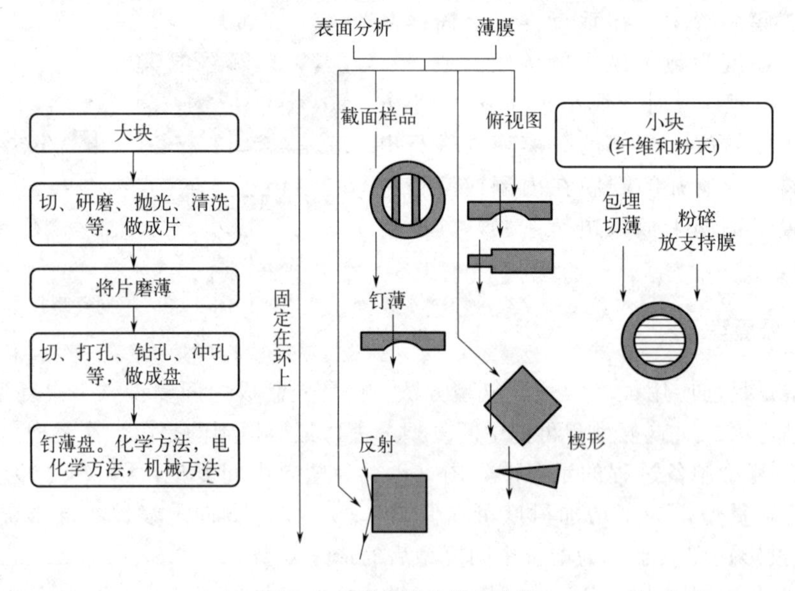

图 9-70　样品制备流程总结

习题

参考答案

1. 选区光阑有什么作用，为什么选区光阑被放置在 TEM 中的图像平面上？

2. 物镜光阑的用途是什么？为什么它被放置在物镜的背焦平面上？

3. 简要阐述最常用的两种透射电镜工作模式（成像模式和衍射模式）。

4. 推导出 BCC 和 FCC 的衍射消光条件，分别画出 BCC 和 FCC [110] 晶带轴的衍射示意图。

第 10 章

电子衍射

10.1 电子衍射基本原理

10.1.1 布拉格定律

由 X 射线衍射原理，我们可以得出布拉格方程的一般形式：

$$2d\sin\theta=\lambda \tag{10-1}$$

因为：

$$\sin\theta=\frac{\lambda}{2d}\leqslant 1 \tag{10-2}$$

所以：

$$\lambda\leqslant 2d \tag{10-3}$$

这说明，对于给定的晶体样品，只有入射波长足够短，才可以产生衍射。而电子显微镜的照明光源——高能电子束，比 X 射线更容易满足衍射条件。一般的 TEM 的加速电压为 100～200kV，即电子波的波长为 10^{-3}nm 数量级，而常见的晶体晶面间距为 10^{-1}nm 数量级，于是：

$$\sin\theta=\frac{\lambda}{2d}\approx 10^{-2} \tag{10-4}$$

$$\theta=10^{-2}\text{rad}<1^{\circ} \tag{10-5}$$

这表明电子衍射的衍射角总是非常小的，这是它的花样特征区别于 X 射线衍射的主要原因。

10.1.2 倒易点阵与埃瓦尔德图

10.1.2.1 倒易点阵的概念

晶体通过电子衍射可以得到了一系列排列规则的斑点，这些斑点与晶体点阵结构有一定对应关系，但又不是某晶面上原子排列的直观影像。研究者在长期实验中发现，晶体点阵结构与电子衍射斑之间可以通过另一个假想的点阵很好地联系起来，这就是倒易点阵。通过倒易点阵可以把晶体的电子衍射斑直接解释成晶体相应晶面的衍射结果，即电子衍射斑点是与晶体对应的倒易点阵中某一截面上阵点排列的像。

(1) 倒易点阵中基本矢量的定义

如图 10-1 所示，设实空间的原点为 O，基本矢量为 $\vec{a}$、$\vec{b}$、$\vec{c}$，倒易点阵的原点为 O^*，基本矢量为 $\overrightarrow{a^*}$、$\overrightarrow{b^*}$、$\overrightarrow{c^*}$，则有：

$$\begin{cases} \overrightarrow{a^*}=\dfrac{\vec{b}\times\vec{c}}{V} \\ \overrightarrow{b^*}=\dfrac{\vec{c}\times\vec{a}}{V} \\ \overrightarrow{c^*}=\dfrac{\vec{a}\times\vec{b}}{V} \end{cases} \tag{10-6}$$

式中，V 表示实空间中原胞的体积，有：

$$V=\vec{a}\cdot(\vec{b}\times\vec{c})=\vec{b}\cdot(\vec{a}\times\vec{c})=\vec{c}\cdot(\vec{a}\times\vec{b}) \tag{10-7}$$

上式表明某一倒易点阵基本矢量垂直于实空间中和其异名的两个基本矢量所成的平面。

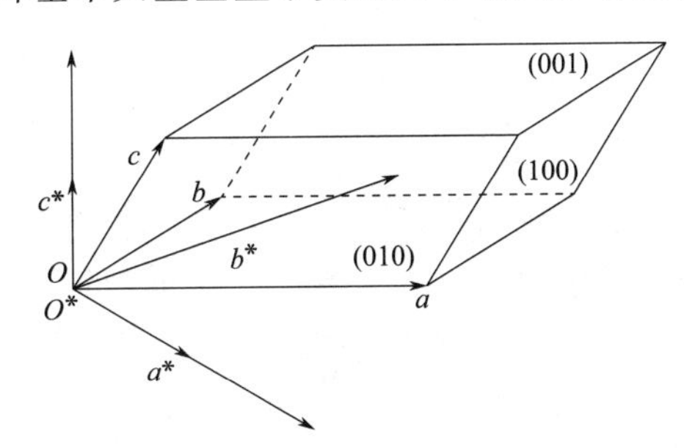

图 10-1　倒易点阵基本矢量和正空间基本矢量之间的关系

(2) 倒易点阵的性质

① 根据式 (10-6) 和式 (10-7) 有：

$$\overrightarrow{a^*}\cdot\vec{b}=\overrightarrow{a^*}\cdot\vec{c}=\overrightarrow{b^*}\cdot\vec{a}=\overrightarrow{b^*}\cdot\vec{c}=\overrightarrow{c^*}\cdot\vec{a}=\overrightarrow{c^*}\cdot\vec{b}=0 \tag{10-8}$$

$$\overrightarrow{a^*}\cdot\vec{a}=\overrightarrow{b^*}\cdot\vec{b}=\overrightarrow{c^*}\cdot\vec{c}=1 \tag{10-9}$$

即正、倒点阵异名基本矢量点乘为 0，同名基本矢量点乘为 1。

② 在倒易点阵中，由原点 O^* 指向任意坐标为 hkl 的阵点 g_{hkl}（倒易矢量）为：

$$\vec{g}_{hkl}=h\overrightarrow{a^*}+k\overrightarrow{b^*}+l\overrightarrow{c^*} \tag{10-10}$$

式中，hkl 为实空间中的晶面指数。

式 (10-10) 表明：a. 倒易矢量 $\vec{g}_{hkl}$ 总垂直于实空间中相应的 (hkl) 晶面，或平行于它的法向矢量 $\vec{N}_{hkl}$。b. 倒易点阵中的一个点代表的是实空间中的一组晶面（图 10-2）。

③ 倒易矢量的长度等于实空间中相应晶面间距的倒数，即：

$$|\vec{g}_{hkl}|=\frac{1}{d_{hkl}} \tag{10-11}$$

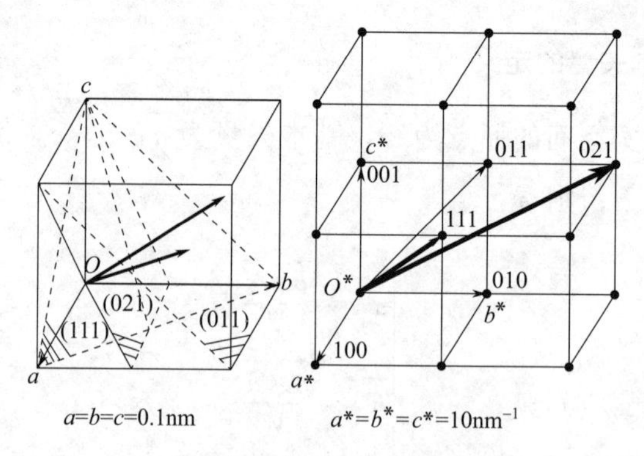

图 10-2　实空间和倒易点阵的几何对应关系

④ 对正交点阵，有：

$$\overrightarrow{a^*} \parallel \vec{a}, \overrightarrow{b^*} \parallel \vec{b}, \overrightarrow{c^*} \parallel \vec{c}, |\overrightarrow{a^*}| = \frac{1}{a}, |\overrightarrow{b^*}| = \frac{1}{b}, |\overrightarrow{c^*}| = \frac{1}{c} \tag{10-12}$$

⑤ 只有在立方点阵中，晶面法向和同指数的晶向是重合（平行）的，即倒易矢量 $\vec{g}_{hkl}$ 是与相应指数的晶向［hkl］平行的。

10.1.2.2　埃瓦尔德球图

在了解了倒易点阵的基础上，我们可以通过埃瓦尔德球图解法将布拉格定律用几何图示形象、直观地表达出来，即埃瓦尔德球图解法是布拉格定律的几何表达形式。

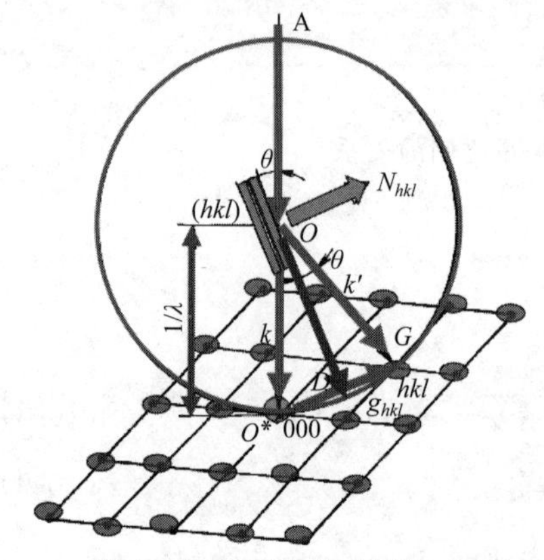

图 10-3　埃瓦尔德球图解法

在倒易空间中，画出衍射晶体的倒易点阵，以倒易原点 O^* 为端点作入射波的波矢量 $\vec{k}$（即图 10-3 中的矢量 $\overrightarrow{OO^*}$），该矢量平行于入射束方向，长度等于波长的倒数，即

$$k = \frac{1}{\lambda} \tag{10-13}$$

以 O 为圆心，$1/\lambda$ 为半径作一个球，这就是埃瓦尔德球（或称为反射球）。此时，若有倒易阵点 G（指数为 hkl）正好落在埃瓦尔德球的球面上，则相应的晶面组（hkl）与入射束的方向必定满足布拉格条件，而衍射束的方向就是 $\overrightarrow{O^*G}$，或者写成衍射波的波矢 $\vec{k'}$，其长度也等于反射球的半径 $1/\lambda$。

根据倒易矢量的定义，$\overrightarrow{O^*G} = \vec{g}$，于是得到：

$$\overrightarrow{K'} - \vec{k} = \vec{g} \tag{10-14}$$

由图 10-3 的简单分析可以证明，式（10-14）与布拉格定律是完全等价的。由 O 向 $\overrightarrow{O^*G}$ 作垂线，垂足为 D，因为 g 平行于（hkl）晶面的法向矢量 $\overrightarrow{N}_{hkl}$，所以 OD 就是正空间中（hkl）晶面的方位，若它与入射束方向的夹角为 θ，则有：

$$\overline{O^*D} = \overline{OO^*} \cdot \sin\theta \tag{10-15}$$

即

$$\frac{\vec{g}}{2}=\vec{k}\sin\theta \tag{10-16}$$

由于：

$$|\vec{g}|=\frac{1}{d},|\vec{k}|=\frac{1}{\lambda} \tag{10-17}$$

故有：

$$2d\sin\theta=\lambda \tag{10-18}$$

同时，由图 10-3 可知，$\vec{k}'$与$\vec{k}$ 的夹角（即衍射束与透射束的夹角）等于 2θ，这与布拉格定律的结果也是一致的。

图 10-3 中应注意矢量 $\vec{g}_{hkl}$ 的方向，它与衍射晶面的法线方向一致。因为已经设定 $\vec{g}_{hkl}$ 的模是衍射晶面面间距的倒数，因此位于倒易空间中的矢量 $\vec{g}_{hkl}$ 具有代表正空间中（hkl）衍射晶面的特性，所以它又被称为衍射晶面矢量。

埃瓦尔德球内的三个矢量 $\vec{k}'$、$\vec{k}$ 和 $\vec{g}_{hkl}$ 清楚地描绘了衍射束、透射束和衍射晶面之间的对应关系。在以后的电子衍射分析中，将常常使用埃瓦尔德球图解法这个有效工具。

在作图过程中，首先规定埃瓦尔德球的半径为 $1/\lambda$，又因为 $|\vec{g}_{hkl}|=1/d_{hkl}$，结合这两个条件不难发现，埃瓦尔德球本身已经置于倒易空间中了。在倒易空间中任一 $\vec{g}_{hkl}$ 就是正空间中（hkl）晶面代表，如果能记录到各 $\vec{g}_{hkl}$ 的排列方式，就可以通过坐标变换推测出正空间中各衍射晶面间的取向关系，这就是电子衍射分析要解决的主要问题。

10.1.3 晶带定理与零层倒易截面

在实空间中，同时平行于某一晶向［uvw］的一组晶面构成一个晶带，而这一晶向就称为该晶带的晶带轴。

图 10-4 所示为正空间中晶体的［uvw］晶带及其相对应的零层倒易截面（通过倒易原点）。图中晶面（$h_1k_1l_1$）、（$h_2k_2l_2$）、（$h_3k_3l_3$）的法向 $\vec{N}_1$、$\vec{N}_2$、$\vec{N}_3$ 和倒易矢量 $\vec{g}_{h_1k_1l_1}$、$\vec{g}_{h_2k_2l_2}$、$\vec{g}_{h_3k_3l_3}$ 的方向相同，且各晶面间距 $d_{h_1k_1l_1}$、$d_{h_2k_2l_2}$、$d_{h_3k_3l_3}$ 的倒数分别与 $\vec{g}_{h_1k_1l_1}$、$\vec{g}_{h_2k_2l_2}$、$\vec{g}_{h_3k_3l_3}$ 的长度相等，倒易面上坐标原点 O^* 就是埃瓦尔德球上入射电子束和球面的交点。由于晶体的倒易点阵是三维点阵，当电子束沿晶带轴［uvw］的反向入射时，通过原点 O^* 的倒易平面只有一个，则此二维平面称为零层倒易面，用 $(uvw)_{O^*}$ 表示。显然，$(uvw)_{O^*}$ 的法线正好和正空间中的晶带轴［uvw］重合。进行电子衍射分析时，大都是以零层倒易面作为主要分析对象的。

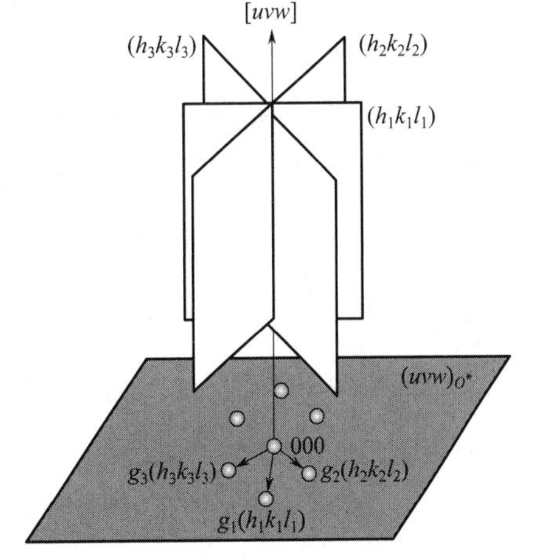

图 10-4　晶带及其倒易截面

因为零层倒易面上的各倒易矢量都和晶带轴 $r=$［uvw］垂直，故有：

$$\vec{g}_{hkl}\cdot\vec{r}=0 \tag{10-19}$$

即：

$$hu+kv+lw=0 \tag{10-20}$$

这就是晶带定理。根据晶带定理，只要通过电子衍射实验，测得零层倒易面上任意两个 $\vec{g}_{hkl}$ 矢量，即可求出正空间内晶带轴指数。由于晶带轴和电子束照射的轴线重合，因此，就可能断定晶体样品和电子束之间的取向关系。

图 10-5（a）所示为一个立方晶胞，若以［001］作晶带轴时，(100)、(010)、(110) 和 (210) 等晶面均和［001］平行，相应的零层倒易截面如图 10-6（b）所示。此时，［001］·［100］=［001］·［010］=［001］·［110］=［001］·［210］=0。如果在零层倒易截面上任取两个倒易矢量 $\vec{g}_{h_1k_1l_1}$、$\vec{g}_{h_2k_2l_2}$，将它们叉乘，则有：

$$[uvw]=\vec{g}_{h_1k_1l_1}\times\vec{g}_{h_2k_2l_2} \tag{10-21}$$

$$u=k_1l_2-k_2l_1, v=l_1h_2-l_2h_1, w=h_1k_2-h_2k_1 \tag{10-22}$$

若取 $\vec{g}_{h_1k_1l_1}=[210]$，$\vec{g}_{h_2k_2l_2}=[110]$，则 $[uvw]=[001]$。

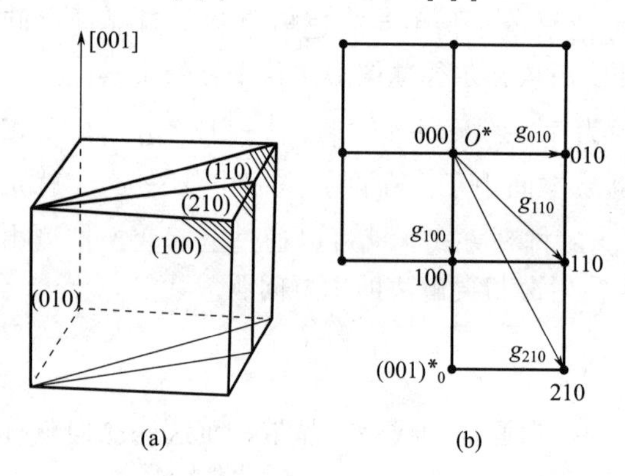

图 10-5　立方晶体［001］晶带的正空间（a）和立方晶体［001］晶带的倒易平面（b）

标准电子衍射花样是标准零层倒易截面的放大图像，倒易点阵的指数就是衍射斑点的指数。相对于某一特定晶带轴［uvw］的零层倒易截面，各倒易点阵的指数受到两个条件的约束：①各倒易阵点和晶带轴指数间必须满足晶带定理，即 $hu+kv=lw=0$，因为零层倒易截面上各倒易矢量垂直于它们的晶带轴。②只有不产生消光的晶面才能在零层倒易面上出现倒易阵点（消光条件见 10.1.4）。

图 10-6 所示为体心立方晶体［001］和［011］晶带的标准零层倒易截面图。对于［001］晶带的零层倒易截面来说，要满足晶带定理的晶面指数必定是 $\{hk0\}$ 型的，同时考虑体心立方晶体的消光条件是三个指数之和应是奇数，因此，出现的衍射斑点必须使 h、k 两个指数之和是偶数，此时在中心点 000 周围最近八个点的指数应是 110、$\bar{1}\bar{1}0$、$1\bar{1}0$、$\bar{1}10$、200、$\bar{2}00$、020、$0\bar{2}0$。

再来看［011］晶带的标准零层倒易截面，满足晶带定理的条件是衍射晶面的 k 和 l 两个指数必须相等且符号相反；如果同时考虑结构消光条件，则指数 h 必须是偶数。因此，在中心点 000 周围的八个点应是 $01\bar{1}$、$0\bar{1}1$、$\bar{2}00$、200、$21\bar{1}$、$\bar{2}\bar{1}1$、$2\bar{1}1$、$\bar{2}1\bar{1}$。

如果晶体是面心立方结构，则服从晶带定理的条件和体心立方晶体是相同的，但结构消光条件却不同。面心立方晶体衍射晶面的指数必须是全奇或全偶时才不消光，［001］晶带零层倒易截面中只有 h 和 k 两个指数都是偶数时倒易阵点才能存在，因此在中心点 000 周围的八个倒易阵点指数应是 200、$\bar{2}00$、020、$0\bar{2}0$、220、$\bar{2}\bar{2}0$、$\bar{2}20$、$2\bar{2}0$。同理，面心立方晶体［011］晶带的零层倒易截面内，中心点 000 周围的八个倒易阵点是 $11\bar{1}$、$1\bar{1}1$、$\bar{1}1\bar{1}$、$\bar{1}\bar{1}1$、200、$\bar{2}00$、$02\bar{2}$、$0\bar{2}2$。

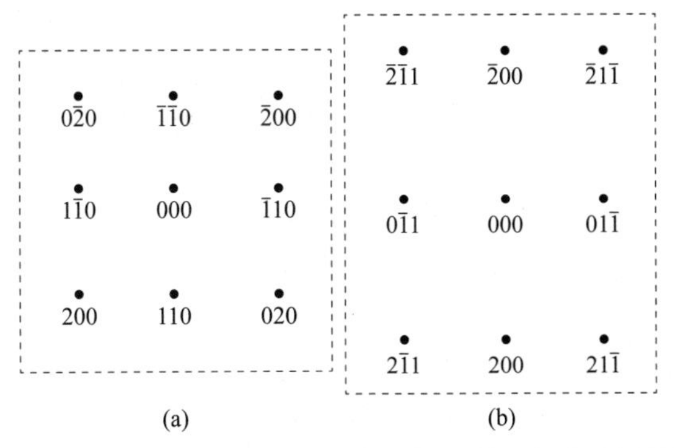

图 10-6　体心立方晶体［001］和［011］晶带的标准零层倒易截面

(a) $(001)_{O^*}$；(b) $(011)_{O^*}$

根据上面的原理可以画出任意晶带的标准零层倒易截面。

在进行已知晶体的验证时，把获得的电子衍射花样和标准倒易截面（标准衍射花样）进行对照，便可直接标定各衍射晶面的指数，这是标定单晶衍射花样的一种常用方法。应该指出的是，对立方晶体（指简单立方、体心立方、面心立方等）而言，晶带轴相同时，标准电子衍射花样有某些相似之处，但因消光条件不同，衍射晶面的指数是不一样的。

10.1.4　结构因子——倒易阵点的权重

所有满足布拉格定律或者倒易阵点正好落在埃瓦尔德球面上的（hkl）晶面族是否都会产生衍射束？我们从 X 射线衍射已经知道，衍射束的强度：

$$I_{hkl} \propto |F_{hkl}|^2 \tag{10-23}$$

式中，F_{hkl} 为（hkl）晶面族的结构因子或结构振幅，表示晶体的实空间晶胞内所有原子的散射波在衍射方向上的合成振幅，即

$$F_{hkl} = \sum_{j=1}^{n} f_j \exp[2\pi i(hx_j + ky_j + lz_j)] \tag{10-24}$$

式中，f_j 为晶胞中位于（x_j，y_j，z_j）的第 j 个原子的原子散射因数（或原子散射振幅）；n 为晶胞内原子数。

根据倒易点阵的概念，式（10-24）又可以写成：

$$F_g = F_{hkl} = \sum_{j=1}^{n} f_j \exp(2\pi i g r_j) \tag{10-25}$$

式中，r_j 为第 j 个原子的坐标矢量，有：

$$r_j = x_j a + y_j b + z_j c \tag{10-26}$$

当 $F_{hkl}=0$ 时，即使满足布拉格定律，也没有衍射束产生，因为每个晶胞内的原子散射波的合成振幅为零，这称为结构消光。

在 X 射线衍射中已经计算过典型晶体结构的结构因子。常见的几种晶体结构的消光（即 $F_{hkl}=0$）规律如下。

① 简单立方：F_{hkl} 恒不等于零，即无消光现象。

② 面心立方：h、k、l 非全奇或全偶时，$F_{hkl}=0$；h、k、l 全奇或全偶时，$F_{hkl}\neq 0$（0 作偶数）。

例如，{100}、{210}、{112} 等晶面族不会产生衍射，而 {111}、{200}、{220} 等晶面族可产生衍射。

③ 体心立方：$h+k+l$=奇数时，$F_{hkl}=0$；$h+k+l$=偶数时，$F_{hkl}\neq 0$。

例如，{100}、{111}、{012} 等晶面族不产生衍射，而 {200}、{110}、{112} 等晶面族可产生衍射。

④ 密排六方：$h+2k=3n$，l=奇数时，$F_{hkl}=0$。

例如，{0001}、{1-3-31} 和 {-2115} 等晶面不会产生衍射。

由此可见，满足布拉格定律只是产生衍射的必要条件，但并不是充分条件，只有同时满足 $F\neq 0$ 的（hkl）晶面族才能得到衍射束。考虑到这一点，可以把结构振幅绝对值的平方 $|F|^2$ 作为“权重”加到相应的倒易点阵上去，此时倒易点阵中各个阵点将不再是彼此等同的，“权重”的大小表明各阵点所对应的晶面族发生衍射时的衍射束强度。所以，凡“权重”为零，即 $F=0$ 的阵点，都应当从倒易点阵中抹去，仅留下可能得到衍射束的阵点；只要 $F\neq 0$ 的倒易阵点落在反射球面上，必有衍射束产生。这样，在图 10-7（b）的面心立方晶体倒易点阵中把 h、k、l 有奇有偶的那些阵点（即图中画成空心圆圈的阵点，如 100、110 等）抹去以后，它就成了一个体心立方的点阵（注意：这个体心立方点阵的基本矢量长度为 $2a^*$，并不等于实际倒易点阵的基本矢量 a^*）。反过来也不难证明，体心立方晶体的倒易点阵将具有面心立方的结构。

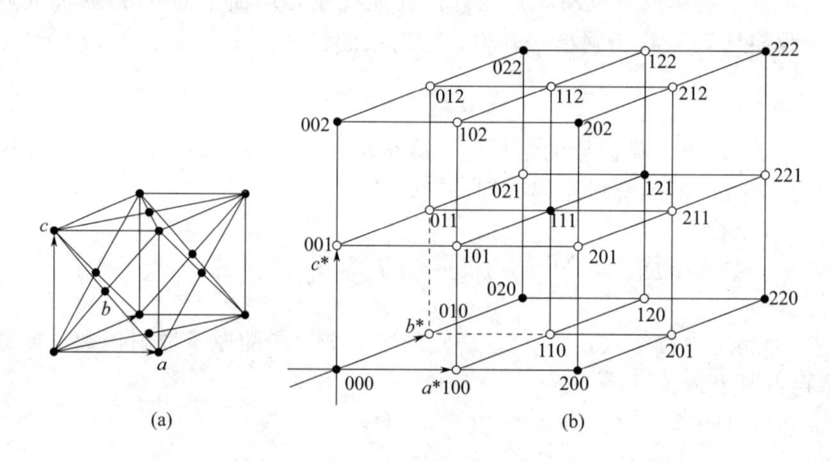

图 10-7　面心立方晶体实空间（a）及对应的倒易点阵（b）

10.1.5　偏离矢量与倒易阵点扩展

从几何意义上来看，电子束方向与晶带轴重合时，零层倒易截面上除原点 O^* 以外的各倒易阵点不可能与埃瓦尔德球相交，因此各晶面都不会产生衍射，如图 10-8（a）所示。如果要使晶带中某一晶面（或几个晶面）产生衍射，必须把晶体倾斜，使晶带轴稍微偏离电子束的轴线方向，此时零层倒易截面上倒易阵点就有可能和埃瓦尔德球面相交，即产生衍射，如图 10-8（b）所示。但是在电子衍射操作时，即使晶带轴和电子束的轴线严格保持重合（即对称入射），仍可使 g 矢量端点不在埃瓦尔德球面上的晶面产生衍射，即入射束与晶面的夹角和精确的布拉格角 θ_B（$\theta_B = \sin^{-1}\dfrac{\lambda}{2d}$）存在某偏差 $\Delta\theta$ 时，衍射强度变弱，但不一定为 0，此时衍射方向的变化并不明显。

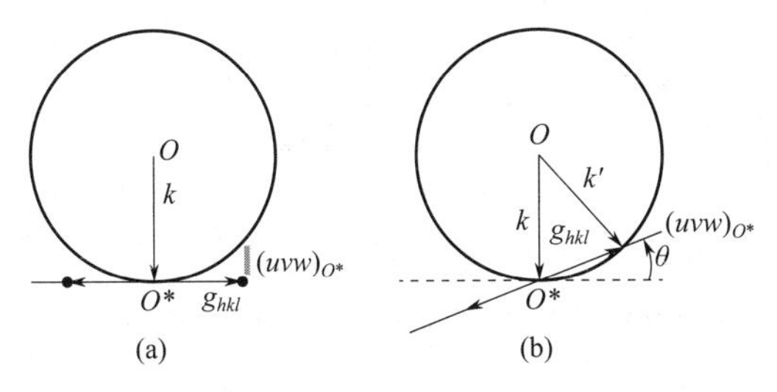

图 10-8 理论上获得零层倒易截面比例图像（衍射花样）的条件

衍射晶面位相与精确布拉格条件的允许偏差（以仍能得到衍射强度为极限）与样品晶体的形状和尺寸有关，这可以用倒易阵点的扩展来表示。由于实际的样品晶体都有确定的形状和有限的尺寸，因而它们的倒易阵点不是一个几何意义上的“点”，而是沿着晶体尺寸较小的方向发生扩展，扩展量为该方向上实际尺寸的倒数的 2 倍。对于电子显微镜中经常遇到的样品，薄片晶体的倒易阵点拉长为倒易“杆”，棒状晶体为倒易“盘”，细小颗粒晶体则为倒易“球”，如图 10-9 所示。

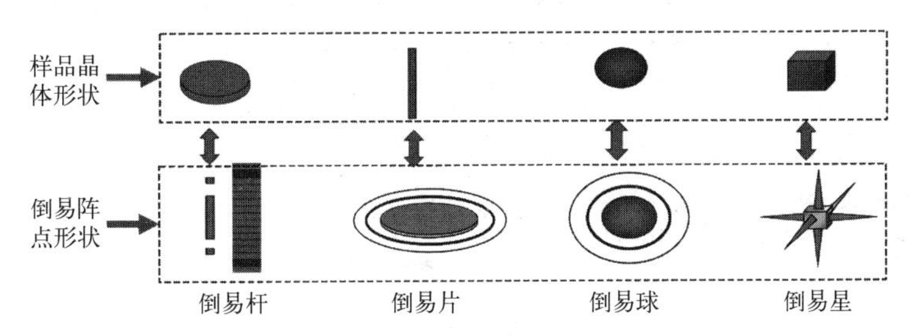

图 10-9 样品晶体形状和倒易阵点形状的对应关系

图 10-10 所示为倒易杆和埃瓦尔德球相交情况，杆的总长为 $2/t$。由图 10-10 可知，在偏离布拉格角 $\Delta\theta_{max}$ 的范围内，倒易杆都能和球面相接触而产生衍射。偏离 $\Delta\theta$ 时，倒易杆中心与埃瓦尔德球面交截点的距离可用矢量 $\vec{s}$ 表示，$\vec{s}$ 就是偏离矢量。$\Delta\theta$ 为正时，矢量 $\vec{s}$ 为正，反之为负。精确符合布拉格条件时，$\Delta\theta = 0$，$\vec{s}$ 也等于零。图 10-11 所示为偏离矢量小于零、等于零和大于零的三种情况。

如电子束不是对称入射，则中心斑点两侧的各衍射斑点的强度将出现不对称分布。由图 10-10 可知，偏离布拉格条件时，产生衍射的条件为：

$$\vec{k'} - \vec{k} = \vec{g} + \vec{s} \qquad (10\text{-}27)$$

当 $\Delta\theta = \Delta\theta_{max}$ 时，相应地 $s = s_{max}$，$s_{max} = \dfrac{1}{t}$。当 $\Delta\theta > \Delta\theta_{max}$ 时，倒易杆不再和埃瓦尔德球相交，此时无衍射产生。

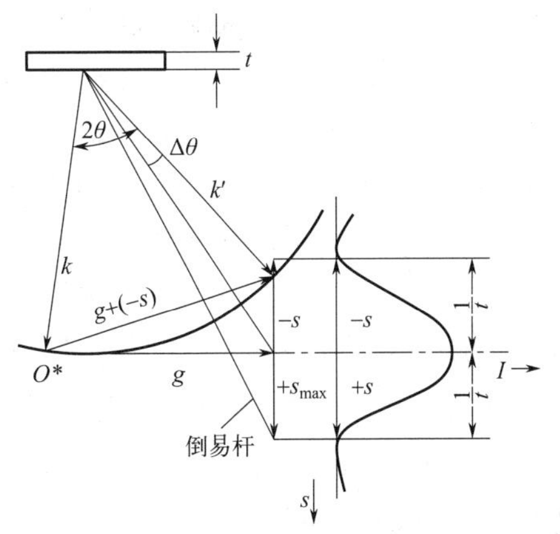

图 10-10 倒易杆和它的强度分布

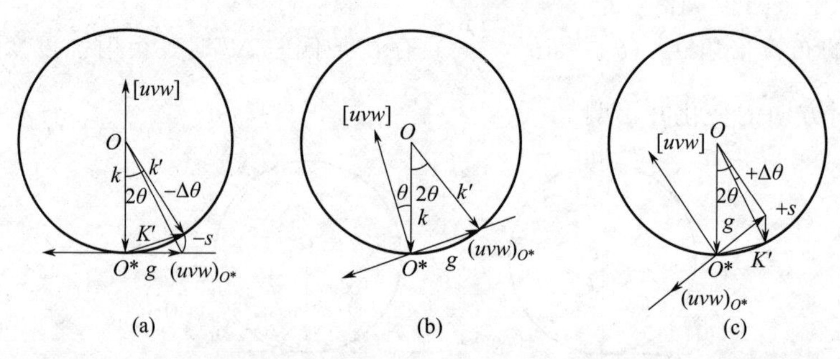

图 10-11　偏离矢量小于零（a）、等于零（b）和大于零（c）的情况

零层倒易截面的法线（即［uvw］）偏离电子束入射方向时，如果偏离范围在 $\Delta\theta_{\max}$ 之内，衍射花样中各斑点的位置基本上保持不变（实际上斑点是有少量位移的，但位移量比测量误差小，故可不计），但各斑点的强度变化很大，这可以从图 10-10 中衍射强度随 s 变化的曲线上得到解释。

薄晶体电子衍射时，倒易阵点延伸成杆状是获得零层倒易截面比例图像（即电子衍射花样）的主要原因，即尽管在对称入射情况下，倒易阵点原点附近的扩展了的倒易阵点（倒易杆）也能与埃瓦尔德球相交而得到中心斑点强而周围斑点弱的若干个衍射斑点。其他一些因素也可以影响电子衍射花样的形状。例如，电子束的波长短，使埃瓦尔德球在小角度范围内球面接近平面；加速电压波动，使埃瓦尔德球面有一定厚度，电子束有一定的发散度等。

10.2 透射电镜中的电子衍射

10.2.1 电子衍射基本公式

电子衍射操作是把倒易阵点的图像进行空间转换并在正空间中记录下来。用底片记录下来的图像称为衍射花样。图 10-12 所示为电子衍射花样形成原理图。待测样品安放在埃瓦尔德球的球心 O 处。入射电子束和样品内某一组晶面（hkl）相遇并满足布拉格条件时，则在 $\vec{k}'$ 方向上产生衍射束。$\vec{g}_{hkl}$ 是衍射晶面倒易矢量，它的端点位于埃瓦尔德球面上。在试样下方与其相距 L 处放一张底片，就可以把透射束和衍射束同时记录下来。透射束形成的斑点 O' 称为透射斑点或中心斑点。衍射斑点 G' 实际上是 $\vec{g}_{hkl}$ 矢量端点 G 在底片上的投影。端点 G 位于倒易空间，而投影 G' 已经通过转换进入了正空间。G' 和中心斑点 O' 之间的距离为 R（可把矢量 $\overrightarrow{O'G'}$ 写成 $\vec{R}$）。因 θ 角非常小，$\vec{g}_{hkl}$ 矢量接近和透射电子束垂直，因此，可以认为 $\Delta OO^*G \backsim \Delta OO'G'$，因为从样品到底片的距离是已知的，故有：

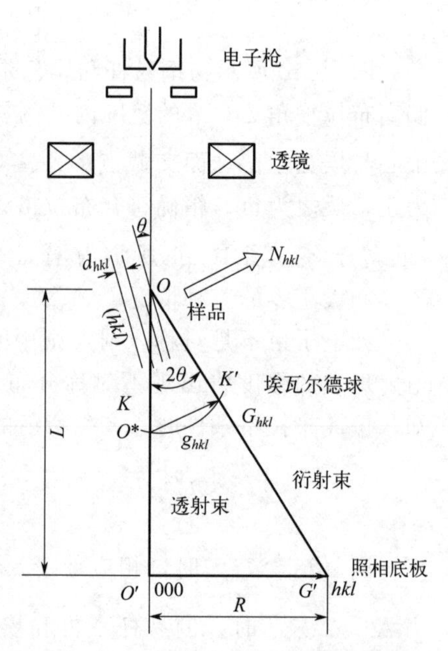

图 10-12　电子衍射花样形成原理

$$\frac{|\vec{R}|}{L}=\frac{|\vec{g}_{hkl}|}{|\vec{k}|} \tag{10-28}$$

因为：
$$|\vec{g}_{hkl}|=\frac{1}{d_{hkl}},|\vec{k}|=\frac{1}{\lambda} \tag{10-29}$$

故：
$$|\vec{R}|=\lambda L\ \frac{1}{d}=\lambda L|\vec{g}_{hkl}| \tag{10-30}$$

因为：
$$\vec{R}\parallel\vec{g}_{hkl} \tag{10-31}$$

所以式（10-30）还可以写成：

$$\vec{R}=\lambda L\vec{g}_{hkl}=K\vec{g}_{hkl} \tag{10-32}$$

式（10-30）即为电子衍射基本公式。式中 $K=\lambda L$ 称为电子衍射的相机常数，L 称为相机长度。在式（10-31）中，左边的 $\vec{R}$ 是正空间中的矢量，而右边的 $\vec{g}_{hkl}$ 是倒易空间中的矢量，因此相机常数 K 是一个协调正、倒空间的比例常数。

这就是说，衍射斑点的 $\vec{R}$ 矢量是产生这一斑点的晶面族倒易矢量 $\vec{g}_{hkl}$ 按比例的放大，相机常数 K 就是比例系数（或放大倍数）。于是，对于单晶样品而言，衍射花样简单地说就是落在埃瓦尔德球面上所有倒易阵点所构成的图形的投影放大像，K 就是放大倍数。所以，相机常数 K 有时也被称为电子衍射的“放大率”。以后将会看到电子衍射的这个特点，对于衍射花样的分析具有重要意义。事实上，在正空间里表示的倒易矢量长度 $\vec{g}$，其比例尺本来就只能是任意的，所以仅就花样的几何性质而言，它与满足衍射条件的倒易阵点图形完全是一致的。单晶花样中的斑点可以直接被看成是相应衍射晶面的倒易阵点。各个斑点的 $\vec{R}$ 矢量也就是相应的倒易矢量 $\vec{g}$。

在通过电子衍射确定晶体结构的工作中，只凭一个晶带的一张衍射斑点不能充分确定其晶体结构，而往往需要同时摄取同一晶体不同晶带的多张衍射斑点（即系列倾转衍射）方能准确地确定其晶体结构，图 10-13 所示为面心立方晶体晶粒倾转到不同方位时几个重要的低指数晶带的电子衍射花样。

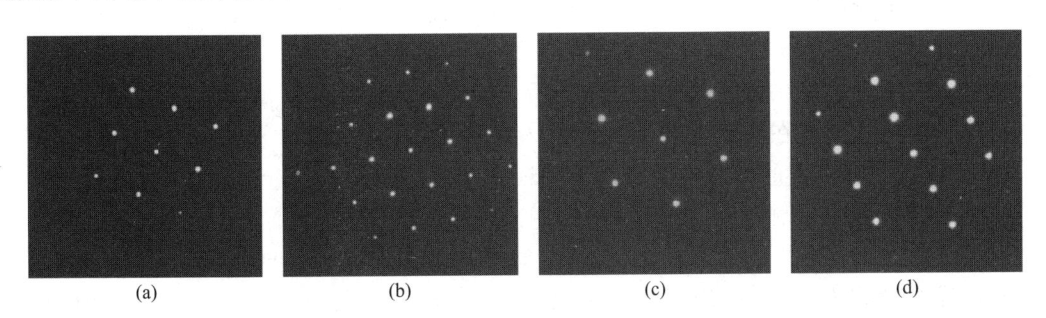

图 10-13 面心立方晶体几个重要低指数晶带的衍射花样
（a）[001]；（b）[011]；（c）[111]；（d）[112]

10.2.2 有效相机常数

图 10-14 所示为衍射束通过物镜在背焦面上汇集成衍射花样，以及用底片直接记录衍射

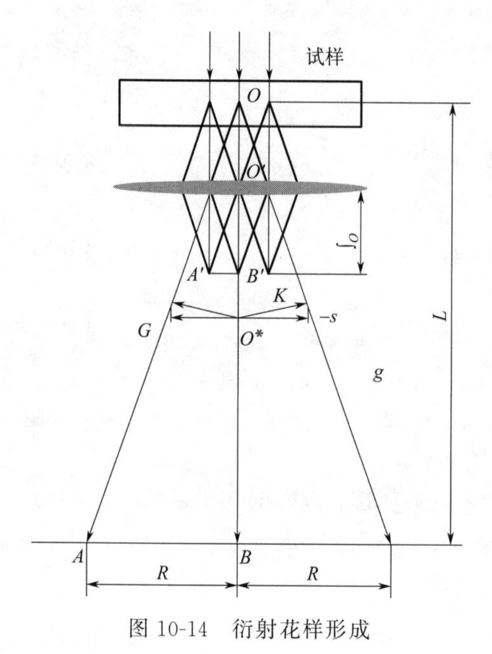

图 10-14　衍射花样形成

花样的示意图。根据三角形相似原理，$\triangle OAB \backsim \triangle O'A'B'$，因此，前一节讲的一般衍射操作时的相机长度 L 和 R 在电子显微镜中与物镜的焦距 f_0 和 r（副焦点 A' 到主焦点 B' 的距离）相当。电子显微镜中进行电子衍射操作时，焦距 f_0 起到了相机长度的作用。由于 f_0 将进一步被中间镜和投影镜放大，故最终的相机长度应是 $f_0M_rM_p$（M_r 和 M_p 分别为中间镜和投影镜的放大倍数），于是有：

$$L'=f_0M_rM_p, R'=rM_rM_p \tag{10-33}$$

根据式（10-17）有：

$$\frac{R}{M_rM_p}=\lambda f_0 g \tag{10-34}$$

定义 L' 为有效相机长度，则有：

$$R'=\lambda L'g=K'g \tag{10-35}$$

式中，$K'=\lambda L'$ 称为有效相机常数。由此可见，TEM 中得到的电子衍射花样仍然满足与式（10-32）相似的基本公式，但式中 L' 并不直接对应于样品至照相底片的实际距离。只要记住这一点，在习惯上便可以不加区别地使用 L 和 L' 这两个符号，并用 K 代替 K'。因为 f_0、M_r 和 M_p 分别取决于物镜、中间镜和投影镜的励磁电流，因而有效相机常数 $K'=\lambda L'$ 也将随之而变化。为此，必须在三个透镜的电流都固定的条件下，标定它的相机常数，使 R 和 g 之间保持确定的比例关系。目前的电子显微镜，由于控制系统引入了计算机，因此相机常数及放大倍数都随透镜励磁电流的变化而自动显示出来，并直接曝光在底片边缘。

10.2.3　选区电子衍射

图 10-15 所示为选区电子衍射的原理图。入射电子束通过样品后，透射束和衍射束将会集到物镜的背焦面上形成衍射花样，然后各斑点经干涉后重新在像平面上成像。图中上方水平方向的箭头表示样品，物镜像平面处的箭头是样品的一次像。如果在物镜的像平面处加入一个选区光阑，那么只有 $A'B'$ 范围的成像电子能够通过选区光阑，并最终在荧光屏上形成衍射花样。这一部分衍射花样实际上是由样品的 AB 范围提供的。选区光阑的直径为 20～300μm，若物镜放大倍数为 50 倍，则选用直径为 50μm 的选区光阑就可以套取样品上任何直径 $d=1\mu$m 的结构细节。

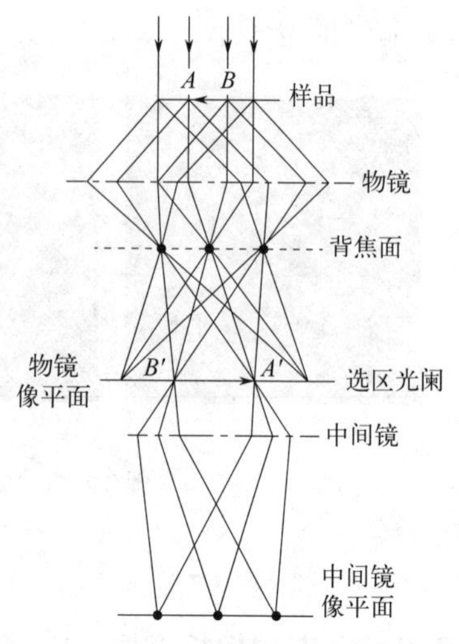

图 10-15　选区电子衍射原理

选区光阑的水平位置在电镜中是固定不变的，因此在进行正确的选区操作时，物镜的像平面和中间镜的物平面都必须和选区光阑的水平位置平齐。即图像和光阑孔边缘都聚焦清晰，说明它们在同一个平面上。如果物镜的像平面和中间镜的物平面重合于光阑的上方或下方，在荧光屏上仍能得到清晰的图像，但因所选的区域发生偏差而使衍射斑点不能和图像一一对应。

由于选区衍射所选的区域很小，因此能在晶粒十分细小的多晶体样品内选取单个晶粒进行分析，从而为研究材料单晶体结构提供有利的条件。图 10-16 所示为 ZrO_2-CeO_2 陶瓷相变组织的选区电子衍射照片，其中图 10-16（a）所示为基体与条状新相共同参与衍射的结果，图 10-16（b）所示为只有基体参与衍射的结果。

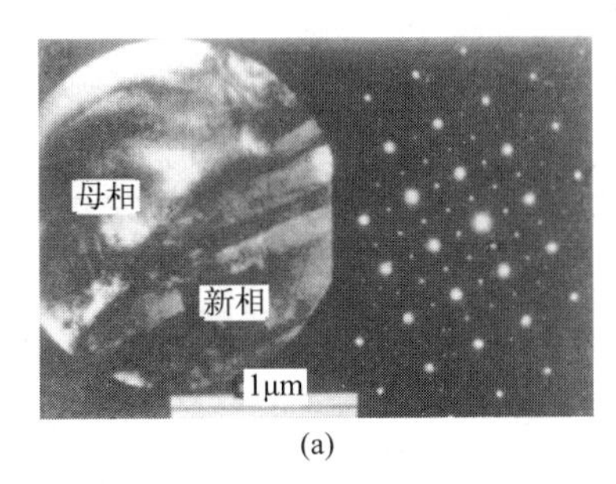

(a)

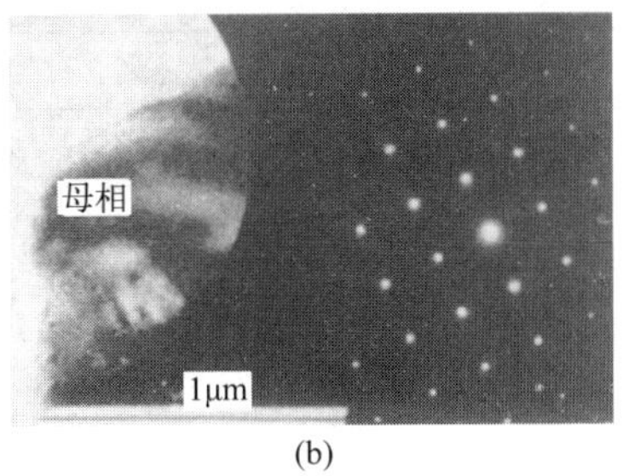

(b)

图 10-16　陶瓷选区衍射的结构

（a）基体和条状新相共同参与衍射；（b）只有基体参与衍射

10.2.4 磁转角

电子束在镜筒中是按螺旋线轨迹前进的，衍射斑点到物镜的一次像之间有一段距离，电子通过这段距离时会转过一定的角度，这就是磁转角 φ. 若图像相对于样品的磁转角为 φ_i，而衍射斑点相对于样品的磁转角为 φ_d，则衍射斑点相对于图像的磁转角为 $\varphi=\varphi_i-\varphi_d$。

标定磁转角的传统方法是利用已知晶体外形的 MoO_3 薄片单晶体，也可以利用其他的面状结构特征对磁转角进行标定，如柱状 TiB 晶体柱面或孪晶面。图 10-17 所示为利用 TiB 晶体柱面和面心立方晶体孪晶面标定磁转角的方法。TiB 晶体是正交结构，$a=0.612$nm，$b=0.306$nm，$c=0.456$nm，其晶体空间形态为横截面为棱形的柱体，柱体的轴向为［010］，柱面分别为（200）、（101）和（10-1）。标定磁转角时，利用双倾样品台将 TiB 晶体的［010］调整到与入射电子束平行，此时 TiB 晶体的柱面与入射束平行，拍摄该取向下的电子衍射花样和衍射图像，衍射花样中（200）衍射斑点到中心斑点的连线（g200）与图像中（200）面的法线间的夹角 φ 就是磁转角，它表示图像相对于衍射花样转过的角度，如图 10-17 所示。用孪晶面标定磁转角时，只需将孪晶面倾转至与入射束平行，拍摄该取向下的电子衍射花样和图像，按图 10-17 所示的方法标定磁转角。因为磁转角随图像放大倍数和电子衍射相机长度的变化而变化，故需标定不同放大倍数和不同相机长度下的磁转角。表 10-1 是利用上述标定方法测得的 PHILLIPS CM12 透射电子显微镜在常用相机长度和放大倍数下的磁转角数据。

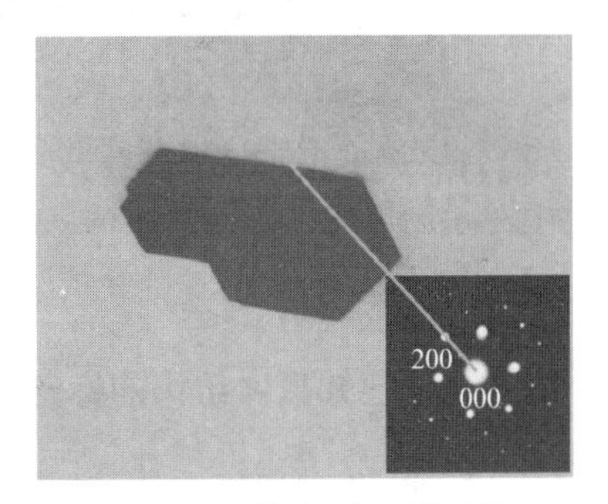

图 10-17　利用已知面状结构特征标定磁转角

目前的透射电子显微镜安装有磁转角自动补正装置，进行形貌观察和衍射花样对照分析时可不必考虑磁转角的影响，从而使操作和结果分析大为简化。

表 10-1　PHILLIPS CM12 透射电镜的磁转角　　单位：(°)

放大倍数	相机长度/cm		
	530	770	1100
10k	16.0	11.5	21.0
13k	13.5	9.0	18.5
17k	14.5	10.0	19.5
22k	12.7	8.2	17.7
28k	11.5	7.0	16.5
35k	7.5	4.0	13.5
45k	−71.5	−76.0	−66.5
60k	−72.5	−77.0	−67.5
75k	−74.0	−79.5	−70.0
100k	−79.0	−74.5	−69.5
125k	−75.5	−80.0	−70.5
160k	−73.5	−78.0	−68.5
200k	−74.5	−79.0	−69.5
260k	−87.5	−92.5	−82.5

10.3　单晶电子衍射花样标定

标定单晶电子衍射花样的目的是确定零层倒易截面上各 $\vec{g}_{hkl}$ 矢量端点（倒易阵点）的指数，定出零层倒易截面的法向（即晶带轴 $[uvw]$），并确定样品的点阵类型、物相及位向。

10.3.1　已知晶体结构的标定

10.3.1.1　尝试校核法

① 测量靠近中心斑点的几个衍射斑点至中心斑点的距离 R_1、R_2、R_3、R_4，…（图 10-18）。

② 根据衍射基本公式 $R=\lambda L\dfrac{1}{d}$，求出相应的晶面间距 d_1、d_2、d_3、d_4、…。

③ 因为晶体结构是已知的，每一 d 值即为该晶体某一晶面族的晶面间距，故可根据 d 值定出相应的晶面族指数 $\{hkl\}$，即由 d_1 查出 $\{h_1k_1l_1\}$，由 d_2 查出 $\{h_2k_2l_2\}$，依此类推。

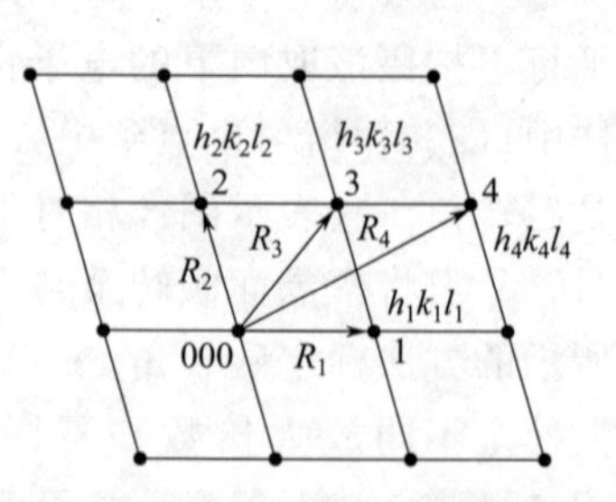

图 10-18　单晶电子衍射花样标定

④ 测定各衍射斑点之间的夹角 φ。

⑤ 决定离中心斑点最近的衍射斑点的指数。若 R_1 最短，则相应斑点的指数应为 $\{h_1k_1l_1\}$ 晶面族中的一个。如立方晶体，对于 h、k、l 三个指数中有两个相等的晶面族（例如 {112} ），有 24 种标法；两个指数相等、另一指数为零的晶面族（例如 {110} ），有 12 种标法；三个指数相等的晶面族（如 {111} ），有 8 种标法；两个指数为零的晶面族有 6 种标法，因此，第一个斑点的指数可以是等价晶面中的任意一个。

⑥ 决定第二个斑点的指数。第二个斑点的指数不能任选，因为它和第一个斑点间的夹角必须符合夹角公式。对立方晶系来说，两者的夹角可用式（10-21）求得，即

$$\cos\varphi=\frac{h_1h_2+k_1k_2+l_1l_2}{(h_1^2+k_1^2+l_1^2)(h_2^2+k_2^2+l_2^2)} \tag{10-36}$$

在确定第二个斑点的指数时，应进行所谓的尝试校核，即只有 $h_2k_2l_2$ 代入夹角公式后求出的 φ 值和实测的一致时，$(h_2k_2l_2)$ 指数才是正确的，否则必须重新尝试。应该指出的是，$\{h_2k_2l_2\}$ 晶面族可供选择的特定 $(h_2k_2l_2)$ 值往往不止一个，因此第二个斑点的指数也带有一定的任意性。

⑦ 一旦确定了两个斑点，那么其他斑点可以根据矢量运算求得。由图 10-18 可知，$R_1+R_2=R_3$，即

$$h_1+h_2=h_3, k_1+k_2=k_3, l_1+l_2=l_3 \tag{10-37}$$

⑧ 根据晶带定理求零层倒易截面法线的方向，即晶带轴的指数，有：

$$[uvw]=g_{h_1k_1l_1}\times g_{h_2k_2l_2} \tag{10-38}$$

简化运算后，即

$$\begin{cases} u=k_1l_2-k_2l_1 \\ v=h_2l_1-h_1l_2 \\ w=h_1k_2-h_2k_1 \end{cases} \tag{10-39}$$

最后，对 $[uvw]$ 进行互质化处理，即可得该衍射花样的晶带轴指数。

10.3.1.2 R^2 比值法

测量数个斑点的 R 值（靠近中心斑点，但不在同一直线上），计算 R^2 比值的方法如下。

(1) 立方晶体

立方晶体的同一晶面族中各晶面的间距相等。例如 {123} 中 (123) 面间距和 (321) 的面间距相同，故同一晶面族中 $h_1^2+k_1^2+l_1^2=h_2^2+k_2^2+l_2^2$。

令 $h^2+k^2+l^2=N$，N 值作为一个代表晶面族的整数指数。

已知：

$$d=\frac{a}{\sqrt{h^2+k^2+l^2}}=\frac{a}{\sqrt{N}} \tag{10-40}$$

$$d^2\propto\frac{1}{N}, R^2\propto\frac{1}{d^2},\ R^2\propto N \tag{10-41}$$

若把测得的R_1、R_2、R_3…值平方，则

$$R_1^2:R_2^2:R_3^2:\cdots=N_1:N_2:N_3:\cdots \tag{10-42}$$

从结构消光原理来看，体心立方点阵$h+k+l=$偶数时才有衍射产生，因此它的N值只有2、4、6、8…。面心立方点阵h、k、l为全奇或全偶时才有衍射产生，故其N值为3、4、8、11、12…。因此，只要把测量的各个R值平方，并整理成式（10-25），从式中N值递增规律来验证晶体的点阵类型，而与某一斑点的R^2值对应的N值便是晶体的晶面族指数，例如，$N=1$即为{100}，$N=3$为{111}，$N=4$为{200}等。

如果晶体不是立方点阵，则晶面族指数的比值另有规律。

(2) 四方晶体

已知：

$$d=\frac{1}{\sqrt{\frac{h^2+k^2}{a^2}+\frac{l^2}{c^2}}} \tag{10-43}$$

故：

$$\frac{1}{d^2}=\frac{h^2+k^2}{a^2}+\frac{l^2}{c^2} \tag{10-44}$$

令$M=h^2+k^2$，根据消光条件，四方晶体$l=0$的晶面族（即{$hk0$}晶面族）有：

$$R_1^2:R_2^2:R_3^2:R_4^2:R_5^2:R_6^2:R_7^2:\cdots=M_1:M_2:M_3:M_4:M_5:M_6:M_7:\cdots=1:2:4:5:8:9:10:\cdots \tag{10-45}$$

(3) 六方晶体

已知：

$$d=\frac{1}{\sqrt{\frac{4}{3}\frac{(h^2+hk+k^2)}{a^2}+\frac{l^2}{c^2}}} \tag{10-46}$$

$$\frac{1}{d^2}=\frac{4}{3}\frac{h^2+hk+k^2}{a^2}+\frac{l^2}{c^2} \tag{10-47}$$

令$h^2+hk+k^2=P$，六方晶体$l=0$的{$hk0$}晶面族有：

$$R_1^2:R_2^2:R_3^2:R_4^2:R_5^2:R_6^2:R_7^2:R_8^2:R_9^2:R_{10}^2\cdots=P_1:P_2:P_3:P_4:P_5:P_6:P_7:P_8:P_9:P_{10}:\cdots=1:3:4:7:9:12:13:16:19:21:\cdots \tag{10-48}$$

10.3.2 未知晶体结构衍射花样的标定

① 测定低指数斑点的R值。应在几个不同的方位摄取电子衍射花样，保证能测出最前面的8个R值。

② 根据R值，计算出各个d值。

③ 查JCPDS（ASTM）卡片，与各d值都相符的物相即为待测的晶体。因为电子显微镜的精度所限，很可能出现几张卡片上d值均与测定的d值相近，此时应根据待测晶体的其他资料，例如化学成分等来排除不可能出现的物相。

10.3.3 标准花样对照法

这是一种简单易行而又常用的方法，即将实际观察、记录到的衍射花样直接与标准花样对比，标定出斑点的指数并确定晶带轴的方向。所谓标准花样，就是各种晶体点阵主要晶带的倒易截面，它可以根据晶带定理和相应晶体点阵的消光规律绘出。一个较熟练的电子显微镜工作者，对常见晶体的主要晶带标准衍射花样是熟悉的。因此，在观察样品时，一套衍射斑点出现（特别是当样品的材料已知时），基本可以判断是哪个晶带的衍射斑点。应注意的是，在摄取衍射斑点图像时，应尽量将斑点调得对称，即通过倾转使斑点的强度对称、均匀。若中心斑点的强度与周围邻近的斑点相差无几，以致难以分辨中心斑点，这表明晶带轴与电子束平行，这样的衍射斑点特别是在晶体结构未知时更便于和标准花样比较。还应注意的是，在系列倾转摄取不同晶带斑点时，应采用同一相机常数，以便对比。现代电子显微镜的相机常数在操作时都能自动给出。综上所述，采用标准花样对比法可以获得事半功倍的效果。

10.4 复杂电子衍射花样

10.4.1 超点阵斑点

当晶体内部的原子或离子产生有规律的位移或不同种原子产生有序排列时，将引起其电子衍射的变化，可以使本来消光的斑点出现，这种额外的斑点称为超点阵斑点。

$AuCu_3$ 合金是面心立方固溶体，在一定的条件下会形成有序固溶体，如图 10-19 所示，其中 Cu 原子位于面心，Au 原子位于顶点。

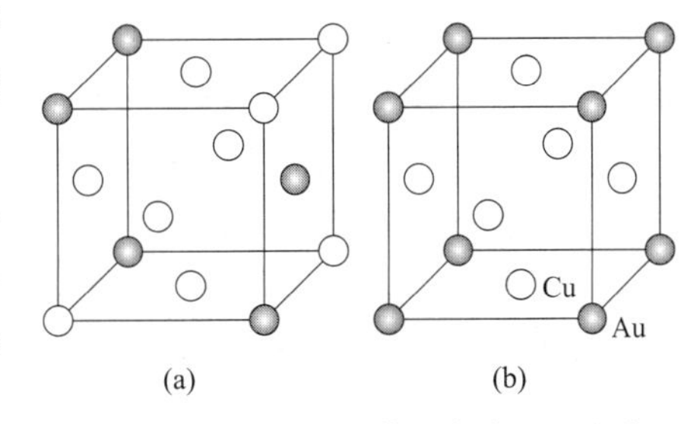

图 10-19　$AuCu_3$ 固溶体中各类原子的位置

（a）无序固溶体；（b）有序固溶体

面心立方晶胞中有四个原子，分别位于（0，0，0）、（0，1/2，1/2）、（1/2，0，1/2）、（1/2，1/2，0）。在无序的情况下，对 h、k、l 全奇或全偶的晶面族，结构振幅为：

$$F_{\alpha}=4f_{平均} \tag{10-49}$$

例如，含有 0.75Cu、0.25Au 的 $AuCu_3$ 无序固溶体，$f_{平均}=0.75f_{Cu}+0.25f_{Au}$。当 h、k、l 有奇有偶时，$F=0$，产生消光。

但在 $AuCu_3$ 有序相中，晶胞中四个原子的位置分别确定地由一个 Au 原子和三个 Cu 原子所占据。这种有序相的结构振幅为：

$$F_{\alpha'}=f_{AB}+f_{Cu}[e^{\pi i(h+k)}+e^{\pi i(h+l)}+e^{\pi i(k+l)}] \tag{10-50}$$

所以，当 h，k，l 全奇全偶时，$F_{\alpha'}=f_{Au}+3f_{Cu}$；而当 h、k、l 有奇有偶时，$F_{\alpha'}=f_{Au}-f_{Cu}\neq 0$，即并不消光。

从两个相的倒易点阵来看，在无序固溶体中，原来由于权重为零（结构消光）应当抹去的一些阵点，在有序化转变之后 F 并不为零，构成所谓“超点阵”。于是，衍射花样中也将出现相应的额外斑点，叫做超点阵斑点。

图 10-20 所示为 $AuCu_3$ 有序化合金超点阵斑点及指数化结果，它是有序相 α′与无序相 α

两相衍射花样的叠加。其中两相共有的面心立方晶体的特征斑点｛200｝、｛220｝等互相重合，因为两相点阵参数无大差别，且保持 $\{100\}_{\alpha} \parallel \{100\}_{\alpha'}$、$\langle 100\rangle_{\alpha} \parallel \langle 100\rangle_{\alpha'}$ 的共格取向关系。花样中（100）、（010）及（110）等即为有序相的超点阵斑点。由于这些额外斑点的出现，使面心立方有序固溶体的衍射花样看上去和简单立方晶体规律一样。应特别注意的是，超点阵斑点的强度低，这与结构振幅的计算结果是一致的。

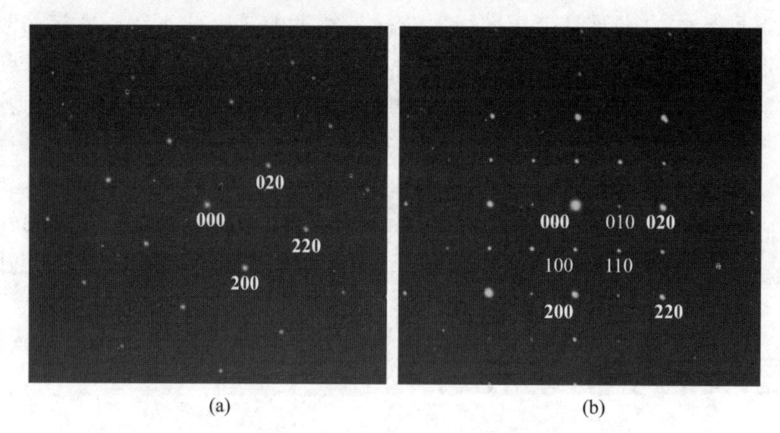

图 10-20 $AuCu_3$ 固溶体［001］晶带的电子衍射花样

（a）无序固溶体；（b）有序固溶体

10.4.2 孪晶斑点

材料在凝固、相变和变形过程中，晶体内的一部分相对于基体按一定的对称关系生长，即形成了孪晶。图 10-21 所示为面心立方晶体基体（110）面上的原子排列，基体的（111）面为孪晶面。若以孪晶面为镜面，则基体和孪晶的阵点以孪晶面作镜面反映。若以孪晶面的法线为轴，把图中下方基体旋转 180°也能得到孪晶的点阵。既然在正空间中孪晶和基体存在一定的对称关系，则在倒易空间中孪晶和基体也应存在这种对称关系，只是在正空间中的面与面之间的对称关系应转换成倒易阵点之间的对称关系。所以，其衍射花样应是两套不同晶带单晶衍射斑点的叠加，而这两套斑点的相对位向势必反映基体和孪晶之间存在着的对称取向关系。最简单的情况是，电子束 B 平行于孪晶面，对于面心立方晶体，例如 $B=[110]_M$，所得到的花样如图 10-22 所示。两套斑点呈明显对称性，并与实际点阵的对应关系完全一致。如果将基体的斑点以孪晶面（111）作镜面反映，即与孪晶斑点重合。如果以［111］为轴旋转 180°，两套斑点也将重合。

如果入射电子束和孪晶面不平行，得到的衍射花样就不能直观地反映出孪晶和基体间取向的对称性，此时可先标定出基体的衍射花样，然后根据矩阵代数导出结果，求出孪晶斑点的指数。

对体心立方晶体可采用下列公式计算：

$$\begin{cases} h'=-h+\dfrac{1}{3}p(ph+qk+rl) \\ k'=-k+\dfrac{1}{3}q(ph+qk+rl) \\ l'=-l+\dfrac{1}{3}r(ph+qk+rl) \end{cases} \tag{10-51}$$

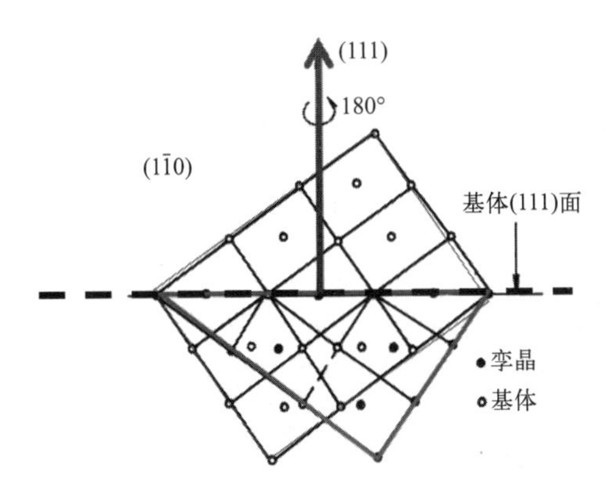

图 10-21　晶体中基体和孪晶的对称关系

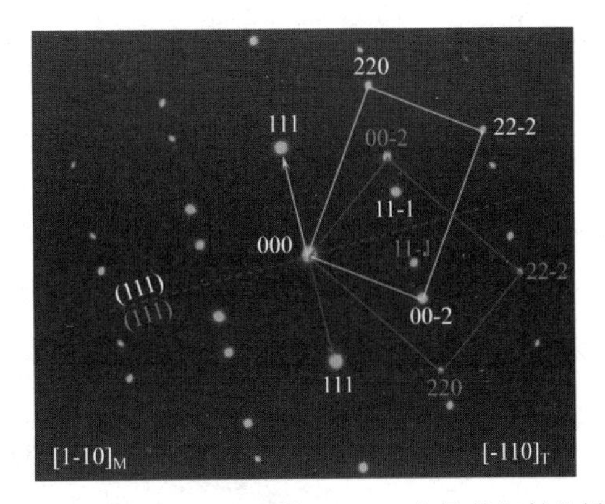

图 10-22　面心立方晶体（111）孪晶的衍射花样

［B=（1-10），按（111）面反映方式指数化］

其中（pqr）为孪晶面，体心立方结构的孪晶面是｛112｝，共 12 个。（hkl）是基体中将产生孪晶的晶面，（$h'k'l'$）是（hkl）晶面产生孪晶后形成的孪晶晶面。例如，孪晶面（pqr）=（$\bar{1}$12），将产生孪晶的晶面（hkl）=（2$\bar{2}$2），代入式（10-19）得（$h'k'l'$）=（$\bar{2}$2$\bar{2}$），即孪晶（2$\bar{2}$2）倒易阵点的位置和基体的（$\bar{2}$2$\bar{2}$）重合。

对于面心立方晶体，其计算公式为：

$$\begin{cases} h'=-h+\dfrac{2}{3}p(ph+qk+rl) \\ k'=-k+\dfrac{2}{3}q(ph+qk+rl) \\ l'=-l+\dfrac{2}{3}r(ph+qk+rl) \end{cases} \tag{10-52}$$

面心立方晶体孪晶面是｛111｝，共有 4 个。例如孪晶面为（111）时，当（hkl）=（$\bar{2}$44），根据上式计算（$h'k'l'$）为（600），即（$\bar{2}$44）产生孪晶后其位置和基体的（600）重合。

10.5 微束电子衍射

10.5.1 纳米束电子衍射介绍及应用

在前面我们已经学习了选区电子衍射，对于材料的物相分析，TEM 一般都是通过选区电子衍射来完成的。而电子衍射花样的分析区域即为选区光阑选择的区域，由于机械加工的限制，选区光阑的最小直径只能做到 10μm 左右，通常物镜的放大倍率为 100 倍，所以选区光阑能选择的最小视场相当于试样上直径 $d=10\mu m/100=0.1\mu m$ 的区域。因此，对于选区电子衍射分析，选区光阑的大小及物镜的放大倍率限制了能够分析的最小区域。而对于尺寸很小的纳米颗粒，选区电子衍射不能得到理想的结果。在实际应用中，可以通过选择孔径较小的聚光镜光阑（照明系统）来解决这个问题，这就是纳米束电子衍射。

FEI 的 Talos F200X 采用的是双物镜设计，在上极靴中插入了一个微聚光镜透镜。微聚光镜被开启时，透镜就在微米光束模式，这种情况下在物镜前场的前焦点上产生一个交叉点，从而产生一个很宽的视场并相干地照明到样品上，如图 10-23（a）所示。当微聚光镜被关闭时，透镜是在纳米光束模式，如图 10-23（b）所示，此时可以提供很小的束斑尺寸。选区电子衍射是在微米光束模式下完成，如图 10-24（a）所示，平行电子束照射在试样很宽的区域上，在物镜的像平面上插入光阑，选择观察视场后，可得到电子衍射花样，视场选择光阑即为选区光阑。而纳米束电子衍射是在纳米光束模式下完成，其原理图如图 10-24（b）所示，使用很小的聚光镜光阑得到很小的会聚角 α，那么相应的照明区域就很小，由此可以获得相干性很好的电子显微像，在这种照明条件下即可获得纳米束电子衍射花样。

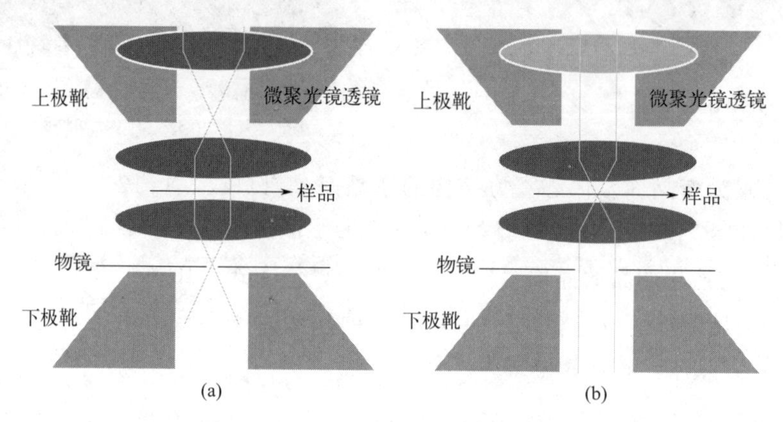

图 10-23　Talos-F200X 的双物镜设计

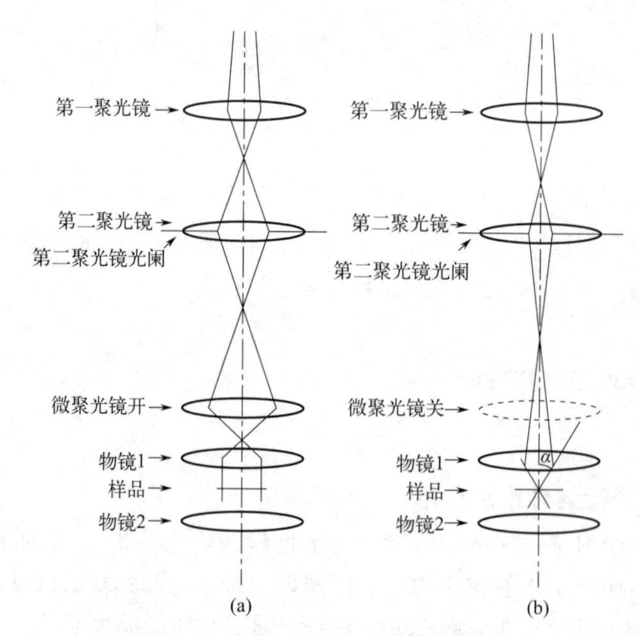

图 10-24　选区电子衍射（a）和纳米光束电子衍射（b）的原理

针对尺寸较小的单颗纳米颗粒，选区电子衍射分析的最小区域接近 200nm，该范围相对于纳米颗粒的尺寸明显太大，不能得到单个纳米颗粒的衍射，此时纳米束电子衍射就可以发挥重要作用，因为纳米束电子衍射的电子束束斑可以缩小到 2nm，能获得单个纳米颗粒的衍射。

10.5.2 会聚束电子衍射介绍及应用

会聚束电子衍射是以具有足够大的会聚角的电子束照射到试样上，入射电子束来自各个方向，包含了不同范围的偏离矢量所携带的信息，所以在透射盘和衍射盘内还有一定的强度分布，从而能比一般的电子衍射图提供更多的信息。选区电子衍射与会聚束电子衍射的光路如图 10-25 所示。

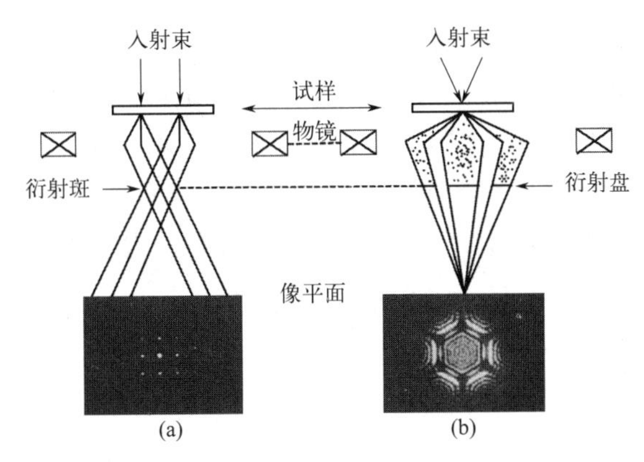

图 10-25 选区电子衍射（a）与会聚束电子衍射（b）的光路图

习题

1. 分析电子衍射与 X 射线衍射有何异同。
2. 用埃瓦尔德球图解法证明布拉格定律。
3. 说明多晶、单晶及非晶衍射花样的特征及形成原理。

参考答案

第 11 章

透射电子显微成像

根据布拉格方程，布拉格衍射是由晶体结构和样品取向决定的，所以晶粒位向不同其衍射束和透射束强度也不同，可以利用衍射在 TEM 图像中产生衬度，即“衍射衬度成像”原理成像，简称衍衬成像。大多数情况下，两种衬度对图像都有影响，但通常只利用其中一种成像。本章主要介绍衬度及其分类，详细介绍两种振幅衬度的成像原理，简单介绍相位衬度，同时讨论衍射运动学和衍射动力学，以及如何利用衬度鉴定和区分不同的晶体缺陷。

11.1 衬度及其分类

在讨论 TEM 的显微成像时，经常会提到“衬度”，那么什么是衬度呢？可以通过两相邻区域的衍射强度（或者透射强度）差（ΔI）来定量定义衬度（C）。

$$C=\frac{I_2-I_1}{I_1}=\frac{\Delta I}{I_1} \tag{11-1}$$

实际上，当两个相邻区域的强度差为 19%时，人眼刚好可以分辨。这就要求荧光屏或者记录的图像上相邻区域的强度差要大于 19%，否则将无法被观察到。对于数码存储图像，用软件处理可以将低衬度提高到肉眼可以分辨的衬度。

虽然衬度是根据相邻区域的强度差进行定义的，但是不要将“强度”和“衬度”混淆。强度是指撞击到荧光屏上的电子密度以及随后激发出的可见光的亮暗程度。而衬度一般用强弱而不能用亮暗来进行定性描述。衬度的强弱和电子撞击荧光屏产生可见光的亮暗没有绝对的关系。事实上，最强的衬度一般是在总强度较低的辐照条件下产生的。图 11-1 很形象地表示了强度和衬度的关系。不同强度等级（I_1 和 I_2）以及强度差（ΔI）决定了衬度。一般情况下，TEM 中总强度增加时衬度下降。

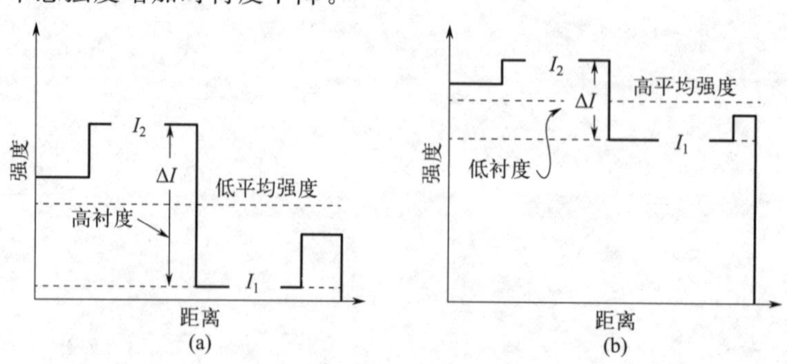

图 11-1　对图像进行强度扫描得到的曲线

(a) 低平均强度，但是高衬度；(b) 高平均强度，但是低衬度

我们可以根据不同的样品种类来选择或者排除某些特定的电子束，从而获取衬度成像，比如接下来我们要介绍的振幅衬度与相位衬度，其中振幅衬度包括质厚衬度与衍射衬度。

11.1.1 振幅衬度、明场像和暗场像

振幅衬度源于质量、厚度的变化以及二者的共同作用。由于样品各处的质量、厚度、晶体结构或取向不同，当入射电子与其相互作用时，样品各处产生大角度弹性散射电子的比率不同，从而形成图像衬度。比如样品厚度增大时，电子会与更多材料发生作用，因而厚度变化会导致衬度的产生；另外局部衍射变化也会引起衬度的产生。

如图 11-2 所示，强度均匀的入射束被样品散射后会变成强度不均匀的衍射束。轰击观察屏或电子探测器的电子束的强度变化转化为屏幕上的衬度。衍射花样中透射束和衍射束的分立导致了衬度分布的不均匀。因为衍射花样表明了样品的散射过程，所以 TEM 成像时首先观察衍射花样。对于利用衍射衬度成像的晶体样品，像和衍射花样的关系更紧密。然而无论采用哪种衬度原理成像或者研究何种样品，都需要首先观察衍射花样。

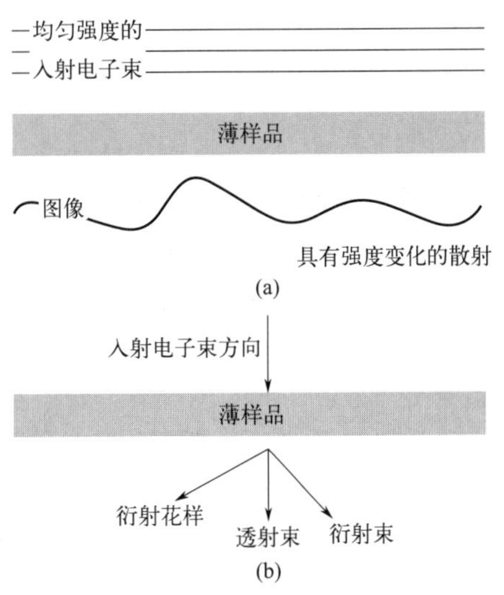

图 11-2 （a）强度均匀的电子束照射在薄样品上的强度分布；（b）电子束入射后的成像信号

电子与样品相互作用后发生散射或透射，产生的不同电子束（衍射束、透射束等）都会对成像有所贡献，衬度会比较低，影响观察甚至无法清晰观察。为了将电子散射变成可见的振幅衬度，必须将衍射束或者透射束过滤掉，只利用其中的一种进行衬度成像。

由于在电子显微镜中样品的第一幅衍射花样出现在物镜的背焦面上，所以若在这个平面上加上一个尺寸合适的物镜光阑，把电子束与样品作用产生的衍射束挡掉，而只让透射束通过光阑孔并到达像平面，就可以构成样品的第一幅放大像。此时由于相邻区域透射束强度不同，因而像的亮度也有不同，于是会在荧光屏（荧光屏上的图像只是物镜像平面上第一幅放大像的进一步放大）上明显观察到样品的形貌，图 11-3（a）展示了铝合金相邻晶粒由于透射束强度不同而产生的衬度图像。这种通过物镜光阑过滤掉衍射束而只让透射束通过从而得到图像的方法称为明场（BF）成像，所得到的像称为明场像。

如果把图 11-3（a）中的物镜光阑的位置移动一下，使其套住 hkl 衍射斑点，而把透射束挡掉，可以得到如图 11-3（b）所示的图像。把这种让衍射束通过物镜光阑而把透射束挡掉得到的图像衬度的方法称为暗场（DF）成像，所得到的像称为暗场像。但是，由于此时用于成像的是离轴光线，得到的图像质量不高，像差严重。所以一般不通过直接移动物镜光阑形成暗场像，而是通过倾斜照明系统来把入射电子束方向倾斜 2θ 角度，这时产生最强衍射束的晶面由（hkl）变为（$\bar{h}\bar{k}\bar{l}$），而物镜光阑仍旧处于光轴位置。此时只有 $\bar{h}\bar{k}\bar{l}$ 衍射束正好通过物镜光阑孔，而透射束被挡住。此方法称为中心暗场（CDF）成像方法。如图 11-3（b）所示，B 晶粒的像亮度为 $I_B \approx I_{\bar{h}\bar{k}\bar{l}}$，而由于 A 晶粒所处位向在这个方向的散射度极小，像亮度几乎为零。

可以发现，暗场像的衬度明显高于明场像，在金属薄膜的透射电子显微分析中，暗场成

像是一种十分有用的技术。

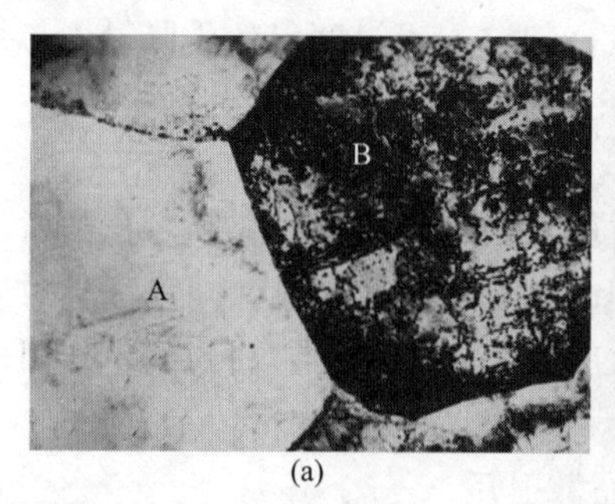

(a)

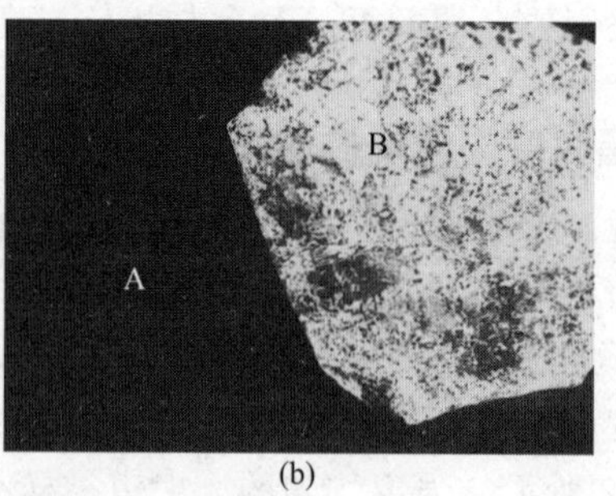

(b)

图 11-3　铝合金晶粒形貌衬度像
(a) 明场像；(b) 暗场像

11.1.2　质厚衬度

忽略低角电子-电子散射仅关注原子核的散射的前提下，高角度电子-原子核的相互作用类似于薄金属片中 α 粒子的背散射，这种背散射的发现帮助卢瑟福推导出了原子核的存在和仅由原子核产生的高角微分散射截面表达式。这种电子的非相干弹性散射称为卢瑟福散射。

质厚衬度的产生就是由于卢瑟福散射的存在。卢瑟福散射的散射截面与样品的原子序数 Z（对应质量或密度）以及厚度 t 有密切关系。薄样品中的卢瑟福散射是很强的向前散射。因此，如果用小角散射电子（$<5°$）成像，那么质厚衬度比较明显，但会受到布拉格衍射衬度的影响。然而，在高角位置（$>5°$），布拉格散射通常可以忽略，可以收集低强度的散射束，这些电子束的强度只取决于原子序数 Z，所以叫 Z 衬度，包含元素信息，与扫描电子显微镜（SEM）中的背散射电子（BSE）图像类似，可以在原子分辨率上得到这些图像。理论上 TEM 中也可以进行 BSE 成像，但因为样品很薄，背散射电子数目少，成像质量差，因此不具备实际应用价值。

聚合物等非晶态复型材料就是依据质厚衬度的原理成像的，是生物研究领域重要的衬度机制。但是，任何质量和厚度的变化都会引入衬度，所以几乎所有的实验样品都会有质厚衬度。甚至在某些情况下，质厚衬度是唯一能成像的衬度。

图 11-4 是质量和厚度差异引起衬度的原理示意图。当电子穿过样品时，电子与原子核发生卢瑟福散射偏离中心轴，在此过程中，相同厚度下高 Z 样品区域比低 Z 区域散射的电子多。在其他条件相同的情况下，厚区域比薄区域散射电子更多。从图 11-4 中可以看出，明场像中厚或高 Z 的区域比薄或低 Z 的区域暗，暗场像中厚或高 Z 的区域比薄或低 Z 的区域亮。图 11-5 是质厚衬度的图像。

入射束
低Z厚度
高Z厚度
物镜
物镜光阑
像平面
强度轮廓曲线

图 11-4　明场像中质厚衬度的形成原理

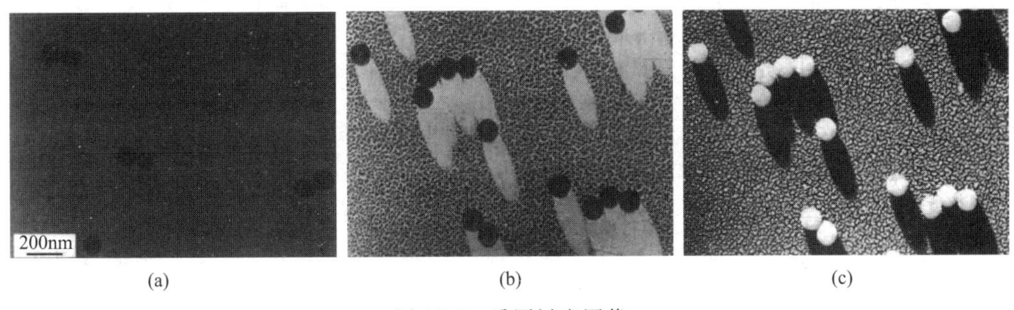

图 11-5　质厚衬度图像

（a）支撑碳膜上橡胶颗粒的 TEM 明场像，仅仅表现出质厚衬度。（b）通过在图像中选择性地引入质量衬度形成影子可以反映出碳膜上橡胶颗粒的实际形状。（c）对图（b）进行衬度反转可以获得 3D 效果的图像

11.1.3　衍射衬度及其成像基本原理

非晶态复型样品是依据“质量厚度衬度”的原理成像的，而晶体薄膜样品的厚度大致均匀，并且平均原子序数也无差别，因此利用质厚衬度来对晶体薄膜样品成像无法获得令人满意的图像衬度。为此，需要寻找新的成像方法。

布拉格衍射是由晶体结构和样品取向决定的，所以对于晶体结构不同的样品或单晶体中位向不同的晶粒，都可以利用衍射在 TEM 图像中产生衬度。衍射衬度是散射发生在特殊角度（布拉格角）时振幅衬度的一种特殊形式。非相干弹性散射可以形成质厚衬度，相干散射可以形成衍射衬度，同质厚衬度一样，可以利用物镜光阑套住透射束或任何一束衍射束来分别形成明场像或暗场像。

质厚衬度成像可以利用任何散射电子来得到显示质厚衬度的暗场像。然而，为了在明场像和暗场像中得到明显的衍射衬度，需要将样品倾转到双束条件（电子束穿过样品只产生一束透射束和一束衍射束）。双束条件下只有一束很强的衍射束，衍射花样中另一个很强的斑点就是透射斑。研究晶体材料需要花费大量的时间倾转样品以得到不同的双束条件，因为双束条件不仅可以提高衬度还能极大地简化对图像的解释。

得到双束条件只需要看着衍射图，倾转样品直到仅有一个衍射束很强即可。但是由于布拉格衍射条件的展宽，其他衍射束不会消失，但可以让它们变得模糊。为了得到最佳衬度，样品不能处在严格的布拉格条件下，而是倾转样品到接近布拉格条件的位置，设置偏离参量 s。样品处于严格的布拉格条件下时，$s=0$。一般使 s 取较小的正值时，可以得到最佳的图像衬度。下面以单相的多晶体薄膜样品为例，说明如何利用衍射成像原理获得图像的衬度。

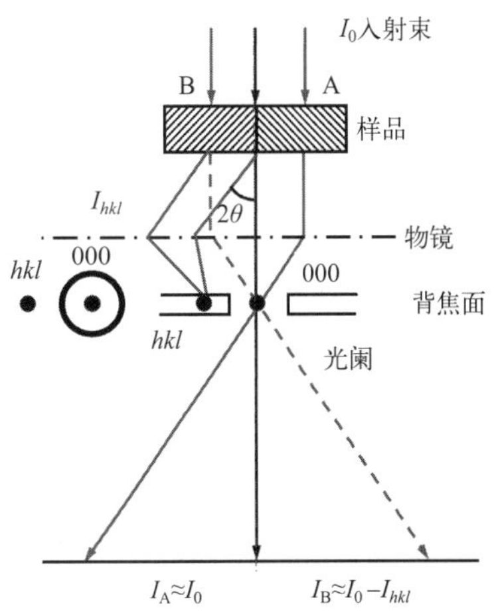

图 11-6　衍射衬度成像原理

如图 11-6 所示，假设晶体薄膜中有两颗晶粒 A 和 B，它们的晶体学位向不同。如果在入射电子束的照射下，B 晶粒的某（hkl）晶面组恰好与入射方向交成精确的布拉格角 θ_B，而其余的晶面均与衍射条件存在较大的偏差，即 B 晶粒的位向满足“双光束条件”。此时，在 B 晶粒的选取衍射花样中，hkl 斑点特别亮，即（hkl）晶

面的衍射束最强。如果假定对于足够薄的样品，入射电子受到的吸收效应可不予考虑，且在所谓“双光束条件”下忽略所有其他较弱的衍射束，则强度为 I_0 的入射电子束在 B 晶粒区域内经过散射之后，将成为强度为 I_{hkl} 的衍射束和强度为（I_0-I_{hkl}）的透射束两个部分。

同时，设想与 B 晶粒位向不同的 A 晶粒中，所有晶面组均与布拉格条件存在较大的偏差，即在 A 晶粒的选区衍射花样中将不出现任何强衍射斑点而只有中心透射斑点，或者说其所有衍射束的强度均可视为零。于是 A 晶粒区域的透射束强度仍近似等于入射束强度 I_0。

由于在电子显微镜中样品的第一幅衍射花样出现在物镜的背焦面上，所以若在这个平面上加进一个尺寸足够小的物镜光阑，把 B 晶粒的 hkl 衍射束挡掉，而只让透射束通过光阑孔并达到像平面，则形成样品的第一幅放大像。此时，两颗晶粒的像的亮度将有所不同，因为：

$$I_A \approx I_0 \tag{11-2}$$

$$I_B \approx I_0 - I_{hkl} \tag{11-3}$$

如果以 A 晶粒的亮度 I_A 为背景强度，则 B 晶粒的像衬度为：

$$\left(\frac{\Delta I}{I}\right)_B = \frac{I_A - I_B}{I_A} \approx \frac{I_{hkl}}{I_0} \tag{11-4}$$

于是在荧光屏上将会看到（荧光屏上的图像只是物镜像平面上第一幅放大像的进一步放大）B 晶粒较暗而 A 晶粒较亮［图 11-3（a）］。由于把衍射束挡掉了，只剩下透射束成像，所以形成的是明场像。这种由于样品中不同位向的晶体的衍射条件不同而造成的衬度差别称为衍射衬度。如果把图 11-3（a）中物镜光阑的位置移动一下，使其光阑孔套住 hkl 斑点，而把透射束挡掉，此时可以得到暗场像。

上述分析的例子说明了在衍射成像方法中，某一最符合布拉格条件的（hkl）晶面组的强衍射束起着至关重要的作用，因为此衍射束直接决定了图像的衬度。特别是在暗场条件下，像点的亮度直接等于样品上相应物点在光阑孔所选定的那个方向上的衍射强度，而明场像的衬度特征是和它互补的（在不考虑吸收效应的前提下）。正是因为衍射图像完全是由衍射强度的差别所产生的，所以这种图像是样品内部不同部位晶体学特征的直接反映。

11.1.4 相位衬度

当不止一束电子束对图像有贡献时，我们就能看到相位衬度。实际上通常提到的“条纹像”，从本质上说都与相位衬度有关。虽然我们经常区分相位衬度和衍射衬度，但通常这样的区分都是人为的。

通常人们把相位衬度像和高分辨像等同起来。实际上，在大多数 TEM 成像中，即使在低放大倍数下，仍存在相位衬度。应该注意的是，缺陷处的莫尔条纹和菲涅耳衬度都与相位衬度有关。

本节我们将用一些简单的近似来学习一些与晶格条纹相关的相位衬度效应。

电子束穿过薄样品后相位发生变化，在 TEM 图像中形成衬度。对相位衬度的描述并非只言片语就能说清，因为相位衬度对样品厚度、晶体取向、散射因子、物镜离焦量和像散的变化都特别敏感。也正是因为这些原因，相位衬度才能实现薄样品的原子结构成像。当然，要实现原子结构的成像，还需要 TEM 有足够的分辨率，能够分辨出原子级别的衬度变化，同时还能合理地调节影响穿过样品电子束相位的透镜状态。相位衬度成像与其他衬度成像的主要区别在于用物镜光阑或探测器所套取的衍射束的数目。前几节我们讲过，明场像和暗场像只需用物镜光阑套住一个电子束即可，而相位衬度则需套住多束电子。一般来说，参与成像的电子束越多，图像分辨率就越高。但我们发现，被物镜光阑套住的电子束并非都对成像有贡献，这与电子光学系统的特性有关。

假设存在$\vec{0}$和$\vec{g}$两束电子相互干涉，实验中只需要用物镜光阑套住两束电子，总波函数可以表示为：

$$\psi=\Phi_0(z)\exp 2\pi i(\vec{k}_1 \cdot \vec{r})+\Phi_g(z)\exp(2\pi i\vec{k}_d \cdot \vec{r}) \tag{11-5}$$

已知：

$$\vec{k}_d=\vec{k}_1+\vec{g}+\vec{s}_g=\vec{k}_1+\vec{g'} \tag{11-6}$$

此处引入双束近似，但$\vec{s}_g$可以取非零值，设$\Phi_0(z)=A$，$\exp 2\pi i(\vec{k}_1 \cdot \vec{r})$视为因子。可将$\Phi_g$写为：

$$\Phi_g=B\exp i\delta \tag{11-7}$$

其中：

$$B=\frac{\pi}{\xi_g}\ \frac{\sin \pi t s_{\mathrm{eff}}}{\pi s_{\mathrm{eff}}} \tag{11-8}$$

$$\delta=\frac{\pi}{2}-\pi t s_{\mathrm{eff}} \tag{11-9}$$

假定样品很薄，可以用s替代s_{eff}，那么式（11-5）可以写为：

$$\psi=\exp 2\pi i(\vec{k}_1 \cdot \vec{r})[A+B\exp i2\pi\vec{g'} \cdot \vec{r}+\delta] \tag{11-10}$$

所以出射波强度可写为：

$$A^2+B^2+AB\{\exp i(2\pi\vec{g'} \cdot \vec{r}+\delta)+\exp[-i(2\pi\vec{g'} \cdot \vec{r}+\delta)]\} \tag{11-11}$$

$$I=A^2+B^2+2AB\cos(2\pi\vec{g'} \cdot \vec{r}+\delta) \tag{11-12}$$

注意$\vec{g'}$与入射电子束垂直，因此假设$\vec{g'}$与x平行，并代入δ中，可得：

$$I=A^2+B^2-2AB\sin(2\pi g'x-\pi st) \tag{11-13}$$

从上式可以看出。出射波强度在$\vec{g'}$的法向上做正弦振荡，周期依赖于s和t。注意式（11-13）中的g和s表示矢量大小。所以条纹像上的条纹间距与垂直于$\vec{g'}$的晶面间距有关。衬度强度以正弦方式变化，不同的$\vec{g'}$值对应不同的振荡周期。注意，当入射束略偏离光轴时，该模型仍然适用。

11.2 衍射运动学简介

衍射衬度是由于入射电子束与薄晶体样品相互作用产生的。这种作用导致成像电子束在像平面上显示出样品内部不同部位的组织特征，并且这些特征在强度上存在差异。利用衍射运动学的原理可以计算各像点的衍射强度，从而可以定性地解释透射电镜衍衬图像的形成原因。薄晶体电子显微图像的衬度可用运动学理论或动力学理论来解释。如果按运动学理论来处理，电子束进入样品时随着深度增大，在不考虑吸收的条件下，透射束不断减弱而衍射束不断加强。如果按动力学理论来处理，则随着电子束深入样品，透射束和衍射束之间的能量是交替变换的。虽然动力学理论比运动学理论能更准确地解释薄晶体中的衍衬效应，但是这个理论数学推导繁琐，且物理模型抽象，在有限的篇幅内难以把它阐述清楚。与之相反，运动学理论简单明了，物理模型直观，对于大多数衍衬现象都能很好地定性说明。下面我们将讲述衍衬运动学的基本概念和应用。

11.2.1 基本假设和近似

运动学理论有两个先决条件。首先是不考虑衍射束和入射束之间的相互作用，也就是说两者间没有能量的交换。当衍射束的强度比入射束强度小得多时，在试样很薄和偏离矢量较大的情况下，这个条件是可以满足的。其次是不考虑电子束通过晶体样品时引起的多次反射和吸收，换言之，由于样品非常薄，因此反射和吸收可以忽略。在满足了上述两个条件后，运动学理论是以下面两个基本假设为基础的。

11.2.1.1 双光束近似

假定电子束透过薄晶体试样成像时，除了透射束外只存在一束较强的衍射束，而其他衍射束却大大偏离布拉格条件，它们的强度均可视为零。这束较强衍射束的反射晶面位置接近布拉格条件，但不是精确符合布拉格条件（即存在一个偏离矢量 s）。这样假定有两个目的：首先，存在一个偏离矢量 s 是要使衍射束的强度远比透射束弱，这就可以保证衍射束和透射束之间没有能量交换（如果衍射束很强，势必发生透射束和衍射束之间的能量转换，此时必须用动力学方法来处理衍射束强度的计算）；其次，若只有一束衍射束则可以认为衍射束的强度 I_g 和透射束的强度 I_T 之间有互补关系，即 $I_0=I_T+I_g=1$，I_0 为入射束强度。因此，我们只要计算出衍射束强度，便可知道透射束的强度。

11.2.1.2 柱体近似

所谓柱体近似就是把成像单元缩小到和一个晶胞相当的尺度。可以假定透射束和衍射束都能在一个和晶胞尺寸相当的晶柱内通过，此晶柱的截面积等于或略大于一个晶胞的底面积，相邻晶柱内的衍射波互不干扰，晶柱底面上的衍射强度只代表一个晶柱内晶体结构的情况。因此，只要把各个晶柱底部的衍射强度记录下来，就可以推测出整个晶体下表面的衍射强度（衬度）。这种把薄晶体下表面上每点的衬度和晶柱结构对应起来的处理方法称为柱体近似，见图 11-7。图中 I_{g1}、I_{g2}、I_{g3} 三点分别代表晶柱Ⅰ、Ⅱ、Ⅲ底部的衍射强度。如果三个晶柱内晶体构造有差别，则 I_{g1}、I_{g2}、I_{g3} 三点的衬度就不同。由于晶柱底部的截面积很小，它比所能观察到的最小晶体缺陷（如位错线）的尺度还要小一些，事实上每个晶柱底部的衍射强度都可看作为一个像点，把这些像点连接成的图像，就能反映出晶体试样内各种缺陷的组织结构特点。

11.2.2 理想晶体的衍射强度

考虑图 11-8 所示的厚度为 t 的完整晶体内部晶柱 OA 所产生的衍射强度。首先，要计算出柱体下表面处的衍射波振幅 Φ_g [图 11-8（a）]，由此可求得衍射强度。设平行于表面的平面间距为 d，则 A 处厚度元 dz 内有 dz/d 层原子，此厚度元引起的衍射波振幅变化为：

$$d\Phi_g=\frac{in\lambda F_g}{\cos\theta}e^{-2\pi i\vec{k'}\cdot\vec{r}}\cdot\frac{dz}{d}=\frac{\pi i}{\xi_g}e^{-2\pi i\vec{k'}\cdot\vec{r}}dz \tag{11-14}$$

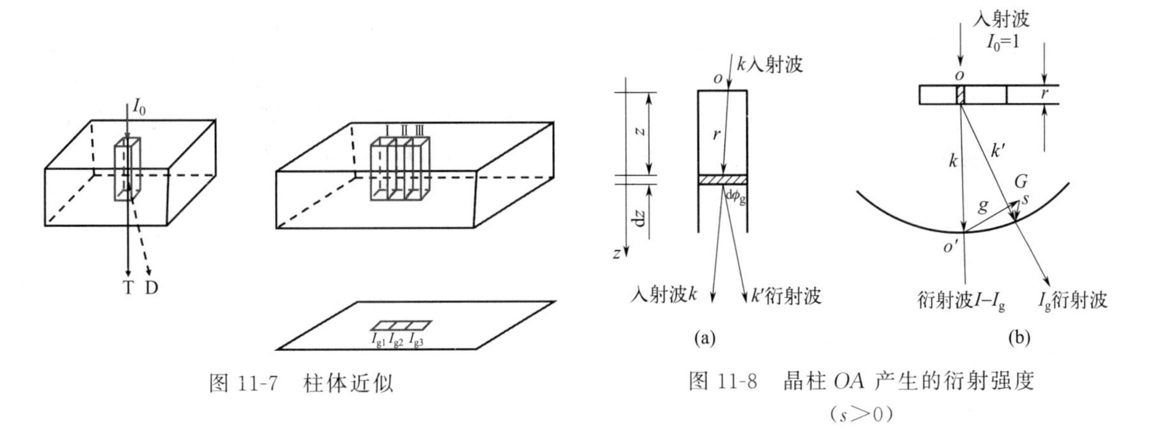

图 11-7　柱体近似

图 11-8　晶柱 OA 产生的衍射强度 （$s>0$）

晶体下表面的衍射振幅等于上表面到下表面各层原子面在衍射方向 $\vec{k'}$ 上的衍射波振幅叠加的总和。考虑到各层原子面衍射波振幅的相位变化，可得到 Φ_g 表达式为：

$$\Phi_g=\frac{\pi i}{\xi_g}\sum_{柱体}e^{-2\pi i\vec{k'}\cdot\vec{r}}dz=\frac{\pi i}{\xi_g}\sum_{柱体}e^{-i\varphi}dz \tag{11-15}$$

式中，$\varphi=2\pi\vec{k'}\cdot\vec{r}$ 是 r 处原子面散射波相对于晶体上表面位置散射波的相位角，考虑到在偏离布拉格条件时 [图 11-8（b）]，衍射矢量 $\vec{k'}$ 为：

$$\vec{k'}=\vec{k'}-\vec{k}=\vec{g}+\vec{s} \tag{11-16}$$

故相位角可表示为：

$$\varphi=2\pi\vec{k'}\cdot\vec{r}=2\pi\vec{s}\cdot\vec{r}=2\pi sz \tag{11-17}$$

其中 $\vec{g}\cdot\vec{r}=$整数（因为 $\vec{g}=h\vec{a^*}+k\vec{b^*}+l\vec{c^*}$，而 $\vec{r}$ 必为点阵平移矢量的整数倍，可以写成 $\vec{r}=u\vec{a}+v\vec{b}+w\vec{c}$），$\vec{s}/\!/\vec{r}/\!/\vec{z}$，且 $\vec{r}=\vec{z}$，于是有：

$$\Phi_g=\frac{\pi i}{\xi_g}\sum_{柱体}e^{-2\pi isz}dz=\frac{\pi i}{\xi_g}\int_0^t e^{-2\pi isz}dz \tag{11-18}$$

其中的积分部分：

$$\begin{aligned}\int_0^t e^{-2\pi isz}dz&=\frac{1}{2\pi is}(1-e^{-2\pi isz})\\&=\frac{1}{\pi s}\frac{e^{\pi ist}-e^{-\pi ist}}{2i}e^{-\pi ist}\\&=\frac{1}{\pi s}\sin(\pi st)e^{-\pi ist}\end{aligned} \tag{11-19}$$

代入式（11-18）得：

$$\Phi_{g}=\frac{\pi i}{\xi_{g}}\frac{\sin(\pi st)}{\pi s}e^{-\pi ist} \tag{11-20}$$

而衍射强度：

$$I_{g}=\Phi_{g}\cdot\Phi_{g}^{*}=\frac{\pi^{2}}{\xi_{g}^{2}}\frac{\sin^{2}(\pi st)}{(\pi s)^{2}} \tag{11-21}$$

这个结果说明，理想晶体的衍射强度 I_g 随样品的厚度 t 和衍射晶面与精确的布拉格位向之间偏离参量 s 而变化。由于运动学理论认为明、暗场的衬度是互补的，故令：

$$I_{T}+I_{g}=1 \tag{11-22}$$

因此有：

$$I_{T}=1-\frac{\pi^{2}}{\xi_{g}^{2}}\frac{\sin^{2}(\pi st)}{(\pi s)^{2}} \tag{11-23}$$

11.2.3 非理想晶体的衍射强度

电子穿过非理想晶体的晶柱后，晶柱底部衍射波振幅的计算要比理想晶体复杂一些。这是因为晶体中存在缺陷时，晶柱会发生畸变，畸变的大小和方向可用缺陷矢量（或称位移矢量）$\vec{R}$ 来描述，如图 11-9 所示。如前所述，理想晶体晶柱中位置矢量为 $\vec{r}$，而非理想晶体中的位置矢量应该是 $\vec{r'}$。显然 $\vec{r'}=\vec{r}+\vec{R}$，则相位角 φ' 为：

$$\varphi'=2\pi\vec{k'}\cdot\vec{r'}=2\pi[(\vec{g}_{hkl}+\vec{s})\cdot(\vec{r}+\vec{R})] \tag{11-24}$$

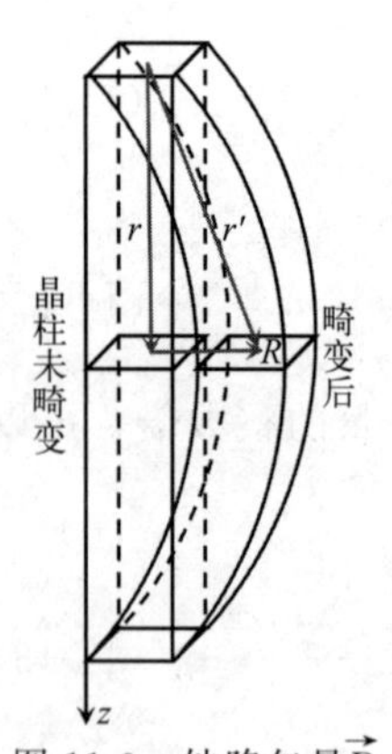

图 11-9　缺陷矢量$\vec{R}$

从图 11-9 中可以看出，$\vec{r'}$ 和晶柱的轴线方向 z 并不是平行的，其中 $\vec{R}$ 的大小是轴线坐标 z 的函数。因此，在计算非理想晶体晶柱底部衍射波振幅时，首先要知道 $\vec{R}$ 随 z 的变化规律。如果一旦求出了 $\vec{R}$ 的表达式，那么相位角 φ' 就随之而定。非理想晶柱底部衍射波振幅就可以根据式（11-15）求出。

$$\Phi_{g}=\frac{\pi i}{\xi_{g}}\sum_{柱体}e^{-i\varphi'}dz \tag{11-25}$$

$$\begin{aligned}e^{-i\varphi'}&=e^{-2\pi i[(\vec{g}_{hkl}+\vec{s})\cdot(\vec{r}+\vec{R})]}\\&=e^{-2\pi i(\vec{g}_{hkl}\cdot\vec{r}+\vec{s}\cdot\vec{r}+\vec{g}_{hkl}\cdot\vec{R}+\vec{s}\cdot\vec{R})}\end{aligned} \tag{11-26}$$

因为 $\vec{g}_{hkl}\cdot\vec{r}$ 等于整数，$\vec{s}\cdot\vec{R}$ 数值很小，有时 $\vec{s}$ 和 $\vec{R}$ 接近垂直可以略去，又因 $\vec{s}$ 和 $\vec{r}$ 接近平行，故 $\vec{s}\cdot\vec{r}=sr=sz$，所以：

$$e^{-i\varphi'}=e^{-2\pi isz}\cdot e^{-2\pi i\vec{g}_{hkl}\cdot\vec{R}} \tag{11-27}$$

据此，式（11-25）可以改写为：

$$\Phi_g = \frac{\pi i}{\xi_g}\sum_{柱体} e^{-i(2\pi sz + 2\pi \vec{g}_{hkl}\cdot\vec{R})} dz$$

$$= \frac{\pi i}{\xi_g}\int_0^t e^{-(2\pi isz + 2\pi i\vec{g}_{hkl}\cdot\vec{R})} dz \tag{11-28}$$

令 $\alpha = 2\pi \vec{g}_{hkl} \cdot \vec{R}$，则：

$$\Phi_g = \frac{\pi i}{\xi_g}\sum_{柱体} e^{-i(\varphi+\alpha)} dz \tag{11-29}$$

比较式（11-29）和式（11-15）可以看出，α 就是由于晶体内存在缺陷而引入的附加相位角。由于 α 的存在，造成式（11-24）和式（11-15）各自代表的两个晶柱底部衍射波振幅的差别，由此可以反映出晶体缺陷引起的衍射衬度。

11.3 衍射动力学简介

运动学理论可以定性地解释许多衍衬现象，但由于该理论忽略了透射束与衍射束的交互作用以及多重散射引起的吸收效应，使运动学理论具有一定的局限性，对某些衍衬现象尚无法解释。衍衬动力学理论仍然采用双束近似和柱体近似两种处理方法，但它考虑了透射束与衍射束之间的交互作用。实际上，在运动学理论适用的范围内，由动力学理论可以导出运动学的结果，因此运动学理论实质上是动力学理论在一定条件下的近似。

11.3.1 运动学理论的不足之处及适用范围

运动学理论是在两个基本假设的前提下建立起来的，理论不完善，还存在一些不足之处，其适用范围具有一定的局限性。按照运动学理论，衍射束强度在样品深度 t 方向上的变化周期为偏离参量的倒数 s^{-1}，而等厚消光条纹（后面几节会进行介绍）的间距正比于 s^{-1}。当 $s \to 0$ 时，条纹间距将趋于无穷大。而实际情况并非如此。由此可以说明，运动学理论在某些情况下是不适用的，或者可以认为实验条件没有满足运动学理论基本假设的要求。

由运动学理论导出的衍射强度公式：

$$I_g = \frac{\pi^2}{\xi_g^2}\frac{\sin^2(\pi st)}{(\pi s)^2} \tag{11-30}$$

可知，衍射束强度随偏离参量 s 呈周期性变化，当 $s=0$ 时，衍射束强度取最大值，即

$$I_{gmax} = \frac{\pi^2}{\xi_g^2} \tag{11-31}$$

可见，样品厚度 $t > \xi_g/\pi$ 时，则有 $I_{gmax} > 1$，衍射束强度将超过入射束强度（$I_0 = 1$），这显然是不成立的。运动学理论要求衍射束强度相对于透射束强度是很小的（$I_{gmax} \ll 1$），可以忽略透射束和衍射束的交互作用。要满足这一假设条件，样品厚度必须远小于消光距离 ξ_g，即 $t \ll \xi_g/\pi$。运动学理论适用于极薄的样品。

再根据衍射束强度随样品深度 t 的变化规律可知，衍射束强度的极大值为：

$$I_{gmax}=\frac{1}{(s\xi_g)^2} \tag{11-32}$$

当 $|s\xi_g|<1$ 时，也会出现衍射束强度超过入射束强度的错误结果。若满足 $I_{gmax}\ll 1$，则要求 $|s|\gg\xi_g^{-1}$，即要求有较大的偏移参量。运动学理论适用于衍射晶面相对于布拉格反射位置有较大的偏移量。

11.3.2 完整晶体的动力学方程

这里仅限于在双光束条件下采用柱体近似处理方法，简要介绍衍衬动力学的一些基本概念，并直接给出动力学方程。

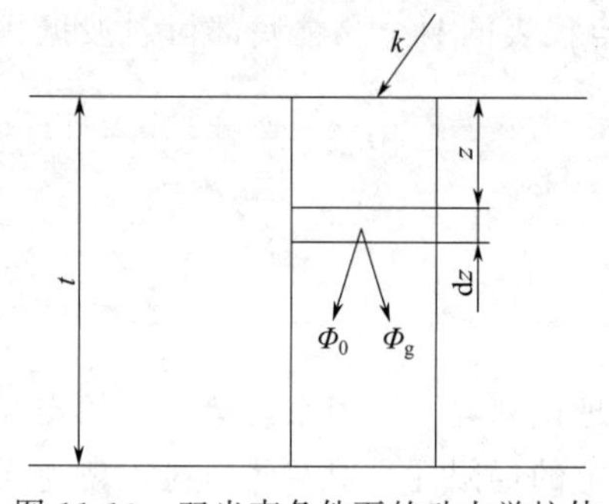

图 11-10 双光束条件下的动力学柱体

如图 11-10 所示，k 是入射电子束波矢。设透射束的振幅为 Φ_0，衍射束的振幅为 Φ_g，透射波和衍射波通过小柱体内的单元 dz，引起的振幅变化 dΦ_0 和 dΦ_g 可表示为：

$$\begin{cases}\dfrac{d\Phi_0}{dz}=\dfrac{\pi i}{\xi_0}\Phi_0+\dfrac{\pi i}{\xi_g}\Phi_g e^{2\pi isz}\\ \dfrac{d\Phi_g}{dz}=\dfrac{\pi i}{\xi_0}\Phi_g+\dfrac{\pi i}{\xi_g}\Phi_0 e^{-2\pi isz}\end{cases} \tag{11-33}$$

由式（11-33）可以看出，透射波和衍射波振幅的变化是这两波交互作用的结果，透射波振幅 Φ_0 的变化 dΦ_0 有衍射波 Φ_g 的贡献，衍射波振幅 Φ_g 的变化 dΦ_g 也有透射波 Φ_0 的贡献。

为求解方便做如下变换：

$$\begin{cases}\Phi_0{}'=\Phi_0\exp\left(-\dfrac{\pi iz}{\xi_0}\right)\\ \Phi_g{}'=\Phi_g\exp\left(2\pi isz-\dfrac{\pi iz}{\xi_0}\right)\end{cases} \tag{11-34}$$

将式（11-34）代入式（11-33），并略去右上角的“ ′ ”（因为上述变换只修正了相位，对强度并无影响），可得到完整晶体衍射动力学方程的另一种形式，即

$$\begin{cases}\dfrac{d\Phi_0}{dz}=\dfrac{\pi i}{\xi_g}\Phi_g\\ \dfrac{d\Phi_g}{dz}=\dfrac{\pi i}{\xi_g}\Phi_0+2\pi is\Phi_g\end{cases} \tag{11-35}$$

从式（11-35）中消去 Φ_g 和 $\dfrac{d\Phi_g}{dz}$，可导出 Φ_0 的二阶微分方程为：

$$\frac{d^2\phi_0}{dz^2}-2\pi\cdot s\frac{d\phi}{dz}+\frac{\pi^2}{\xi_g^2}\phi_0=0 \tag{11-36}$$

利用边界条件，在样品上表面 $z=0$ 处，$\phi_0=1$，$\Phi_g=0$，可求解微分方程：

$$
\begin{cases}
\phi_0=\cos\left(\dfrac{\pi t\sqrt{1+w^2}}{\xi_g}\right)-\dfrac{iw}{\sqrt{1+w^2}}\sin\left(\dfrac{\pi t\sqrt{1+w^2}}{\xi_g}\right)\\
\phi_g=\dfrac{i}{\sqrt{1+w^2}}\sin\left(\dfrac{\pi t\sqrt{1+w^2}}{\xi_g}\right)
\end{cases}
\tag{11-37}
$$

式中，$w=\delta\xi_g$，是一个无量纲的参量，用以表示衍射晶面偏离反射位置的程度。

由此可获得动力学条件下的完整晶体衍射强度公式为：

$$
I_g=|\phi_g|^2=\frac{1}{1+w^2}\sin^2\left(\frac{\pi t\sqrt{1+w^2}}{\xi_g}\right)
\tag{11-38}
$$

在此引入一个新的参数，称为有效偏离参量 s_{eff}，即

$$
s_{eff}=\frac{\sqrt{1+w^2}}{\xi_g}=\sqrt{s^2+\xi_g^{-2}}
\tag{11-39}
$$

将式（11-39）代入式（11-38）得：

$$
I_g=\left(\frac{\pi}{\xi_g}\right)^2\frac{(\sin^2\pi t s_{eff})}{(\pi s_{eff})^2}
\tag{11-40}
$$

比较式（11-40）和式（11-21）可见，动力学理论导出的衍射强度公式与运动学理论的衍射强度公式具有相对应的形式。下面就运动学理论所存在的局限性问题，对动力学的衍射强度公式进行相关讨论。

① 式（11-38）表明，衍射束强度 $I_g\leqslant\dfrac{1}{1+w^2}\leqslant 1$。当 $s=0$ 时，$I_{g_{max}}=1$。无论样品厚度如何变化，即使 $t>\dfrac{\xi_g}{\pi}$，也不会出现衍射束强度超过入射束强度的错误结果。

② 衍射束强度随样品厚度 t 呈周期性变化，变化周期为$\dfrac{1}{s_{eff}}$。当 $s=0$ 时，$\dfrac{1}{s_{eff}}=\xi_g$，衍射束强度在样品深度方向上的变化周期等于消光距离。此时等厚消光条纹的间距为正比于 ξ_g 的有限值。

③ 当 $s\gg\dfrac{1}{\xi_g}$时，可以忽略式（11-31）中的 ξ_g^{-2} 项，s_{eff} 和 s 近似相等，于是式（11-40）可变化为：

$$
I_g=\left(\frac{\pi}{\xi_g}\right)^2\frac{\sin^2\pi t s}{(\pi s)^2}
\tag{11-41}
$$

这正是运动学理论给出的结果。由此可见，由动力学理论可以推导出运动学的结果，也就是说，运动学理论是动力学理论在特定条件下的近似。

11.3.3 不完整晶体的动力学方程

采用与运动学理论完全类似的方法，在有晶格畸变的柱体中引入位移矢量 $\vec{R}$，将其引起的附加相位角 $\alpha=2\pi\vec{g}\cdot\vec{R}$，以附加相位因子的形式代入完整晶体的波振幅方程式（11-33）

中，可得到不完整晶体的波振幅动力学方程，即

$$\begin{cases}\dfrac{d\phi_0}{dz}=\dfrac{\pi i}{\xi_0}\phi_0+\dfrac{\pi i}{\xi_g}\phi_g\exp(2\pi isz+2\pi i\vec{g}\cdot\vec{R})\\ \dfrac{d\phi_g}{dz}=\dfrac{\pi i}{\xi_0}\phi_g+\dfrac{\pi i}{\xi_g}\phi_0\exp(-2\pi isz-2\pi i\vec{g}\cdot\vec{R})\end{cases} \tag{11-42}$$

式（11-42）的第一个方程中的附加相位因子 $\exp(2\pi i\vec{g}\cdot\vec{R})$ 表示衍射波相对透射波的散射引起的相位变化，第二个方程中的 $\exp(-2\pi i\vec{g}\cdot\vec{R})$ 表示透射波相对衍射波的散射引起的相位变化。

为了进一步讨论晶体缺陷对透射波和衍射波振幅的影响，可通过如下变换将波振幅方程变化为另一种形式，令：

$$\begin{cases}\phi_0''=\phi_0\exp\left(-\dfrac{\pi iz}{\xi_0}\right)\\ \phi_g''=\phi_g\exp(2\pi isz-\dfrac{\pi iz}{\xi_0}+2\pi i\vec{g}\cdot\vec{R})\end{cases} \tag{11-43}$$

将式（11-43）代入式（11-42），得：

$$\begin{cases}\dfrac{d\phi_0}{dz}=\dfrac{\pi i}{\xi_g}\phi_g\\ \dfrac{d\phi_g}{dz}=\dfrac{\pi i}{\xi_g}\phi_0+(2\pi isz+2\pi i\vec{g}\cdot\dfrac{d\vec{R}}{dz})\end{cases} \tag{11-44}$$

式（11-44）与式（11-35）比较可见，式（11-44）的第二个方程中的 $\vec{g}\cdot\dfrac{d\vec{R}}{dz}$ 反映了晶体缺陷对衍射波振幅的影响。缺陷引起的晶格畸变使衍射晶面发生局部的转动，使衍射晶面偏离布拉格位置的程度增大 $\vec{g}\cdot\dfrac{d\vec{R}}{dz}$，偏离参量由完整晶体处的 s 变化为晶体缺陷处的 $(s+\vec{g}\cdot\dfrac{d\vec{R}}{dz})$，从而使有缺陷处的衍射束强度（或振幅）有别于无缺陷的完整晶体，使缺陷显示衬度。

11.4 典型的衬度

11.4.1 等厚条纹

当样品的厚度不均匀时，透射束和衍射束在不同间距处发生耦合（干涉），因此会呈现一种与厚度相关的物理效应。这种由于厚度变化而产生的衍射衬度和之前讨论的质厚衬度是不同的，这是两种完全不同的效应：因厚度变化引起的衍射衬度会因为微小的倾转而变化，

但是质厚衬度不会。

如果晶体保持在确定的位向，则衍射晶面偏离矢量 $\vec{s}$ 保持恒定，此时根据衍射运动学理论，布拉格衍射束强度可以表示为：

$$I_g=\frac{1}{(s\xi_g)^2}\sin^2(\pi st)=1-I_0 \tag{11-45}$$

通过式（11-45）我们可以发现，衍射束的强度随两个独立参量 t 和 s 周期性变化。本节我们已经假设 s 保持恒定，则 I_g 随晶体厚度 t 的变化而发生周期性振荡，如图 11-11 所示。振荡周期为：

$$t_g=\frac{1}{s} \tag{11-46}$$

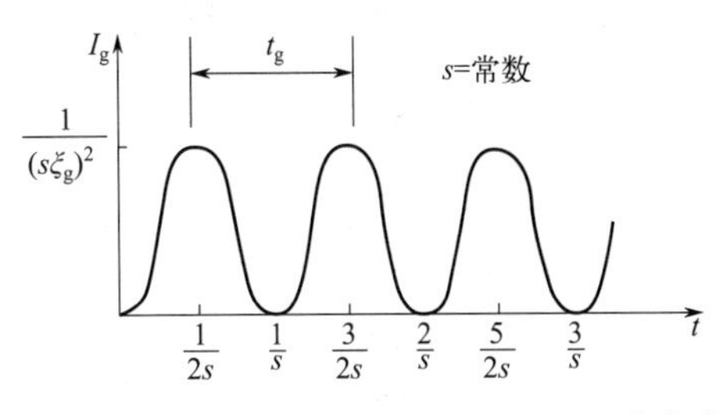

图 11-11　衍射强度 I_g 随晶体厚度 t 的变化曲线

因此，当 $t=n/s$ 时（n 为整数），$I_g=0$；当 $t=(n+1/2)/s$ 时，衍射强度达到极大值，为：

$$I_{gmax}=\frac{1}{(s\xi_g)^2} \tag{11-47}$$

值得注意的是，晶体厚度 t 严格意义上是指衍射束穿过的距离，而不是样品的真实厚度。式（11-45）表明，I_g 和 I_0 的大小都随着 t 的改变而振荡，对于明场像和暗场像，这些振荡是互补的。当不使用物镜光阑进行电镜成像时，样品在正焦位置处衬度最小。透射束强度 I_0 从单位强度开始逐渐减小为 0。与此同时，衍射束强度 I_g 则逐渐从 0 增大至单位强度。该过程周期性重复。

I_g 随 t 周期性振荡这一动力学结果，解释了晶体样品楔形边缘处出现的厚度消光条纹，并和电子显微图像上显示出来的结果完全符合。图 11-12 所示为一个薄晶体，其一端是一个楔形的斜面，在斜面上的晶体厚度 t 是连续变化的，故可把斜面部分的晶体分割成一系列厚度各不相等的晶柱。当电子束通过各晶柱时，柱体底部的衍射强度因厚度 t 不同而发生连续变化。根据衍射运动学基本方程，在衍射图像上楔形边缘将得到几列亮暗相同的条纹，每一个亮暗周期代表一个衍射强度的振荡周期大小。此时：

$$t_g=\frac{1}{s} \tag{11-48}$$

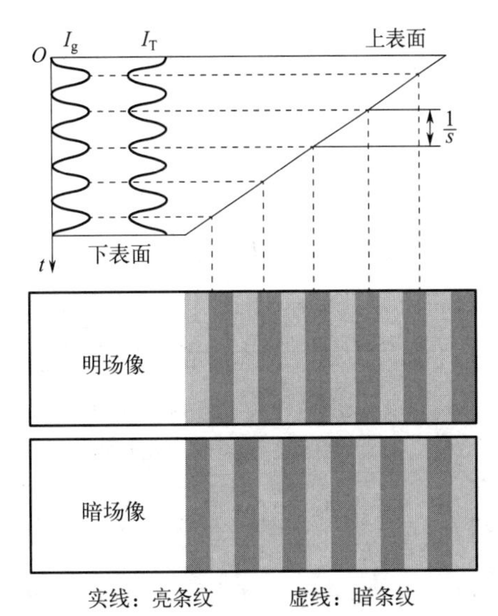

图 11-12　等厚条纹形成原理

因为同一条纹上晶体的厚度是相同的，所以这种条纹叫做等厚条纹。根据式（11-48）可知，消光条纹的数目实际上反映了薄晶体的厚度。因此，在进行晶体学分析时，可通过计算消光条纹的数目来估算薄晶体的厚度。

上述原理也适用于晶体中倾斜界面的分析。实际晶体内部的晶界、亚晶界、孪晶界和层错等都属于倾斜界面。图 11-13 是这类界面的示意图。若图中下方晶体偏离布拉格条件甚远，则可认为电子束穿过这个晶体时无衍射产生，而上方晶体在一定的偏差条件（s＝常数）下可产生等厚条纹，这就是实际晶体中倾斜界面的衍衬图像。图 11-14 为铝合金中倾斜晶界照片，可以清楚地看出晶界上的条纹。

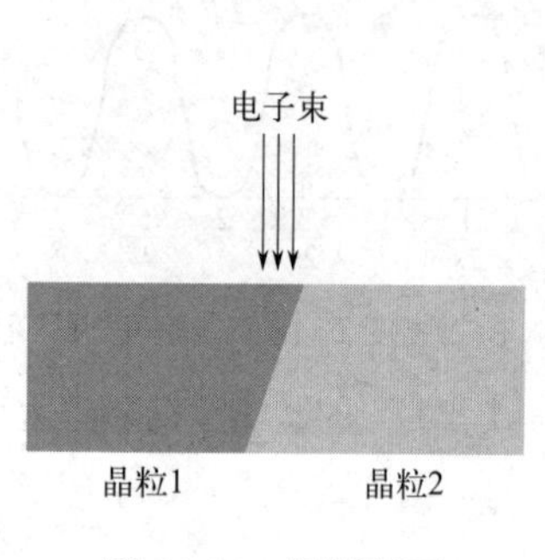

图 11-13　倾斜界面

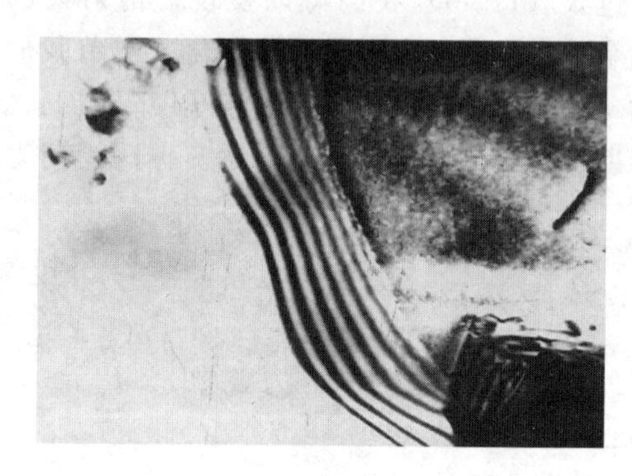
图 11-14　铝合金中倾斜晶界处的等厚条纹

11.4.2　等倾条纹

如果没有缺陷的薄晶体发生了弹性弯曲，则在衍衬图像上可以出现弯曲消光条纹。根据衍射运动学理论，在计算弯曲消光条纹强度时，其衍射束强度可以写为：

$$I_g=\frac{(\pi t)^2}{\xi_g^2}\cdot\frac{\sin^2(\pi st)}{(\pi st)^2}=1-I_0 \tag{11-49}$$

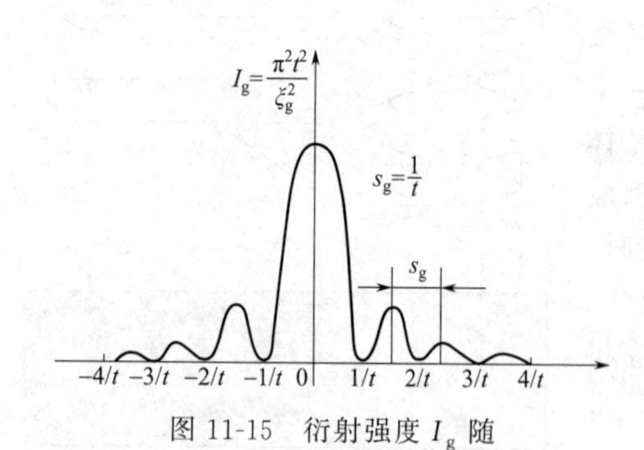

图 11-15　衍射强度 I_g 随偏离参量 s 的变化规律

此时衍射束的强度 I_g 随两个独立参量 t 和 s 周期性变化。本节我们假设 t 保持恒定，则 I_g 随偏离参量 s 的变化而发生变化，如图 11-15 所示。由图可知，当 $s=0$、$\pm\frac{3}{2t}$、$\pm\frac{5}{2t}\cdots$时，I_g 有极大值，其中 $s=0$ 时，衍射强度最大，为：

$$I_g=\frac{(\pi t)^2}{\xi_g^2} \tag{11-50}$$

当 $s=\pm\frac{1}{t}$、$\pm\frac{2}{t}$、$\pm\frac{3}{t}\cdots$时，$I_g=0$。图 11-15 反映了倒易空间中衍射强度的变化规律。由于 $s=\pm\frac{3}{2t}$时的二次衍射强度峰已经很小，所以可以把$\pm\frac{1}{t}$的范围看作是偏离布拉格条件后能产生衍射强度的界限。这个界限就是倒易杆的长度，即 $s=\frac{2}{t}$。据此，就可以得出晶体厚度越薄，倒易杆长度越长的结论。

由于薄晶体样品在一个观察视域中弯曲的程度是很小的，其偏离程度大都位于 $s=0\sim\pm\dfrac{3}{2t}$范围之内，加之二次衍射强度峰值要比一次峰低得多，所以在一般情况下，我们在同一视野中只能看到 $s=0$ 时的等倾条纹。如果样品的变形状态比较复杂，那么等倾条纹大都不具有对称的特征。有时样品受电子束照射后，由于温度升高而变形，在视野中就会看到弯曲消光条纹的运动。此外，如果我们把样品稍加倾动，弯曲消光条纹就会发生大幅度扫动。这些现象都是由于晶面转动引起偏离矢量大小改变而造成的。

11.4.3 试样厚度的测量

直接而准确地测量样品厚度在 TEM 中是非常必要的，例如样品中 X 射线吸收强度的校正、X 射线空间分辨率的确定以及具有合理峰背比的电子能量损失谱（electron energy loss spectroscopy，EELS）数据的获得。所以说样品厚度的确定就显得尤为重要。这里我们介绍一种利用会聚束电子衍射（covergent-beam electron diffraction，CBED）技术进行样品厚度测量的方法。

透射电子显微镜中的会聚束电子衍射最早是由 Kossel 和 Möllenstedt 实现的。他们将会聚角大于 10^{-2} rad（$1°=1.75\times10^{-2}$ rad）的电子束射到试样上直径小于 300Å 的区域作衍射而形成了会聚束花样。顾名思义，会聚束电子衍射不同于传统的电子衍射。传统电子衍射是以近乎平行的电子束射入试样，其透射束和衍射束在物镜后焦平面处分别构成透射斑点与衍射斑点，而会聚束电子衍射则是以具有足够大会聚角的电子束射到试样上，其透射束和衍射束分别会聚成一个盘而不是点，其盘内仍有强度分布，从而比一般电子衍射图含有更多的信息。随着仪器水平和实验技术的不断改进，人们对会聚束衍射花样中强度分布的了解越来越深刻，目前会聚束电子衍射已成为高分辨分析电子显微学的一个重要分支。

图 11-16（a）为硅［111］带轴的 CBED 花样，可以看到衍射盘中的动力学衬度和弥散的菊池带，此时样品 000 透射盘中通常会含有同心弥散的条纹，称为 Kossel-Möllenstedt 条纹（K-M 条纹）。如果在电子束照射下移动样品，且样品不太弯曲，就会看到这些条纹的数目发生变化。

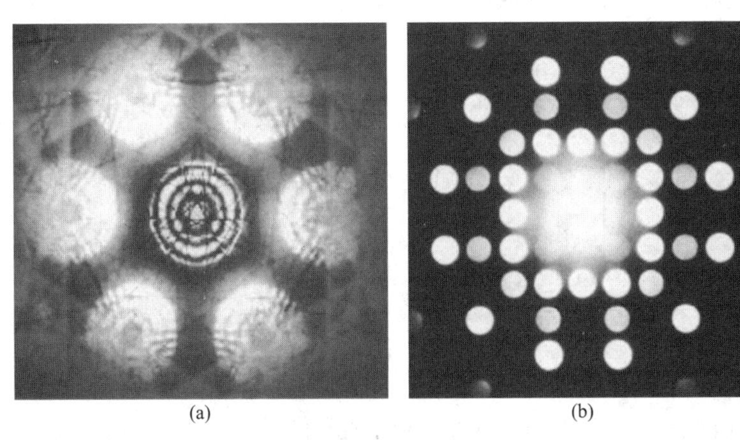

图 11-16　硅［111］带轴的 CBED 花样（a）和运动学条件下的 CBED 花样（b）

事实上，每当样品厚度增加一个消光距离 ξ_g，条纹数量相应地增加一个；如果样品厚度小于 ξ_g，则看不到条纹，如图 11-16（b）所示。显而易见，这些条纹中包含了厚度信息。事实上，这种方法能对进行衍射和分析的微区进行样品厚度测量，且易于进行计算模拟，因此该方法已成为 CBED 花样最常用的功能。所选的样品微区应该平整且没有畸变，并且电子束必须聚焦在样品面上。当然，该方法局限于晶体样品，对于完全结晶的材料，它是样品厚度测量最准确的方法之一。

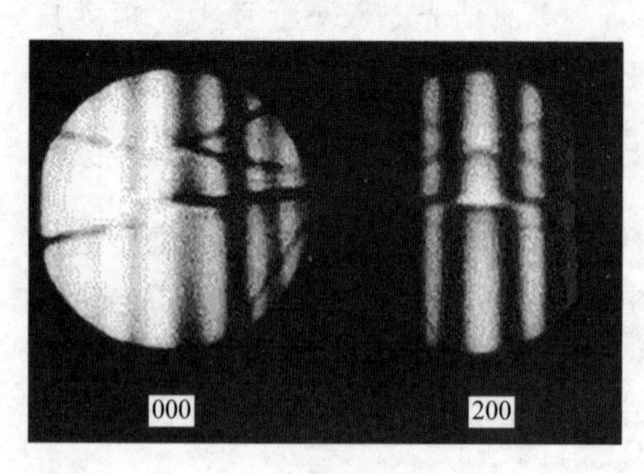

图 11-17　纯铝样品 200 反射被激发时的衍射花样

为了简化解释，实际应用中不在正带轴条件下测定厚度，而是把样品倾转到双束条件，此时只有一个强激发的 hkl 衍射。如此则会看到 CBED 盘中具有平行而不是同心的强度振荡，如图 11-17 所示。

如果用含网格线的 10 倍目镜来观察 hkl 衍射盘，则很容易测量到中心明条纹中间到每个暗条纹之间的距离，且精度约为 ±0.1mm。中心亮条纹处于严格布拉格条件，$s=0$。条纹间距对应于角度 $\Delta\theta_i$，如图 11-18（a）所示。利用下面的公式，从这些间距可以获得对应于第 i 根条纹的偏离参量 s_i（i 是整数）。

$$s_i=\lambda\frac{\Delta\theta_i}{2\theta_B d^2} \tag{11-51}$$

式中，θ_B 为 hkl 衍射面的布拉格角；d 为 hkl 的晶面间距；s 只取大小而不考虑符号。000 透射盘和 hkl 衍射盘间的间距正好对应于 CBED 花样中的 $2\theta_B$。图 11-17 是纯铝样品 200 反射被激发时的衍射花样。对于 Al，d_{200} 为 0.2021nm。如果知道消光距离 ξ_g，就可以由下式求出样品厚度 t。

$$\frac{s_i^2}{n_k^2}+\frac{1}{\xi_g^2 n_k^2}=\frac{1}{t^2} \tag{11-52}$$

式中，n_k 为整数（k 与 i 相同或相差一整数）。

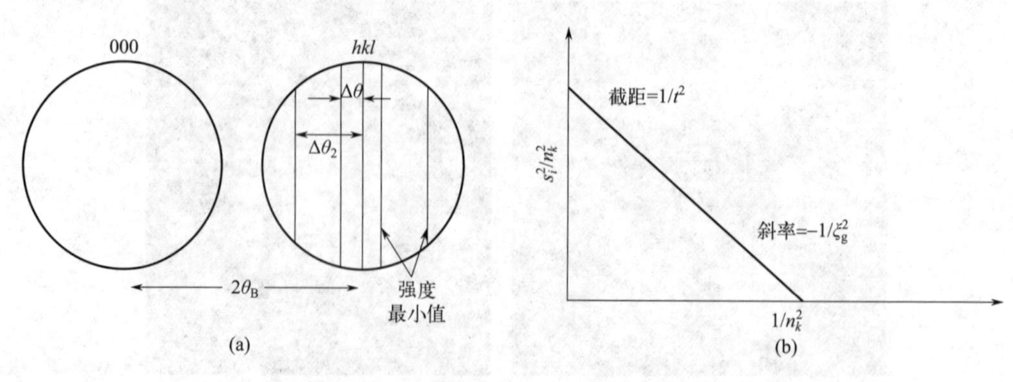

图 11-18　(a) 从 K-M 条纹测量 $\Delta\theta_i$；(b) $\left(\frac{s_i}{n_k}\right)^2$ 与 $\left(\frac{1}{n_k}\right)^2$ 的关系曲线

11.5 晶体缺陷分析

11.5.1 层错

当缺陷引起的附加相位角（$\alpha=2\pi\vec{g}\cdot\vec{R}$）是 2π 的整数倍时，附加相位因子 $e^{-i\alpha}=e^{-2i\pi\vec{g}\cdot\vec{R}}$ 等于 1，对衍射强度没有影响，此时缺陷不显示衍射衬度，称为不可见缺陷。因此也将 $\vec{g}\cdot\vec{R}=N$（整数）作为晶体缺陷不可见的判据。特别地，当 $\vec{g}\cdot\vec{R}=0$ 时，附加相位角 $\alpha=0$，此时 $\vec{R}\perp\vec{g}$。

堆积层错是最简单的平面缺陷。层错发生在确定的晶面上，层错面上、下方分别是位向相同的两块理想晶体，但下方晶体相对于上方晶体存在一个恒定的位移 $\vec{R}$。例如，在面心立方晶体中，层错面为 {111}，其位移矢量 $\vec{R}=\pm\frac{1}{3}$〈111〉或 $\pm\frac{1}{6}$〈112〉。层错可以通过以下途径形成，以 {111} 中的（111）面为例，抽出一层（111）原子面，抽出后原子堆垛顺序发生变化，被抽出处形成一个层错，一般约定原子面 ABCABC…正常顺序排列为正排；若顺序颠倒称为反排，以正三角形表示。因此，未发生层错（即理想晶体）时，记作 ABCABC…。当抽出一层（111）面原子层后，在正排顺序中，必夹有反排，记作 ACABC…，此时位移矢量 $\vec{R}=+\frac{1}{3}$〈111〉，称为内禀层错；当插入一层（111）面原子层后，在排列顺序中必出现两反排，记作 ABACABC…，此时位移矢量 $\vec{R}=-\frac{1}{3}$〈111〉，称为外禀层错。$\vec{R}=\pm\frac{1}{6}$〈112〉表示下方晶体沿着层错面的切变位移，同样有内禀和外禀两种，但包围着层错的偏位错与 $\vec{R}=\pm\frac{1}{3}$〈111〉类型的层错不同。

对于 $\vec{R}=\pm\frac{1}{6}$〈112〉的层错，$\alpha=2\pi\vec{g}\cdot\vec{R}=\frac{\pi}{3}(h+k+2l)$。因为面心立方晶体衍射晶面的 h、k、l 为全奇或全偶，所以 α 只可能是 0 或 $\pm\frac{2}{3}\pi$。如果 $\vec{g}$ 为 $[11\bar{1}]$ 或 [311]，层错将不显示衬度；但是若 $\vec{g}$ 为 [200] 或 [220]，$\alpha=\pm\frac{2\pi}{3}$，可以观察到层错。下面以 $\alpha=-\frac{2\pi}{3}$ 为例，说明层错衬度的一般特性。

11.5.1.1 平行于薄膜表面的层错

如图 11-19（a）所示，设在厚度为 t 的薄膜内存在平行于表面的层错 CD，它与上、下表面的距离分别为 t_1 和 t_2，对于无层错区域 OQ，衍射波振幅为：

$$\phi_g \propto A(t)=\int_0^t e^{-2\pi isz}\,dz=\frac{\sin(\pi st)}{\pi s} \tag{11-53}$$

而存在层错的区域 OQ′，衍射波振幅为：

$$\phi'_{g} \propto A(t)=\int_{0}^{t_1} e^{-2\pi isz}\,dz+\int_{t_1}^{t_2} e^{-2\pi isz}\,e^{-i\alpha}\,dz \tag{11-54}$$

显然，一般情况下 $\phi_g' \neq \phi_g$，衍射图像存在层错的区域将与无层错区域出现不同的亮度，即产生了衬度。层错区显示为均匀的亮区或暗区。

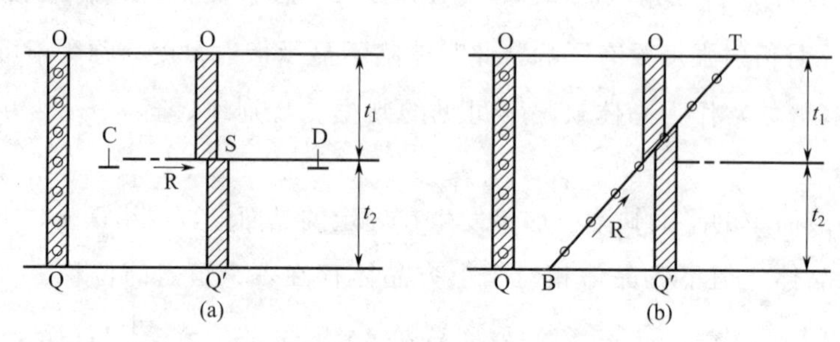

图 11-19　堆垛层错在薄膜样品中的取向

（a）平行于膜面；（b）倾斜于膜面

11.5.1.2　倾斜于薄膜表面的层错

如图 11-19（b）所示，薄膜内存在倾斜于表面的层错，它与上、下表面的交点分别为 T 和 B。此时层错区域的振幅仍然由式（11-54）表示。但在该区域内的不同位置，晶体柱上、下两部分的厚度 t_1 和 $t_2=t-t_1$ 是逐点变化的，不难想象，I_g 将随着厚度 t_1 的变化产生周期性的振荡，同时，层错面在试样中同一深度 z 处，I_g 相同。因此，层错衍衬像表现为平行于层错面迹线的明暗相间的条纹，明场像外侧条纹衬度相同，暗场像外侧条纹衬度相反，如图 11-20 所示。当晶体中层错密度较高时，电子束在样品中传播将穿过多个层错面，此时其衬度取决于这些层错引起的附加相位角的和，形态特征如图 11-20（c）所示。

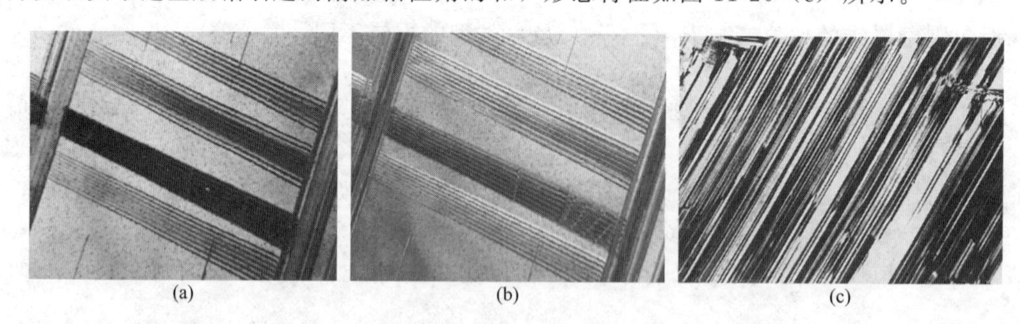

图 11-20　Cu 合金中倾斜于膜面的层错的衍衬像

（a）明场像；（b）暗场像；（c）高密度层错的形态

11.5.2　位错

非完整晶体衍衬运动学基本方程可以很清楚地用来说明螺型位错线的成像原因。

图 11-21 所示为一条和薄晶体表面平行的螺型位错线，螺型位错线附近有应变场，使晶柱 PQ 畸变成 P′Q′。根据螺型位错线周围原子的位移特性，可以确定缺陷矢量 $\vec{R}$ 的方向和

柏氏矢量$\vec{b}$的方向一致。图 11-21 中 x 表示晶柱和位错线之间的水平距离，y 表示位错线至膜上表面的距离，z 表示晶柱内不同深度的坐标，薄晶体的厚度为 t。因为晶柱位于螺型位错的应力场之中，晶柱内各点应变量都不相同，因此各点上 $\vec{R}$ 矢量的数值均不相同，即 $\vec{R}$ 应是坐标 z 的函数。为了便于描绘晶体的畸变特点，把度量 $\vec{R}$ 的长度坐标转换成角坐标 β，其关系如下：

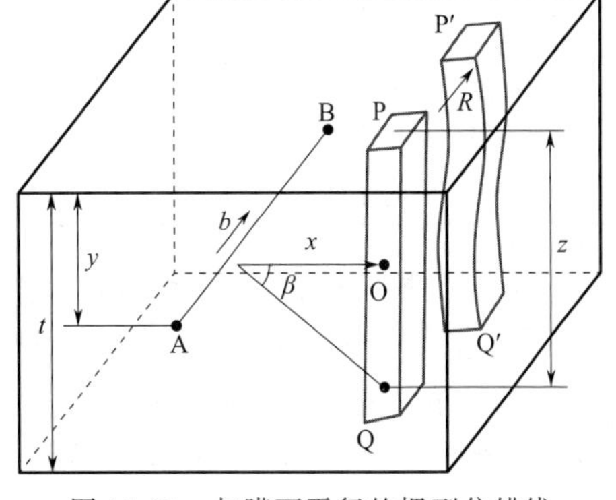

图 11-21　与膜面平行的螺型位错线

$$\frac{R}{b}=\frac{\beta}{2\pi} \tag{11-55}$$

$$R=b\,\frac{\beta}{2\pi} \tag{11-56}$$

$$\beta=\tan^{-1}\frac{z-y}{x} \tag{11-57}$$

$$R=\frac{b}{2\pi}\tan^{-1}\frac{z-y}{x} \tag{11-58}$$

从上式可以看出，晶柱位置确定后（x 和 y 一定），$\vec{R}$ 是 z 的函数。因为晶体中引入缺陷矢量后，其附加位相角 $\boldsymbol{\alpha}=2\pi\vec{g}_{hkl}\cdot\vec{R}$，故：

$$\boldsymbol{\alpha}=\vec{g}_{hkl}\cdot\vec{b}\arctan\frac{z-y}{x}=n\beta \tag{11-59}$$

式中，$\vec{g}_{hkl}\cdot\vec{b}$ 可以为零也可以为正、负整数。如果 $\vec{g}_{hkl}\cdot\vec{b}=0$，则附加相位就等于零，此时即使有螺位错线存在也不显示衬度。如果 $\vec{g}_{hkl}\cdot\vec{b}\neq0$，则完整晶体的衍射波振幅为 $\phi_{\mathrm{g}}=\frac{\mathrm{i}\pi}{\xi_{\mathrm{g}}}\sum\limits_{\text{柱体}}\mathrm{e}^{-\mathrm{i}\varphi}\mathrm{d}z$，有螺型位错线时的衍射波振幅为 $\phi'_{\mathrm{g}}=\frac{\mathrm{i}\pi}{\xi_{\mathrm{g}}}\sum\limits_{\text{柱体}}\mathrm{e}^{-\mathrm{i}(\varphi+\alpha)}\mathrm{d}z$，显然 $\phi_{\mathrm{g}}\neq\phi'_{\mathrm{g}}$。因此螺型位错线附近的衬度和完整晶体部分的衬度不同。

$\vec{g}_{hkl}\cdot\vec{b}=0$ 称为位错线不可见性判据，利用它可以确定位错线的柏氏矢量。因为 $\vec{g}_{hkl}\cdot\vec{b}=0$ 表示 $\vec{g}_{hkl}$ 和$\vec{b}$ 相互垂直，如果选择两个 $\vec{g}$ 矢量进行成像，位错线均不可见，就可以列出两个方程，即：

$$\begin{cases}\vec{g}_{h_1k_1l_1}\cdot\vec{b}=0\\ \vec{g}_{h_2k_2l_2}\cdot\vec{b}=0\end{cases} \tag{11-60}$$

联立后即可求得位错线的柏氏矢量 $\vec{b}$。面心立方晶体中的滑移面、操作矢量 $\vec{g}_{hkl}$ 和位错线的柏氏矢量三者之间的关系在表 11-1 中给出。

表 11-1　面心立方晶体全位错的$\vec{g}\cdot\vec{b}$ 值

操作反射 $\vec{g}$	$\vec{g}\cdot\vec{b}$					
	[110]/2	[−110]/2	[101]/2	[−101]/2	[011]/2	[0−11]/2
111	1	0	1	0	1	0
−111	0	1	0	1	1	0

续表

操作反射 $\vec{g}$	$\vec{g}\cdot\vec{b}$					
	[110]/2	[−110]/2	[101]/2	[−101]/2	[011]/2	[0−11]/2
1−11	0	−1	1	0	0	1
11−1	1	0	0	−1	0	−1
200	1	−1	1	−1	0	0
020	1	1	0	0	1	−1
002	0	0	1	1	1	1

下面定性地分析讨论刃型位错线衬度的产生及其特征。如图 11-22 所示，(hkl) 是由位错线 D 引起的局部畸变的一组晶面，如图 11-22（a）所示，并以它作为操作反射用于成像。若该晶面与布拉格条件的偏离参量为 s_0，并假定 $s_0>0$，则在远离位错 D 区域（例如 A 和 C 位置，相当于理想晶体）衍射波强度为 I（即暗场像中的背景强度），如图 11-22（b）所示。位错引起它附近晶面的局部转动，意味着在此应变场范围内，(hkl) 晶面存在着额外的附加偏差 s'。离位错越远，s'越小。位错线的右侧 $s'>0$，在其左侧 $s'<0$。于是，参看图 11-22（a），在右侧区域内（例如 B 位置），晶面的总偏差 $s_0+s'>s_0$，衍射强度 $I_B<I$；而在左侧，由于号相反，总偏差 $s_0+s'<s_0$，且在某个位置（例如 D）恰巧使 $s_0+s'=0$，衍射强度 $I_{D'}=I_{max}$。这样在偏离位错线实际位置的左侧，将产生位错线的像，暗场像中为亮线，明场相反，如图 11-23 所示。不难理解，如果衍射晶面的原始偏离参量 $s_0<0$，则位错线的像将出现在其实际位置的另一侧。

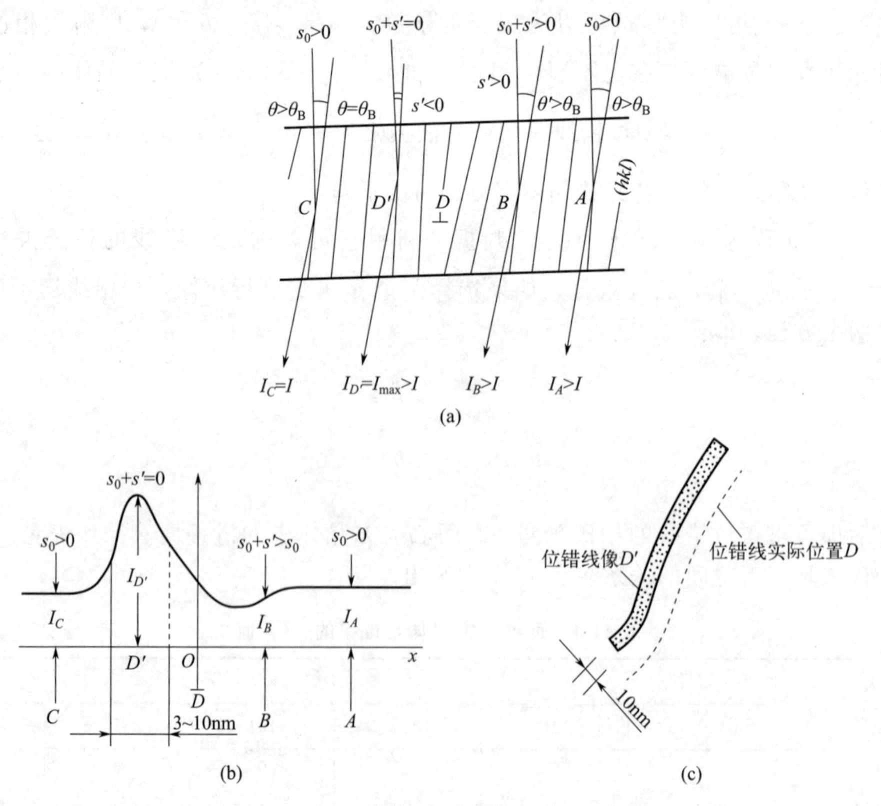

图 11-22　刃型位错线衬度的产生及其特征

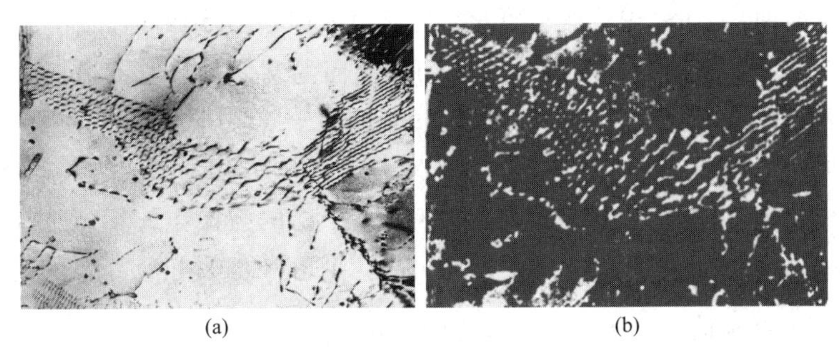

(a) (b)

图 11-23 亚晶界位错的衍衬像

(a) 明场像；(b) 暗场像

位错线的像总是出现在它的实际位置的某一侧，说明其衬度本质上是由位错附近的点阵畸变所产生的，称为“应变场衬度”。而且，由于附加的偏差 s' 随离开位错中心的距离而逐渐变化，使位错线的像总是有一定的宽度（一般为 3～10nm）。严格来说，位错是一条几何意义上的线，但用来观察位错的电子显微镜却并不需要具有极高的分辨本领。通常，位错线像偏离实际位置的距离也与像的宽度在同一数量级范围内。对于刃型位错的衬度特征，运用衍衬运动学理论同样能够给出很好的定性解释。

图 11-24（a）是金属在变形过程中因位错缠结而形成的位错胞，图 11-24（b）是位错滑移受晶界阻碍形成的位错塞积。

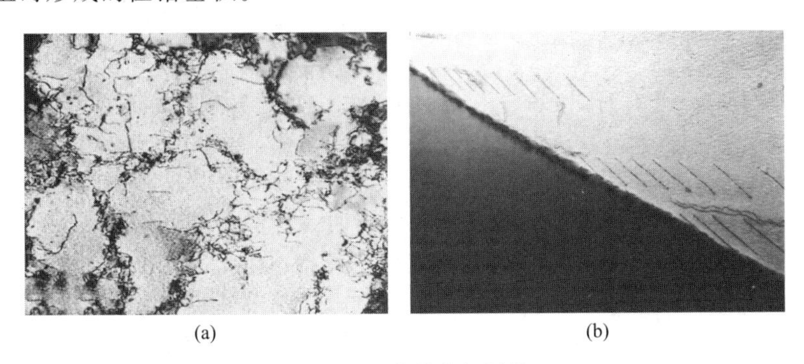

(a) (b)

图 11-24 位错的衍衬像

(a) 位错缠结形成的位错胞；(b) 晶界处的位错塞积

11.5.3 第二相粒子

这里的第二相粒子主要是指那些和基体之间处于共格或半共格状态的粒子。它们的存在会使基体晶格发生畸变，由此就引入了缺陷矢量 $\vec{R}$，使产生畸变的晶体部分和不产生畸变的部分之间出现衬度的差别，因此，这类衬度也可以看作应变场衬度。又因为这种衬度产生于基体，故又称基体衬度。应变场衬度比较复杂，其特征取决于第二相粒子的形状及其应变场的强度分布，目前对球形粒子引起的径向对称的应变场研究较透彻，球形粒子的应变场衬度产生的原因可以用图 11-25 说明。图中示出了一个最简单的球形共格粒子，粒子周围基体中晶格的结点原子产生位移，结果使原来的理想晶柱弯曲成弓形，利用运动学基本方程分别计算畸变晶柱底部的衍射波振幅（或强度）和理想晶柱（远离球形粒子的基体）的衍射波振幅，两者必然存在差别。但是，凡通过粒子中心的晶面都没有发生畸变（如图中通过圆心的水平和垂直两个晶面），如果用这些不畸变晶面作衍射面，则这些晶面上不存在任何缺陷矢量（即 $\vec{R}=0$，$\alpha=0$），从而使带有穿过粒子中心晶面的基体部分也不出现缺陷衬度。因晶面畸变的位移量是随着离开粒子中心的距离变大而增加的，因此形成基体应变场衬度。

如图 11-26 所示，球形粒子的应变场衬度呈蝶状，中间总是存在一条无衬度线，无衬度线的方向与操作矢量 $\vec{g}$ 垂直，说明对应位置的位移矢量 $\vec{R}$ 与操作矢量 $\vec{g}$ 垂直，因满足 $\vec{g}\cdot\vec{R}=0$，而不显示衬度。若改变操作矢量 $\vec{g}$ 的方向，无衬度线的方向也随之改变，总保持与操作矢量 $\vec{g}$ 垂直，这是球形粒子应变场衬度的主要特征。

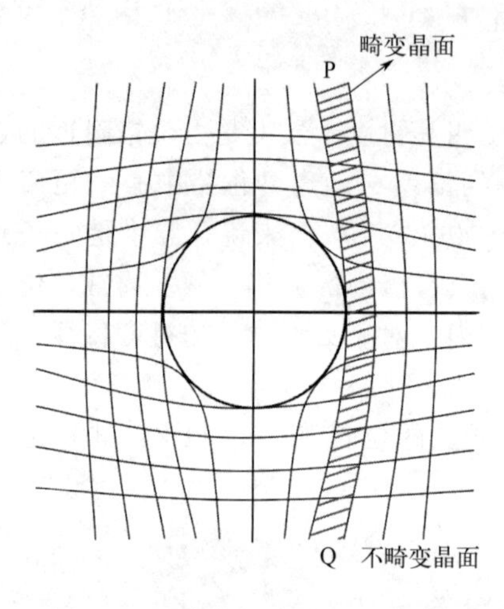

图 11-25　球形粒子引起的应变场

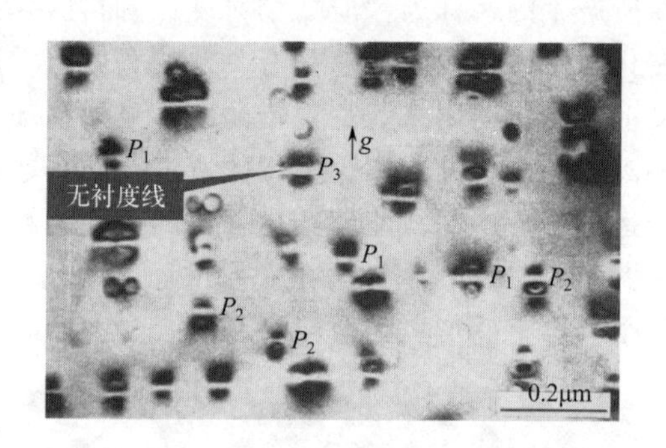

图 11-26　球形第二相粒子的应变场衬度

值得注意的是共格第二相粒子的衍衬图像并不是该粒子真正的形状和大小，这是一种因基体畸变而造成的间接衬度。在进行薄膜衍衬分析时，样品中的第二相粒子不一定都会引起基体晶格的畸变，因此在荧光屏上看到的第二相粒子和基体间的衬度不是应变场衬度，而是其他的衬度。将这种由第二相粒子自身所产生的衬度称为沉淀物衬度，主要包括取向衬度和结构因子衬度。

11.5.3.1　取向衬度

由于第二相和基体满足布拉格条件的程度不同，导致衍射束的强度出现差异，这种由取向差异引起的衬度称为取向衬度。取向衬度的特征是第二相显示均匀的亮或均匀的暗。第二相的晶体结构通常和基体有较大差别，会出现其衍射斑点，利用第二相的衍射束成暗场像，以显示第二相的形态，这是一种常用的分析技术。图 11-27 展示了铝合金中第二相的取向衬度。

11.5.3.2　结构因子衬度

当第二相和基体的结构因子存在差别时，也会导致衍射束强度出现差别，第二相显示出不同于基体的衬度，称为结构因子衬度。显示结构因子衬度的第二相往往与基体的晶体结构相同，如 Guinier Preston（GP）区（合金固溶体在出溶过程中通过均匀成核作用而析出的一种呈准稳定相的细小出溶析出物）和细小的有序畴。图 11-28 是铝合金中 GP 区的衍衬像，照片中弥散分布的细小颗粒即为 GP 区，其衬度来源为结构因子衬度。

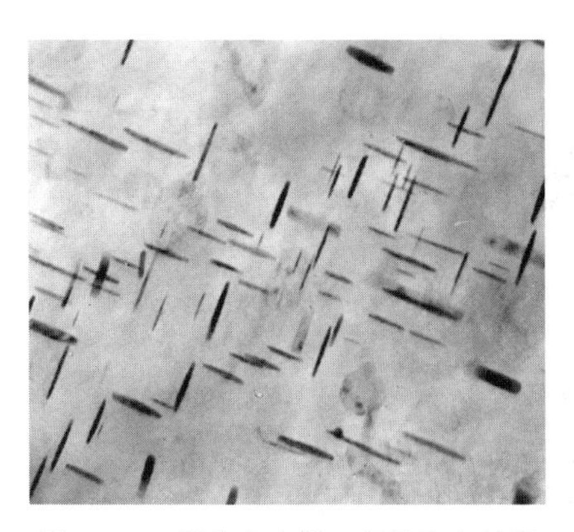

图 11-27　铝合金中第二相的取向衬度

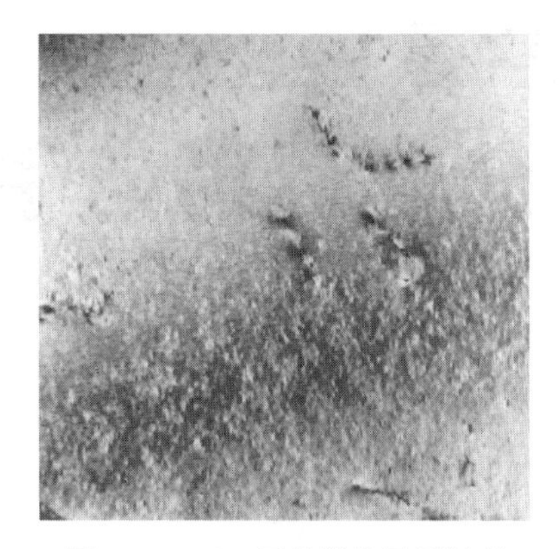

图 11-28　GP 区的结构因子衬度

习题

1. 什么是衬度？简要介绍常见衬度是如何产生的。

2. 衍射运动学成立的前提条件是什么？简述其局限性和适用范围。衍射动力学和运动学的关系是什么？

3. 简要介绍常见晶体缺陷引起的衬度。

参考答案

第12章

高分辨透射电子显微成像

12.1 高分辨透射电子显微成像的原理

12.1.1 样品透射函数

TEM的作用就是将样品上的每一点转换成最终图像上的一个扩展区域。而样品中每一点的状况各不相同，因此对入射电子波的散射也各不相同。所以我们可以用样品的透射函数$q(x,y)$来描述样品对入射电子波的散射，进而描述样品各个点的状况，将最终图像上对应着样品坐标(x,y)的点的扩展区域描述成$q(x,y)$。

$$q(x,y)=A(x,y)\exp[i\phi_t(x,y)] \tag{12-1}$$

式中，$A(x,y)$是入射电子波的振幅；$\phi_t(x,y)$是相位，取决于样品的厚度t。

在高分辨电子显微术中，一般将入射电子波的振幅设置为一个固定值，即$A(x,y)=1$，可将这一模型进一步简化。而相位的变化取决于物体的势函数$V(x,y,z)$，势函数的作用是使电子看起来好像是穿过样品一样。当样品足够薄时，晶体结构沿z轴方向的二维投影势可以表示为：

$$V_t(x,y)=\int_0^t V(x,y,z)\mathrm{d}z \tag{12-2}$$

真空中的电子波长λ与其能量E的关系是：

$$\lambda=\frac{h}{\sqrt{2meE}} \tag{12-3}$$

式中，h为普朗克常量。

而当电子进入晶体时，电子波长λ变为了λ'，即

$$\lambda'=\frac{h}{\sqrt{2me[E+V(x,y,z)]}} \tag{12-4}$$

每经过厚度为$\mathrm{d}z$的晶体薄片时，电子经历的相位改变为：

$$\mathrm{d}\phi=2\pi\frac{\mathrm{d}z}{\lambda'}-2\pi\frac{\mathrm{d}z}{\lambda}=2\pi\frac{\mathrm{d}z}{\lambda}\left[\sqrt{\frac{E+V(x,y,z)}{E}}-1\right] \tag{12-5}$$

$$\mathrm{d}\phi=2\pi\frac{\mathrm{d}z}{\lambda}\left\{\left[1+\frac{V(x,y,z)}{E}\right]^{\frac{1}{2}}-1\right\} \tag{12-6}$$

因为样品足够薄，所以$\frac{V(x,y,z)}{E}$趋近于0，由泰勒近似展开，可得：

$$\left[1+\frac{V(x,y,z)}{E}\right]^{\frac{1}{2}}-1\approx\frac{1}{2}\frac{V(x,y,z)}{E} \tag{12-7}$$

原式变为：

$$\mathrm{d}\phi\approx 2\pi\frac{\mathrm{d}z}{\lambda}\frac{1}{2}\frac{V(x,y,z)}{E}=\frac{\pi}{\lambda E}V(x,y,z)=\sigma V(x,y,z)\mathrm{d}z \tag{12-8}$$

$$\phi\approx\sigma\int V(x,y,z)\mathrm{d}z=\sigma V_t(x,y) \tag{12-9}$$

式中，$\sigma=\frac{\pi}{\lambda E}$为相互作用常数。上式表明，总的相位移动仅依赖于晶体的势函数$V(x,y,z)$。

因为样品很薄，样品对电子波的吸收效应很小，基本可以忽略不计，所以透射函数可以表示为：

$$q(x,y)=\exp[i\sigma V_t(x,y)] \tag{12-10}$$

因为样品很薄，所以样品的投影势V_t（x，y）要远小于1，将该式子泰勒展开，忽略高阶项，则可以简化为：

$$q(x,y)=1+i\sigma V_t(x,y) \tag{12-11}$$

这就是弱相位体近似。弱相位体近似表明，对很薄的样品来说，透射波函数的振幅与晶体的投影势呈线性关系，且仅考虑晶体沿z方向的二维投影势V_t（x，y）。以上的公式推导和简化表明，只有在样品很薄的时候，弱相位体近似才有效。

12.1.2 衬度传递函数

电子波经过物镜在其背焦面上形成衍射花样的过程，可用衬度传递函数表示，综合考虑物镜光阑、离焦效应、球差效应以及色差效应的影响，物镜衬度传递函数可以表示为：

$$A(u)=R(u)\exp[i\chi(u)]B(u)C(u) \tag{12-12}$$

式中，u为倒易矢量；R为物镜光阑函数；B和C分别为照明束发散度和色差效应引起的衰减包络函数；χ为物镜球差系数C_s与欠焦量Δf的相位差。该相位差可以表示为：

$$\chi(u)=\pi\Delta f\lambda u^2+\frac{1}{2}\pi C_s\lambda^3u^4 \tag{12-13}$$

由公式可以看出，$\sin\chi$将是一条很复杂的曲线，它与C_s的值（透镜质量）、λ（加速电压）、Δf（图像选择的欠焦量）以及u（空间频率）都有关系，而其中物镜球差系数C_s和欠焦量Δf是影响$\sin\chi$的两个主要因素。

$\sin\chi$函数随着欠焦量Δf的变化很大。如图12-1所示，当欠焦量Δf一定时，随着物镜球差系数C_s的减小，$\sin\chi$曲线的绝对值为1的平台（通带）展得越宽，其分辨率$\frac{1}{u}$就越小，分辨率越小，成像越可以真实反映晶体的投影势。如图12-2所示，当物镜球差系数C_s

一定时，随着欠焦量 Δf 的增大，$\sin\chi$ 曲线的绝对值为 1 的平台（通带）先变宽后又变窄，这中间必定存在一个最佳的欠焦条件使得 $\sin\chi$ 曲线的绝对值为 1 的平台（通带）展得最宽，而该最佳欠焦条件称为 Scherzer 欠焦条件。在这一欠焦条件下，电子显微镜的点分辨率为 $\frac{1}{u}$nm。它的含义为：在符合弱相位体成像的条件下，像中不低于$\frac{1}{u}$nm 的间距的结构细节可以认为是晶体投影势的真实再现。

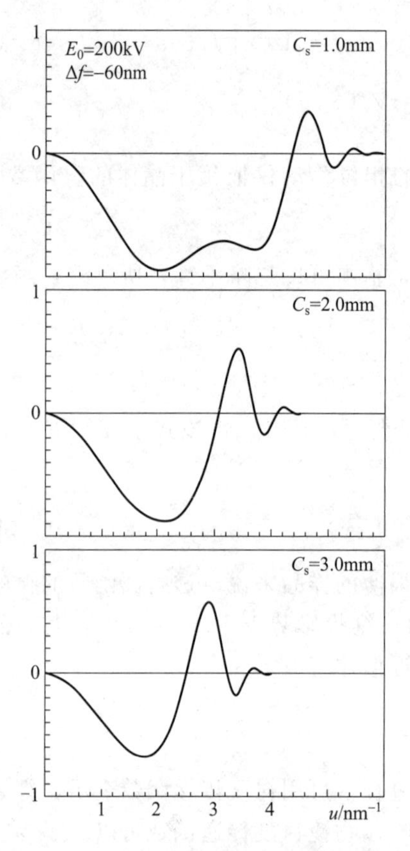

图 12-1　不同 C_s 时 $\sin\chi$ 随 u 的变化曲线

（$E_0=200$kV，$\Delta f=-60$nm）

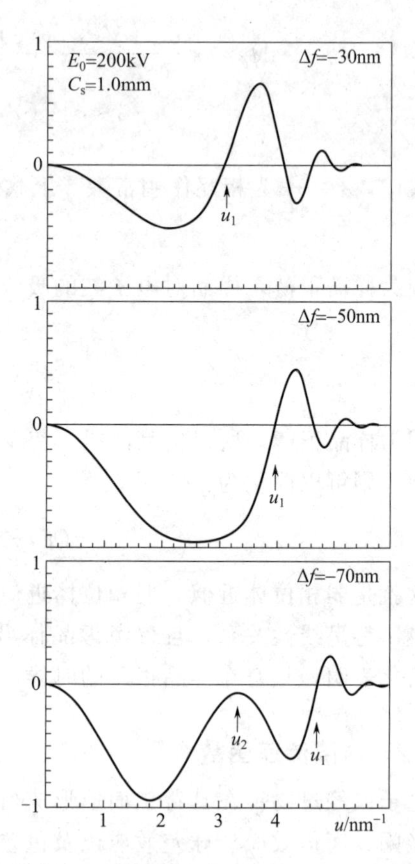

图 12-2　不同 Δf 时 $\sin\chi$ 随 u 的变化曲线

（$E_0=200$kV，$C_s=1.0$mm）

当欠焦条件偏离 Scherzer 欠焦条件时，$\sin\chi$ 函数的通带向高频方向移动，同时变窄。而此时得到的像不可以轻易地认为是所观察材料的结构像，因为 $\sin\chi$ 函数的左半部分形式已经发生了变化，必须依据计算机模拟来解释实验所得的高分辨像。所以分辨率最佳函数能否在倒易空间的一个较宽的范围内接近于-1，是成像最佳与否的关键条件。

12.1.3　相位衬度

电子波穿过薄样品后，因为相位发生了变化，携带着样品的结构信息，这些波在经过物镜聚焦系统后，在物镜背焦面上形成衍射花样，透射束与衍射束相互干涉的结果，最终在物镜像平面上形成高分辨像并在图像上形成了相位衬度。相位衬度对样品的厚度、晶体取向、散射因子、物镜的欠焦量和像散的变化都特别敏感。也正是这些原因，相位衬度可以实现薄区样品的原子结构成像。

相位衬度成像与其他衬度成像的主要区别在于用物镜光阑或探测器所套取的衍射束的数目。一般来说，明场像和暗场像只需要用物镜光阑套住一个电子束即可，而相位衬度则需要套住多个电子束。一般情况下，参与成像的电子束越多，图像的分辨率越高。图 12-3 为高分辨显微镜成像的示意图，当电子波透过晶体后，物镜传递函数对透射函数进行调制，晶体透射函数 $q\ (x,\ y)$ 经过物镜后呈现为电子衍射波 $Q(u,v)$，以衍射波作为次级子波源，在相平面干涉重建放大了的像 $q(x_i,y_i)$。

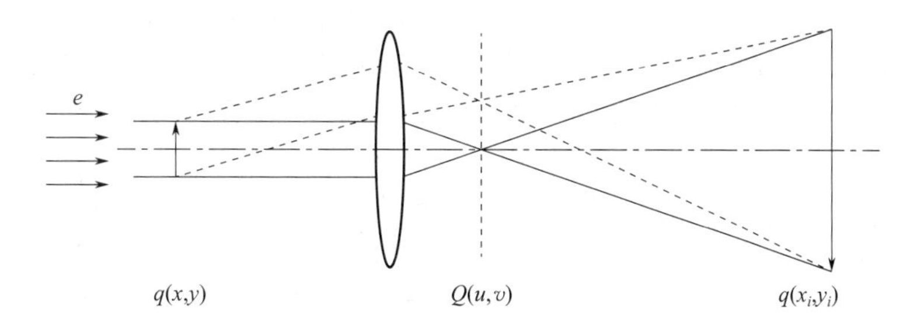

图 12-3　高分辨电子显微镜成像过程

考虑到物镜传递函数对透射电子波的调制，电子波 $q(x,y)$ 经过物镜在电子背焦面形成的电子衍射波 $Q(u,v)$ 为：

$$Q(u,v)=F\left[q(x,y)\right]A(u,v) \tag{12-14}$$

式中，F 表示傅里叶变化。

以衍射波 $Q(u,v)$ 为次级子波源，再经过一次傅里叶变化，可以在像平面上得到放大的高分辨像。

而对于弱相位体，当电子束经过晶体时，可以认为透射波的振幅基本无变化，而只是发生了相位的变化，则其透射函数可以简化为：

$$q(x,y)=1+i\sigma V_t(x,y) \tag{12-15}$$

将其代入式 (12-14) 可得：

$$Q(u,v)=\left[\delta(u,v)+i\sigma V_t(u,v)\right]A(u,v) \tag{12-16}$$

在电子波达到像平面后，在像平面上的像强度分布是 $Q(u,v)$ 经过傅里叶变换后再与其共轭函数相乘，略去 σV_t 的二次以上的项后为：

$$I(x,y)=1-2\sigma V_t(x,y)*F\left[\sin\chi(u,v)\right] \tag{12-17}$$

式中，$*$ 代表卷积运算。

为简单起见，简化该模型，如不考虑物镜光阑、色差与束发散度的影响，则像的衬度为：

$$C(x,y)=I(x,y)-1=-2\sigma V_t(x,y)*F\left[\sin\chi(u,v)\right] \tag{12-18}$$

当 $\sin\chi=-1$ 时，有：

$$C(x,y)=2\sigma V_t(x,y) \tag{12-19}$$

上式表明，当 $\sin\chi=-1$ 时才有像衬度与晶体的势函数投影成正比的关系，而只有在这个时候像的衬度才真实反映了薄晶体样品真实的内部结构。由此可以看出，$\sin\chi$ 是否能在倒易空间的一个较宽的范围内接近－1是最佳成像效果的关键条件。

由图12-2可知，当物镜球差系数 C_s 一定时，随着欠焦量 Δf 的增大，$\sin\chi$ 曲线的绝对值为1的平台（通带）先变宽后又变窄，这中间必定存在一个最佳的欠焦量 Δf 使得 $\sin\chi$ 曲线的绝对值为1的平台（通带）展得最宽。因为分辨率 $d=1/u_1$，所以通常平台（通带）最宽处对应的欠焦条件下电子显微镜具有最高的分辨率。而当欠焦量偏离最佳欠焦条件时，$\sin\chi$ 曲线发生变化，使 $\sin\chi$ 曲线展成－1的通带变窄或者不能使 $\sin\chi$ 曲线的值达到－1，这时由上述公式可知，像衬度与晶体的势函数就没有成正比的关系，即此时的像衬度并不能真实地反应薄样品内部的晶体结构，需要借助计算机模拟高分辨像作为解释依据。

值得注意的是，由于在简化公式时，用了弱相位体近似的简化条件，所以只有在弱相位体近似以及最佳欠焦条件下拍摄的像才能正确地反映晶体结构。然而实际上弱相位体近似的要求一般很难满足。当样品厚度超过一定值或者样品中含有重元素等情况时，往往会使弱相位体近似的条件失效。此时，尽管仍然可以拍出清晰的高分辨像，但是像衬度已经和晶体结构不是一一对应的关系了，对于这类图像，我们不能仅凭直观判断来解释，而必须借助计算机模拟，通过与实验图像的精确匹配来进行结构分析。

12.1.4 欠焦量和样品厚度对像衬度的影响

由上一小节的讨论我们可以知道，只有在满足弱相位体近似和最佳欠焦条件时，拍摄的高分辨像才能正确地反映晶体结构，但是弱相位体近似一般来说很难满足。当不满足弱相位体近似条件时，尽管仍然可获得清晰的高分辨像，但像衬度与晶体结构投影已不存在一一对应关系，而是随离焦量和试样厚度而改变。这一小节我们将具体讨论样品厚度与欠焦量对像衬度的影响。实际上，高分辨像的获取往往使用了足够大的光阑，使透射束和至少一个衍射束参与成像。透射束的作用是提供了一个电子波的波前参考相位。高分辨像其实是所有参加成像的衍射束之间因为相位差而形成的干涉图像，这也是为何欠焦量和试样厚度会非常直观地影响高分辨衬度的原因。随着试样厚度和欠焦量的改变，高分辨图像上可能会出现衬度的反转，例如高分辨像照片上黑色背底上的白点随着欠焦量和样品厚度的改变而变成白色背底上的黑点，同时，分布规律也有可能会发生变化。

图12-4所示为类 $L1_2$ 有序结构像（$Y_{0.25}Zr_{0.75}O_{2-x}$ 相）在不同欠焦量 Δf 和厚度 t 下计算所得的一些典型模拟高分辨像，图中厚度用单胞数来表示。可以看出，在一系列特定的大欠焦量下，在样品较薄的区域，如 $\Delta f=-202$nm、$t=2.0$nm（4个单胞厚）；$\Delta f=-200$nm、$t=3.1$nm（6个单胞厚）；$\Delta f=-198$nm、$t=4.1$nm（8个单胞厚）；$\Delta f=-196$nm、$t=5.1$nm（10个单胞厚），$\Delta f=-194$nm、$t=6.1$nm（12个单胞厚）；$\Delta f=-192$nm、$t=7.1$nm（14个单胞厚）等成像条件下，亮点才代表 $Y_{0.25}Zr_{0.75}O_{2-x}$ 相中Y原子的投影位置。

图12-5所示为 Nb_2O_5 单晶在同一欠焦量下，不同试样厚度区域的高分辨照片。在图上可以很明显地看出由于厚度不均匀等因素引起的图像衬度的区域性变化，如从图像右端边缘的非晶区衬度到中间合适厚度衬度下的晶体结构像。

12.1.5 电子束倾斜和样品倾斜对像衬度的影响

电子束倾斜和样品倾斜均会影响高分辨像的衬度，且从作用原理和作用效果来说，两者的作用是相当的。从前几节所述的衬度传递理论可知，高分辨像是透射束和衍射束相互作用在像平面上的结果，电子束的轻微倾斜的主要影响是在衍射束中导入了不对称的相位移动。轻微的电子束倾斜在常规的高分辨电子显微术的分析过程中是检测不到的，但是却会对高分辨像的衬度产生很大的影响。图 12-6 为 $Ti_2Nb_{10}O_{29}$ 晶体在样品厚度为 7.6nm 时的高分辨模拟像，图中清楚地表明了即便是轻微的电子束倾斜或者样品倾斜对高分辨像也会产生显著的影响。

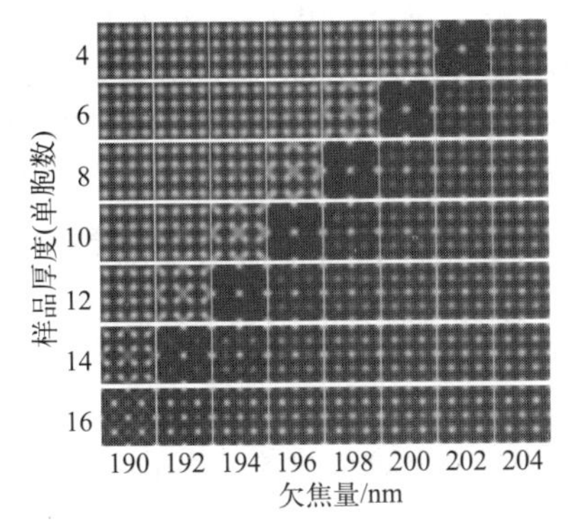

图 12-4　不同欠焦量和厚度下 $Y_{0.25}Zr_{0.75}O_{2-x}$ 相的一些典型模拟高分辨像

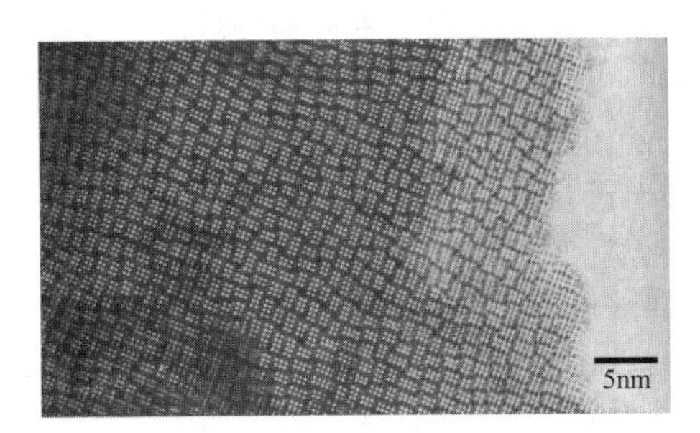

图 12-5　Nb_2O_5 化合物的高分辨像衬度随样品厚度的变化

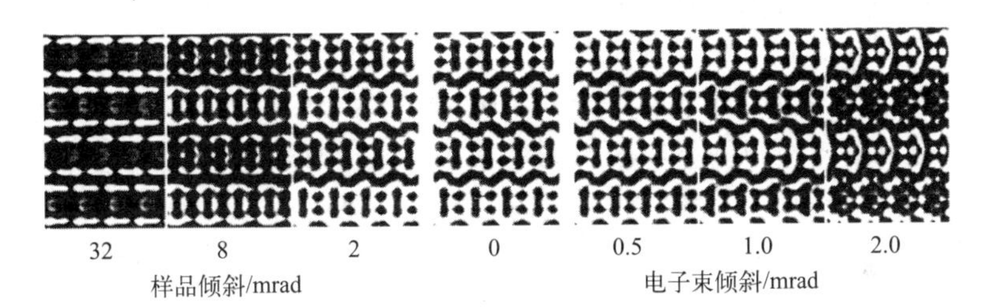

图 12-6　电子束倾斜和样品倾斜对 $Ti_2Nb_{10}O_{29}$ 的模拟高分辨像衬度的影响

在实际的电子显微镜的操作中，我们经常利用样品边缘的非晶区或非晶碳膜作为参照，以精确调整电子束的对中。若电子束倾斜非常小的话，这一区域的衍射花样将会非常对称。但是需要注意的一点是，通过这些非晶薄区调电子束倾斜时，调节速度需要快一些，因为电子束的聚焦很容易将这些边缘的非晶薄区给烧穿。对于缺乏非晶薄区的特殊样品，我们需要转而分析衍射谱中的晶体对称性，或者观察样品中较厚区域的二级衍射效应，以确保电子束和样品的精确对中。通过这些策略，我们可以在各种样品条件下实现高精度的对中操作，从而获得高质量的电子显微镜图像。

12.2 HRTEM 图像模拟、处理与定量分析

12.2.1　图像模拟

多年来，高分辨计算机模拟技术经常用于定性地解释实验所得的高分辨像，但近年来更多地被用于进行定量的图像匹配。高分辨模拟计算结果表明，实验像中的衬度往往比模拟像中的衬度要小得多。导致这一差距的主要因素有入射电子与样品的弹性和非弹性相互作用机

制、对衍射束强度和物镜聚焦作用的模拟计算以及图像记录系统的点扩散函数。这些因素的综合作用造成了高分辨像与实验像之间的差别，也就是说往往不能直接解释实验所获得的高分辨像。因此，高分辨像的计算机模拟技术显得非常重要。

电子对晶体的投影势非常敏感，因此最终的高分辨像很大程度上取决于晶体中的投影势分布。样品对电子的散射作用比对 X 射线和中子的散射作用要强烈得多，散射的强度和相位取决于晶体的厚度，散射波的动力学行为和电子光学理论已经很清楚，而且在部分相干照明条件下，图像形成的理论也逐渐完善。TEM 的成像系统可以用传递函数来表征，它表示电子显微镜对晶体波函数傅里叶部分的强度和相位的改变情况。入射电子被晶体强烈散射后经过电子显微镜进行信息传递的最终干涉结果就是高分辨像，其衬度的主要影响因素为晶体的厚度和电子显微镜的传递函数（欠焦）。当衍射束和透射束在高分辨电子显微镜的物镜像平面上同相位时，就会获得很好的高分辨像，采用适当的晶体厚度和电子显微镜欠焦的配合可以精准满足这一条件。

高分辨像的计算机模拟技术应用很广。首先，像模拟起源于试图解释复杂氧化物的实验高分辨像，即为什么有些像中黑点代表了晶胞中的重金属原子位置，而有些像中同一位置则表现为白点。因此高分辨像计算机模拟的首要应用是帮助分析实验所获得的高分辨像，即将实验中的衬度与结构特征联系起来。

目前，像模拟技术主要用于识别未知晶体的结构。首先给出待定晶体所有可能的晶体模型，然后用计算机模拟并将模拟计算的结果与实验分辨像进行仔细对照。通过这种途径，将一些假设的晶体模型排除，剩下一个模型。如果对所有可能的结构模型都进行了模拟计算，这样剩下的那个模型就是待定晶体的唯一合理结构。要想这种排除方法最终得到一个正确的结果，研究者必须确认所有可能的结构模型都考虑了，而且在一个很宽的晶体厚度和电子显微镜欠焦范围内将模拟像与实验像进行了细致的对比。如果在多个晶体取向中，模拟图像与实验图像都能高度匹配，那么结果的可信度将显著增加。这种方法为未知晶体结构的鉴定提供了一种有效且可靠的途径。

其次，通过像模拟，采用计算机图像处理技术中的图像冻结技术来粗略地研究一个特殊像，这样就可以获得一些实验中所不能观察到的信息，如样品表面出射电子波的振幅、组成像强度的每一组元的振幅和相位，甚至每一对衍射束的干涉对像强度的贡献等。

像模拟技术还可以用来研究成像过程本身。采用现有高分辨电子显微镜的参数（包括不变参数和可变参数）来进行高分辨像的模拟，可以找到提高该电子显微镜性能的途径，或是稍微修改电子显微镜的某些参数就能显著发挥其性能。基于模拟像的结果，我们可以对电子显微镜进行精确的参数调整，以适应特殊样品或样品中特定结构的成像需求。这种方法使我们能够获得更高质量的分辨像，尤其是在研究具有复杂结构的特殊样品时。通过这种基于模拟的参数优化方法，我们可以充分发挥电子显微镜的潜力，为各种样品提供最佳的成像解决方案。

最后，像模拟也能帮助确认一台已知分辨率的电子显微镜是否能够满足揭示某一晶体结构特征的要求。

高分辨像模拟计算主要分为四大步骤。①建立晶体或结构缺陷的模型。②入射电子束穿过晶体层传播。③电子显微镜光学系统对散射波的传递。④模拟像与实验像的定量比较。电子的弹性散射理论很好地解释了入射电子波穿过晶体的传播过程，这一过程的计算机模拟则主要基于 Bloch 波近似或者多片层近似。

Bloch 波法是直接求解与时间无关的薛定谔方程的方法。主要用来对小型完整的晶胞进行模拟计算，在计算完整晶体的低对称性方向的晶体像时，非常快速且准确，并且非常适合于计算完整晶体任何方向的汇聚束电子衍射花样。

多片层法是基于物理光学近似的方法。晶体厚度 z 可以被分为一层层厚度非常小（Δz）的薄片层，然后，将每一片层的晶体投影势投影到一个平面上（这一平面通常为片层的入射面），并且引入调制后的片层系数，这相当于假设每一层对入射波前的散射完全位于投影平面上。调制后的波前传递到下一个片层是在真空中传播一个非常小的距离 Δz，其物理光学过程可以用 Rayleigh-Sommerfeld 衍射公式的 Fresnel 近似描述（如图 12-7 所示），其中物体被一定数目的发射球面波的电波源代替，球面波的复合振幅由穿过物体的入射波前结果给出。

入射波前振幅为 $\Psi(x,y)$ 的 Rayleigh-Sommerfeld 衍射公式为：

$$\Psi(x,y)=\frac{1}{i\lambda}\int_{\sum}\Psi(x_1,y_1,0)q_n(x_1,y_1)\frac{\exp(-2\pi ikr_{01})}{r_{01}}\mathrm{d}s \tag{12-20}$$

$$\Psi(p_0)=\frac{1}{i\lambda z}\exp(-2\pi ikz)\int_{\sum}\Psi(p_1)q_n(p_1)\times\exp\left\{\frac{-\pi ik}{z}[(x_0-x_1)^2+(y_0-y_1)^2]\right\}\mathrm{d}s \tag{12-21}$$

上述公式为卷积方程，其描述的物理现象的示意如图 12-8 所示。

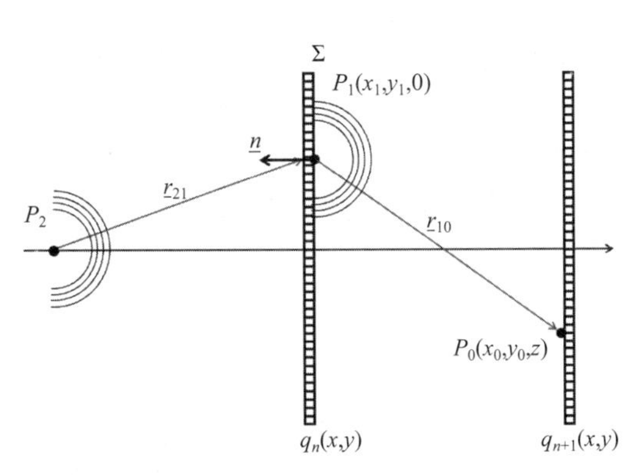

图 12-7 入射波穿过复合传递函数为 $q_n(x,y)$ 的物体的衍射情况

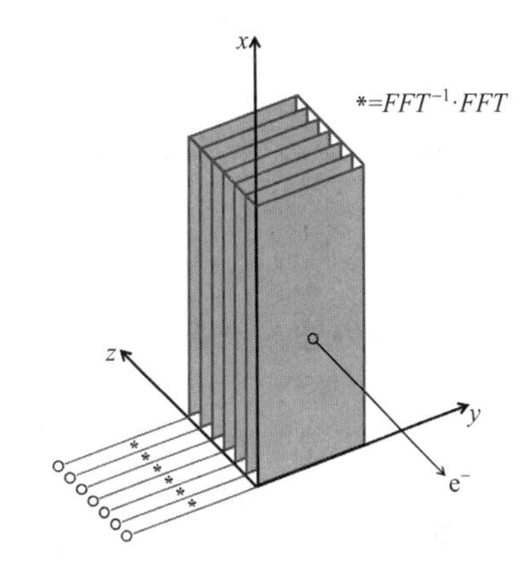

图 12-8 多片层法的系列投影和传播

在进行像模拟时，还得注意避免发生一些错误。模拟参数的选择需要使计算所得的衍射波的振幅和相位尽可能地接近于真实值。例如，在用多片层法进行模拟计算时，要选择合适的图像尺寸以获得足够的采样点，从而保证计算得到的晶体投影势的准确性；选择合适的片层厚度来满足弱相位体近似条件；选择尽可能多的光束进行成像以避免出现假信号，因为实空间是连续的，而取样是有一定间隔的，从而使得电子波从一个倒易晶胞散射到邻近的倒易晶胞时出现噪音；最后，还得用一半的片层厚度和两倍的图像尺寸重新计算，如果两次计算得到的强布拉格衍射束的强度和相位差不超过 5%，则可以认为原先的计算结果较为合理。通过这些细致的步骤，可以最大限度地提高像模拟的准确性和可靠性。

12.2.2 图像的处理与定量分析

12.2.2.1 图像处理和定量

图像处理，即使用计算机分析数据，可以从图像数据中提取出肉眼无法得到的信息。图像处理可以使图像清晰化，比如扣除无用的背底细节、进行噪声或漂移校正、移出人为引入的伪像。此处需要注意的是，在移除伪像时，不要引入新的伪像。

图像处理本质上就是操纵图像。其基本思想是先将图像数字化，然后再对数字进行数学运算。因此，在讨论图像处理时，大部分讨论都会用到计算机，那就需要知道怎么样才能更好地输入数据，如何处理这些数据，如何输出结果，以及如何表述对图像的处理过程。我们最需要注意的是，图像一旦转换为数字格式，就需要从统计的角度考虑问题，这也意味着要引入误差。

我们处理图像往往出于以下两个目的：

① 提高图片质量使图像看起来更加明锐，使衬度更高、更均匀等。但是这种处理可能是不明智的。

② 量化图像中的信息。这个过程非常必要，对物理学家而言，公式比图像更加容易处理。

用照相技术改善图像质量的处理方法已经发展很多年了，如“遮光”“滤光”、选择不同的感光胶或者改变显影液等。直到近些年，计算能力比较强的个人计算机才得以普及，但是图像处理早已与计算机紧紧联系在一起了。计算机图像处理是本章的核心，它有以下 3 点要求：

① 必须在计算机中将图像数字化；

② 选择合适的图像处理软件；

③ 要有一台能在较短时间内进行图像处理并且达到所需分辨率的计算机。

这里我们应当注意的是，图像处理是从图像开始，通过加光阑和特殊的滤波器得到一幅处理过的新图像。这个图像是一个真实的图像。特别需要注意的是，图像处理的每一个步骤都必须得到清晰的记录和说明。这些细节对于数据的正确解释至关重要，尤其是在原始数据不可用时，详尽的处理说明对于保证分析的透明度和可重复性是必不可少的。

12.2.2.2 图像处理的步骤

(1) 图像输入

有很多种方法可以把 TEM 图像输入到计算机中，使用什么方法取决于你在数字化的图像中得到多少细节。这里只讨论在显示器或荧光屏上可以看到的图像，图像输入有以下几种方法：

① 直接把图像从 TEM 转到计算机中；

② 在底片上记录图像，之后用显微光密度计使图像数字化；

③ 在录像磁带上记录图像；

④ 在底片上记录图像，之后打印并用台式扫描仪扫描图像。

用帧捕获器可以把录像磁带或者录影机上的图像转到计算机中，大多数计算机都可安装图像的滤波处理和重构帧捕获器，也可用高分辨扫描仪扫描照片或者底片。高分辨扫描仪和等分辨率的数字录影机的价格差不多。最纯粹的方法就是用显微光密度计逐点测量底片强度，直接读到计算机中，显微光密度计的优点是非常精准，而且在最高的分辨率下也能获得大范围的图像。作为一种连续采集技术，它的缺点是读取比较慢。如果要达到最好的效果，那么得到的图像就需要占用计算机大量的内存，计算机内存不是问题，但这样的图像处理起来会很慢。

(2) 处理技术——傅里叶滤波和重构

滤波的原理就是用掩模从图像中过滤掉一些信息以突出或强调某些信息。虽然有些复杂，但是可以这样处理图像：对 HRTEM 图像做傅里叶变换，用掩模过滤之后再进行傅里叶逆变换。

通过这种办法可以变换光阑的大小和边缘的锐度，而这在拍摄中是不太可能的，因为物镜光阑的直径都是固定的。通过以下例子可以更好地理解滤波的方法。图 12-9（a）为从一个比较大的 HRTEM 图像中用方形掩模选择的一个区域，图 12-9（b）是它的傅里叶变换（几个纳米区域上的衍射图案）。图中不只有［110］带轴的 11 个衍射点，也出现了一些垂直于掩模边缘的拉伸条纹，这些条纹是由图像处理引起的伪像。

利用这种方法可在计算机中模拟 TEM 成像。将图像作为样品，做傅里叶变换得到衍射点，用光阑选择一个或多个衍射点成像。这些光阑是计算机视角上的物镜光阑。和在 TEM 中一样，小物镜光阑会降低图像的分辨率，图像的缺陷信息都包含在衍射点之中。

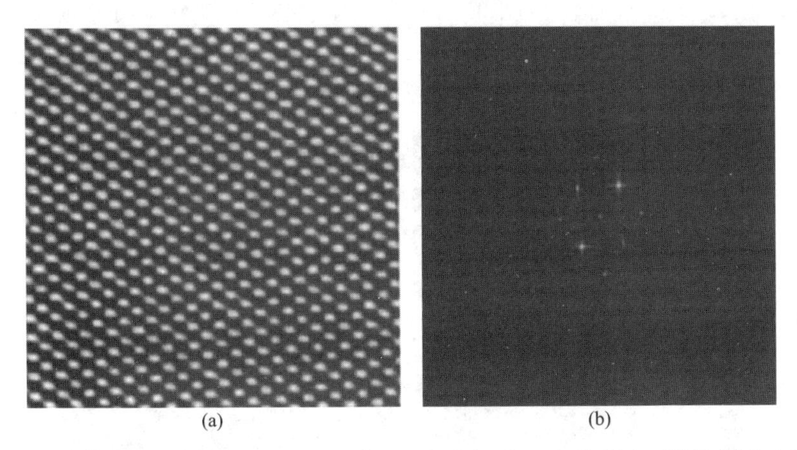

图 12-9　用方形掩模在较大的 HRTEM 图像上选择的区域（a）及所选区域的傅里叶变换（b）

如图 12-10 为计算机通过衍射图像上的一些基本点构造的模拟图像。这表明计算机模拟成像时选择同一晶格的不同主要衍射点所模拟出来的图像会有所不同。

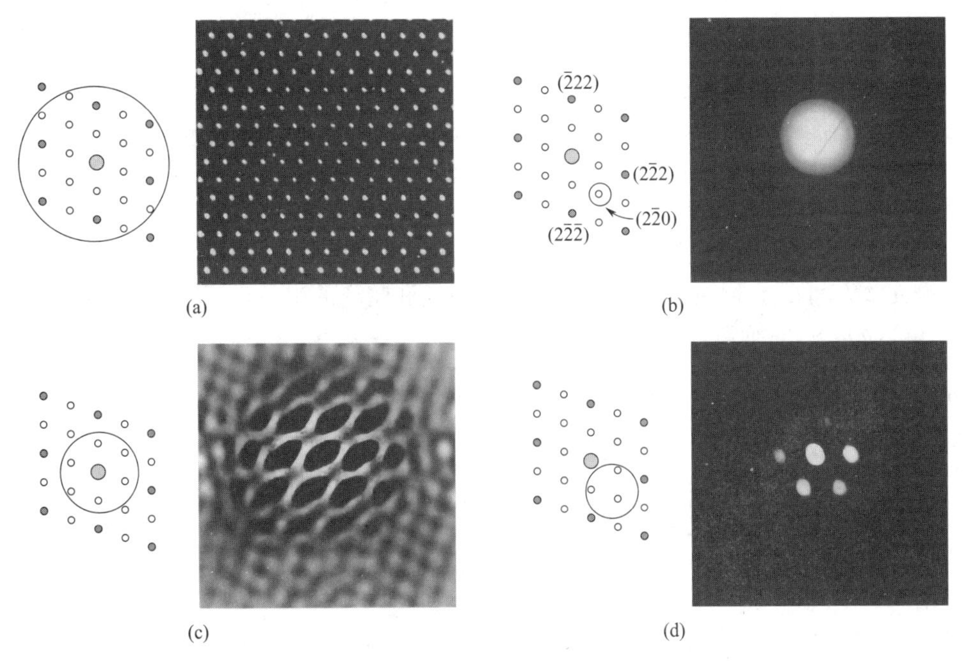

图 12-10　（a）样品模型的衍射花样以及晶格图像；
（b）、（c）、（d）利用不同的掩模选择不同的衍射点计算机模拟得到的不同图像

（3）衍射谱分析

如本章第一小节提到的可以将传递函数画为如图 12-1、图 12-2 所示的函数曲线。该曲线还可以从另一个角度去思考：若有一个样品能等同地产生每一可能的 u 值，即每一有可能的空间频率，会产生何种现象？

Ge 的非晶薄膜可以得到上述函数曲线，但是散射强度太低，难以记录。

虽然将底片数字化也是一种好的方法，但是采用慢扫描 CCD 摄像机可直接记录高分辨率图像。通过将 $I-u$ 的实验曲线和计算得到的不同的 Δf 和 C_s 值下的 $I-u$ 曲线相比较，就可以确定像散、Δf、C_s 的值。如果在 Ge 膜上有一些 Au 颗粒，将有助于分析，因为利用 Au 的斑点可以校正电镜的内部参数。图 12-11 为一组像和它们对应的衍射图。由图可知，随物镜欠焦量的增大，环的数目增加，宽度变窄，衬度传递逐渐扩展至更大的 u 值。

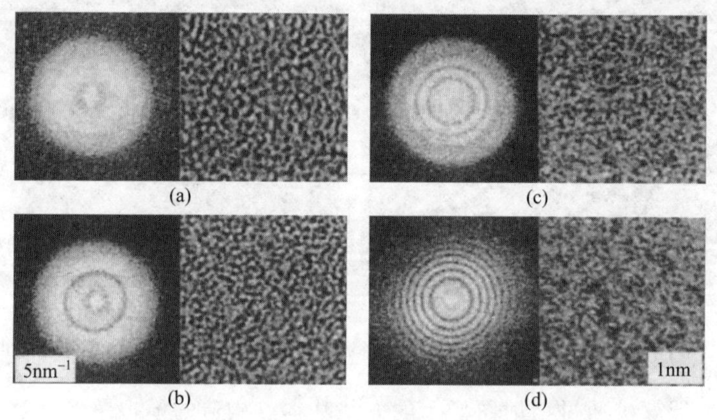

图 12-11　非晶 Ge 膜的 4 幅图像以及对应的衍射图

（a）$\Delta f=1$Sch；（b）$\Delta f=1.87$Sch；（c）$\Delta f=2.35$Sch；（d）$\Delta f=3.87$Sch

（其中，$1\text{Sch}=-\sqrt{C_s\lambda}$）

① 确定像散。利用这种衍射图可以校正像散。一张无像散的衍射像具有圆对称性。如图 12-12 所示，用眼睛都可以观察到微小的像散。计算机可以快速测定像散值并反馈给 TEM，从而调整透镜电流校正像散，下文会具体解释。计算机可以根据这组衍射图来判断是像散还是样品漂移，而眼睛则会将两者混淆。漂移也产生圆形花样，但是会丢失漂移方向上的高频信息。

② 确定 Δf 和 C_s。通过测量任何衍射图中亮环和暗环的半径，可以确定 Δf，因为亮环对应于 $\sin\chi(u)=1$，而暗环对应于 $\sin\chi(u)=0$。

$\sin\chi(u)=1$，$\chi(u)=\dfrac{n\pi}{2}$，n 为奇数；

$\sin\chi(u)=0$，$\chi(u)=\dfrac{n\pi}{2}$，n 为偶数。

由于 C_s 也会影响环的位置，因而至少需要两个环。Krivanek 已经给出了确定 Δf 和 C_s 的简单方法。首先从 χ 的定义开始。

$$\chi(u)=\pi\Delta f\lambda u^2+\frac{1}{2}\pi C_s\lambda^3u^4 \tag{12-22}$$

将 $\chi(u)$ 代入上面两式中即可得：

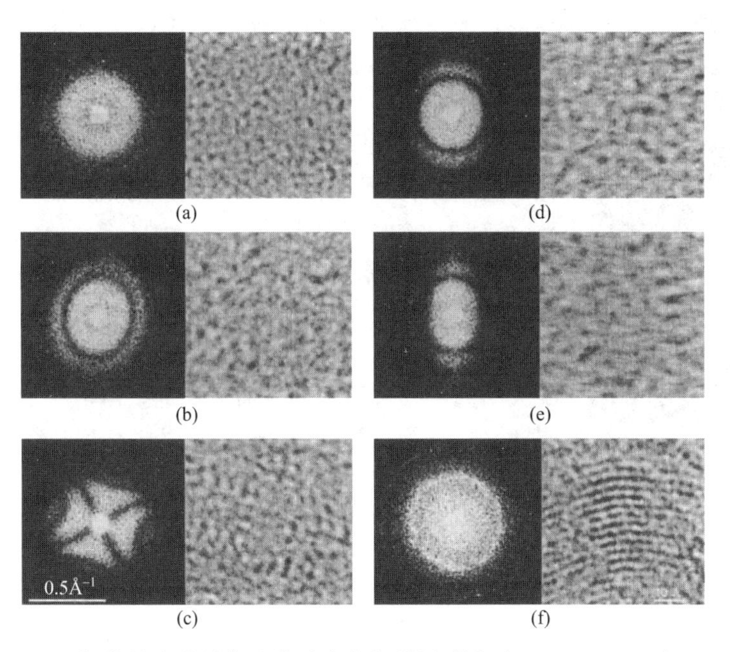

图 12-12　6 幅非晶碳膜图像及其对应的衍射图［表示 300kV TEM 中 HRTEM 的不同像散。(b)、(d)、(e) $\Delta f=2.24$Sch；(f) $\Delta f=0$］
(a) 已合轴且样品无漂移；(b) 存在一些像散（$C_a=14$nm）；(c) 存在较大像散（$C_a=80$nm）；(d) 无像散但样品漂移 0.3nm；(e) 无像散但样品漂移 0.5nm；(f) 已合轴且无样品漂移，条纹间距 0.344nm

$$\frac{n}{u^2}=C_s\lambda^3u^2+2\Delta f\lambda \tag{12-23}$$

现在需要画出 nu^{-2} 随 u^2 的变化曲线，它是一条斜率为 $C_s\lambda^3$，在 nu^{-2} 轴上的截距为 $2\Delta f\lambda$ 的直线。指定 $n=1$ 为强度最高的中心亮环，$n=2$ 为第一个暗环，以此类推。在欠焦或者非常接近于 Scherzer 欠焦的情况下测量数据，会更为困难，当发现结果不为直线时会体会到这一点。测量得到的 C_s 值最好接近于制造商给出的值。如果画出不同衍射图（即不同 Δf 值）的 nu^{-2} 随 u^2 的变化曲线，则每一个和特定的 n 值对应的点都将位于一条双曲线上。根据这些双曲线可以确定任一显微镜的 C_s 值和任一衍射图的 Δf 值。

12.2.2.3　图像处理的应用

本节主要举例说明一些目前常用的图像处理方法。由于该领域发展迅速，这里的讲述只能涵盖一部分内容，因此并没有对细节做过多的讨论。图像处理软件主要用于以下两个方面：

① 减少噪声或者提高信噪比；

② 量化图像。

(1) 电子束敏感材料

低剂量电子显微镜的信噪比一般比较小，要提高信噪比就必须增大电子束剂量，这是生物电镜技术的一个突出问题。目前在材料科学领域，已经趋向于认为“束流损伤”是无法避

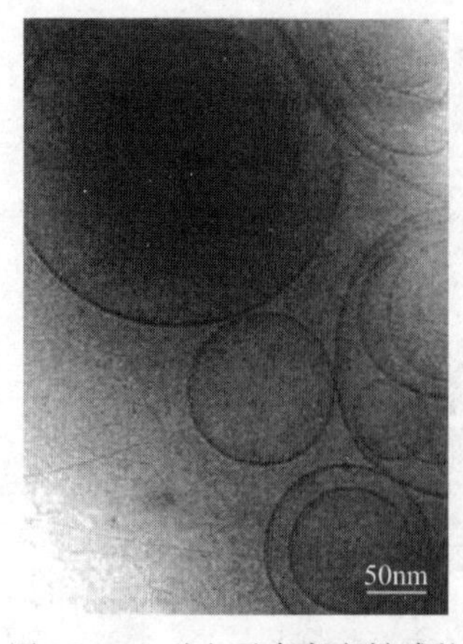

图 12-13 对电子束高度敏感的表面活性剂水溶液的图像

免的，但是这种认知在 HRTEM 量化分析中是无法接受也是不准确的。在现代电子显微镜中，可以先在一个区域调好光路，然后将电子束移到一个新的区域进行样品的观察。现在 CCD 可以直接观察图像而无须冲洗底片，能够采集一系列图像以减小噪音，并且可以知道成像的条件是不是和你需要的一致（有时，按时间顺序收集一系列图像，通过对比前后图像可以推测时间零点时的图像，进而得到未被束流损伤的图像）。图 12-13 所示为对电子束高度敏感的表面活性剂水溶液的图像，是将薄膜在液态甲烷中冷却后直接移到 TEM 中观察。图中大圈为凝聚成囊泡的表面活性剂，溶液中表面活性剂凝聚成层状（投影为圆形）；电子束照射样品后，图像中就会出现纹理，这是结晶作用或者束流损伤引起的。

（2）漂移校正

通过使样品沿设定方向以均匀速率移动，可以有效校正图像漂移。计算机可以自动计算两幅图像的相对位移，据此改变图像位移线圈的电流（以避免样品的移动）。非线性漂移则无法用该方法校正。这个方法在使用摄像机进行帧平均中非常有用，它还可以用于衍射衬度图像、X 射线以及 EELS 分析。

（3）相位重构

从图像强度中无法直接得到图像的相位信息。早在 1982 年 Kirkland 等就从一系列欠焦图像中提取了相位信息，他们采用非线性图像迭代法重构得到了出射波（复数），该方法成功地重构出了 $CuCl_{16}PC$ 结构。

图 12-14 中 (a)～(e)为欠焦实验图像，(f)～(i)分别为重构出射波的实部和虚部及其对应的强度和相位，(j) 为已知单胞的投影结构。相位图中包含大多数结构信息，强度图中的某些特点是由非弹性散射决定的。特别要注意的是我们现在可以识别苯环，这是最早发表的全相位重构的例子。如果想进行 HRTEM 量化分析，首先需要采集一系列如图 12-14 中(a)～(e)所示的欠焦图像。

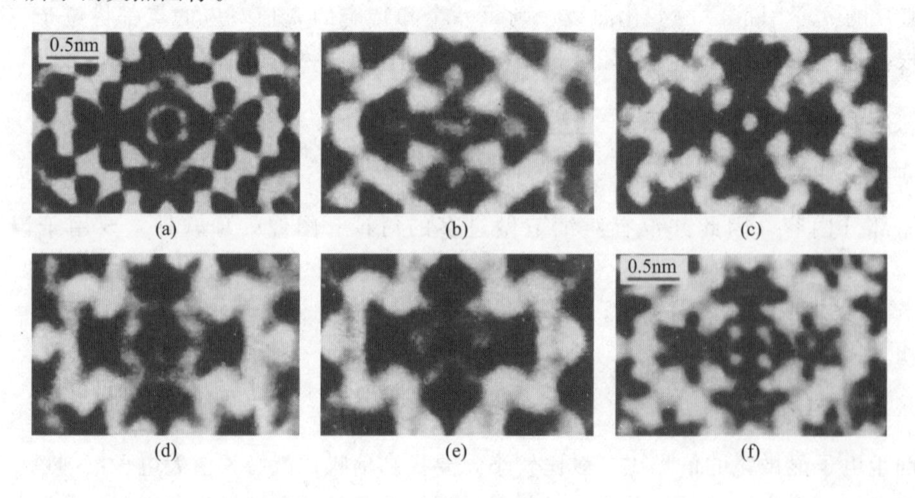

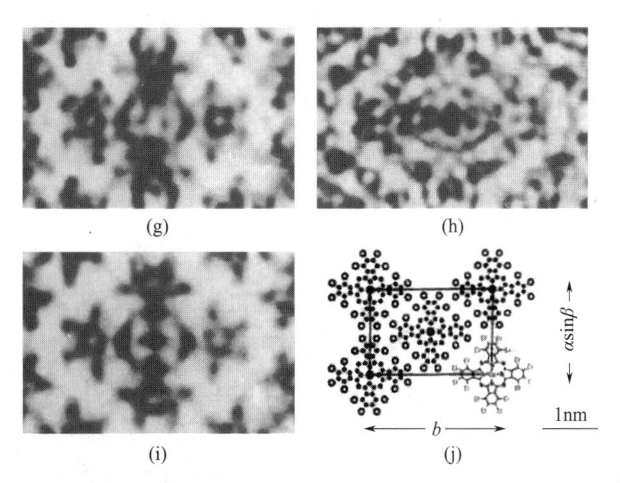

图 12-14 (a)～(e)$CuCl_{16}PC$ 的系列实验欠焦图像；(f)、(g) 重构出射波的实部和虚部；(h)、(i) 重构出射波的强度和相位；(j) 单胞的投影结构

12.3 HRTEM 分析晶体缺陷结构实例

材料的微观结构与缺陷结构，对材料的物理、化学和力学性能有重要的影响。因此材料微观结构及缺陷与其性能之间的关系研究，一直是材料科学领域的重大理论与实验研究课题。半个多世纪以来，晶体结构的测定以 X 射线衍射为主要手段。用 X 射线衍射谱虽然可以比较精准地间接推导出晶体中的原子配置，但是这只是亿万个晶胞平均后的原子位置，结果具有统计性。鉴于电子波波长极短，电子显微镜提供了一种直接观察原子排列的可能性。

随着信息科学、材料科学、分子生物学和纳米科学向结构尺度纳米化和功能智能化的发展，材料的宏观性质与特性，不但依赖于其合成过程，而且依赖于原子和分子水平的显微组织结构。超导体、低维材料等许多新材料和特征尺寸仅为几纳米的微电子器件的物理、化学及使用性能取决于材料介观或原子尺度微区的组织结构及界面特征。例如，金属多层膜的巨磁效应、光电性能和 X 射线反射特征等与界面粗糙度有密切关系，界面、位错、偏析原子、间隙原子以及其他缺陷影响纳米器件的物理及力学性能，宽度仅为纳米尺度的晶间相强烈地影响着细晶粒烧结的力学性能等。为了理解半导体器件的输运和光电性质，还需要了解位错核区域的原子排布情况。因而，迫切需要用原子级或者接近原子级的分析技术，深入研究这些新材料的微观组织结构，包括界面和缺陷原子结构、电子结构和能量状态，以及它们对材料性能的影响。所以利用高分辨电子显微术在原子尺度表征材料的微观结构及其与性能间的关系是十分有必要的，不仅为解决材料科学中遇到的疑难问题提供原子尺度证据，而且还能发现新现象或新材料，如碳纳米管、洋葱状富勒烯及其内生长金刚石的发现等。同时固体的许多性质，如界面反应、位错运动、扩散、一级相变和晶体生长等，均受到缺陷的形成及运动的控制。在近代材料学中，理论研究与计算模拟相结合的方法为理解这些过程提供了强有力的分析工具，而高分辨透射电子显微学（HRTEM）又能提供这些理论研究所必需的信息，如缺陷的密度、类型和原子结构等。不难预料，利用高分辨电子显微术，在原子尺度范围内的一系列分析与研究，不仅能使人们获得对微观物质世界的更细微、更精确的新认识，而且还会推动新材料和新功能器件的开发和利用。

下面将给出一些典型的 HRTEM 照片，用以说明 HRTEM 在材料原子尺度显微组织结构、表面与界面以及纳米尺度微区成分分析中的应用。

12.3.1 晶体缺陷分析

12.3.1.1 位错

图 12-15 所示为利用相位衬度的高分辨像来研究半导体材料中位错缺陷结构的实例。如图所示，图中用箭头清晰地标示出了半导体材料 InAs 和 InAsSb 界面处的刃型位错，刃型位错的半原子面清晰可见，且可以看到半原子面的移动迹象。

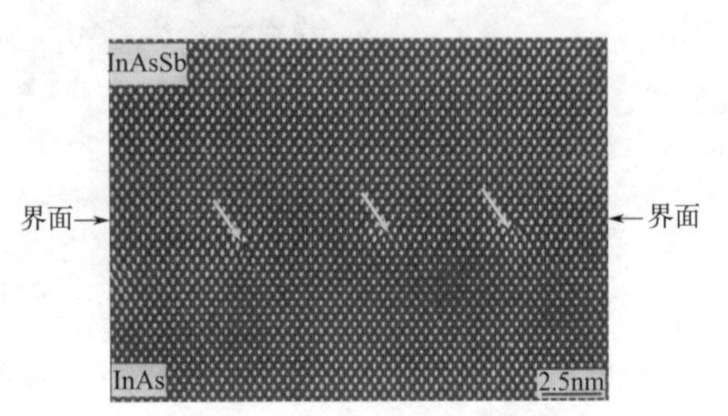

图 12-15 半导体材料 InAs 和 InAsSb 界面的高分辨率像（界面处的刃型位错清晰可见）

图 12-16 给出了石墨的位错网络。可以进行一些简单的分析：用不同的 $\vec{g}$ 矢量记录一系列成像。如图 12-16（a）所示，使用与层错呈一定夹角的 $\vec{g}$（即 $\vec{g}\cdot\vec{R}\neq 0$）对平行于样品的堆垛层错成像（但此时就不能观察到堆垛层错的条纹衬度了）。如图 12-16 中(b)～(d)所示，衍射矢量 $\vec{g}$ 平行于堆垛层错面时就能看到位错的衬度（即衍射矢量 $\vec{g}$ 与柏氏矢量 $\vec{b}$ 有 $\vec{g}\cdot\vec{b}=0$）。所以已知每张图像的衍射矢量 $\vec{g}$，就能确定相应位错的柏氏矢量 $\vec{b}$，这也为求位错的柏氏矢量 $\vec{b}$ 提供了一种方法。

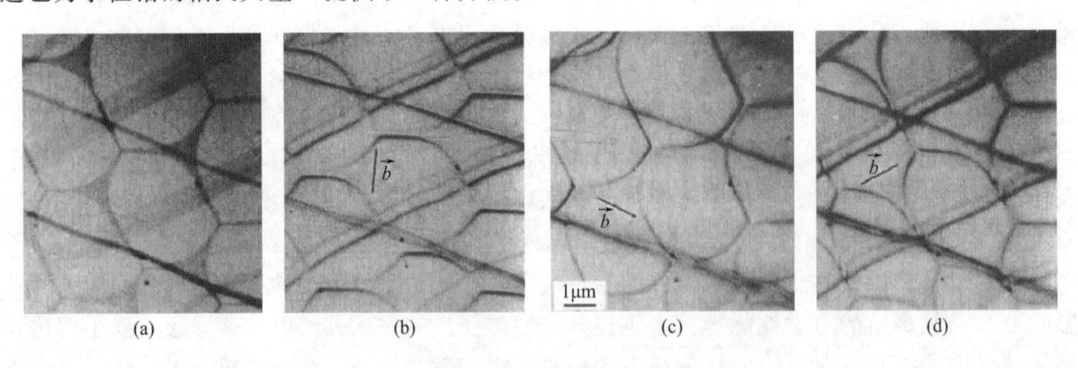

图 12-16 石墨中的位错网络

图 12-17 所示为 Zn 样品中平行于（0001）面、柏氏矢量为 $\vec{b}=c[0001]$ 的棱柱型位错环。对整个位错环回路，由于 $\vec{b}$ 垂直于 $\vec{g}$，所以 $\vec{g}\times\vec{b}=0$ 且 $\vec{b}\times\vec{u}$ 矢量位于位错环所在平面上。在 A、B 和 C 中，$\vec{b}\times\vec{u}$ 平行于 $\vec{g}$，所以可以看到很强的衬度。而 D 中，$\vec{b}\times\vec{u}$ 和 $\vec{g}$ 相互垂直，所以 $\vec{b}\times\vec{u}=0$，对应的位错环消失。

图 12-18 所示为 Fe-35%Ni-20%Cr 合金中的成堆位错，在 700℃进行蠕变测试，位错经过滑移、攀爬后已不在严格定义的晶面上，而是在空间中相互缠结。

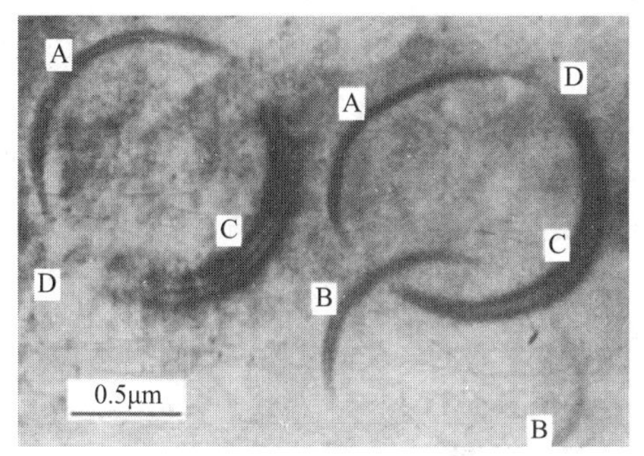

图 12-17 Zn 样品中平行于（0001）面、柏氏矢量为$\vec{b}=c[0001]$的棱柱型位错环

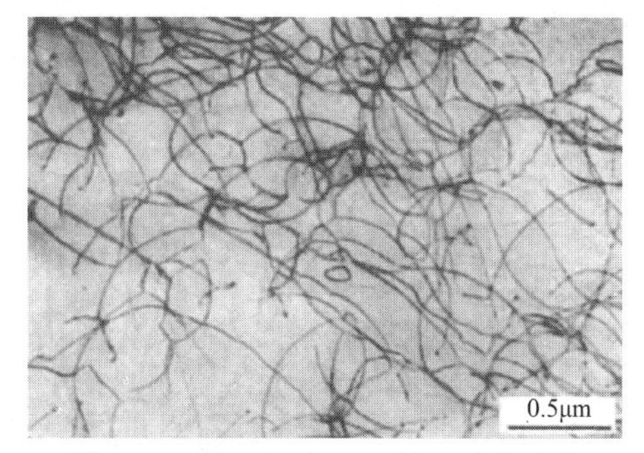

图 12-18 Fe-35%Ni-20%Cr 合金中的成堆位错（位错缠结）

12.3.1.2 层错

图 12-19 中的高分辨像表示硅中的 Z 字形缺陷，即所谓的 Z 字形层错偶极子。如右上插图所示，这个缺陷是两个扩散层错在滑移面上移动时相互作用，夹着一片层错 AB 相互连接而不能运动的缺陷。在层错偶极子上下，层错的上部和下部分别存在着插入原子面。

图 12-20 所示为辐照的 Ni 样品中的位错环上得到的堆垛层错衬度。

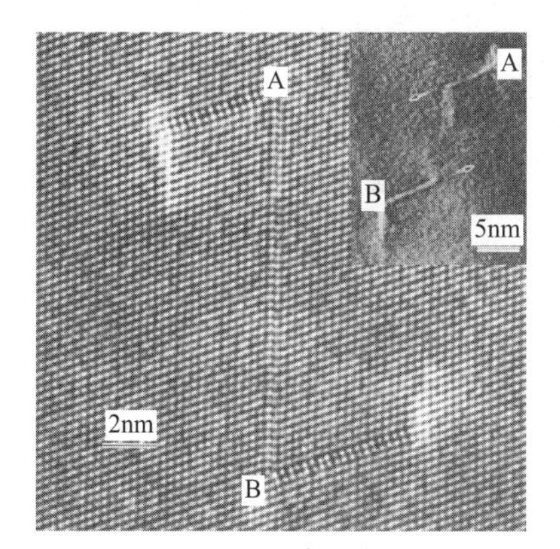

图 12-19 Si 单晶中层错偶极子的高分辨晶格像

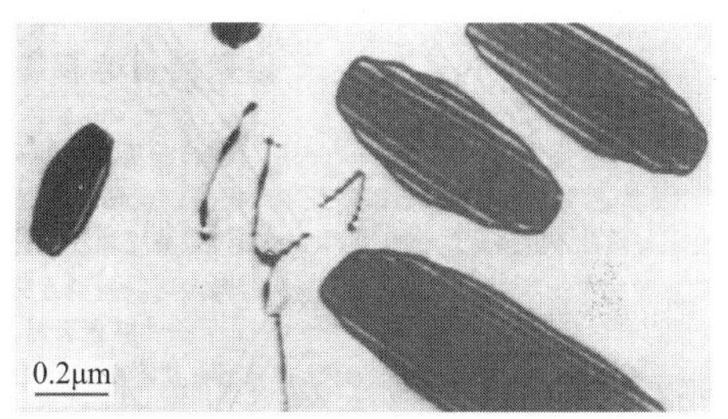

图 12-20 辐照的 Ni 样品中的位错环上得到的堆垛层错衬度

12.3.2 界面结构分析

图 12-21 展示了用气体喷雾法急冷凝固制备的 Al-Si 合金粉末的电子显微像。在图 12-21（b）所示的 TEM 中能看到从几十微米到几百微米大小的粉末，经过压制成形获得块体材料使用。如图 12-21（c）所示的透射电子显微镜中看到的那样，粉末中分散着微小的 Si 晶体，其上缠结着位错。Al 基体中析出的 Si 晶体与 Al 晶体之间有确定的取向关系。图 12-21（a）所示的 HRTEM 晶格像表现出了这种关系，Al 的 [110] 和 Si 的 [110] 方向平行，电子束沿这个方向入射，就能拍摄到二维晶格像。在微小粒子中经常能观察到 Si 晶体是由 5 个孪晶界组成的多重孪晶结构。围绕［110］轴，由 5 个金刚石结构的（$1\bar{1}1$）面的孪晶合在一起时才呈 353°，离 360°还差 7°。为缓解这个角度的失配，5 个区的［110］轴都有些倾斜，即各个畴的晶格像不是完全的二维晶格像，而是沿各个不同方向发生偏移。在图 12-21（a）的晶格像中，Al 晶体和 Si 晶体的界面几乎垂直于纸面，所以可以很好地显示界面结构。A、E

畴和 Al 晶体的界面很整齐［两晶体的（$1\bar{1}1$）面］，形成半共格界面。该半共格界面的结构可以理解为 Si 晶体（$1\bar{1}1$）面间距的 3 倍（0.939nm）和 Al 晶体（$1\bar{1}1$）面间距的 4 倍（0.936nm）几乎相等而形成的。在 E 畴的左上部，能够看到 Si 的晶格条纹每隔三个就有较亮的衬度，从这一点也可以明白表述上述关系。另一方面，B 畴和 C 畴与 Al 晶体的界面处并未展现出明确的取向关系，而是呈现出一个无序排列的薄层，其非晶相的衬度特征揭示了界面区域的非周期性。

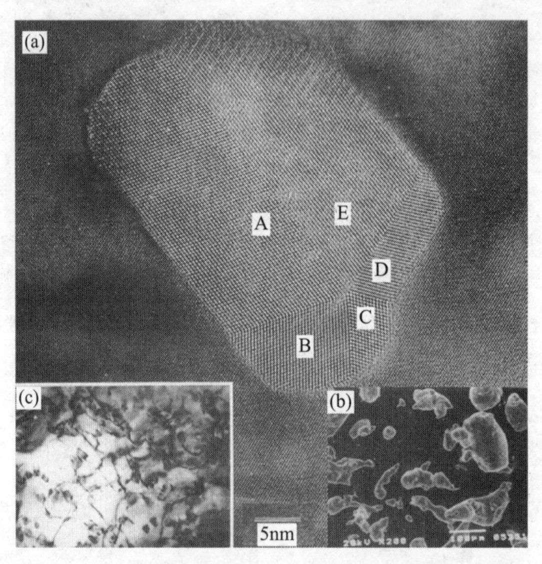

图 12-21　用气体喷雾法急冷凝固制备的 Al-Si 合金粉末的电子显微像（a）、SEM 像（b）和 TEM 明场像（c）
（Si 颗粒中存在着五次孪晶，用 A、B、C、D、E 标示）

图 12-22 所示为 Sialon 陶瓷材料中 α 相与 β 相直接结合平直界面的高分辨像。可以看到，α 相的（$\bar{1}10$）面与 β 相的（100）面的点阵直接结合，中间没有非晶层的存在。两相相对界面的夹角分别为 22°和 53°，在界面上的距离分别为 1.78nm 和 0.830nm，两晶面大约有 50%的错配，所以从高分辨像照片上可以看出 α 相的（$\bar{1}10$）面大约有三个 β 相的（100）面与之匹配。

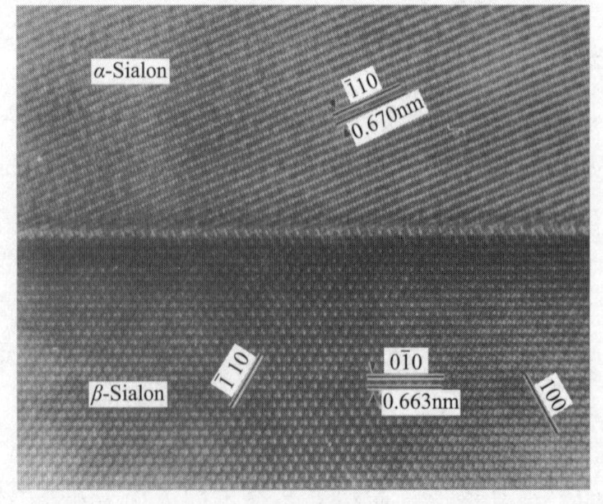

图 12-22　α/β 相 Sialon 陶瓷直接结合平直界面的高分辨像
（界面无非晶层）

图 12-23 所示为几种典型的平面界面的高分辨像，包括非晶层与晶粒之间的界面、两种不同材料间的界面与表面轮廓像等。图 12-23（a）所示为半导体 Ge 中的晶界；图 12-23（b）所示为陶瓷材料 Si_3N_4 中的晶界，界面上有玻璃像；图 12-23（c）所示为 NiO 和 $NiAl_2O_4$ 间的相界；图 12-23（d）所示为 Fe_2O_3（0001）表面的轮廓像。从这些实例中可以得到这样一些信息：晶格条纹像可以给出界面局部区域的结构信息；如果界面处非晶层的厚度非常厚（如≥5nm），就可以在 HRTEM 中直接观察到；能在原子尺度直接观察到界面的真实结构。

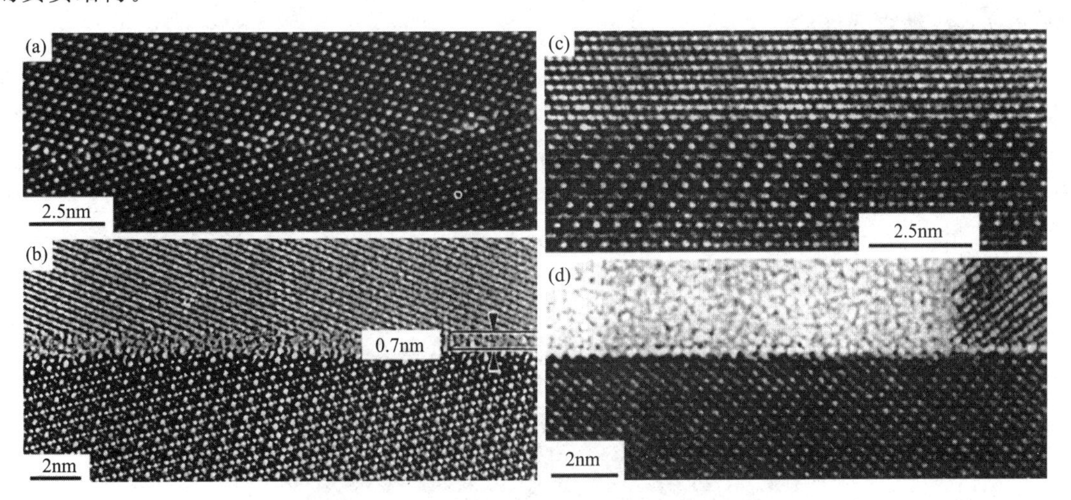

图 12-23　几种典型的平面界面的高分辨像

（a）Ge 中的晶界；（b）Si_3N_4 中的晶界，界面上有玻璃相；

（c）NiO 和 $NiAl_2O_4$ 间的相界；（d）Fe_2O_3（0001）表面的轮廓像

图 12-24 所示为 SiC 颗粒与 Sialon 陶瓷直接结合界面的高分辨像，上部为 β-Sialon 的［122］晶带，下部为 6H-SiC 的［010］晶带，表明 β-Sialon 的（$\bar{1}10$）晶面与 6H-SiC 的（006）晶面直接结合。由于在烧结过程中 α-Si_3N_4 会溶解于溶液，而 SiC 不会溶入其中，α-Sialon 与 β-Sialon 从液相中析出，为了减少界面有可能在 SiC 片晶上形核并长大，或者晶粒在长大的过程中发生转动从而形成片晶与 Sialon 基体直接结合。

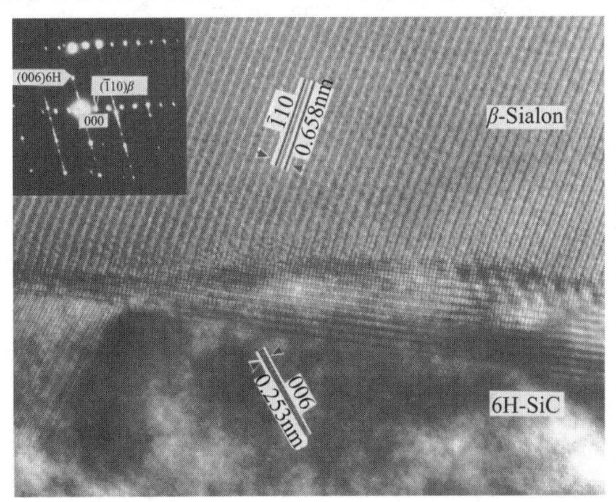

图 12-24　SiC 颗粒与 Sialon 陶瓷直接结合界面的高分辨像

12.3.3 表面结构分析

图 12-23（d）所示为 $Fe_2O_3(0001)$ 表面的轮廓像，通过此图我们可以观察到，接近表面处的原子分布状况与物质内部的原子分布状况会有很大的不同，从这些实例中我们也可以得到这样一些信息：晶格条纹像能给出表面局部区域的拓扑结构信息且能在原子尺度直接观察到界面的真实结构。

12.3.4 各种物质结构

图 12-25 所示为 $Tl_2Ba_2CuO_6$ 超导氧化物的高分辨结构，它清楚地显示了晶体的结构信息。大的暗点对应于 Tl、Ba 重原子的位置，小的暗点对应于轻的 Cu 原子的位置。将其他信息（成分分析、粉末 X 射线衍射等）和这样的 HRTEM 晶格像结合起来，就可以唯一确定阳离子的原子排列。进一步分析图像中暗点的相对位置，揭示了与理想钙钛矿结构（体心立方）相比，实际结构存在一些偏差，为我们提供了对材料微观结构深入理解的重要线索。

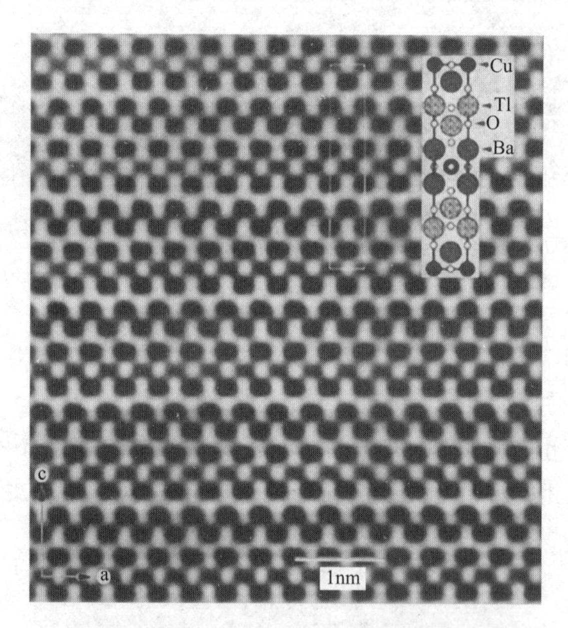

图 12-25 $Tl_2Ba_2CuO_6$ 超导氧化物的高分辨结构

（从插图中可看出实验像与结构模型匹配完好。值得注意的是，暗点从钙钛矿结构的理想位置发生了系统的偏离）

图 12-26 所示为沿 c 轴方向的 α 相和 β 相 Si_3N_4 陶瓷材料的 HRTEM，参照各自晶体结构可知，原子列的位置呈现暗的衬度，没有原子的地方则呈现亮的衬度，与投影的原子列能一一对应。这样把晶体结构投影势高（原子）位置呈现暗衬度、投影势低（原子间隙）位置呈现亮衬度的高分辨电子显微像称为二维晶体结构像。它与点阵投影的点阵像不同，点阵像只能反映晶体的对称性，而结构像还能直观反映晶体的结构。

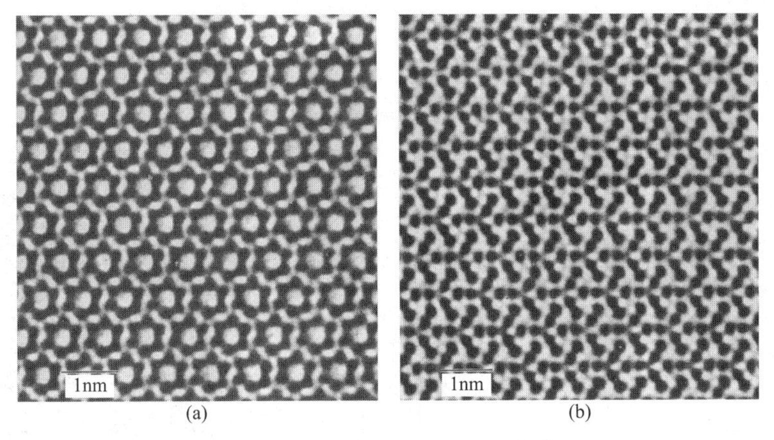

图 12-26　氮化硅的高分辨结构像

（a）β-Si_3N_4；（b）α-Si_3N_4

习题

1. 高分辨成像与普通成像的异同有哪些？成像系统的主要构成与特点是什么？

2. 如何测定透射电镜的分辨率？如何测定放大倍数？电镜的哪些主要参数控制着分辨率与放大倍数？

3. 点分辨率与晶格分辨率有何不同？同一电镜的这两种分辨率哪个高？为什么？

参考答案

第四篇

扫描电子显微分析

第 13 章 扫描电子显微镜成像

扫描电子显微镜是一种分辨能力介于 TEM 与光学显微镜之间的微区形貌、成分分析精密仪器。扫描电镜具有远超于光学显微镜的分辨率、放大倍数以及景深，且由于电子束与样品作用产生了多种不同的信号，扫描电镜除了进行形貌表征之外，还能够针对样品进行结构、成分等多方面分析。与透射电镜相比，扫描电镜的分辨率稍有逊色，但其对样品要求较低，制样过程简单便捷，且扫描电镜具有远超透射电镜的样品仓尺寸，在分析能力的拓展性方面具有很大优势。扫描电镜的光路系统与前面章节讲过的透射电镜具有一定的相似性，但两者所使用的信号具有明显差别。本章将围绕扫描电镜的基本原理、设备结构、信号来源、分辨率及其影响因素、成像衬度等方面进行重点描述。

13.1 扫描电镜的基本原理

13.1.1 光源与分辨率（resolution）

与透射电镜类似，扫描电子显微镜也是以电子作为光源进行成像的，这是由于电子具有较小的波长，因此具有比光学显微镜更好的分辨率极限。与透射电镜不同的是，跟波长相比，扫描电镜中加速电压、电子束流、工作距离、使用的信号源、选用的探测器等因素对分辨率的影响更为明显，因此在使用扫描电镜拍摄图像时，各个参数的选择对成像质量至关重要。

此外，前文透射电镜章节中初步对比分析了紫外线和 X 射线作为显微镜光源的可能性，这两者均具有较短的波长，但与电子束相比，前者极易被物体吸收，难以激发出足够的信号，后者则难以会聚进行成像。电子带负电，能够与物体中的原子发生强烈的相互作用，并激发出包括二次电子、背散射电子和特征 X 射线在内的多种信号，且较容易受磁场或静电场的影响而会聚，因此电子束是显微分析仪器的理想光源之一。

13.1.2 放大倍数（magnification）

在扫描电镜中，放大倍数（或放大倍率）是衡量物体（样品）与图像之间关系的重要参数之一。像宽度与物宽度的比值即为放大倍数，三者之间的关系为：

$$M=L/l \tag{13-1}$$

式中，M 为放大倍数；L 为像宽度；l 为物宽度。需要注意的是，扫描电镜中的放大与日常在电脑屏幕上将图片放大是不同的。使用任意一台扫描电镜时，通常图像的宽度是已知的，即 L 为固定值，放大倍数 M 的改变是通过调整电子束所扫描的范围来实现的，即改变 l。l 越大时，M 越小，反之亦然。

放大倍数 M 的定义也与像宽度 L 直接相关。目前扫描电镜厂家对放大倍数的定义主要分为两种，一种是以早期冲洗胶片的宽度（5inch，即 12.7cm）作为 L，称为胶片放大倍数；另一种是以显示器屏幕的宽度作为 L，称为屏幕放大倍数。显然后者的数值远超前者，因为显示器屏幕的宽度远超胶片的宽度，这就可能导致同一张图像在不同扫描电镜上显示的放大倍数是不同的。因此，对比不同厂家的电镜所拍摄的图像尺寸时不能以放大倍数进行直接描述，而应该通过参照标尺进行对比。

13.1.3 景深（depth of field）

景深是除了分辨率之外体现扫描电镜表征能力的另一个重要参数。以焦平面为参考，在保证图像清晰的前提下，在光轴上距离焦点最前方和最后方的两个物体之间的距离即为景深。简单来讲，就是图像中能够被清晰识别的近物和远物所处平面之间的距离。景深越大，两者间距离越远，景深越小，两者间距离越近。扫描电镜能够同时观察到样品上不同高度区间的特征，拍摄出具有较强立体感的图像，就是因为具有较大的景深。

可以从分辨能力来理解扫描电镜的景深。图 13-1 以扫描电镜观察粗糙样品表面为例，电子束穿过光阑会聚至焦点 f，假设在光轴上 f 点前方和后方距离为 $D/2$ 处的束斑直径（右图）恰好能够维持图像清晰，D 即为景深。显然电子束的会聚角越小，景深越大，因此增大景深的本质是减小会聚角。会聚角可以通过改变光阑尺寸 A 和工作距离 W 进行调节，光阑尺寸越小、工作距离越大，电子束的会聚角越小，景深越大，因此景深 $D \propto W/A$。

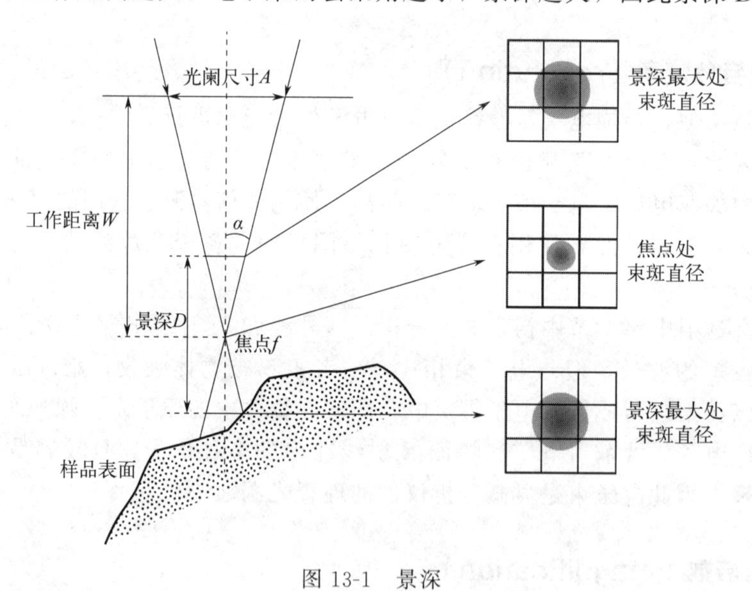

图 13-1 景深

13.1.4 扫描电镜的优势

相比于光学显微镜，扫描电镜以电子束作为光源，因此其分辨率远高于前者，目前最前沿的扫描电镜分辨率可达亚纳米级别。光学显微镜的放大倍数为数十倍至数千倍，而扫描电镜的放大倍数能够从数十倍调整至百万倍以上，具有极大的调节范围。扫描电镜中电子束的会聚角极小，能够在较大范围内同时满足分辨率与景深的要求，因此具有远超光学显微镜的景深，甚至能够在一定条件下拍摄出具有较强立体感的三维图像。电子束与样品相互作用能够激发出二次电子、背散射电子、特征 X 射线等多种信号，从而获得样品形貌、结构、成分等多种信息，且几乎不会导致样品损伤和污染。相比于透射电镜要求将样品减薄至纳米尺度且需要去除表面损伤，扫描电镜除了部分磁性、不导电和液体样品以及一些衍射实验外，几乎不需对样品进行额外处理。除了 X、Y、Z 三维方向，样品台也能够进行倾斜、旋转等位移操作，且位移方向极大，能够从多个角度对样品进行表征分析。

由于样品仓空间较大，扫描电镜的分析能力具有极强的拓展性，例如与能谱仪、波谱仪、荧光光谱仪、电子背散射衍射、拉曼光谱仪、原子力显微镜以及多种原位测试装置联用。此外，扫描电镜在微纳尺度下的加工功能也具有较强的拓展性，例如耦合了离子枪和电子枪的聚焦离子束扫描电镜，以及耦合了图形发生器的扫描电镜电子束光刻系统。

13.2 扫描电镜的结构

扫描电镜的结构与透射电镜有一些相似之处，尤其是电子束的产生和会聚等电子光学系统部分，但也有一些明显差别。图 13-2 所示为典型的扫描电镜的主体结构及电子光路示意图。图中自上而下依次为电子枪、光阑/聚光镜、扫描线圈、物镜、探测器和样品台等。电子枪能够在高电压激发下发射出高能电子，聚光镜与物镜及相应光阑的作用是将激发出的电子会聚为具有一定能量、一定束流强度和束斑尺寸的电子束，扫描线圈则能够使电子束以光栅扫描的方式进行偏转。经过会聚及偏转的电子束与样品表面发生相互作用产生各种电子信号，通过探测器收集、转换成电信号，经数据处理后放大并同步传输到显示器，得到 SEM 图像。

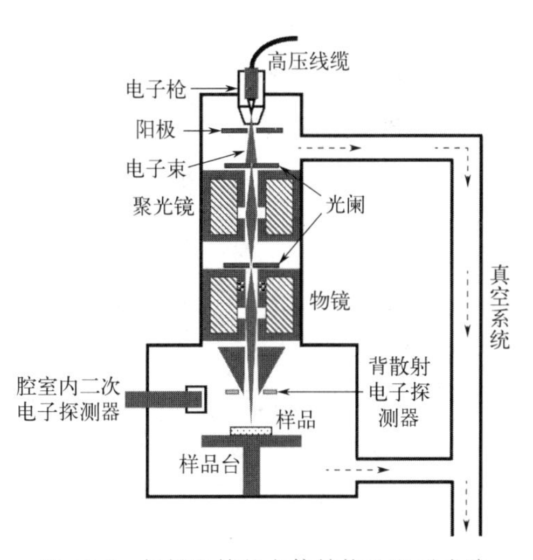

图 13-2　扫描电镜的主体结构及电子光路

13.2.1　电子枪（electron gun）

扫描电镜中的电子枪与透射电镜中的基本一致，整体来看也是分为热发射枪（thermal emission gun，TE gun）与场发射枪（field emission gun，FE gun）两种。热发射枪通常使用钨丝或人工晶体六硼化镧作为灯丝，通过在真空中加载电流将其加热至一定温度（钨灯丝约 2500℃，六硼化镧晶体约 1600℃），使热电子获得足够能量并克服电场势函数从灯丝表面逃逸至真空，会聚形成电子束。场发射枪则分为冷场发射枪（cold FE gun）和热场发射枪（thermal FE gun）两种，高分辨扫描电镜通常配备的都是场发射枪。

冷场发射枪是使用单晶钨（＜310＞取向）作为发射枪，其尖端曲率半径极小，通过在室温下加载较高强度的电场，利用隧穿效应将电子激发出钨表面，会聚形成电子束。由于激发面积很小，电子束的方向比较会聚且能量发散度小，因此形成的束斑尺寸小，分辨率好。但冷场发射枪的温度低（常温），为避免针尖吸附杂质或气体分子，导致场发射电流降低或不稳定，冷场发射枪需在 10^{-8}～10^{-9}Pa 的超高真空度下工作，且需要定时加一个极大的瞬时电流（flashing），将针尖加热至2200℃以去除所吸附的杂质或气体分子。长期的flashing会导致发射枪尖端在高温下逐渐钝化，当尖端半径增大至隧道效应无法产生时，电子就无法被激发，需要更换电子枪。此外，冷场发射枪产生的电流小且无法长时间保持稳定，难以满足一些分析表征与样品加工的需求，例如波长色散X射线谱（wavelength dispersive X-ray spectrum，WDS）和电子束光刻（electron beam lithography，EBL）等。

热场发射枪是使用二氧化锆（ZrO_2）/晶体钨（<100>取向）作为发射枪，在超过1500℃的高温下加载较高强度的电场，通过ZrO_2镀层降低金属钨的表面势函数，利用肖特基原理将电子激发出表面，会聚成电子束并进入真空镜筒。当发射枪表面的ZrO_2镀层耗尽时，即需要更换电子枪。热场发射枪的针尖尺寸为微米级别，且处于高温状态，因此无需定时进行flashing操作。相比于冷场发射枪，热场发射枪对电子束的会聚能力不如前者，色差较大，束斑尺寸也因此大于前者，分辨率较差。近年来随着扫描电镜的技术不断突破，热场发射电镜的分辨率已经赶上冷场发射电镜，达到亚纳米级别，且具有束流大、稳定性好、分析拓展能力强等优点，目前已占据主流市场。

13.2.2 电磁透镜（electromagnetic lens）

电子枪发射的电子束经过加速后具有一定的尺寸和发散度，需要经过多次会聚才能够形成尺寸足够小的束斑。与透射电镜类似，扫描电镜中的电子束主要也是通过电磁透镜进行会聚，不同的是扫描电镜中仅有聚光镜和物镜，并不包含透射电镜中的中间镜和投影镜等。

扫描电镜的聚光镜系统与透射电镜类似，由一至三个强透镜构成，主要用来减小电子束尺寸、调整束流大小以及改变会聚角度，能够与物镜、光阑等部件共同调节电子束的束斑尺寸和束流强度。

物镜是距离样品最近的电磁透镜，在一定程度上决定了入射至样品表面的电子束的最终束斑尺寸。物镜的设计需考虑的因素较多，除了足够的电磁线圈以保证电子束的会聚质量外，还耦合了扫描线圈、消像散器和物镜光阑等，物镜外侧也需预留出足够空间进行额外配件的安装。因此，物镜通常被设计成倒锥形，以尽可能减小体积。极靴通常位于物镜最下端，下方可安装环形探测器（通常为背散射电子探测器）；倒锥形外侧可斜插入二次电子探测器、能谱仪（energy dispersive X-ray spectrometer，EDS）探测器、聚焦离子束（focused ion beam，FIB）的离子源等，倒锥形设计也能够提供足够的空间进行样品倾斜等操作。

扫描电镜中的光阑与透射电镜中的基本一致，也是利用调节光阑尺寸来限制通过的电子束。如图13-3所示，光阑尺寸越大，通过的电子束越多，束流越大，但会聚角和束斑也越大；反之亦然。

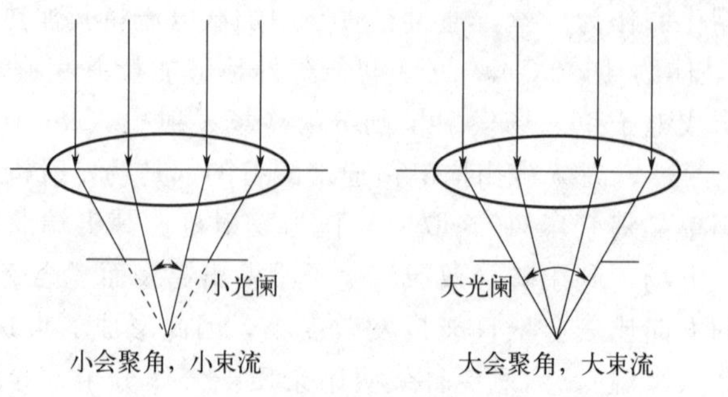

图13-3 光阑与会聚角和束流的关系

13.2.3 扫描线圈（scanning coil）

扫描电镜的图像拍摄过程类似于透射电镜在扫描透射模式（STEM）下的成像，通过将发射出的电子束会聚为一个点，可以将其理解为电子探针，该探针在电镜中按照固定的轨迹和顺序对样品表面进行逐帧扫描，该过程被称为光栅扫描，类似于早期广泛应用于电视、显示器等电子显示设备的阴极射线管。电子束的偏转是通过安装在物镜内的扫描线圈实现的，其分为上、下两个线圈，上线圈将入射电子束偏离光轴，下线圈又将其偏转回光轴，并最终穿过物镜光阑入射至样品表面，如图 13-4 所示。

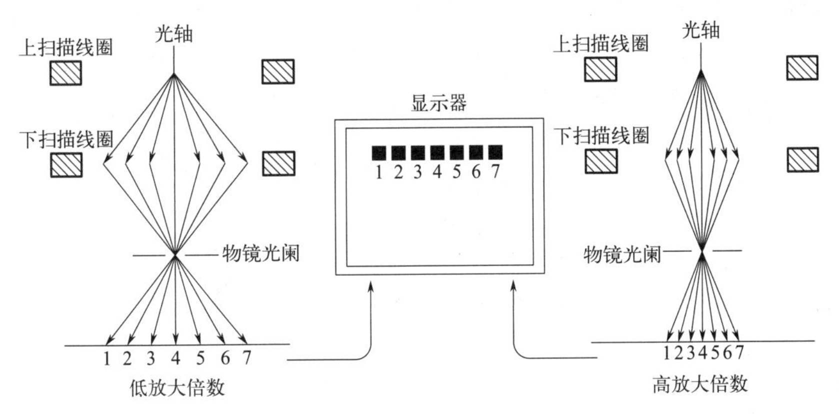

图 13-4　扫描线圈的工作示意

扫描线圈的电流强度随时间发生交替变化，电子束在扫描线圈产生的磁场的作用下发生偏转，对样品的观察区域进行逐点扫描并激发出不同信号，探测器对电子束激发出的各种信号进行采集，经过处理后将其放大并同步显示于显示器屏幕。在扫描电镜观察过程中，由于不同区域激发出的信号强度或探测器所采集到的信号数量不同，图像中每个像素表现出不同的亮度，最终获得的样品观察区域的图像具有不同的衬度。

知识点 13-1　前文提到扫描电镜中放大倍数的改变是通过调整电子束的扫描范围来实现的，而扫描范围的大小是通过电子束的偏转程度来调节的，电子束的偏转则由扫描线圈控制。因此扫描电镜放大倍数的大小实质上是通过改变扫描线圈的励磁电流进行调整的，如图 13-4 所示。

13.2.4 样品仓（specimen chamber）

物镜下方的空间即为样品仓，底部安装有样品台。样品仓通常分为大开仓和交换仓两种，后者是在主样品仓外加装样品交换仓，以避免主样品仓在更换样品时与大气直接连通，从而维持良好的真空状态。但交换仓的空间有限，限制了样品的尺寸。与透射电镜不同的是，扫描电镜的样品仓空间极大，直径通常超过 300mm，除了能够装载较大样品（直径可达 200mm）外，也为样品台的移动提供了足够的空间与自由度。扫描电镜的样品台通常能够进行五种移动：水平移动 X 和 Y、垂直移动 Z（调节工作距离）、倾斜 T 和旋转 R，且移动距离及转动角度范围极大。样品台的移动通常是通过步进电机实现的，如果有高精度操控需求，可更换为压电陶瓷控制的样品台，位移精度可达亚埃级别。

13.3 扫描电镜的信号来源

在扫描电镜中，当入射电子束轰击在样品上时，由于电子携带高能，其与样品会发生多种相互作用，并产生相应的信号，例如二次电子、背散射电子、特征 X 射线、俄歇电子等，见图 13-5。这些信号具有不同的能量及作用区间，因此携带了样品的不同信息，例如表面形貌、晶体结构和微区成分等。通过使用不同的探测器采集上述信号，经放大等处理后生成不同的图像，反映样品的不同特征。

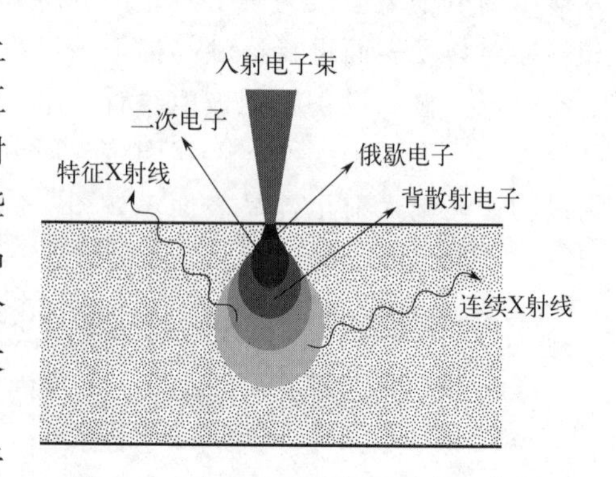

图 13-5　入射电子束与样品相互作用所产生的不同信号及相应的探测区域

入射电子束与样品的相互作用实际是入射电子与样品中原子的作用，其作用对象可以分为原子核与核外电子，作用方式主要分为弹性散射和非弹性散射两种。当入射电子与原子核发生相互作用时，由于原子核的质量远大于电子，入射电子会受到原子核的散射而发生偏转，该过程中电子的能量损失极小，且散射电子的偏转角度变化范围极大（0～180°），被称为弹性散射。当入射电子与原子的核外电子相互作用时，运动方向发生偏转（角度通常极小）的同时将大量能量转移至核外电子，被称为非弹性散射。

通常情况下，当入射电子束与样品相互作用时，弹性散射和非弹性散射是同时存在的。弹性散射使入射电子不断改变方向，并同时向样品内部扩散或散射出样品；非弹性散射则使得入射电子逐渐失去能量，并最终停留在样品内部。入射电子在上述作用过程中能够激发出多种不同的信号，该作用区域称为相互作用区。该区域的大小和形状主要取决于入射电子束所携带的能量和样品中原子的原子序数。例如，在同一样品中，加速电压越高，入射电子的作用深度越大，更容易获取样品深处的信息，但在一定程度上会掩盖样品表面的部分细节信息。在一定加速电压下，低原子序数元素的原子核较轻，入射电子更容易发生非弹性散射，其沿样品深度方向的扩散性较强；对于高原子序数元素，入射电子与其相互作用时，发生弹性散射的可能性更大，因此更容易改变散射方向，电子在样品中的运动轨迹沿横向的扩散更为明显。上述相互作用区域对比汇总于图 13-6。

13.3.1 二次电子（secondary electron， SE）

入射电子与样品中原子的核外电子发生作用时，将一部分能量转移至原子的外层电子，该电子受激发成为自由电子，被称为二次电子。二次电子的能量较低（通常低于 50eV，且大部分低于 10eV），如果激发过程发生在样品深处，受激发的电子会被吸收，无法进行信号采集；当该过程发生在样品表层数纳米范围内时，则受激发的电子可能逸出样品。二次电子能量较低易于采集且数量巨大，成像分辨率高，能够反映样品的表面形貌特征，尤其是低电压下产生的二次电子。二次电子的产率与样品的表面形貌有关，例如，样品表面与入射电子平行时二次电子的产率会低于表面倾斜时。此外，二次电子的产率与原子序数没有明显的依赖关系，因此并不适用于进行成分分析。

除了入射电子能够直接激发出二次电子，背散射电子由于携带的能量较高，在样品中继

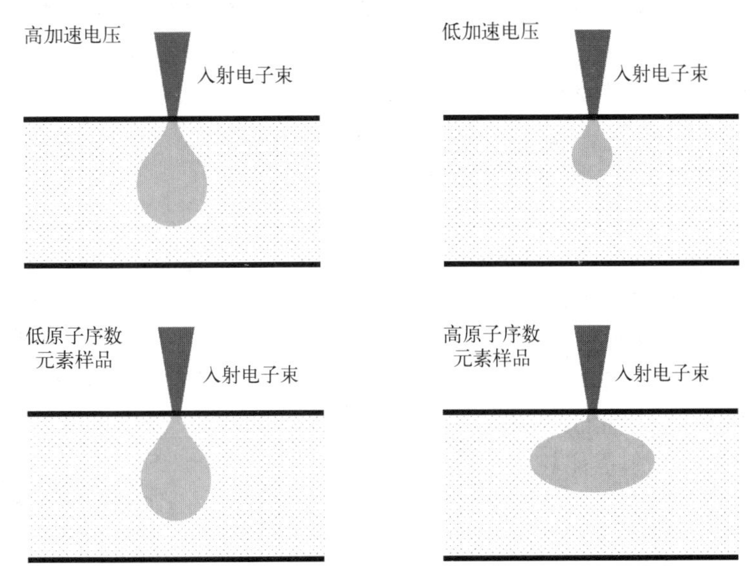

图 13-6 加速电压与原子序数对入射电子与样品作用区域的影响

续散射时，也能够与其他原子再次作用激发出二次电子。此外，还有部分背散射电子会逸出样品表面，其在腔室内运动时与电镜部件（例如腔壁、探测器、极靴等）发生相互作用，也能够激发出二次电子。上述三种二次电子按照其产生机理进行分类，分别被称为 SE_1、SE_2 和 SE_3，如图 13-7 所示。其中 SE_1 是样品表面的二次电子信号，分辨率好，且散射角度较高；SE_2 是由背散射电子激发而来的，通常来自样品中相对较深的区域，携带样品内部信息，分辨率低于 SE_1 信号，其散射角度分布区间较广，通过采集散射角度较低的信号能够增加图像的立体感；SE_3 实际为电镜部件的信号，可认为是干扰信号，在采集二次电子信号时通常需尽量降低 SE_3 信号的比例。

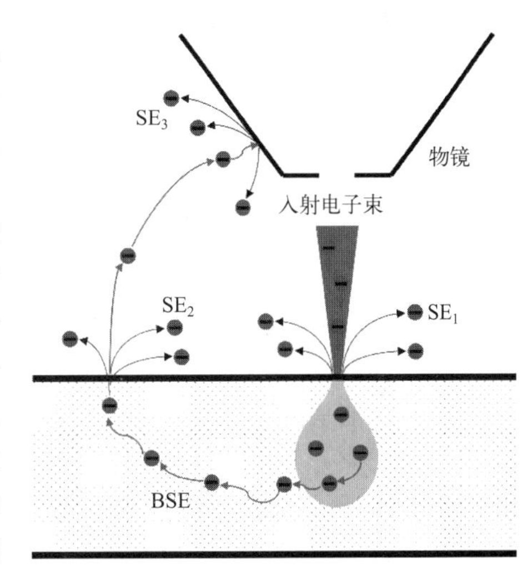

图 13-7 二次电子 SE_1、SE_2 和 SE_3 信号的产生原理

13.3.2 背散射电子（backscattered electron， BSE）

入射电子受样品中原子的作用会发生单次或多次散射，当其最终逸出样品表面的散射角累计超过 90°时被称为背散射电子，包括弹性背散射电子和非弹性背散射电子。其中弹性背散射电子是入射电子主要受到样品中原子核的作用，发生了弹性散射而逸出样品表面，其能量损失较小。非弹性背散射电子则是入射电子主要受到核外电子的作用，发生了大量非弹性散射（非弹性散射的散射角较小），损失了较多能量后逸出样品表面，因此其能量分布范围较宽。

背散射电子的信号主要来源于弹性背散射电子，其产额随原子序数增大而增多。这是因为弹性背散射电子主要是在原子核的库仑场的作用下发生散射，原子序数越大，其库仑场强度越强，越容易使入射电子发生背散射，背散射电子的产额越多，图像中的衬度越亮。因此背散射电子能够在一定程度上定性分析样品的元素信息。此外，利用背散射电子开发的电子背散射衍射（electron backscatter diffraction，EBSD）技术也能够用于样品表面晶体结构的分析，该部分内容将在后续章节中进行讨论。

13.3.3 特征 X 射线（characteristic X-ray）

当入射电子与原子的内层电子发生非弹性散射，将能量转移至该内层电子并使其脱离原子束缚变为自由电子，此时原子处于高能量的不稳定态，外层电子将跃迁至内层空位以恢复电荷平衡状态，并同时产生 X 射线光子释放能量，该 X 射线的能量值等于两个电子层之间的能量差，且不同元素原子的各层电子之间能量差不同，因此该 X 射线能够用于分析元素信息，被称为特征 X 射线，如图 13-8 所示。

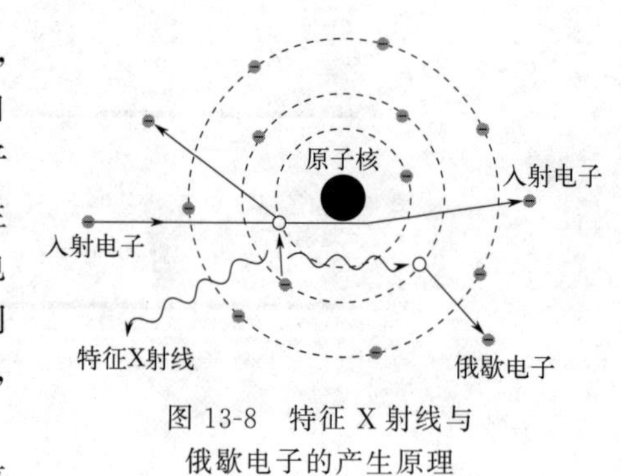

图 13-8 特征 X 射线与俄歇电子的产生原理

特征 X 射线的能量 E 与原子序数 Z 之间服从莫塞莱定律：

$$E=A(Z-C)^2 \tag{13-2}$$

式中，A 和 C 为与 X 射线谱线系相关的常数。因此可以通过产生的 X 射线的特征能量进行不同元素的识别。莫塞莱定律是特征 X 射线进行成分定性标定的理论依据，如果使用 X 射线探测器探测到样品中存在的特定能量，即可判断样品中存在着相应的元素，并能够进行定量分析。

13.3.4 俄歇电子（Auger electron）

除了上述特征 X 射线外，入射电子与原子的内层电子发生非弹性散射时还可能通过另一种方式释放能量，即激发出某一壳层的另一个电子，该电子被称为俄歇电子。俄歇电子同样携带样品的成分信息，但其平均自由程很小，样品中产生的俄歇电子在向样品表面运动的过程中会耗尽能量，因此适合做样品表面成分分析。此外，俄歇电子产额较小且能量较低，对探测要求较为苛刻，常规的扫描电镜通常难以直接利用该信号。

13.3.5 吸收电子（absorbed electron，AE）和透射电子（transmitted electron，TE）

部分入射电子在样品中经过多次非弹性散射后所携带的能量不断下降，最终被样品完全吸收，该部分电子被称为吸收电子，见图 13-9。使用法拉第杯能够直接测量入射电子中吸收电子形成的样品电流。吸收电子的信号与背散射电子和二次电子的信号强度相反，逸出样品的背散射电子和二次电子越少，则吸收电子信号越强。此外，吸收电子携带了样品中的成分信息。如果样品中含有多种元素，不同元素对二次电子的产额基本没有影响，但原子序

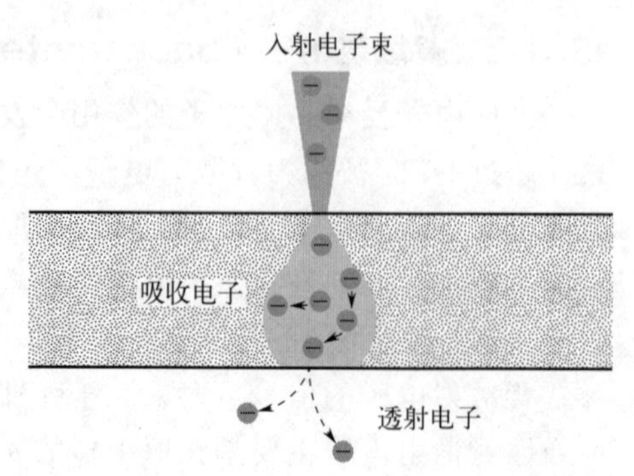

图 13-9 吸收电子和透射电子产生原理

数较大的区域背散射电子的产额较多，该区域的吸收电子产额就会相应减少。因此吸收电子也能够用于样品的成分分析，且使用其成像的衬度与背散射电子恰好相反。

当扫描电镜分析的样品厚度小于入射电子的有效作用深度时，会有部分入射电子穿透样品从其下表面出射，该部分电子被称为透射电子，见图 13-9。因此，与前文所述的各种信号不同，透射电子的探测器通常位于样品下方。在一定的样品厚度范围内，由于作用区域有限，二次电子和背散射电子的产额基本保持不变，因此吸收电子与透射电子的产额存在一定的互补关系：随样品厚度增加，吸收电子产额增大，同时透射电子产额减少。与背散射电子类似，透射电子也包括与原子核发生相互作用的弹性散射电子和与核外电子发生相互作用的非弹性散射电子，因此探测器检测到的透射电子的能量范围分布也比较大，包括能量接近于入射电子的弹性散射电子以及各种不同能量损失的非弹性散射电子。

13.4 扫描电镜的分辨率

13.4.1 分辨率

扫描电子显微镜的空间分辨率是衡量其性能的重要指标之一，其理论分辨率极限可以认为是等同于电镜电子束所能聚焦至样品表面的最小束斑尺寸，束斑直径越小，电镜的分辨率越高。实际测试或验收时，通常将能够有效分辨开的两个最近特征点的距离视为该扫描电镜的分辨率。

电子束的电流密度分布不是完全均匀的，可假设其沿径向为高斯分布，则束斑扫描样品每个点所得的信号强度也为高斯分布，如图 13-10 所示。如果使用扫描电镜分辨图中的 p_1 和 p_2 两个点，则扫描两点时电子束斑的高斯分布应能够被区分开。当两点相距较近时，所获得的信号实际为两点的叠加信号。当叠加信号曲线的峰与谷之间的信号强度差恰好能够被识别出来时，如图 13-10（b）所示，该两点之间的距离即可被认为是扫描电镜的极限分辨率。若两点间距进一步减小，则扫描电镜所采集的信号无法分辨出这两个点。

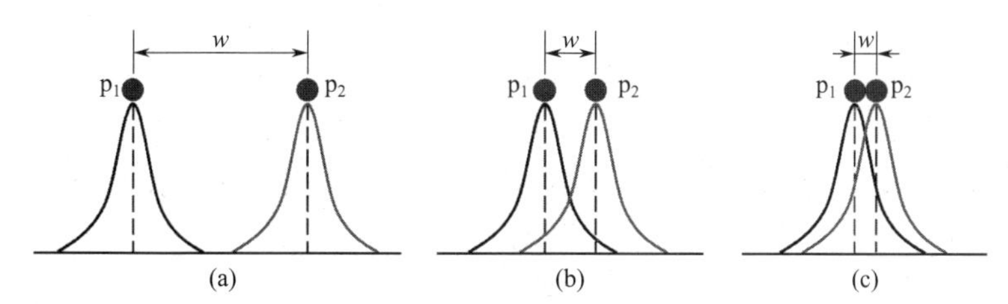

图 13-10 电子束扫描两个相邻点的电流密度的高斯分布
（从左至右两个相邻点之间的间距逐渐缩小）

同一台扫描电镜的分辨率与检测信号的种类有关，这是因为分辨率可被认为是约等于检测信号激发区域在样品表面的投影宽度。入射电子与样品作用时产生的不同信号分别来自不同的样品深度，其激发区域的宽度不同，因此导致了不同的分辨率。如图 13-7 所示，二次电子（主要是 SE_1）能量低且平均自由程短，在样品中的作用区域较浅，入射电子与原子的散射次数有限，基本没有经过横向扩散，因此二次电子（主要是 SE_1）信号逸出区域的直径与电子束斑的直径基本相当，获得的分辨率较高，各个电镜公司通常选择二次电子像来衡量扫描电镜的分辨率。实际上俄歇电子的作用区域比二次电子更浅，理论上分辨率应该更高，但由于其产额小且能量低，平均自由程小，常规的扫描电镜难以直接利用该信号成像。

作为电子束成像的另一种重要信号，背散射电子通常作用深度较深，在样品内的横向扩散范围较大，其作用区域的直径大于电子束斑尺寸，因此获得相应信号的区域较大，近邻的信号会发生叠加，降低了图像分辨率。需要说明的是，二次电子 SE_2 是由背散射电子在样品较深区域激发的，其在样品中的横向扩散的体积大于 SE_1，成像分辨率也低于 SE_1 信号。

入射电子激发出特征 X 射线的区域位于样品的更深处，因此其横向扩散的体积更大，信号逸出的区域也更宽广。使用特征 X 射线进行成像的分辨率会比背散射电子还低，因此使用能谱面扫获得的图像分辨率通常会远低于二次电子成像。

13.4.2 扫描电镜的验收分辨率

目前，扫描电镜分辨率通常是使用制备在碳支持膜上的镀金颗粒标样进行测定的，碳的二次电子产率低，金则较高，更容易获得衬度明显及分辨率高的图像。但各个扫描电镜公司尚未形成公认的唯一标准或统一的测定方法，所用方法主要包括间隙测量法、有效放大率法和边缘尺度法三种。

间隙测量法是较早期使用的方法之一，是通过在拍摄的金颗粒标样图片中寻找较小的间隙，将所能分辨的最小间隙作为电镜的分辨率。该方法的局限性在于在较高放大倍数下，每个像素点的尺寸已接近场发射扫描电镜的分辨率，测量的偶然性因素太大。

有效放大率法是使用人眼的有效分辨率除以电镜的分辨率所得的放大倍数。由于人眼的分辨率存在极限，当电镜放大至一定倍数后继续放大时，无法展现更多细节信息，该放大倍数即为电镜的有效放大率。有效放大率为人眼分辨率与设备分辨率的比值。例如，人眼在 1m 内的分辨率约为 0.3mm，如果电镜的分辨率为 1nm，则其有效放大率为 30 万倍。

上述两种方法在测定过程中具有较大的偶然性与经验性因素，随着扫描电镜技术的发展，已经表现出一定的局限性。目前常用的扫描电镜分辨率测定方法是以边缘尺度法为主。由于金颗粒与碳基底在电子束扫描下表现出明显的衬度差异，电子束扫描过两者边缘交界处时能够得到衬度随位置变化的函数曲线，通过测定一定衬度强度区间的距离来定义电镜的分辨率。

知识点 13-2 需要注意的是，各个电镜公司认定分辨率标准的衬度区间有所不同，导致同一张图片根据不同公司的测量标准得到的分辨率并不相同。例如，一些公司将衬度强度的 25％～75％作为识别区间，一些公司则将其 35％～65％作为识别区间，如图 13-11 所示，所得到的分辨率也有所不同。显然针对同一张图片，使用较小识别区间所定义的分辨率的数值看起来更好。

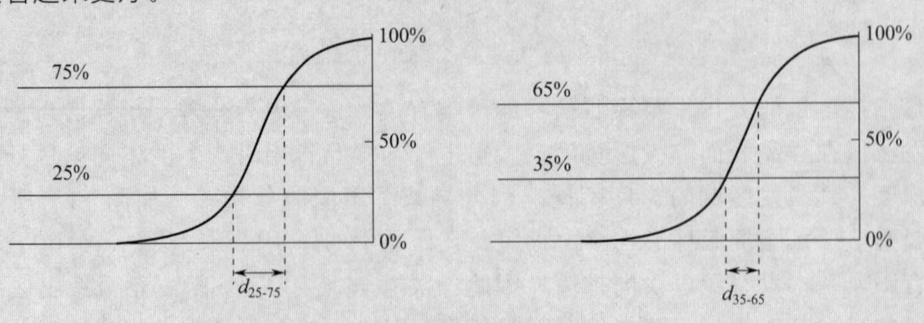

图 13-11 不同的衬度强度区间的选取对分辨率的影响

13.4.3 影响分辨率的主要因素

如果不考虑样品、环境等影响因素，就扫描电镜本身来说，影响其图像分辨率的最主要的因素就是电子束的束斑尺寸，拍摄高分辨图像时需要使用尽可能小的电子束斑，但同时足够大的电子束流才能得到高信噪比和高衬度。如果把物镜最终会聚的电子束当作是一个探针，那么束斑决定了探针的尖端尺寸，束流则决定了探针的硬度，因此人们希望得到较小的束斑和较大的束流，但这两者通常是同步变化且存在一定的矛盾关系。总体来说，束斑尺寸直接决定了空间分辨率，束流则能够影响图像的信噪比和衬度。束斑较小时，束流也较低，有利于提升分辨率进行高分辨成像，但信号强度较弱，图像的信噪比和衬度较差，影响成像质量；提高束流则会同时增大束斑尺寸，虽能够提高信噪比和图像衬度，但同时降低了分辨率，此外大束流也可能导致样品损伤和荷电效应。关于束斑尺寸对分辨率的影响，可以从图13-12进行理解。图中每个方框表示电子束扫描时的每个像素点，当束斑尺寸超过像素点的尺寸时，近邻的像素点之间的信号发生重叠，从而使图像模糊，分辨率降低。当束斑尺寸降低至与像素点尺寸相当时，电子束激发的二次电子信号基本都是该像素点范围内的信息，且不会受到近邻信号干扰，因此能够获得较好的图像分辨率。

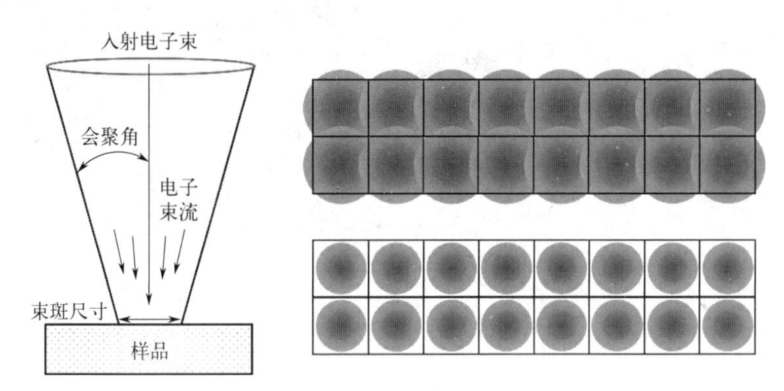

图 13-12　电子束束斑尺寸与分辨率的关系

知识点 13-3　当束斑尺寸超过像素点尺寸时会降低分辨率，如果束斑尺寸远小于像素点尺寸分辨率会更高吗？

实际上电子束扫描时的像素点尺寸并非固定值，而是根据放大倍数进行调整。放大倍数越大，像素点尺寸越小，反之亦然。在高放大倍数下，像素点尺寸极小，因此需要尽可能地缩小束斑以获得更好的分辨率。但在低放大倍数下，像素点尺寸较大，如果束斑尺寸远小于像素点尺寸，其覆盖区域过小，大量形貌特征并未被采集，因此不会反映在图像上，反而造成了信息缺失。

因此，如果在高放大倍数下将束斑尺寸调到极小后切换至低放大倍数，束斑尺寸虽然很小，理论上分辨率应该很高，但实际上拍摄的图像反而会失真。实际拍摄过程中，束斑与像素点尺寸越匹配，拍摄的图像效果也会越好。

通常可以从加速电压、工作距离和励磁电流等方面来调整电子束的束斑尺寸和束流大小，并结合实际表征状况选择适当的参数以提高扫描电镜的分辨率，下面分别从加速电压、工作距离和励磁电流这三方面展开讨论。

在透射电镜实验中加速电压通常是保持不变的，与之不同的是，扫描电镜的加速电压在实验中是随时可调的。一般来说，加速电压越高，电子束的波长越小（这也是透射电镜使用数百千伏电压的原因之一），重要的是，电子束的像差和衍射效应在低电压下的影响非常明显，提高加速电压能够有效降低上述影响，因此能够提升分辨率。但加速电压的提高也会带来一系列问题，例如入射电子的穿透深度变大，会带来更多的样品内部信号，掩盖了样品表面的细节信息；样品边缘位置的二次电子产额较高，图像中衬度较亮，在高加速电压下边缘效应会更加明显，衬度过亮会掩盖细节信息；提高加速电压也会导致样品表面的损伤增大，因此不适合电子束敏感的材料；高加速电压下的入射电子数量增多，局部电荷更容易累积，引起荷电效应也会导致样品的衬度异常，甚至出现图像畸变或漂移的现象。因此需根据实际样品选择合适的加速电压。图 13-13 展示了碳纳米管在加速电压分别为 10kV 与 1kV 下的二次电子成像效果。由于碳纳米管极薄，高加速电压下大量入射电子穿透样品，探测器所收集的信号难以提供足够的表面信息。将加速电压降低至 1kV，能够激发出更多的二次电子，获得更丰富的表面形貌特征。

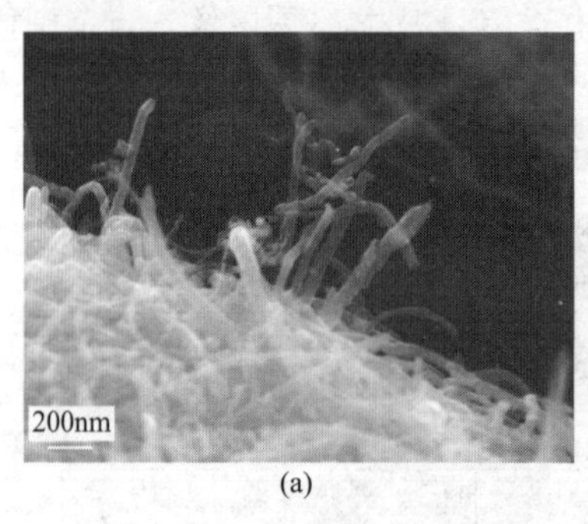

(a)

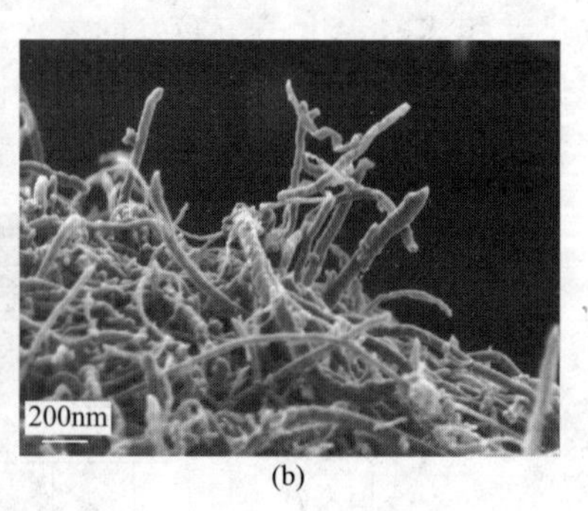

(b)

图 13-13 碳纳米管在不同加速电压下的二次电子成像效果对比

（a）加速电压 10kV；（b）加速电压 1kV

工作距离（working distance，WD）是指电子束聚焦调节好时物镜下端与样品之间的距离。由于扫描电镜成像时是将电子束会聚在样品上，因此调节工作距离实质上是调节电子束的会聚角，也能够在一定程度上改善分辨率。如图 13-14 所示，当工作距离减小时，电子束聚焦的会聚角增大，在获得更小束斑尺寸的同时也能够保证一定的束流，且由于样品更靠近探测器能够提升信号的接收效率，有利于分辨率的提升，但同时会减小景深，因此适合进行高分辨成像。此外，在近工作距离下操作也增加了样品台撞击物镜极靴或一些探测器的风

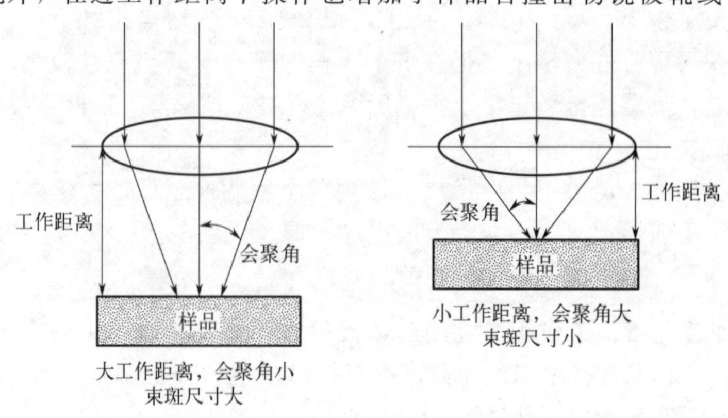

图 13-14 工作距离对会聚角及束斑尺寸的影响

险，尤其是进行样品倾斜操作时。反之，当工作距离增大时，会聚角减小，束斑尺寸增大，分辨率降低但景深效果更好，适合在低放大倍数下观察表面起伏较大的样品，例如粗糙断口样品等。因此实际操作中可根据样品特征及观察需求进行调整。图 13-15（a）中工作距离为 12.8mm，分辨率较差，图 13-15（b）将工作距离减小至 2.7mm，分辨率获得明显提升。

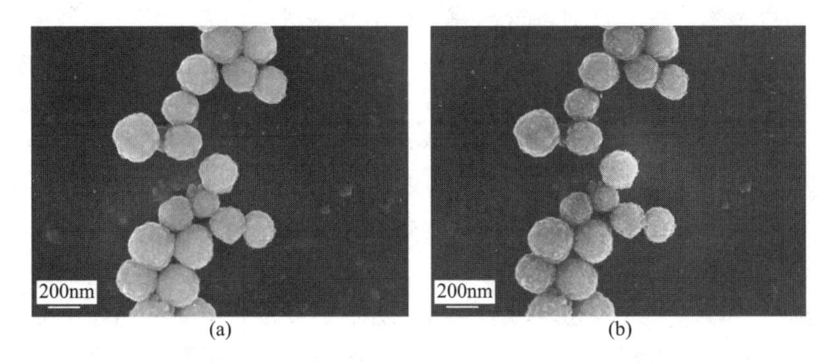

图 13-15　工作距离为 12.8mm（a）和 2.7mm（b）下的成像效果对比
（样品为分散在碳胶上的镍小球，拍摄电压为 10kV）

聚光镜励磁电流能够直接影响电子束的束斑和束流。图 13-16 为两种不同励磁电流下电子束的会聚状态。随励磁电流增大，电子束的会聚能力加强，电子束束斑尺寸减小，有助于分辨率的提高，但此时较多的电子束被光阑遮挡，导致束流降低，图像衬度变差，信噪比降低。反之，当励磁电流减小，电子束束流增大，但束斑尺寸也随之增大，图像信噪比提高，但分辨率降低。因此，在实际使用时需根据具体情况选择较小束斑还是较大束流。此外，光阑的大小也能够直接影响电子束的束斑和束流：选择的光阑越大，电子束斑和束流就越大，反之亦然。图 13-17（a）选择了尺寸为 60μm 的光阑，电子束斑较大，分辨率较低；且由于束流较大，图像衬度较亮，边缘效应明显。图 13-17（b）中将光阑尺寸减小为 30μm，束斑和束流均减小，分辨率提升明显。

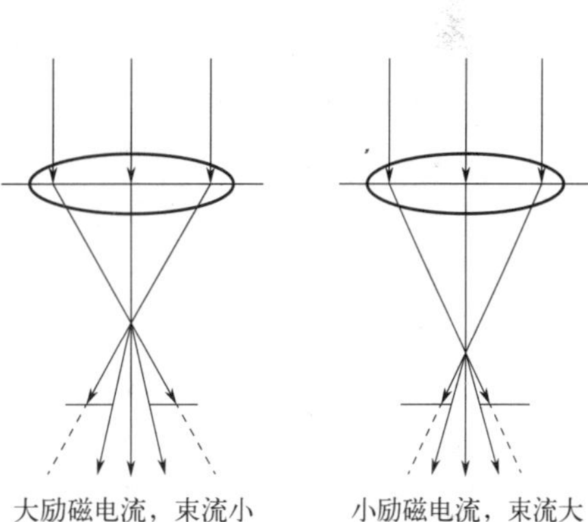

图 13-16　不同励磁电流下电子束的聚焦状态

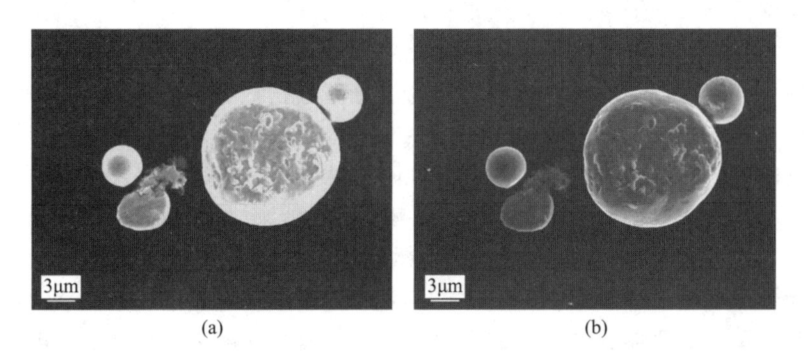

图 13-17　60μm 光阑（a）和 30μm 光阑（b）下的成像效果对比
（样品为分散在碳胶上的镍小球，拍摄电压为 15kV）

13.4.4 提升分辨率的前沿技术

除了上述通过调整加速电压、工作距离和励磁电流等设备参数来提升电镜成像的分辨率外，各个扫描电镜厂家也有各自独特的设计来优化电镜的表征性能。本小节将分别从电子枪、镜筒内光路以及物镜等方面对部分厂家的前沿技术进行简单介绍。

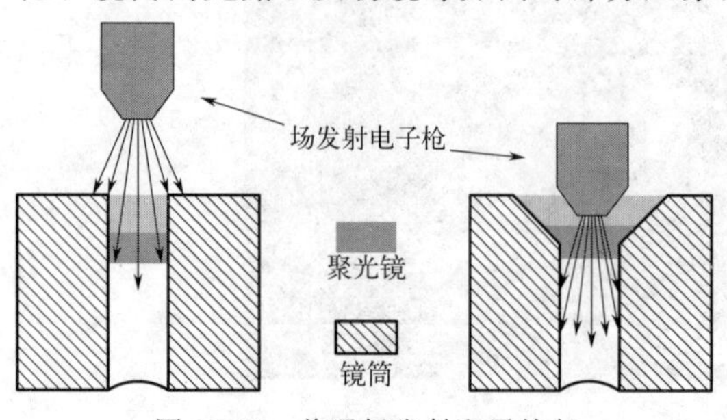

图 13-18 普通场发射电子枪与浸没式场发射电子枪对比

电子枪部分的优化能够从电子源上改善电子束的像差和束流。日本电子开发的浸没式场发射电子枪技术，如图 13-18 所示，通过将电子枪的加速阳极与磁场复合，使电子束同时受到磁场和电场的复合作用，从而提升电子束的会聚能力，减小发射电子束的球差和色差；另一方面，浸没式电子枪相当于使电子枪更靠近于聚光镜，能够提高发射电流利用率，提高束流及其稳定度，获得较高亮度。

关于聚光镜至物镜之间的光路优化，最具有代表性的技术之一是蔡司推出的 Gemini 镜筒技术。其镜筒上部设计有 Beam Booster 电子束推进器，底部的物镜除了传统的磁透镜外，还叠加有一个静电透镜，组成电/磁场复合型透镜。电子束在进入镜筒后会经过电子束推进器进行加速，并在镜筒内维持着较高的电压（约增加 8keV），使得镜筒内的电子束具有比入射电子束更高的能量，从而提升了电子束的会聚能力，获得更小的束斑尺寸，并同时提高了电子束的抗干扰性能。当电子束通过静电透镜时，其上加载的静电场将电子束的能量减小至与初始加速电压下的能量相同，保证其着陆电压与入射电压一致。该技术实现了电子束的高能聚焦与低能着陆，能够保证较小的束斑尺寸，有效提升了分辨率，尤其是在低加速电压下提升效果显著。关于降低入射电子束的着陆电压，还可以通过在样品台上加载负偏压来实现，例如日本电子使用的柔和电子束（gentle beam，GB）模式。

考虑到电子自身带负电，如果入射过程中电子之间距离过近，在库仑力的作用下部分电子的能量和轨迹可能会发生改变，导致 Boersch 效应，在低加速电压下或电子光路交叉时尤为明显。Gemini 镜筒通过单聚光镜设计，尽可能地避免了电子束在镜筒内的交叉，有效降低了电子束在交点处的能量发散，从而减小了色差，提升了电子束的会聚能力，改善了电镜的分辨率，在低加速电压下改善效果依旧显著。但单聚光镜的设计同样导致大量电子束因无法会聚而被光阑遮挡，电子束的束流通常相对较小。

物镜在很大程度上决定了电子束的最终会聚效果，各个扫描电镜公司均在物镜的设计上花费了大量精力。例如日本电子与日立公司的部分型号扫描电镜使用的半浸没式物镜技术。为了尽可能地会聚电子束，该技术在物镜上使用了强磁透镜，通过将样品笼罩在磁场范围内，借助磁场的束缚能力加强电子束的会聚，降低球差与色差系数，获得更小的束斑尺寸，从而提高分辨率。其缺点在于由于磁场的存在，无法观察磁性样品。

另一种提升物镜会聚能力的重要技术为磁场/静电场复合物镜。该技术在物镜原有磁场的基础上附加了一个静电场，除了磁场对电子束的会聚作用，静电场也能够对电子束进行进一步的加速和会聚，从而降低电子束的像差，提升电镜的分辨率，在低加速电压下的效果更为明显。附加的静电场能够对样品散射出的电子进行会聚与反向加速，使其更容易进入镜筒，有利于镜筒内探测器的信号采集，在低入射加速电压下也能获得信噪比较好的高分辨率图像。此外，复合式物镜无磁场外露，因此在一定条件下能够观察磁性样品。

13.5 扫描电镜成像的衬度

衬度的定义：图像中相邻两部分区域的明暗程度的差异。当相邻两区域之间的衬度达到5%～10%时，人眼能够明确分辨。在扫描电镜中，正是由于衬度的存在，我们才能够从图像中分辨出不同区域的特征差异。

扫描电镜中衬度的产生本质上来自用于成像的信号数量的差别，即信号数量较多的区域成像较明亮，反之则较暗淡。影响信号数量的因素比较多，例如，样品表面较粗糙时，尖端处二次电子信号较多，面向探测器区域的信号较多；样品成分不均匀时，重元素区域背散射电子信号较多等。前者为形貌衬度，后者则为成分衬度，本节将展开描述。

13.5.1 形貌衬度

形貌衬度是指利用对样品表面形貌敏感的信号进行成像所获得的衬度，能够从微观尺度上反映出样品表面的倾斜、台阶、凹坑和凸起等特征，是分析样品表面形貌特征的重要衬度。二次电子和背散射电子均能够提供形貌衬度，其中二次电子的作用区域更靠近样品表面，因此对表面形貌更为敏感，且分辨率高，本小节以二次电子为主进行描述。

扫描电镜中，二次电子主要来自样品内部距离表面小于10nm的区域，其产额与样品的表面形貌密切相关，例如表面倾斜程度能够直接影响二次电子的产额。以图13-19进行说明，图中从左向右样品表面的倾斜程度逐渐增大，其法线与入射电子束的夹角分别为0°、45°和60°，图中虚线标示了样品表层10nm的区域。随着倾斜角度增大，入射电子束与样品的相互作用发生了两方面的变化，一方面电子束在样品表层10nm区域内所穿过的距离由l增大至$2l$，另一方面入射电子束的作用区域更加靠近样品表面。前者能够增加入射电子激发样品内原子核外电子的概率，产生更多二次电子；后者则缩短了所产生的二次电子逸出样品表面的距离，增大了其自样品表面出射的概率。因此，样品表面的倾斜程度越大，二次电子产额越高，衬度越亮。样品中不同倾斜表面的信号强度不同，其形貌衬度也因此而不同。

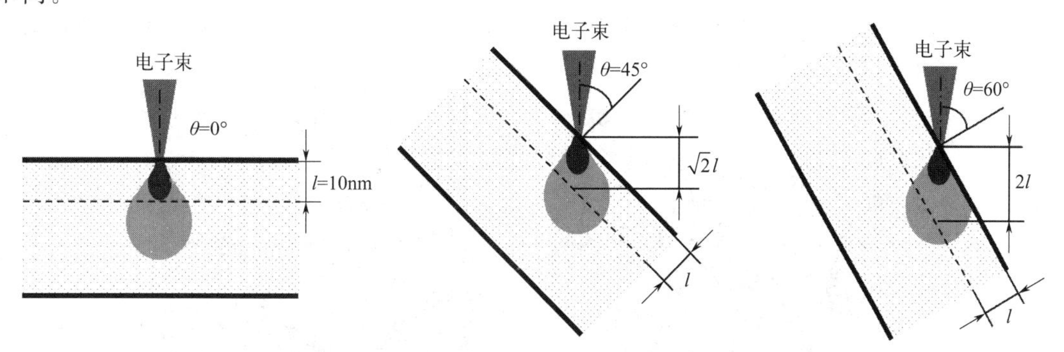

图 13-19　样品表面与入射电子成不同角度时二次电子与样品的相互作用

从微观尺度上看，样品表面还具有大量台阶、凸起、凹坑和尖端等边缘特征，这些特征区域的二次电子具有与样品表面平整处不同的扩散和逸出行为，因此也具有不同的二次电子产额及不同的衬度。图 13-20 为样品截面的示意图，以其中的 a. 平面与 b. 台阶为例进行对比说明。样品中 a. 平面处与入射电子相互作用产生的二次电子仅能从上方逸出样品表面，而 b. 台阶处由于处在边缘位置，所产生的二次电子除了从上方逸出外，还能够从侧方逸出，因此该处的二次电子产额相对于 a. 平面处更多，探测器所能够收集到的信号强度更强。图 13-20 中的 c. 凸起、d. 凹坑和 e. 尖端处具有类似的现象。上述分析表明，边缘处二次电子的信号较强，其衬度通常更加明亮，因此更容易被识别，该现象被称为边缘效应。背散射电子成像同样具有边缘效应，但其逸出区域远大于二次电子，现象不如二次电子明显。

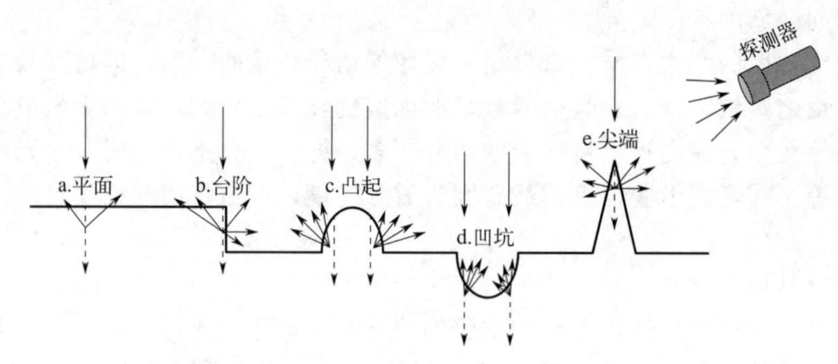

图 13-20　样品表面不同特征的边缘效应

样品与探测器的相对位置、朝向等也能够直接影响信号的接收强度，进而影响其衬度的明暗程度。图 13-20 中探测器位于样品的右侧，面向探测器一侧样品所产生的二次电子容易被探测器接收，在图像中的衬度较亮，例如台阶和凸起右侧、凹坑左侧以及尖端右侧等区域；而背向探测器一侧样品所产生的信号不易被探测器接收，在图像中的衬度较暗，例如凸起左侧、凹坑右侧以及尖端左侧等区域。这种由于探测器与样品相对位置不同，导致样品中边缘两侧信号不同，使图像中产生阴影的现象，被称为阴影效应。图 13-20 中的 c. 凸起和 d. 凹坑，由于探测器在右侧，c. 凸起区域在图像中会显示为左侧暗右侧亮，d. 凹坑区域则显示为左侧亮右侧暗。如果探测器转移至左侧，则边缘两侧的衬度会反转。此外，基于探测器与样品的相对位置，也能够从图像中判断出样品表面衬度明暗交替的边缘区域是凸起还是凹坑，尤其是在立体感较强的 SE_2 成像中。图 13-21 中探测器在样品右侧，在镜筒内（SE_1 信号为主）和腔室内（SE_2 信号为主）探测器所拍摄图像中，镍小球（可理解为凸起区域）的右侧亮度高于左侧。腔室内探测器是以 SE_2 信号为主，因此图像具有更好的立体感，边缘处的衬度明暗对比更为明显。

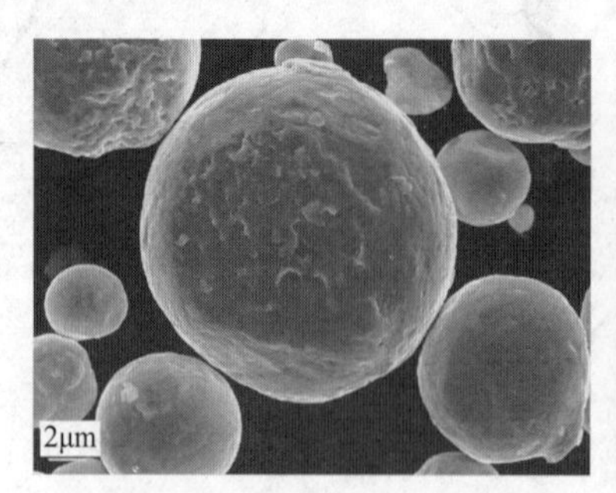

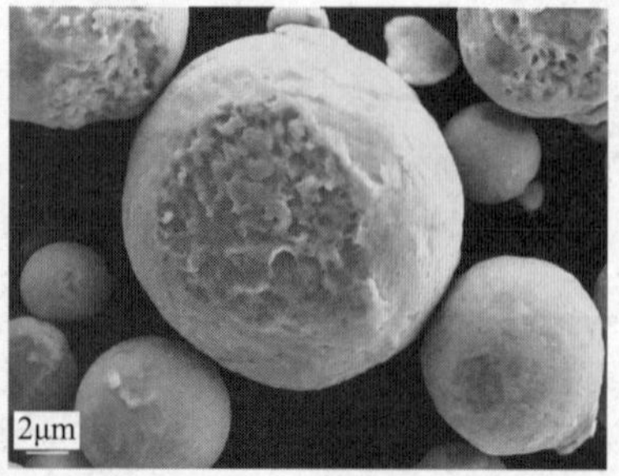

图 13-21　镜筒内探测器（SE_1 信号为主）和腔室内探测器（SE_2 信号为主）成像对比

（样品为分散在碳胶上的镍球，拍摄电压为 15kV）

知识点 13-4 扫描电镜图像中的明和暗可以从我国古代地理提出的“阴”和“阳”的概念进行理解。李吉甫在《元和郡县志》中指出：“山南曰阳，山北曰阴；水北曰阳，水南曰阴。”带有“阴”或“阳”的地名，正是体现其地理方位，如：“华阴”在华山之北，“江阴”在长江之南；“咸阳”则是因为南边有河、北边有山，从山和水的角度都是阳，“咸阳”即“都是阳”。

需要注意的是，上述“阴”和“阳”定义的前提是我国处于北半球。如果是换到南半球，就应该是山之北、水之南谓之阳，与北半球恰好相反。换言之，在扫描电镜中，如果不知道探测器与样品的位置关系，凸起和凹坑的判断结果就可能会出错。

13.5.2 成分衬度

成分衬度是指由于样品中不同区域的成分不同导致的信号强度不同而产生的衬度。使用背散射电子成像时会产生明显的成分衬度，其信号强度主要与原子序数有关；当观察区域包含多种元素时，信号强度则与该区域的平均原子序数有关。原子序数（或平均原子序数）越大的区域衬度越亮。这主要是由于背散射电子的信号主要为弹性背散射电子，原子序数越大，原子核的库仑场强度越强，其对入射电子的弹性散射越强，散射角度越大，因此背散射电子的产额越多，图像中的衬度就越亮。图 13-22 为 Cu-Al 样品在背散射电子模式下拍摄的图像及 Cu 元素的能谱面扫描图。Cu 和 Al 的原子序数分别为 29 和 13，前者远高于后者，因此在背散射模式下能够表现出明显的成分衬度，图中 Cu 富集区域具有比 Al 富集区域更为明亮的衬度。从能谱面扫描图可以看出 Cu 元素的主要分布区域与背散射电子图像中的一致。

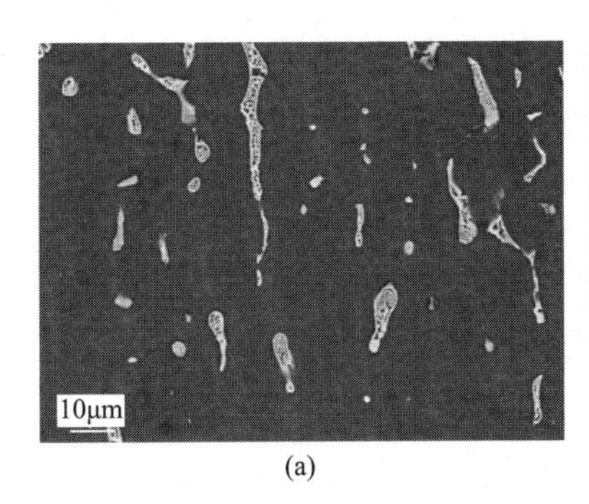

(a)

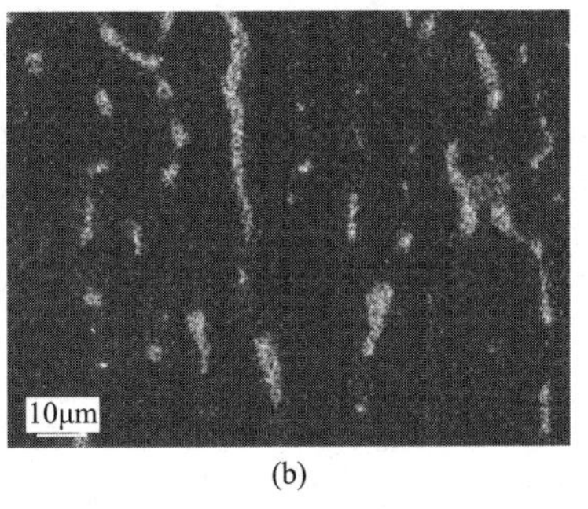

(b)

图 13-22 背散射电子模式成像的成分衬度（a）与能谱面扫描图（b）
（样品中包含 Cu 和 Al 元素，拍摄电压为 15kV）

如果样品为均质样品，即成分均匀，那么无论样品中有多少种元素，或不同元素之间的原子序数差异有多大，由于各种元素是均匀混合的，在样品的局部或整体区域都不存在平均原子序数的差异，因此无法观察到明显的成分衬度变化。

背散射电子成像的衬度同样受到样品表面平整度的影响，例如均质样品表面的斜面、边缘等区域同样会出现衬度差异，因此要获得比较准确的成分衬度，需尽量使用平整的样品表面，以减小形貌衬度的影响。

能谱仪的面扫描模式在成分衬度方面具有明显优势，且具备半定量分析功能，下一章将进行详细说明。但由于特征 X 射线的激发区域比背散射电子更深，能谱面扫获得的图像分辨率也低于背散射电子成像。

习题

参考答案

1. 为什么扫描电镜的分辨率和成像与所使用的信号种类相关？请将几种主要信号的分辨率进行对比。

2. 扫描电镜拍摄中如何获得较大的景深？

3. 二次电子成像与背散射电子成像的区别与优势分别是什么？

4. 扫描电镜图片的立体感是怎么形成的？如何判断图像中的凹坑和凸起区域？

5. 形貌衬度与成分衬度的区别是什么？

第 14 章

能谱与波谱

除了具备强大的分辨能力对材料的形貌结构进行表征外，扫描电子显微镜也能够对微观组织的成分信息和元素分布进行定量分析，这对于理解材料的性能也至关重要。前面章节讲过，入射电子与样品中原子发生相互作用时，外层电子向内层空位跃迁能够激发出特征 X 射线。不同元素的各层原子跃迁所需能量不同，因此特征 X 射线携带了样品的元素信息，能够进行成分分析。基于特征 X 射线进行成分分析的技术主要包括能量色散 X 射线谱技术（energy dispersive X-ray spectrum，EDS，简称为能谱）和波长色散 X 射线谱技术（wavelength dispersive X-ray spectrum，WDS，简称为波谱），前者针对特征 X 射线的能量进行分析，后者则是针对特征 X 射线的波长进行分析，本章将针对这两种技术进行重点描述。

14.1 基本原理

在原子中，核外电子围绕原子核分布在不同的轨道，自内而外分别为 K、L、M、N 等电子层，不同层的电子与原子核的结合都具有确定的能量值。显然要将电子从其轨道上激发出来的最小能量值也是确定值，该能量被称为临界激发能 E_c。外层电子向内层空位跃迁所释放的能量值等于相应轨道之间的临界激发能的差值，不同元素原子的相同轨道之间的能量差不同（例如 Mn 原子和 Cu 原子的 K 层和 L 层之间的能量差不同），因此能够反映出不同元素原子内部结构的特征。

特征 X 射线通常是根据提供空位的电子层和提供填充电子的电子层进行命名的。例如，K 层出现空位，则以 K 命名谱峰，L 层电子发生跃迁进行填充，则谱峰的下角标为 α，该谱峰即为 K_α，M 层进行填充则该谱峰为 K_β，依此类推，如图 14-1 所示。电子跃迁的过程相当于空位向外层移动，外层轨道均会被电离，因此入射电子激发出某内层轨道的特征 X 射线的同时，必然伴随着其他所有能量更低的特征 X 射线的产生，这一系列的特征 X 射线被称为特征 X 射线系，例如 K 系、L 系、M 系谱线等。

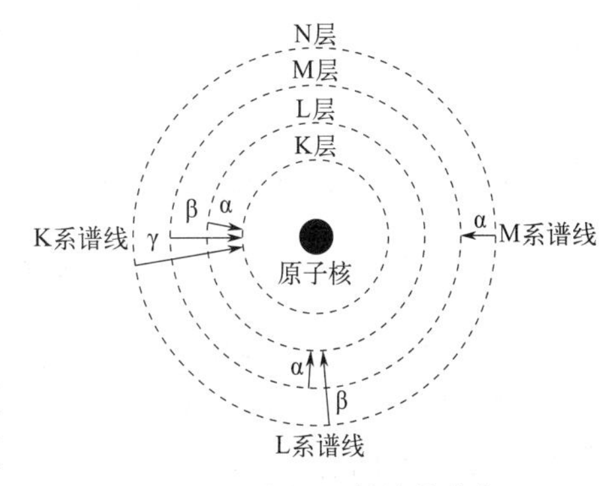

图 14-1　特征 X 射线的命名

特征 X 射线的能量与波长 λ 之间的关系为：

$$E=\frac{hc}{\lambda} \tag{14-1}$$

式中，h 为普朗克常数；c 为光速。由上式可知能量与波长成反比，能量 E 通常以 eV 为单位，波长 λ 以 nm 为单位，可以得到两者的定量关系为：$E=1239.6/\lambda$。因此特定元素的轨道之间的跃迁所产生的特征 X 射线具有固定波长，通过分析特征 X 射线的波长也能够确认相应的元素和成分信息。

特征 X 射线的产生区域与入射电子束和样品相互作用的体积相关，也就是与入射电子在样品中的散射和穿透距离相关。前面章节讲过检测信号的空间分辨率约等于该信号的激发区域在样品表面的投影宽度。特征 X 射线的激发区较深，横向扩散体积较大，空间分辨率远不如二次电子和背散射电子成像。因此，使用能谱进行高分辨率的面扫描实验时需要考虑一定的实验条件，其本质在于减小入射电子进入样品后的横向扩散尺寸，以减小特征 X 射线激发区域的体积。

对于厚样品来说，加速电压能够直接影响入射电子的作用深度。图 14-2 展示了蒙特卡洛模拟（使用 Casino 软件 V2.5.1.0 版本）5kV、15kV 和 25kV 加速电压下观察 Si 样品时的入射深度，图中显示加速电压越小，入射电子的作用深度越浅，横向扩散体积也越小，因此可以通过降低加速电压来提升特征 X 射线成像的空间分辨率。同理，样品中所表征元素的原子序数也会影响入射电子的作用深度，进而影响其空间分辨率。例如，图 14-2 使用蒙特卡洛法模拟了 15kV 加速电压下入射电子对 Cu、Ti 和 Si 样品的作用深度，原子序数越大（即元素越重），其作用深度越浅，横向扩散体积也相对越小，激发 X 射线的体积也越小，面扫描成像的空间分辨率越好。

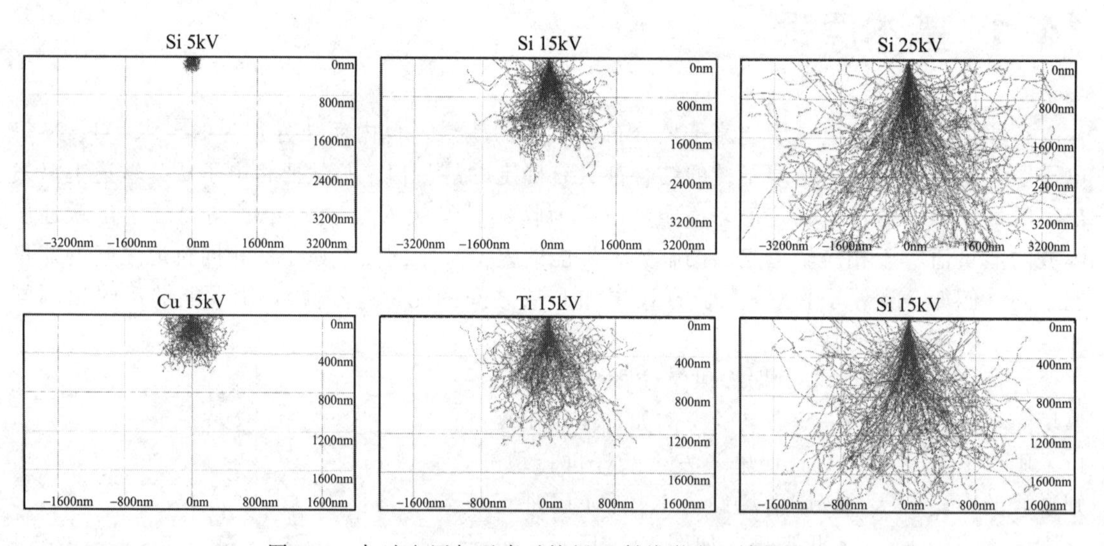

图 14-2　加速电压与元素对特征 X 射线激发区域的影响

使用薄样品也能够提升成像的空间分辨率（需要使用 STEM 探测器），这是因为入射电子在薄样品中尚未来得及进行横向扩散便已经穿过样品，作用区域急剧减小，因此特征 X 射线的激发区域较小，分辨率也相应提高。与厚样品不同的是，在薄样品中可以通过提高加速电压来提升其面扫描分辨率，这是因为加速电压越高，电子束的会聚能力越强，电子束穿过样品时横向扩散体积越小，空间分辨率也就越好。

此外，与二次电子和背散射电子成像类似，电子束束流也会影响能谱面扫描的成像分辨率。通常来讲，电子束束流越大，入射电子的束斑尺寸也越大，激发出的特征 X 射线体积越大，其空间分辨率也越差。但束流太小会影响能谱收集信号的计数率，因此在保证计数率的情况下使用小束流，能够提升面扫描成像的空间分辨率。

14.2 能谱仪与波谱仪的设备特点

能谱仪是收集被入射电子束所激发出的特征 X 射线的计数随能量的分布曲线，即能量色散，通过分析其特征峰的能量及计数强度来实现样品中所包含元素的识别及成分的半定量分析。能谱仪的探测器使用探测晶体进行特征 X 射线的收集，该晶体也是能谱仪中最重要的部件。早期的能谱技术使用液氮制冷的锂漂移硅探测器，但其探测性能相对较差，且需要定期补充液氮以维持低温状态。现阶段商用能谱仪主要使用硅漂移探测器（silicon drift detector，SDD），当特征 X 射线照射至探测器时，能够激发出其中高纯硅半导体的电子-空穴对并在阳极形成电荷信号，通过测试探测器输出的电脉冲信号识别出电子-空穴对的数量。特征 X 射线的能量与电子-空穴对的数量成正比，因此统计电子-空穴对的数量即可得出所收集特征 X 射线的能量，进而识别出该 X 射线所对应的元素。此外，利用佩尔捷（Peltier）效应设计的电制冷技术能够使硅漂移探测器摆脱液氮的困扰，且硅漂移探测器具有更高的计数率和峰背比，能够极大地提升探测效率。

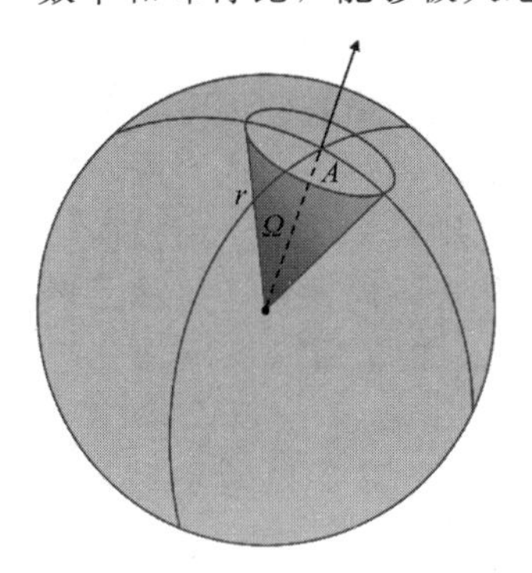

图 14-3 立体角

探测器的信号采集效率决定了能谱仪的工作效率，采集效率在一定程度上直接取决于探测器与样品之间的立体角 Ω（solid angle），因此立体角几乎可以被认为是能谱仪最重要的参数之一。从几何意义上来讲，立体角的概念为：以观测点为球心，构造一个单位球面，任意物体投影到该单位球面上的投影面积，即为该物体相对于该观测点的立体角。距离观测点较近的小物体可能会与距离观测点较远的大物体具有相同的立体角。立体角的单位为无量纲的球面度（steradian，sr）。如图 14-3 所示，立体角的公式为：

$$\Omega = A/r^2 \tag{14-2}$$

式中，A 为投影面积；r 为物体与观测点间的距离。从上述公式可知，要得到较大的立体角，需要尽量大的投影面积与尽量小的观测距离。

对于能谱仪来说，立体角的投影面积即为能谱探测晶体的活区面积，观测距离则为探测晶体与样品的距离，因此探测器的晶体活区面积越大、探测晶体距离样品越近，能谱仪的信号收集立体角就越大，工作效率就越高。针对前者，目前几乎所有商用能谱仪都有不同规格的活区面积，该面积越大，能谱仪的探测效率越高；针对后者，由于物镜极靴占据了一定空间，探测器也具有一定尺寸，斜插入的探测器通常与样品之间有一定的距离，部分厂商使用了纤细化的探测器使其更靠近样品，从而获得更大的立体角，如图 14-4 所示。这种技术的典型代表是布鲁克公司的 XFlash 7 系列能谱探测器。此外，现阶段最前沿的技术是采用平插入的方式代替斜插入，该方式将能谱探测器平行置于极靴下方，使探测器距离样品更近，立体角可达到普通斜插入方式的数十倍。

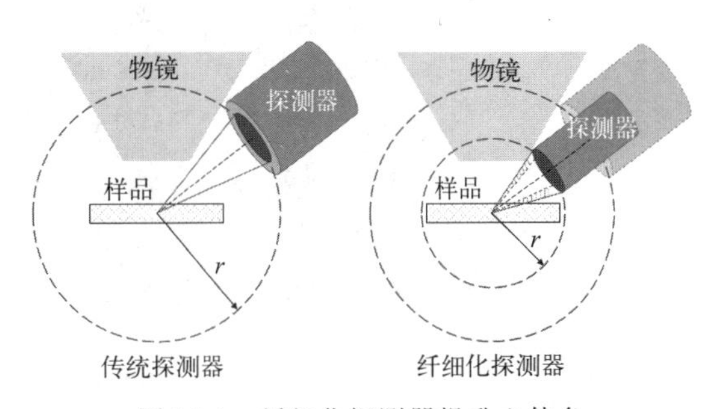

图 14-4 纤细化探测器提升立体角

知识点 14-1 需要注意，不同厂家对能谱仪探测器的硅片面积定义有所不同，通常分为两种：一种叫做晶体面积，是指能谱探测器上整个硅片的面积，包含了不参与信号采集的边缘区域；另一种叫做活区面积，是指能谱探测器上用于接收信号的区域的硅片面积。选用不同品牌和型号的设备时需对这两种定义进行区分，重点关注活区面积而非晶体面积，在部分设备中这两者之间的差异可达 1/3。

知识点 14-2 探测器晶体的表面通常覆盖有一层薄膜窗口以维持探测芯片的气密性，保护探测晶体免受污染，同时也能够提升电制冷的效果，但该层薄膜会牺牲一定的 X 射线透过率，尤其是对轻元素影响更大。除了上述的增大立体角来提高探测效率外，另一种提升探测器收集效率的方式是减小窗口薄膜的厚度来提升特征 X 射线的透过率。目前主流的窗口材料为聚合物薄膜或 Si_3N_4 薄膜，通常厚度越小，探测器的信号收集效率越高，但窗口过薄时在破真空或离子清洗过程中会有破窗风险。此外，在探测过程中，聚合物薄膜可能会带来 C 元素的信号干扰，Si_3N_4 薄膜则会带来 Si 和 N 的信号干扰。目前探测效率最高的技术是使用无窗能谱结构，能够识别出能谱理论探测极限的 Li 元素，但无窗能谱由于没有窗口保护，探测晶体容易被污染，对环境真空度等方面要求极高。

能谱仪可以实现点分析、线分析和面分析功能，或称为点扫描、线扫描和面扫描。点扫描是使用电子束只扫描样品的一个点，得到该点的谱图和成分含量。线扫描是使用电子束沿着选定的直线轨迹进行扫描，得到沿着该直线的每个点的计数分布曲线，每条曲线对应一种元素，曲线的起伏能够反映所对应元素沿该直线的含量变化。面扫描则是使用电子束扫描某一整体区域，得到该区域所有元素的分布状况，通常使用不同颜色代表不同元素，每种元素可以单独显示于一幅图中，也可将不同元素叠加显示于同一幅图中。如图 14-5 所示为分散在碳胶上的镍小球的线扫描和面扫描结果。

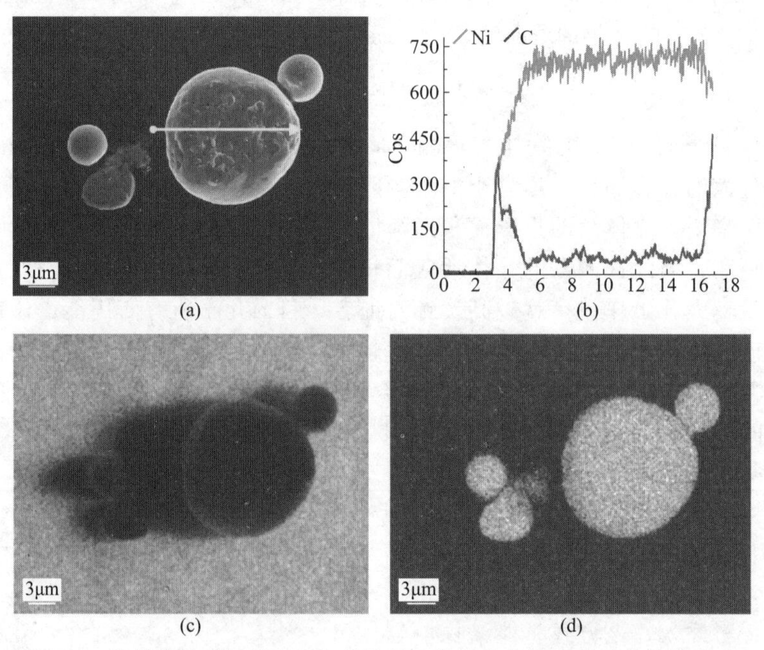

图 14-5 能谱仪的线扫描和面扫描结果（样品为分散在碳胶上的镍小球）

（a）SEM 图像；（b）沿（a）中箭头的线扫描元素分布结果；

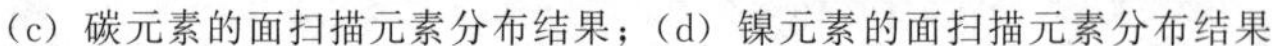
（c）碳元素的面扫描元素分布结果；（d）镍元素的面扫描元素分布结果

知识点 14-3 能谱的面扫描实际上可以理解为使用特征 X 射线成像。与二次电子成像类似，特征 X 射线成像同样存在形貌衬度，例如阴影效应。在图 14-5 碳元素的面分布图中，由于探测器位于镍小球的右侧，因此小球左侧的碳元素信号受遮挡而难以被探测器接收，在面分布图中信号极弱，表现出阴影；而右侧的碳元素不存在该情况，信号较强。

波谱仪是收集被激发的特征 X 射线使其照射分光晶体，通过测量发生衍射的 X 射线的衍射角度，并根据布拉格公式计算出 X 射线的特征波长，从而得到样品被激发的特征 X 射线计数随波长的分布曲线，实现 X 射线的分光和检测，即波长色散。波谱仪的工作原理本质上是基于 X 射线在晶体内部发生衍射的布拉格定律：

$$2d \cdot \sin\theta = n\lambda \tag{14-3}$$

式中，d 为分光晶体的晶面间距，θ 为 X 射线与晶面的夹角，这两者已知；n 为衍射阶数，是正整数；λ 为 X 射线的波长。如果样品中含有多种元素，入射电子束能够激发出具有各个元素所对应的特征波长的 X 射线。波谱仪中安置了具有适当面间距的分光晶体，样品内部被激发出的 X 射线会以不同的方向射出，对于某一波长的 X 射线，只有以特定方向入射至分光晶体才能够满足布拉格方程。波谱仪通过改变分光晶体的位置来改变 θ 角，当某 X 射线满足布拉格方程时，便能够发生强烈衍射，检测器通过记录该波长所对应的特征 X 射线来实现元素的识别。分光晶体是波谱仪的核心部件，根据分光晶体的类型，波谱仪主要分为两种：罗兰圆波谱仪和平面光波谱仪，前者使用了弯曲分光晶体，后者则使用平面分光晶体，如图 14-6 所示。

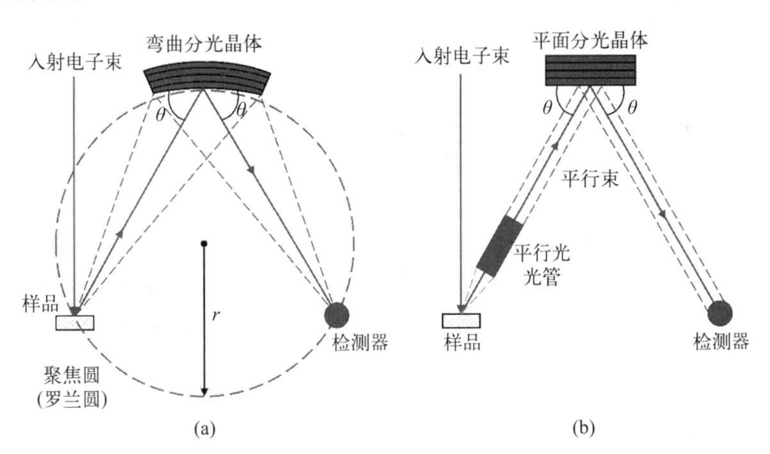

图 14-6 罗兰圆波谱仪（a）和平面光波谱仪（b）工作原理

罗兰圆波谱仪的设计相对复杂，要求样品、分光晶体和探测器三者处于同一个聚焦圆上，该圆也称为罗兰圆。罗兰圆波谱仪通过移动分光晶体来改变布拉格角，不同波长的特征 X 射线在满足各自布拉格方程的方向上被检测器接收并进行识别。从特征 X 射线的聚焦方式来看，罗兰圆波谱仪可以分为半聚焦型（Johann diffractor，约翰型）和全聚焦型（Johansson diffractor，约翰逊型）两种，两者的差别仅在于半聚焦型所使用的晶体的弯曲半径为聚焦圆半径的 2 倍，而全聚焦型所使用的晶体的弯曲半径与聚焦圆半径相等。

从弯曲分光晶体的运动方式来看，罗兰圆波谱仪可以分为直进式和回转式两种，其工作原理如图 14-7 所示。直进式波谱仪的分光晶体是沿着直线运动，同时角度发生一定的转动，检测器的位置也随之进行调整，该过程中特征 X 射线照射分光晶体的方向保持不变。从图 14-7（a）可知，两种波长的特征 X 射线分别以 θ_1 和 θ_2 的角度入射至分光晶体 C_1 和 C_2，当其满足布拉格条件时，检测器 D_1 和 D_2 则能够分别接收到不同特征 X 射线的衍射束，并得出其波长 λ_1 和 λ_2。以入射角 θ_1 为例，

$$\sin\theta_1=\frac{L}{2r} \tag{14-4}$$

式中，L 为样品至分光晶体的距离；r 为罗兰圆半径。可先求出 θ_1，再通过布拉格方程求出波长 λ_1。同样的方法可以得出不同特征 X 射线的入射角和波长。如果样品中包含数种不同元素，在分光晶体运动过程中检测器便能够在数个不同位置接收到衍射束，不同衍射束的波长对应于不同元素，且衍射束的强度与元素含量成正比，基于此便能够进行元素与成分的定量分析。

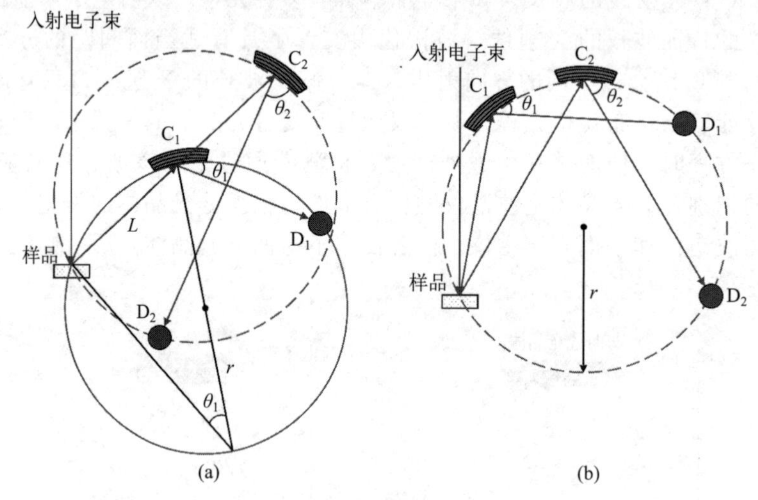

图 14-7　直进式波谱仪（a）和回转式波谱仪（b）工作原理

回转式波谱仪的分光晶体则是沿着聚焦圆进行运动，聚焦圆的圆心保持不动，为了维持样品、分光晶体与检测器三者共圆，且满足布拉格方程，检测器需与分光晶体以 2∶1 的角速度进行同步移动。

罗兰圆波谱仪由于分光晶体离样品较远，其采集立体角小，收集效率低、分析时间长，在低电压、小束流下难以获得具有足够统计意义的计数，因此通常需要使用高电压、大束流进行采谱。

平面光波谱仪结构相对简单，通过平行光光管收集样品出射的特征 X 射线信息，并将其转化为平行束照射至平面分光晶体上，测量过程中通过转动平面分光晶体来改变布拉格角，满足布拉格方程的 X 射线能够发生衍射，并进入计数器进行检测。与罗兰圆结构的设计相比，平面光结构在低能量端具有更高的灵敏度，即对轻元素的识别更具优势。这是因为轻元素的特征 X 射线能量低、波长大，要满足布拉格方程需要的布拉格角 θ 更大，在罗兰圆波谱仪中分光晶体需要移动至罗兰圆的远端，因此距离样品更远，采集信号弱。平面光结构是通过转动分光晶体来实现布拉格角的改变，不存在上述问题，目前部分厂家通过优化能够在＜1keV 的能量区实现元素识别。

传统的平面光波谱仪中只有一块分光晶体，分光效率低。目前使用的平面光波谱仪在发生衍射的分析区通常是将数个不同的分光晶体安装在一个可旋转的塔面上，该设计能够使用不同面间距的分光晶体以覆盖更多元素的特征 X 射线波长，且不同分光晶体之间便于更换，这种技术的典型代表是布鲁克公司的 Quantax 波谱仪。此外，由于平面光波谱仪的 X 射线采集系统距离样品很近，其采集立体角大，采集信号强，分析速率比罗兰圆波谱仪相对更快，平面光波谱仪也能够在低电压、小束流下进行采谱。但由于平面光波谱仪要求特征 X 射线平行入射，其对样品表面的平整度要求比罗兰圆波谱仪更高。

14.3 能谱仪与波谱仪的性能对比

从工作原理上来讲，能谱仪与波谱仪各有优缺点，能谱仪的能量分辨率不如波谱仪，但其信号收集效率高，便利性和普适性远高于波谱仪，两者的特点对比如下。

能谱仪的优点：

① 能谱仪的探测效率高。能谱仪的探测器安装位置距离样品很近，X 射线的收集立体角远大于波谱仪，且不存在分光晶体衍射导致的强度损失，因此能谱仪的探测效率高于波谱仪。同理，考虑到透射电镜使用的样品极薄，大量入射电子会穿透样品，特征 X 射线的产额比扫描电镜中更低，因此对探测效率要求较高，能谱仪能够满足该应用场景，而波谱仪通常只会配备在扫描电镜上。

② 能谱仪的分析速度快。能谱仪是测量特征 X 射线的能量，可以同时对样品中所有元素的特征 X 射线进行测量，提供全谱分析。波谱仪在特定的布拉格角只能测量一种波长，因此只能逐一测量谱峰波长。波谱仪可以通过安装多个分光晶体提升其分析速度，但仪器空间有限，目前最先进的平行光波谱仪支持安装 6 块分光晶体，其分析速度依然难以和能谱仪相提并论。

③ 能谱仪的结构简单，对样品要求低。波谱仪中包含机械传动结构设计，样品定位的稳定性和重复性相对较差，能谱仪的稳定性和重复性都很好。此外，波谱仪的工作原理需要其严格满足布拉格方程才能够发生衍射，因此对样品表面平整度要求较高，能谱仪则能够对粗糙表面的样品进行分析。

知识点 14-4 如果样品表面出现尺寸较大的倾斜、尖端、凸起或凹坑等形貌特征，能谱仪中特征 X 射线的收集也会受到明显影响。例如样品表面倾斜角度增大，背散射电子的产额增加，留在样品中能够激发特征 X 射线的入射电子和背散射电子就会减少，特征 X 射线的产额也会随之减少，导致信号较弱。此外，在样品表面的凸起或凹坑区域背向探测器的斜面，特征 X 射线除了产额减少，其相对于探测器的吸收程也会增加，从而导致探测器的收集信号量进一步减少。上述现象对轻元素或低能端谱峰的影响更大。

波谱仪的优点介绍如下。

① 波谱仪的能量分辨率高。与波谱技术相比，能谱的谱峰宽度较宽，近邻谱峰之间容易重叠，因此能量分辨率较低。能谱仪硅漂移探测器的理论分辨率极限仅为 120eV（目前能谱仪的能量分辨率可以达到＜127eV，已接近理论极限），而波谱仪对 Si 元素 K_{α} 线的能量分辨率可达到＜5eV。当样品中微量元素的谱峰与主体元素严重重叠时，能谱仪的能量分辨

率难以区分，波谱仪则能够进行有效识别。如图 14-8 所示。

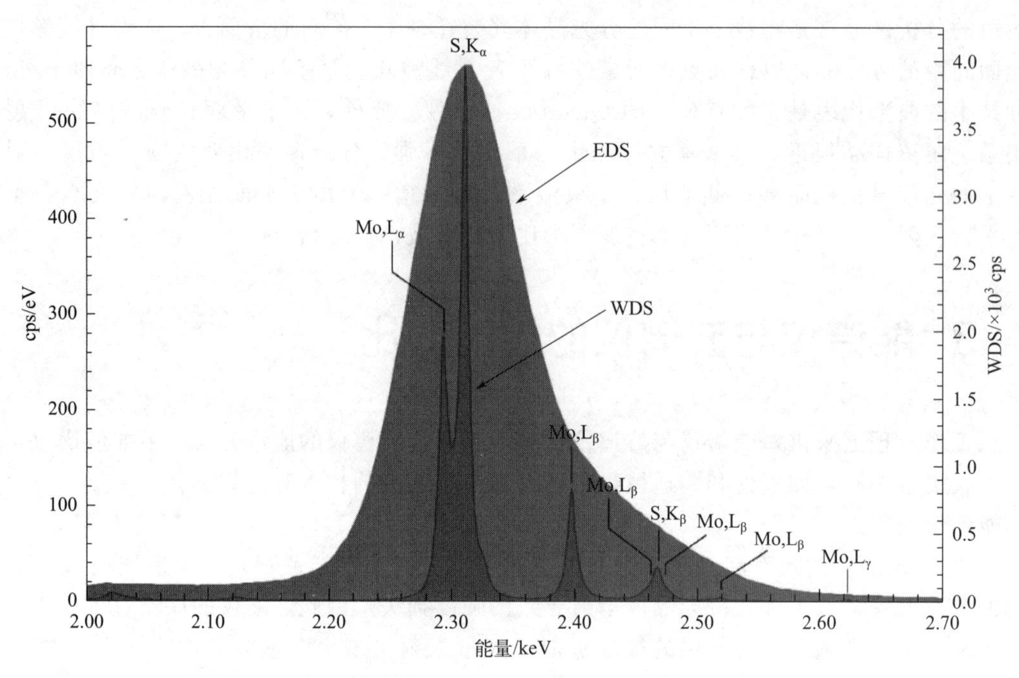

图 14-8　波谱仪和能谱仪重叠峰的谱峰对比

② 波谱仪对轻元素的分析能力强。波谱仪可以测定原子序数为 4～92 的所有元素，而对于能谱仪，一方面轻元素的特征 X 射线产额少，探测器的薄膜窗口也限制了其穿透比例，另一方面轻元素的谱峰位于低能端，容易与重元素的 L 或 M 系谱峰发生重叠，即便现有能谱技术通过软、硬件的多方面优化已能够在一定程度上识别出原子序数<11 的超轻元素，但其整体分析能力依然远不如波谱技术。图 14-9 对比了能谱与波谱分析 Be、B、C、N、O、F 元素的结果。

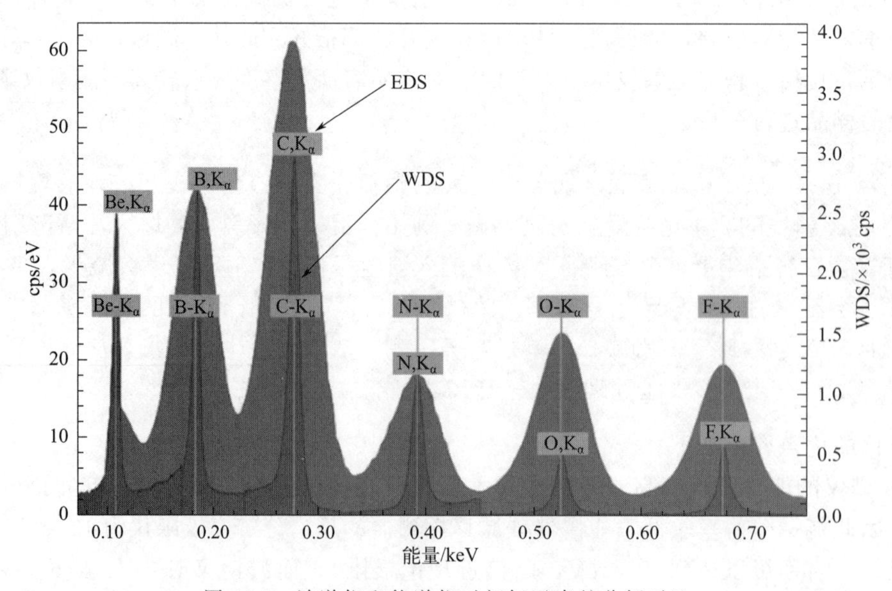

图 14-9　波谱仪和能谱仪对超轻元素的分析对比

③ 波谱仪的探测极限更优。能谱仪中谱峰重叠、微量元素、电子束散射等问题会导致一定程度的谱失真，其峰背比远低于波谱仪，因此能谱仪的探测极限差于波谱仪。能谱仪的探测极限能够达到低于1000ppm（0.1%）量级，波谱仪则可低于100ppm（0.01%），一定条件下甚至低于10ppm（0.001%）。图14-10为波谱仪的痕量元素分析，探测出0.02%（质量分数）（200ppm）的P元素。

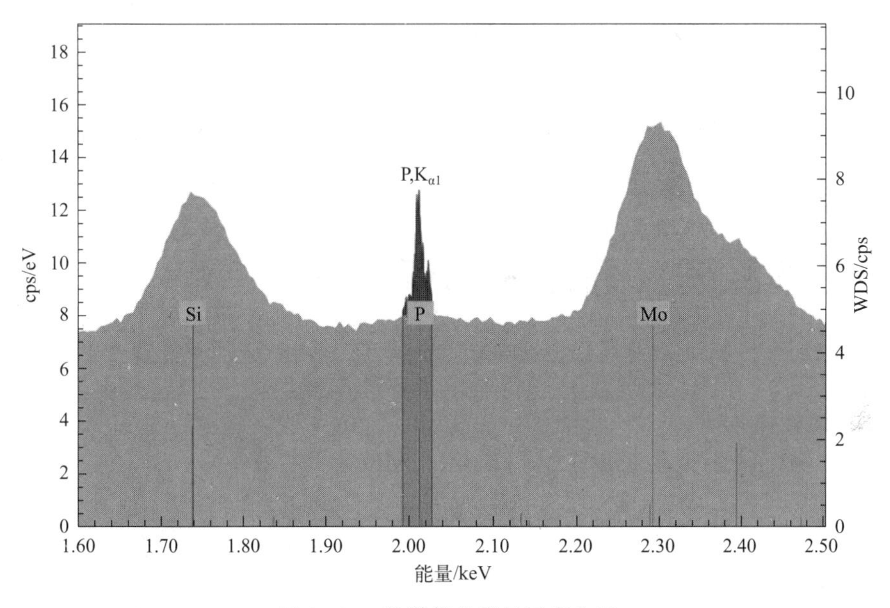

图14-10　波谱仪的痕量元素分析

针对能谱仪和波谱仪的优缺点，目前各大设备厂商已开发并提供能谱仪和波谱仪集成化的元素分析系统，借助能谱仪的高探测效率和分析速度，以及波谱仪的高能量分辨率和探测极限，辅以一定的软件拟合技术优化，既能够进行样品中整体元素的快速分析，也能够实现微量及痕量元素的准确定量。

习题

1.请分析能谱技术与波谱技术的相同点与不同点。

2.特征X射线成像与二次电子、背散射电子成像的分辨率孰优孰劣？如何提升？

3.影响能谱仪工作效率的主要因素是什么？如何提升？

4.波谱仪的工作原理是什么？

5.能谱技术与波谱技术相比有哪些优缺点？

参考答案

第 15 章

电子背散射衍射

电子背散射衍射是一种利用衍射电子束来鉴别晶体样品物相、取向、织构的技术，在材料科学、地质环境、半导体技术等研究领域具有广泛应用。本章我们将重点学习电子背散射衍射的基本原理与数据分析方法。

15.1 基本原理：菊池线与菊池谱

在研究晶体样品的物相、取向、织构时，我们常常会用到电子背散射衍射（electron backscatter diffraction，EBSD）技术。相关设备现在通常作为扫描电子显微镜常见且重要的组件。第一次观测到样品的背散射花样是 1928 年由日本学者西川正治（Shōji Nishikawa）和菊池正士（Seishi Kikuchi）在 TEM 内完成的（如图 15-1 所示）。菊池正士对这些成对出现的条纹进行了分析，这些条纹叫做菊池线，菊池线所组成的花样称为菊池花样或菊池谱（Kikuchi pattern）。菊池发现，当对单晶样品进行小范围倾转时，电子衍射的衍射斑仅强度发生变化，衍射斑出现的位置几乎不变，但菊池线却发生了肉眼可见的位移。基于这一特点，研究人员常常利用菊池谱研究晶体取向、标定电镜。后来，随着对菊池谱全自动标定算法的开发以及扫描电镜技术的成熟，常常在扫描电镜中利用背散射电子衍射的方法得到菊池谱，于是就形成了 EBSD 技术。图 15-2（a）所示即为 EBSD 最早的原型机之一。随着商用硬件和软件的发展，EBSD 技术逐渐走出顶尖高校实验室，成为各材料学实验室内简单易上手却又至关重要的研究手段［图 15-2（b）所示为一种典型的扫描电镜中采集的菊池谱］。

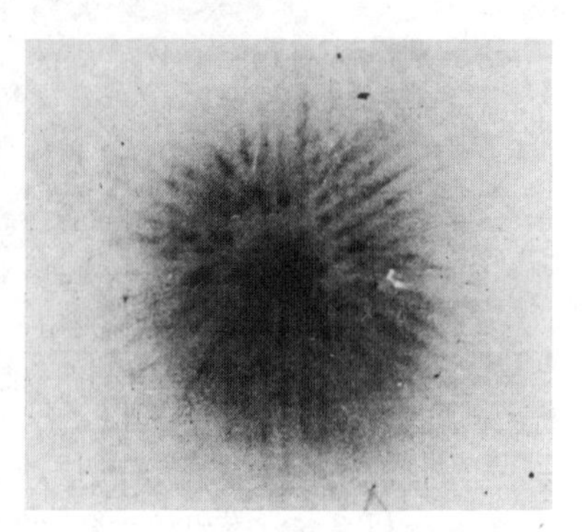

图 15-1　1928 年第一次报道的在 TEM 中采集到的菊池谱

要了解 EBSD 的工作原理，首先要了解菊池谱的产生原理。如图 15-3（a）所示，电子束照射在样品上时，如果样品足够厚，有相当大一部分电子将沿着各个方向散射。当这些电子的能量和方向符合样品被照射区域内某个晶面的布拉格衍射条件时，就会发生衍射，并在探测器或者荧幕上产生成对出现的条纹。在如图 15-3（b）所示的二维空间里，符合（hkl）晶面的衍射条件的电子发生衍射，而符合（$\bar{h}\bar{k}\bar{l}$）晶面衍射条件的电子亦可发生衍射，两衍射束之间的夹角为 2θ，而两衍射束的中线与（hkl）晶面平行。在三维空间内，衍射束为一锥形，被称为柯塞尔锥（Kossel cone）。如图 15-3（c）所示，与（hkl）晶面和（$\bar{h}\bar{k}\bar{l}$）晶面对应的两个柯塞尔锥和探测器平面相交为成对的条纹，该条纹即为菊池线。成对的两条菊池线的中线即是该晶面在探测器平面的投影。在实验中往往可以收集到多对菊池线以及它们相交形成的菊池集，即菊池谱。

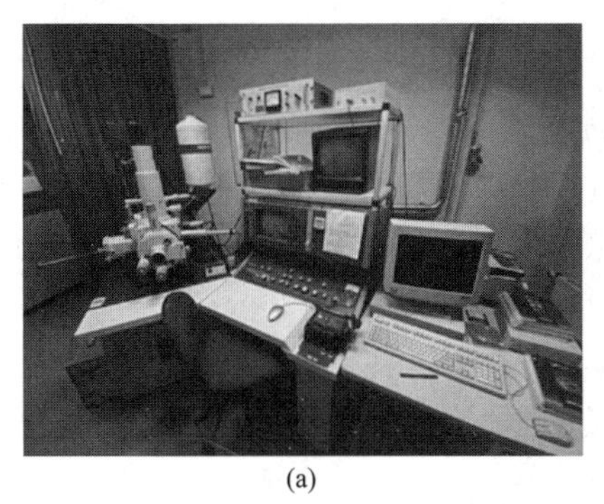

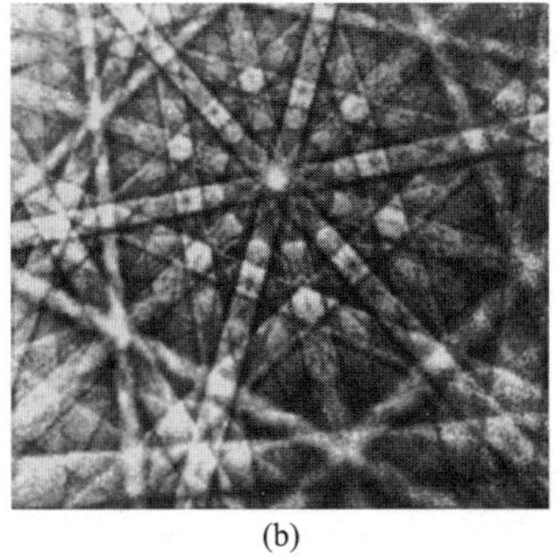

(a)　　(b)

图 15-2 （a）一台 EBSD 原型机及搭载它的扫描电镜（摄于丹麦里瑟）；（b）在扫描电子显微镜中收集到的典型菊池谱

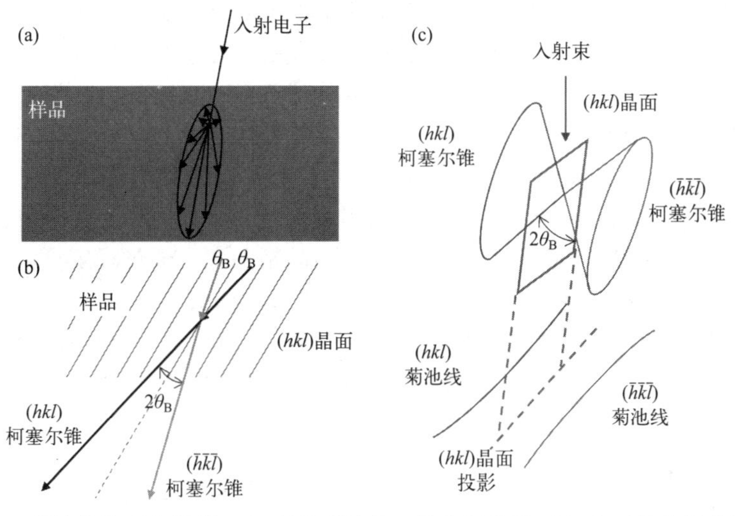

图 15-3 菊池线的产生原理（a）以及菊池线二维几何关系（b）与三维几何关系（c）

如图 15-4（a）所示，入射电子束严格按照面心立方晶体的［001］方向入射，此时菊池线沿透射点 000 对称分布。对于确定的晶面（hkl）和（$\bar{h}\bar{k}\bar{l}$）有如下关系：菊池线 hkl 到衍射斑点 hkl 的距离等于菊池线 $\bar{h}\bar{k}\bar{l}$ 到透射点 000 的距离。如 $\vec{g}=hkl$ 准确满足布拉格衍射

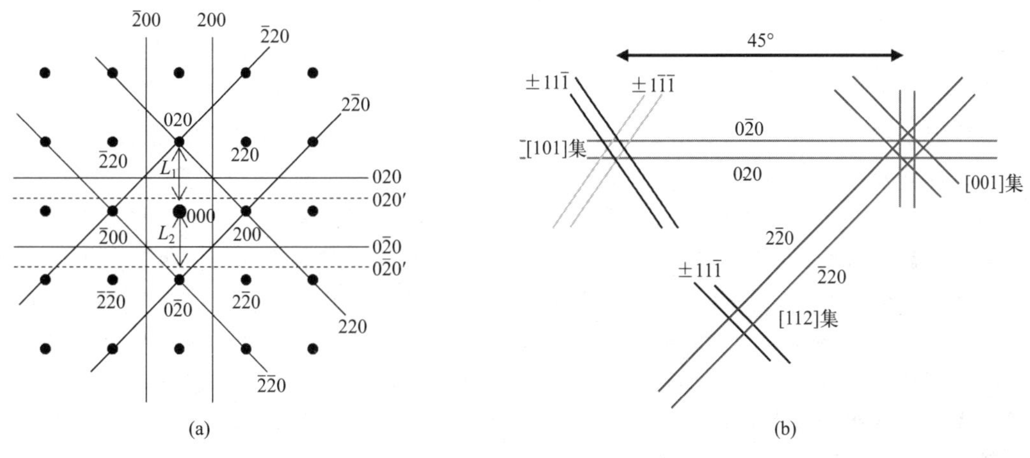

图 15-4 （a）菊池线与电子衍射斑的几何关系；（b）菊池线和菊池集

条件时，菊池线 hkl 恰穿过衍射斑点 hkl，同时菊池线 $\bar{h}\bar{k}\bar{l}$ 恰穿过透射点 000。在菊池谱中能够看到菊池线相互交叉，如图 15-4（b）所示，$\pm 11\bar{1}$、$\pm 0\bar{2}0$ 与 $\pm 1\bar{1}\bar{1}$ 菊池线相交，相交处称为菊池集。我们已知成对出现的菊池线的中线与对应晶面平行，可推得菊池集中点与样品的连线平行于这三组晶面的共线，因此以该三面的共线的方向命名这个菊池集为［101］菊池集。

15.2 实验

EBSD 实验系统通常由三部分组成。一是全自动可控的扫描电子显微镜，具有高精度可倾斜样品台、电子束高精度聚焦系统。目前先进的 EBSD 系统通常要求扫描电镜可以根据样品倾斜角度动态聚焦。电子束聚焦性能在扫描成像模式下没有严格要求，但在 EBSD 模式下能够显著提升其空间分辨率。在进行实验时，块体样品的表面法线与电子束入射方向的夹角约为 70°，这需要样品台的倾斜角度可控。二是图像采集系统。实验室 EBSD 系统目前采用 CCD 或 CMOS 二维探测器收集大量菊池谱。三是控制器与数据分析系统，对实验收集到的菊池谱进行实时分析。我们称分析菊池谱的过程为标定，具体的标定方法将在下一节简单介绍。在实验前用户需要提供样品中可能存在的相的晶格参数，通过标定可以确定对应扫描区域内材料的相种类、取向等信息。当在样品上给定的 EBSD 实验区域完成扫描后，标定成功的点占实验设定的扫描点的百分比为标定率。一般而言，在进行面扫描前，通常会在样品上选取若干点进行校准优化，商用 EBSD 可以提供全自动校准，给出模拟花样与实验菊池花样的角度偏差，对于大多数实验需求，小于 1°的平均角度偏差（mean angular deviation，MAD）是可以接受的。

EBSD 实验对样品表面平整度要求较高。EBSD 使用的光源是电子，相较于 X 射线，电子的穿透深度极低，样品表面微米级别的凹凸不平足以遮挡菊池线到达探测器，因此用户需要对样品进行精细抛光。常见的抛光手段包括机械抛光、电解抛光、震动抛光等。机械抛光就是我们在基础金相实验中学习的打磨和抛光方法；电解抛光通过选择合适的抛光剂、抛光电压和抛光时间，使样品上能量较高的凹凸不平处率先被腐蚀进而达到抛光效果；震动抛光通过使用精确配比、内含细小硬质颗粒的抛光液，在设定好震动频率的震动抛光机上进行抛光。前者对用户的抛光手艺要求极高；使用后两者的用户一旦掌握了抛光参数和抛光剂的配方，抛光成功率极高，但参数和配方的探索与优化是一个相对富有挑战性的过程。

知识点 15-1 在设置一次 EBSD 扫描时，需要综合考虑工作电压、扫描区域大小、扫描步长、探测器像素合并模式、曝光时间等对实验精度的影响。通常而言，工作电压高，曝光时间可相对减少，但工作电压并非越高越好，较高的工作电压下电子对样品的穿透深度较高，对具有高空间分辨率要求的实验会产生负面影响；扫描区域与扫描步长联合决定了电子探针的取样点数，直接影响了实验时间；在实验时，EBSD 控制分析软件能够设置探测器的像素合并模式，合并的像素越多，单张菊池谱的收集时间越短，但菊池谱像素越少，标定成功的概率越低，标定结果的角分辨率越低。总实验时间并非越长越好，样品在实验过程中容易因为高倾斜角度在重力作用下产生位置上的偏移，电子束照射样品使样品充电荷会导致样品像产生漂移。一般而言，十分钟级别到几十分钟级别的收集时间较为合适。

目前，在聚焦离子束（focused ion beam，FIB）多束系统中加装 EBSD 探头也是一种较为流行的做法。FIB 是一种使用离子束（通常使用 Ga 离子）轰击样品表面对样品进行微纳米级加工的设备，通过对离子束的精确聚焦和位置控制，能够使加工表面达到 EBSD 要求的表面平整度。在 FIB 系统中通常联用电子束系统，形成 FIB 多束系统，这种系统同时能够使用电子束获得扫描图像，联用 EBSD 探头即可进行 EBSD 实验。通过“收集一次 EBSD 数据，使用离子束切削确定高度的样品表面，进行下一层 EBSD 实验”的重复过程，可以对样品的不同深度进行表征，这种方法称为 3D-EBSD。与使用 X 射线进行三维表征的技术（如 DCT）相比，3D-EBSD 的优点是能够在普通实验室中进行足够角分辨率与空间分辨率的材料晶体取向分布的三维表征，但显而易见，这种技术是有损表征，对样品的原位演化表征更是无从谈起。

15.3 菊池谱标定

传统的菊池谱标定方法是手工标定。手工标定是将收集到的菊池谱与制作的标准菊池图进行匹配。标准菊池图的制作可以使用实验摄制的方式进行。通常标准菊池图的范围是一个极图三角形的范围，将单晶样品从低指数取向开始，拍摄一张菊池谱，然后按照一定步长转动样品，拍摄下一张照片并记录样品的取向信息，直至覆盖整个极图三角形。将收集到的照片按照取向匹配并叠印好，即可得到一张标准菊池图。图 15-5（a）所示为摄制的硅标准菊池图以及其指标化后的菊池线。目前也可使用计算机程序进行模拟获得标准菊池图，如图 15-5（b）所示。将实验收集的菊池谱叠放于标准菊池图之上进行匹配，即可手工标定一张菊池谱。

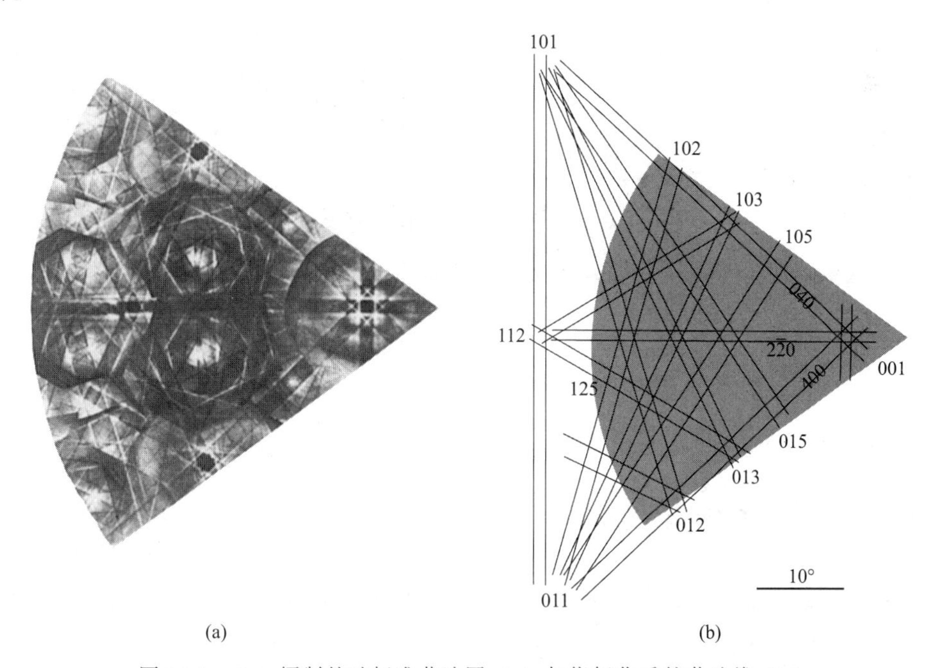

图 15-5 （a）摄制的硅标准菊池图（a）与指标化后的菊池线（b）

如果对收集到的大量菊池谱进行标定，则需要采取自动标定。商业化的EBSD系统，其收集到的菊池谱相比于TEM收集到的菊池谱具有分辨率低、信噪比低的特点，无法直接判断菊池线的形状和位置。目前的自动化标定方案通常使用霍夫变换（Hough transform）来解决此问题。霍夫变换的要点是 X-Y 空间内的任意一条直线都可以用两个参数 ρ 和 θ 表示，霍夫空间与 X-Y 空间的关系如式（15-1）所示。

$$\rho = X\cos\theta + Y\sin\theta \tag{15-1}$$

式中，ρ 是原点到这条直线的距离；θ 的定义是：从原点做这条直线的垂线，该垂线与 X 轴的夹角即为 θ。

由霍夫变换的定义可知，X-Y 空间内的任意一点可以看作是经过该点的一系列斜率各不相同的直线的交集，因而该点在经过变换后在霍夫空间内是一条正弦曲线；而在同一条直线上的若干点经过变换后得到的若干正弦曲线，将会在霍夫空间内交于一点。

因此，我们把探测器上采集得到的菊池谱（可以看作是 X-Y 空间内的一系列直线）进行变换，就会在霍夫空间得到一系列“峰”，通过这些“峰”就可以识别出相对应的菊池线（如图15-6所示）。

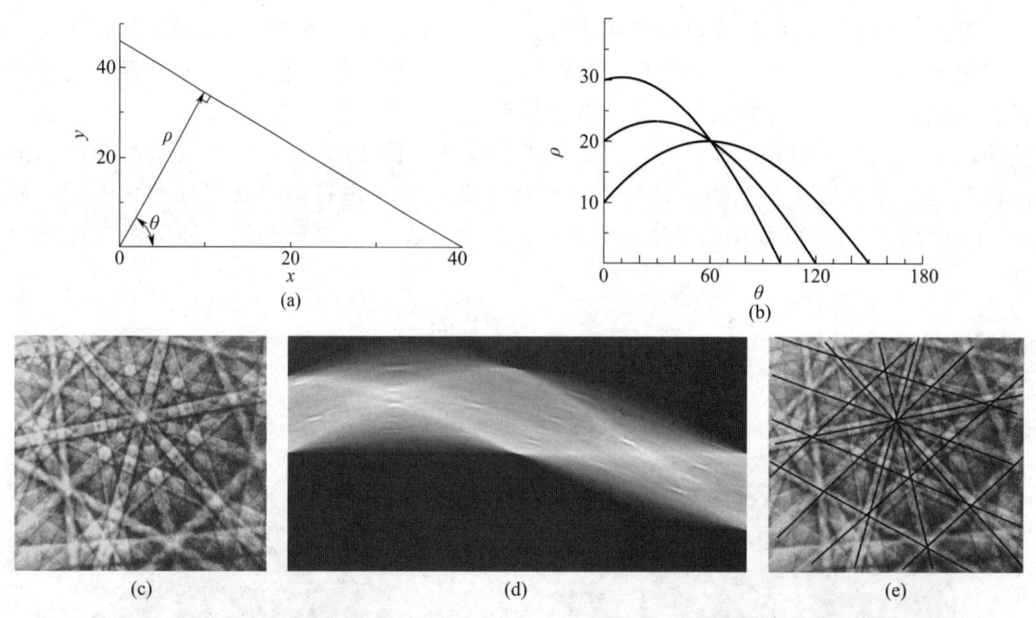

图15-6 （a）X-Y 空间内的一条直线；（b）三个共线的点霍夫变换至霍夫空间后的位置；（c）一张典型的菊池谱；（d）相应的霍夫变换；（e）经过变换识别的菊池线

15.4 数据解读

与同步辐射微束劳厄衍射技术不同，几乎所有的EBSD商用软件都不会用矩阵 $\boldsymbol{G}$（已经在第8章详细介绍）表达晶体的取向。相反，绝大部分EBSD软件通过“旋转”表示晶体取向。

15.4.1 旋转的表达

旋转矩阵和欧拉角是用于描述晶体在三维空间中旋转关系的两种常用数学表达形式。

旋转矩阵 **R** 的概念在第 8 章中有所提及。更为通俗的理解是，旋转矩阵反映了一个坐标系中的坐标在另一个坐标系中表示的转换关系，这两个坐标系要么都是笛卡尔坐标系，要么都是非笛卡尔坐标系，但是严格来说，它们的基矢长度、两两基矢之间的夹角必须相等，否则就不是严格意义的旋转。矢量乘以旋转矩阵会改变方向，但不会改变大小，因此旋转矩阵的行列式一定等于 1。

需要说明的是，像这样转动坐标或者矢量的方法叫做主动旋转（active rotation），或者主动变换（active transformation）。其实也可以换一种变换方式，即：坐标或者矢量不转，而是转动坐标系，这样的转动/变换方式叫做被动旋转（passive rotation）或被动变换（passive transformation）。显然，主动旋转与被动旋转互为逆过程，数学上的表现是，主动旋转矩阵与被动旋转矩阵互为逆矩阵。到底应该用主动旋转还是被动旋转来表达刚体的旋转，从数学上来说并无优劣之分。只是在习惯上，大多数 EBSD 软件使用主动旋转来表达晶体取向。

与旋转矩阵相类似，欧拉角也可以用来表达刚体的旋转。欧拉角是瑞士数学家莱昂哈德·欧拉（Leonhard Euler）引入的用来描述刚体在三维空间中取向状态的三个角（φ_1，Φ，φ_2）。本质上来讲，欧拉角表示的也是两个坐标系之间的旋转。如图 15-7 所示，起始坐标系为粗黑色，绕 $\vec{Z}$ 轴逆时针旋转 φ_1 角度后得到新坐标系（黑色表示），随后新坐标系绕新的 $\vec{X}$ 轴逆时针旋转 Φ 角度后得到另一坐标系（图中未画出），最后这一坐标系绕新的 $\vec{Z}$ 轴逆时针旋转 φ_2 角度后得到最终的坐标系（灰色表示）。这里，$\vec{X}$、$\vec{Y}$、$\vec{Z}$ 是实验室坐标系的坐标轴。

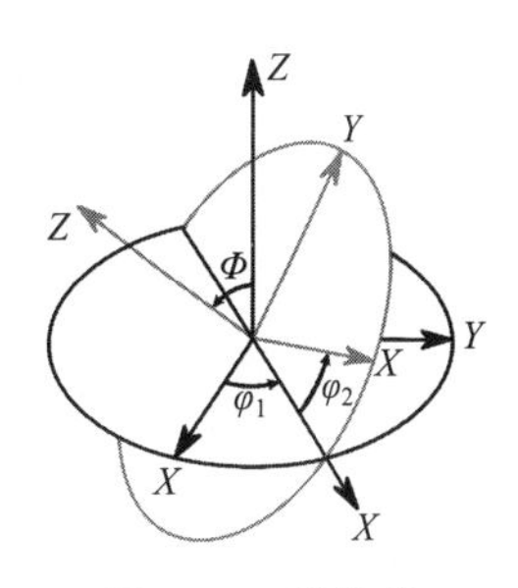

图 15-7　欧拉角

知识点 15-2　需要说明的是，这三个欧拉角是不是一定要分别对应 $\vec{Z}$-$\vec{X}$-$\vec{Z}$ 轴呢？并不是。其实它们与旋转轴的一一对应关系是多种多样的。习惯上把 $\vec{Z}$-$\vec{X}$-$\vec{Z}$ 轴组合的表达方式叫做 Bunge 欧拉角，记作（φ_1，Φ，φ_2），几乎所有的商用 EBSD 软件用的都是这种表达方式。除此之外，比较常用的欧拉角表示方法还有 Matthies 欧拉角，记作（α，β，γ），分别对应 $\vec{Z}$-$\vec{Y}$-$\vec{Z}$ 轴。做织构分析的研究人员还会用到 Kocks 欧拉角、Canova 欧拉角等。虽然定义不同，但是它们两两之间、它们与旋转矩阵之间的换算关系是清晰且简单的。

Bunge 欧拉角和旋转矩阵 **R** 可以实现相互转换，转换关系如式（15-2）所示。

$$\boldsymbol{R}=\begin{bmatrix}\cos\varphi_2 & -\sin\varphi_2 & 0\\ \sin\varphi_2 & \cos\varphi_2 & 0\\ 0 & 0 & 1\end{bmatrix}\begin{bmatrix}1 & 0 & 0\\ 0 & \cos\Phi & -\sin\Phi\\ 0 & \sin\Phi & \cos\Phi\end{bmatrix}\begin{bmatrix}\cos\varphi_1 & -\sin\varphi_1 & 0\\ \sin\varphi_1 & \cos\varphi_1 & 0\\ 0 & 0 & 1\end{bmatrix} \tag{15-2}$$

如果使用的不是 Bunge 欧拉角而是 Matthies 欧拉角，则其与旋转矩阵 **R** 之间的转换关系可以表达为式（15-3）。

$$\boldsymbol{R}=\begin{bmatrix}\cos\gamma & -\sin\gamma & 0\\ \sin\gamma & \cos\gamma & 0\\ 0 & 0 & 1\end{bmatrix}\begin{bmatrix}\cos\beta & 0 & \sin\beta\\ 0 & 1 & 0\\ -\sin\beta & 0 & \cos\beta\end{bmatrix}\begin{bmatrix}\cos\alpha & -\sin\alpha & 0\\ \sin\alpha & \cos\alpha & 0\\ 0 & 0 & 1\end{bmatrix} \tag{15-3}$$

15.4.2 晶体取向的表达

如图 15-8 所示，同步辐射微束劳厄衍射技术所采用的晶体取向矩阵 $\boldsymbol{G}$ 的表达方式可以方便地实现任意晶体坐标系 O-abc 与实验室坐标系 O-XYZ 之间的转换，因为晶体取向矩阵 $\boldsymbol{G}$ 的行列式不为 1，各列矢量也不要求相互正交。但是，对于 EBSD 而言，由于需要用旋转矩阵 $\boldsymbol{R}$ 表达晶体取向，因此需要首先将晶体坐标系 O-abc 以某种唯一确定的方式进行归一化和正交化，转换为笛卡尔坐标系 O-ABC，然后再实现从笛卡尔坐标系 O-ABC 到实验室坐标系 O-XYZ 的转换。

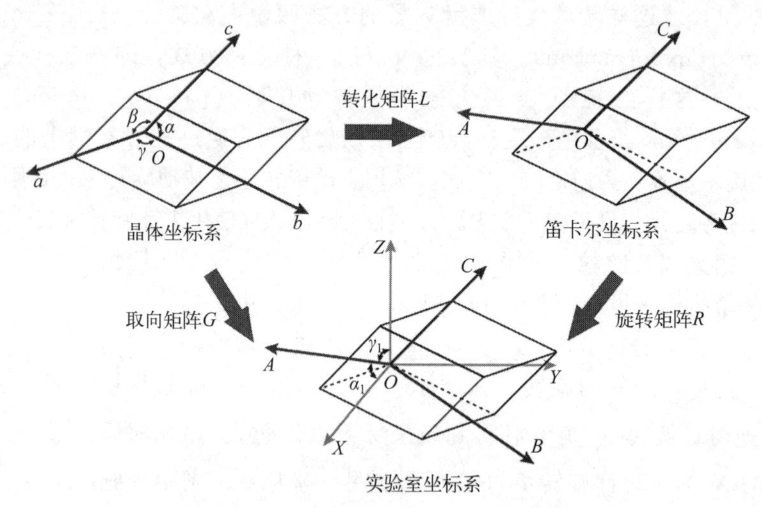

图 15-8 晶体取向在不同坐标系之间的变换关系

目前我们所使用的绝大多数 EBSD 软件对笛卡尔坐标系 O-ABC 的定义是，基矢 $\vec{C}$ 平行于晶胞点阵的基矢 $\vec{c}$，基矢 $\vec{A}$ 平行于晶胞倒易点阵的基矢 $\overrightarrow{a^*}$，基矢 $\vec{B}$ 与基矢 $\vec{A}$、$\vec{C}$ 相互垂直，且 $\vec{A}$、$\vec{B}$、$\vec{C}$ 的长度均为 1。在这样的定义之下，通过转化矩阵 $\boldsymbol{L}$ 可以实现晶体坐标系 O-abc 到笛卡尔坐标系 O-ABC 的转化。

$$\boldsymbol{L}=\begin{bmatrix} a\sin\beta\sin\gamma^* & 0 & 0 \\ a\sin\beta\cos\gamma^* & b\sin\alpha & 0 \\ a\cos\beta & b\cos\alpha & c \end{bmatrix} \tag{15-4}$$

式中，γ^* 为倒易基矢 $\overrightarrow{a^*}$ 和 $\overrightarrow{b^*}$ 的夹角，$\cos\gamma^*=(\cos\gamma-\cos\alpha\cos\beta)/(\sin\alpha\sin\beta)$。由式（15-4）可以看出，转化矩阵 $\boldsymbol{L}$ 仅仅取决于晶体的晶胞参数 a、b、c、α、β、γ，与晶体的取向无关。

由图 15-8 可知，晶体取向矩阵 $\boldsymbol{G}$、转化矩阵 $\boldsymbol{L}$、旋转矩阵 $\boldsymbol{R}$ 之间满足如下关系：

$$\boldsymbol{G}=\boldsymbol{R}\cdot\boldsymbol{L} \tag{15-5}$$

因此，只要知道了晶体的晶胞参数和欧拉角，即可以求解得到晶体取向矩阵 $\boldsymbol{G}$；再根据第 8 章所学的知识［式（8-2）和式（8-3）］，就可以实现实验室坐标系 O-XYZ 中的矢量与晶面的密勒指数、晶向指数的转换。

知识点 15-3 如上所述，EBSD 软件所定义的笛卡尔坐标系 $O\text{-}ABC$ 满足基矢 $\overrightarrow{C}$ 平行于晶胞点阵的基矢 $\overrightarrow{c}$，基矢 $\overrightarrow{A}$ 平行于晶胞倒易点阵的基矢 $\overrightarrow{a^*}$，基矢 $\overrightarrow{B}$ 与基矢 $\overrightarrow{A}$、$\overrightarrow{C}$ 相互垂直，且 $\overrightarrow{A}$、$\overrightarrow{B}$、$\overrightarrow{C}$ 的长度均为 1。

从表达晶体取向的角度，采用这样的定义没有问题；但是需要注意，这个定义与国际晶体学会的定义相悖。根据国际晶体学会的定义，笛卡尔坐标系（记作 $O\text{-}A_2B_2C_2$）满足基矢 $\overrightarrow{C_2}$ 平行于晶胞点阵的基矢 $\overrightarrow{c}$，基矢 $\overrightarrow{B_2}$ 平行于晶胞倒易点阵的基矢 $\overrightarrow{b^*}$，基矢 $\overrightarrow{A_2}$ 与基矢 $\overrightarrow{B_2}$、$\overrightarrow{C_2}$ 相互垂直，且 $\overrightarrow{A_2}$、$\overrightarrow{B_2}$、$\overrightarrow{C_2}$ 的长度均为 1。根据国际晶体学会的定义，转化矩阵 $\boldsymbol{L}_2$ 应该写为：

$$\boldsymbol{L}_2=\begin{bmatrix} a\sin\beta & b\sin\alpha\cos\gamma^* & 0 \\ 0 & b\sin\alpha\sin\gamma^* & 0 \\ a\cos\beta & b\cos\alpha & c \end{bmatrix} \tag{15-6}$$

式中，γ^* 为倒易基矢 $\overrightarrow{a^*}$ 和 $\overrightarrow{b^*}$ 的夹角，$\cos\gamma^*=(\cos\gamma-\cos\alpha\cos\beta)/(\sin\alpha\sin\beta)$。

使用如上不同的定义是否会对材料的表征带来影响呢？答案是肯定的。因为我们平时查手册得到的众多与晶体材料有关的力学与物理常数，如弹性张量、热膨胀系数、电导率、折射率等，均是在笛卡尔坐标系 $O\text{-}ABC$ 下的常数。如果笛卡尔坐标系的定义变了，那么这些常数显然就应该跟着变，如果忽略了这一点，即使晶体取向测量是准确的、应力测量也是准确的，但是计算出的应力张量肯定是不对的，预测的物理性能（如热膨胀、电导、折射率等）肯定也是不对的。

知识点 15-4 利用式（15-4）［或式（15-6）］可以简单地计算得到（hkl）晶面的晶面间距 d，方法如下。倒易空间中的矢量 $h\overrightarrow{a^*}+k\overrightarrow{b^*}+l\overrightarrow{c^*}$ 对应的笛卡尔坐标系 $O\text{-}ABC$ 中的矢量为：

$$\begin{bmatrix} x \\ y \\ z \end{bmatrix}=(\boldsymbol{L}^{\mathrm{T}})^{-1}\begin{bmatrix} h \\ k \\ l \end{bmatrix} \tag{15-7}$$

然后再根据式（15-7）计算矢量 $[x \quad y \quad z]^{\mathrm{T}}$ 的模长即可。

15.5 XtalCAMP 软件简介

目前商用的 EBSD 数据处理软件能够输出晶体取向信息，但数据深度分析的功能十分有限。由西安交通大学陈凯、李尧（现任职于长安大学）开发的软件 XtalCAMP（crystal computing and mapping package）除了具有分析同步辐射劳厄微衍射实验数据的功能外，同时也集成了 EBSD 数据的分析功能。通过读取 *.cpr、*.ang、*.ctf 等格式的 EBSD 数据文件，用户既可以通过绘制反极图、极图、取向差分布图和特殊晶界分布图等得到局部晶体的相结构、晶粒取向、塑性变形等多种信息，还可以自由选取自己感兴趣的区域进行取向差线分布、局部取向信息统计等更为细致的分析，为材料在晶体组织结构与力学性能领域的研究提供了有力的支持。图 15-9 展示了 XtalCAMP 软件的用户界面，后面将从特定的例子出发针对此软件中几项代表性的功能进行介绍。

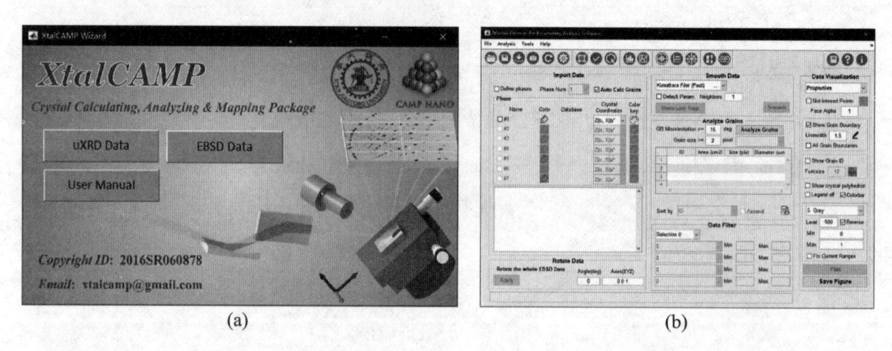

图 15-9 XtalCAMP 软件用户主界面（a）和 EBSD 数据分析的用户界面（b）

15.5.1 绘制 EBSD 二维图

绘制二维图的选项在用户界面右侧的“数据可视化”一列。此绘图功能可以满足大部分 EBSD 数据分析的需求，且同时提供 40 多种调整图像配色的颜色映射选项。在导入数据后可以通过绘图列表选择所需要绘制的分布图类型，如表 15-1 所示。

表 15-1 XtalCAMP 绘制二维图的选项与说明

序号	名称	说明
1	Phase	相分布，颜色与主界面晶相列表中各相颜色一致
2	Boundary Profile	显示高角晶界和小角晶界（如果勾选“Show LAGB”）
3	IPF-X Map	***X*** 方向的晶体取向图
4	IPF-Y Map	***Y*** 方向的晶体取向图
5	IPF-Z Map	***Z*** 方向的晶体取向图
6	HAGB Misorientation	高角晶界取向差角分布(deg)
7	LAGB Misorientation	小角晶界取向差角分布(deg)
8	GROD Angle（deg）	晶粒参考取向偏差（grain reference orientation deviation)：晶粒中任意一点的晶体取向与该晶粒平均晶体取向之间的偏差角度
9	GROD Axes（uvw）	GROD 取向差轴，对应的晶向指数用相应颜色表示
10	Grain Area（μm^2）	晶粒面积，单位 μm^2
11	Grain Size（pix）	晶粒尺寸，单位扫描点数
12	Grain Diameter(μm)	晶粒半径，单位 μm
13	GOS（deg）	每个晶粒的 GROD 值的平均
14	Grain Ave phi1	晶粒平均取向的第 1 个欧拉角，单位 deg
15	Grain Ave phi2	晶粒平均取向的第 2 个欧拉角，单位 deg
16	Grain Ave phi3	晶粒平均取向的第 3 个欧拉角，单位 deg
17	Grain Perimeter	晶粒周长，单位 μm
18	Grain Aspect Ratio	晶粒长宽比
19	Equivalent Grain Perimeter	等价晶粒（面积大小跟原始晶粒尺寸一样的）周长

续表

序号	名称	说明	序号	名称	说明
20	Grain Equivalent Radius	等价晶粒（面积大小跟原始晶粒尺寸一样的）半径	27	Ang（Short Axis to X）	晶粒短轴与 **X** 轴夹角
21	Grain Shape Factor	等价周长，即实际周长/等价晶粒周长	28	Ang（Short Axis to Y）	晶粒短轴与 **Y** 轴夹角
22	Grain Neighbor Num	晶粒周围的相邻晶粒数	29	BC（Band Contrast）	菊池带衬度图
23	Center X	晶粒中心坐标 x	30	Euler1，Euler2，Euler3	三个欧拉角（单位 deg）
24	Center Y	晶粒中心坐标 y			
25	Ang（Long Axis to X）	晶粒长轴与 **X** 轴夹角	31	KAM	kernel average misorientation 核平均取向差（deg）
26	Ang（Long Axis to Y）	晶粒长轴与 **Y** 轴夹角			

以高温蠕变后加热到强化相固溶温度线以上并保温一定时长的镍基高温合金为例，从图 15-10（a）反极图中的左上角可以明显看到有等轴晶组织出现，同时结合图 15-10（b）的 KAM 图和图 15-10（c）的 GROD 图中晶粒内部取向差很小的特点可以判断出这些等轴晶应该都是在热处理后由于变形储能的驱动而出现的再结晶晶粒，通过图 15-10（d）中的 2 号取向差线分布图可以看出，这些再结晶晶粒与变形基体的取向都在 30°以上。另一方面，低角晶界在此样品中的分布情况也可以从 KAM 图和 GROD 图中的右下角观察到，低角晶界是由于高温合金在凝固过程中相邻枝晶之间会不可避免地出现取向差而产生的，图 15-10（d）中 1 号取向差线分布图表明，这类低角晶界的度数往往较低，故在高温下的迁移能力较弱。

知识点 15-5 晶粒参考取向偏差（GROD）和核平均取向差（KAM）是较为容易混淆的两个定义，故再做详细说明。GROD 是指一个晶粒内每个像素点的取向与这个晶粒所有像素点的平均取向相比的取向差，适用于反映某个晶粒中在数个像素点尺度上的取向差变化及其趋势；而 KAM 是指一个晶粒内每个像素点的取向与它最近邻的八个像素点取向之间的取向差，适用于体现晶粒内邻近像素点之间的取向突变情况。

15.5.2 数据阅读器与晶界分析

当需要对感兴趣的扫描点或者晶粒进行分析时，可以使用 XtalCAMP 软件中的数据阅读器功能。如图 15-11 所示，直接用光标在二维图上点击就可以获得对应点的坐标、欧拉角、相组成和晶粒 ID，而且当选择两个点后，在下方的取向差小窗口会直接输出所选两个点的取向差角度和旋转轴信息。右侧的晶粒选择（Grain ID）显示了此时选中的晶粒，用户可以通过选取晶粒单独画出此晶粒的二维分布图。晶向迹线功能可以通过点击显示投影线的按钮实现，此功能激活后可以在左侧的二维图中看到（HKL）晶面与 XY 面的交线（以交叉的黑色直线显示）。

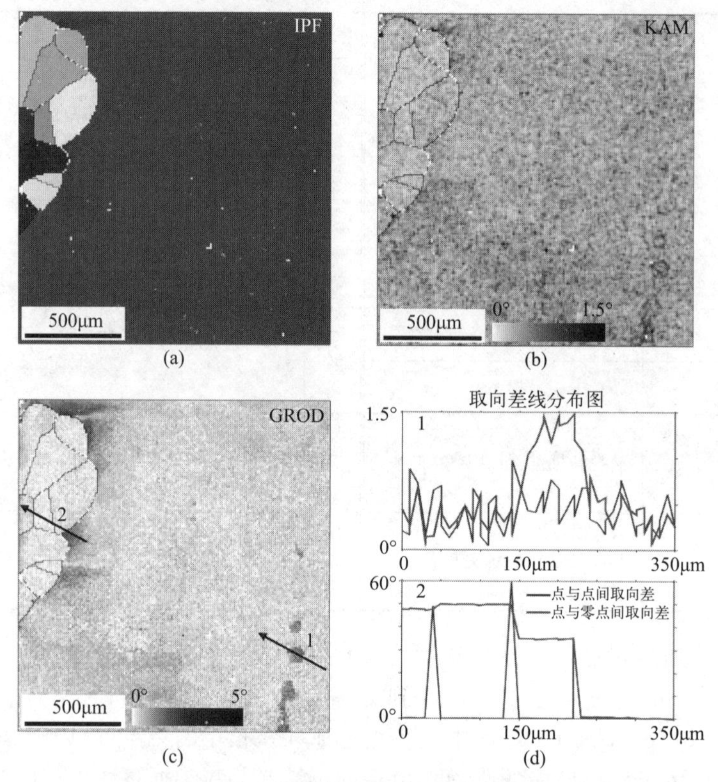

图 15-10　高温蠕变镍基高温合金热处理后的反极图（a）、KAM 图（b）、GORD 图（c）和取向差线分布图（d）

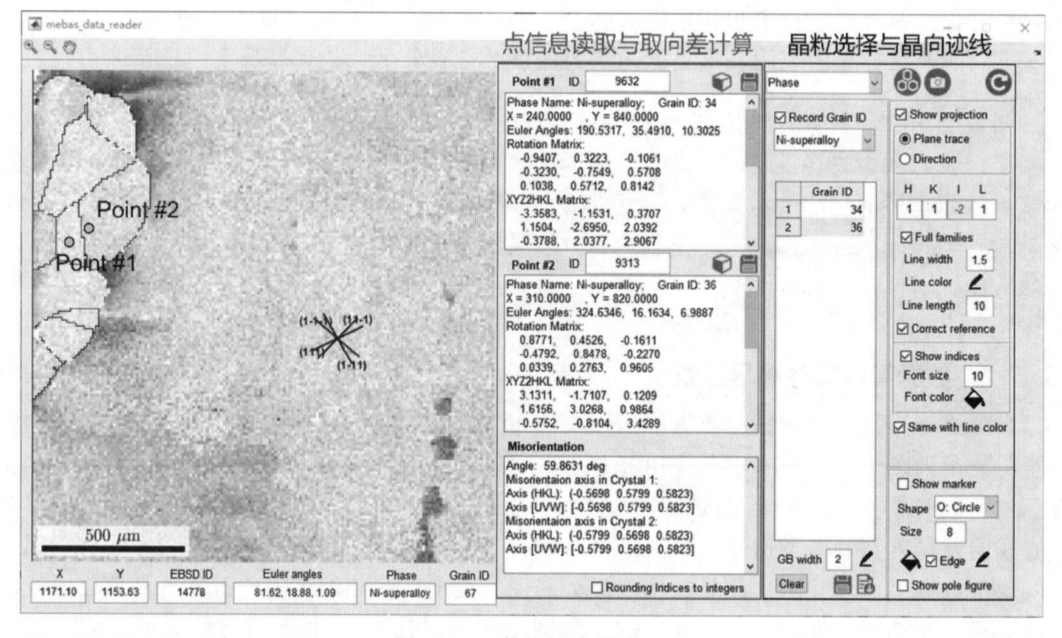

图 15-11　数据阅读器界面

从上述两点之间的取向差信息可以知道，此样品中的再结晶晶界中有一部分为孪晶晶界，通过特殊晶界分析功能可以选择需要定义的孪晶类型和判定孪晶界的角度偏差，当设定好后可以从图15-12（a）下半部分的表格中得到孪晶的旋转角、旋转轴和孪晶界占晶界总长度的百分比，之后点击此界面下的绘图功能就可以直接得到如图15-12（b）所示的孪晶界的分布图。

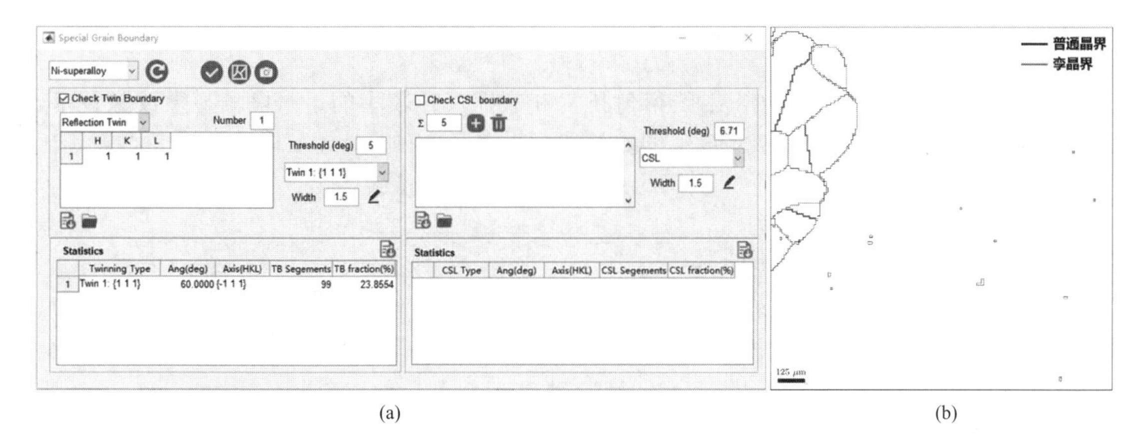

(a) (b)

图15-12 晶界分析界面（a）和孪晶界分布图（b）

15.5.3 几何必需位错密度统计

XtalCAMP软件中内置了绘制几何必需位错密度分布图的功能，只需要在菜单选项中直接点击该功能按钮便可自动为用户输出相关结果，如图15-13所示。一般认为位错可以分为两类：①统计存储位错（statistically stored dislocation，SSD），即含有相同数量的正负号柏氏矢量的位错对。SSD一般由均匀塑性变形产生且只会造成位错核心周围区域发生畸变，不会造成明显的取向差改变，故无法采用EBSD取向分析进行研究；②几何必需位错（geometrically necessary dislocation，GND），为了配合材料各部分的应变梯度并维持材料的连续性，需要GND维持不均匀塑性变形造成的晶面弯曲，因此可以通过测量取向的改变来研究GND密度。

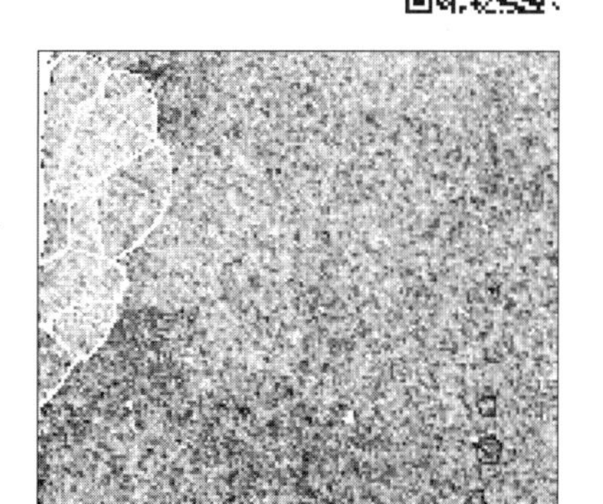

图15-13 高温蠕变镍基高温合金热处理后的几何必需位错密度分布图

GND的计算方法是参考丹麦技术大学Pantleon教授的工作。首先根据EBSD数据计算出晶格弯曲张量κ_{ij}，如式（15-8）所示。

$$\kappa_{ij}=\frac{\partial\theta_i}{\partial x_j},(i,j=1,2,3) \tag{15-8}$$

式中，$\partial\theta_i/\partial x_j$表示沿$\vec{x}$、$\vec{y}$、$\vec{z}$方向的单位长度取向差梯度。由于是二维扫描，故一般$\vec{z}$方向的取向差梯度无法获得。接下来需要由晶格弯曲张量计算位错密度张量α_{ij}：

$$\alpha_{ij}=\kappa_{ji}-\delta_{ij}(\kappa_{11}+\kappa_{22}+\kappa_{33}) \tag{15-9}$$

式中，δ_{ij} 为克罗内克函数。由于 κ_{j3} 未知，因此最终只能得到 α_{12}，α_{13}，α_{21}，α_{23}，α_{33}。再根据滑移系中每种位错类型所引起的局部晶格弯曲不同，通过线性优化，计算出每种位错类型对晶格弯曲张量的贡献，最终计算出位错密度。

15.6 电子背散射衍射应用举例

相比于空间分辨率较差的 X 射线衍射技术和表征尺寸较小的透射电子显微成像技术，EBSD 弥补了从亚微米到毫米级尺度上的物相结构鉴定及分布、晶体取向及晶粒大小等表征手段的空缺。下面将从 EBSD 技术应用的几种典型场景展开介绍。

15.6.1 金属材料的塑性变形研究

理解材料在压铸、锻造、轧制等变形过程中其内部所发生的塑性变形行为对预测其服役性能和制定合适的后续退火工艺来说都至关重要。英国材料学家 Humphreys 研究了铝合金在塑性变形过程中产生的微观组织演化，其经过 50%轧制后的取向分布如图 15-14（a）所示，其中的黑色线条代表取向差大于 0.5°的界面。结合图 15-14（b）的透射电子显微表征可以得出结论：在经过较大的塑性变形后，材料的晶粒内部会出现明显的具有择优取向特征的位错界面，在这些位错界面之间会伴随生成更小尺度的位错胞组织。德国科学家 Raabe 等人选择了含有 Laves 相的一种铁基合金对其进行 82%轧制变形处理，之后利用 EBSD 对 Laves 强化相周围组织进行了详细的表征，图 15-14（c）为此区域的反极图，图 15-14（d）为图 15-14（c）中 1 至 4 区域取向分布的极图，其中的方块代表取向梯度的起始而圆形代表取向梯度的结束处。可以看出由于 Laves 硬质相的存在，材料在 1 至 4 分区中均出现了明显的取向梯度，且在塑性变形集中处还观察到了高角度晶界的出现。这表明若材料中存在类似于 Laves 相的硬质颗粒则材料的局部塑性变形行为会被明显改变，这一发现有助于理解二次相强化的机理以及再结晶过程中二次相诱导再结晶形核生长的机理。

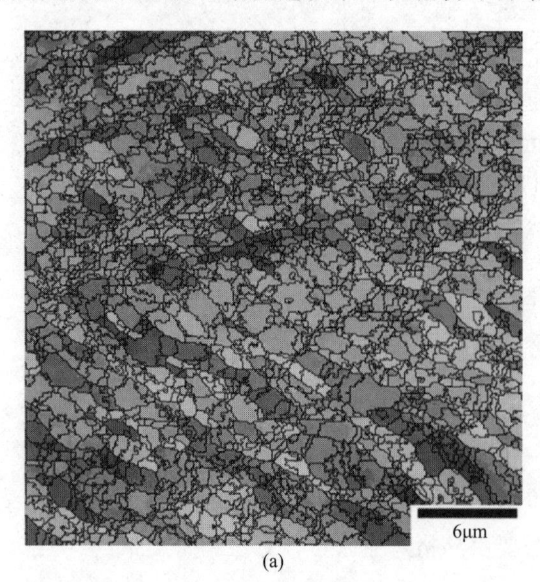

(a)

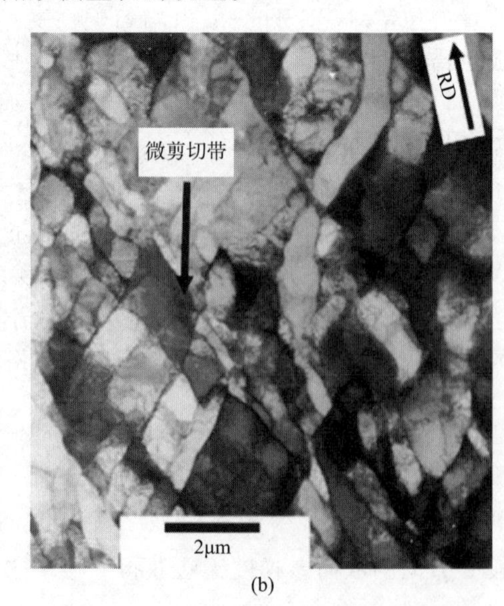

(b)

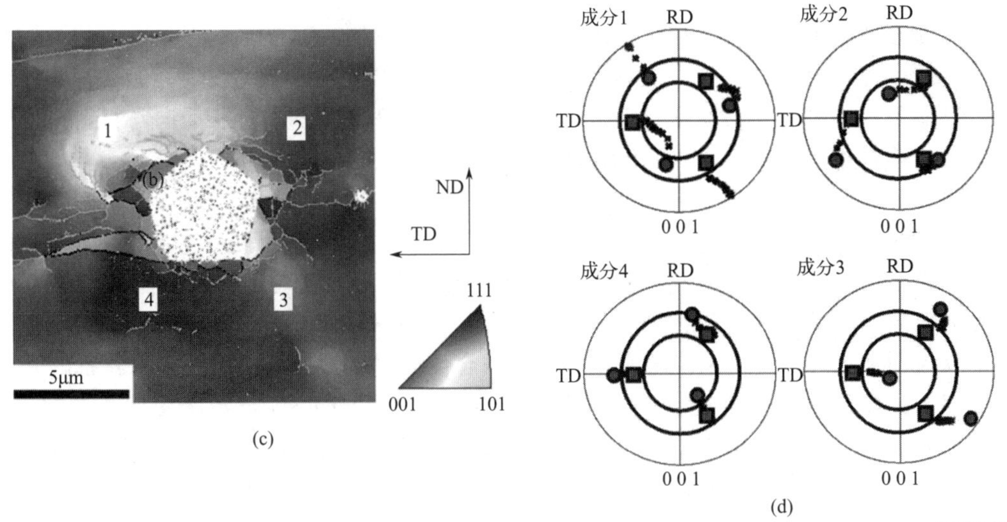

图 15-14 铝合金变形后的取向分布（a）和透射电子显微照片（b）以及某铁基合金经过轧制后组织中 Laves 相附近的反极图（c）和极图（d）

15.6.2 金属材料的静态再结晶研究

金属材料中的静态再结晶行为与塑性变形的微观组织有着紧密联系，对于在热处理过程中通过退火孪晶形成新晶界的分析非常需要对微观组织的取向分布进行细致的表征，EBSD 技术的出现可为静态再结晶的研究提供有力的支持。丹麦技术大学的研究人员通过原位加热实验研究了轧制状态纯铝中的再结晶晶界的迁移过程，如图 15-15（a）所示，从上到下依次画出的线条代表了不同时刻下右上角再结晶晶粒的迁移位置。通过分析不同时刻下再结晶晶界所处位置周围的晶粒尺寸和取向分布情况可以发现，变形材料中局部微观组织的不均匀性会直接影响晶界的迁移速度。通过分析轧制状态纯铝中交叉晶界处的微观组织，并统计相邻像素点之间的取向差角度，可以计算得到不同位置的变形储能，该研究发现变形储能并不是决定再结晶形核数量的唯一因素。如图 15-15（b）所示，可以看出在变形储能相同的情况

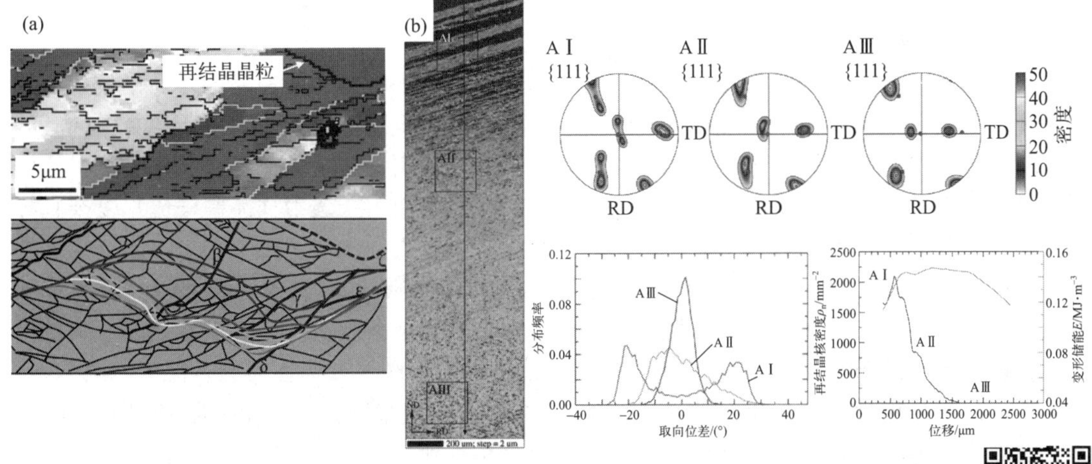

图 15-15 （a）轧制态纯铝在原位加热实验中不同时刻的再结晶晶界位置；（b）轧制态纯铝在三岔晶界附近的微观组织反极图、极图、取向差统计图和再结晶形核密度与变形储能统计图

下，取向差分布越不均匀且存在较大的取向差梯度时，材料中再结晶的形核倾向越大。对于中低层错能合金，退火孪晶的形成对材料性能的提升非常关键，研究发现，退火孪晶的形成与再结晶晶界迁出时所处的变形微观组织有直接关系，孪晶的择优生长取向与材料在变形时所开动的滑移系和形成的位错界面形式都息息相关。

15.6.3 原位力学试验

原位力学试验有助于更直接地理解材料在不同塑性变形阶段的机理，比如滑移系的开动、晶体取向的转动、晶界演化、孪晶形成等。图 15-16 为 Al-Mg-Si 合金在 0～11%塑性变形下的反极图和 KAM 图，结果表明，对于这种合金而言塑性变形是通过多滑移系的开动和不同速率的晶体转动之间的配合完成的。还有工作将原位 EBSD 与数字图像相关（digital image correlation，DIC）方法结合起来，通过将应变分布的演化与形貌、晶体取向联系起来，可以更细致地研究特定晶粒的局部塑性变形程度与晶体中小角度晶界生成、大角度晶界迁移甚至直至断裂时微观组织结构的演化规律。

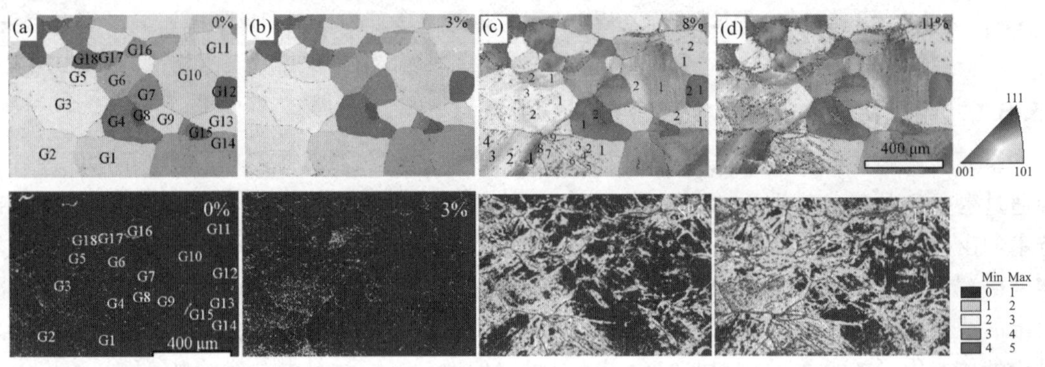

图 15-16 Al-Mg-Si 合金在不同塑性应变下的反极图和对应的 KAM 分布图

15.6.4 透射菊池衍射技术

透射菊池衍射（transmission Kikuchi diffraction，TKD）技术所使用的样品比较薄（仅为几十至百纳米级别厚度），背散射电子数目少，通过采集透射电子（其实是前散射电子）的衍射信号产生菊池花样，其使用硬件与 EBSD 相同。采用这一技术的优势在于表征时无需对样品进行大角度倾转，使得空间分辨率进一步变好。然而由于透射样品制样流程复杂且样品的尺寸受限，此技术的劣势是显而易见的。

TKD 技术凭借高空间分辨率的特点，广泛应用于超细晶材料和含有纳米相的材料体系的表征工作中。图 15-17（a）为双相超细晶结构的中熵合金微观组织，可以看出薄片状的纳米第二相均匀地分布在基体相中。TKD 技术也常被用在大塑性变形样品的表征中，图 15-17（b）为经过表面塑性变形的镍基高温合金的极图和晶界分布图，从图中的信息可知，随着塑性变形程度的增大，材料中出现了由位错胞到亚晶再到再结晶组织的梯度结构。

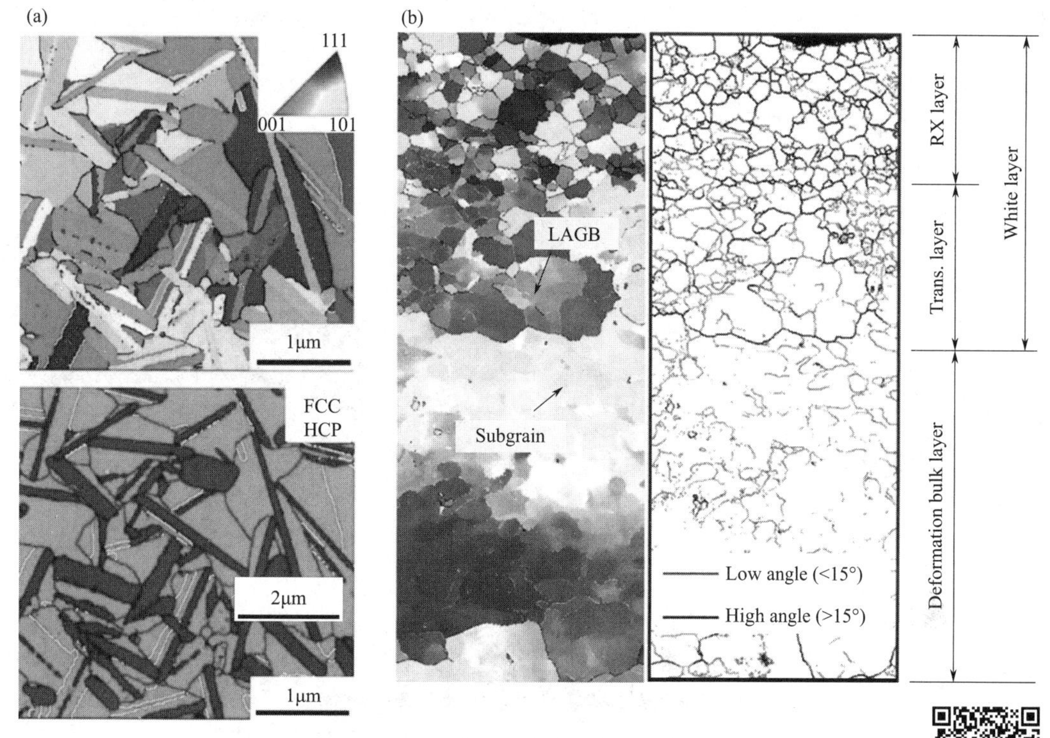

图 15-17 双相超细晶中熵合金的反极图和相分布图(a) 和经过表面强烈塑性变形的镍基高温合金的反极图和晶界分布图 (b)

习题

1.试解释为何块体材料一般采用电子背散射衍射，而薄样则采用前散射衍射进行表征分析？

2.面心立方晶体材料的 EBSD 扫描中有两个相邻的区域，从欧拉角计算的取向差约 60°，这两个区域之间是否一定是高角晶界？是否一定是孪晶界？为什么？

参考答案

第五篇

扫描探针显微分析

第 16 章

扫描隧道显微镜

扫描隧道显微镜（scanning tunneling microscope，STM）是由 IBM 苏黎世实验室的 Gerd Binnig 和 Heinrich Rohrer 于 1981 年发明的。STM 不仅将材料表面结构的探测精度拓展到了原子尺度，而且催生了原子力显微镜（atomic force microscope，AFM）等众多其他同类设备，统称扫描探针显微镜（scanning probe microscope，SPM）。1986 年，Gerd Binning，Heinrich Rohrer 与电子显微镜的发明者 Ernst Ruska 共同获得了诺贝尔物理学奖。

STM 的空间分辨率可以达到 Å 级别，因此可以用于原子分辨的表面晶格结构和表面电子态密度的测量。此外，还可以利用 STM 探针与材料表面弱吸附原子的相互作用力搬运这些原子，从而实现原子精度量子结构的人工构筑。因此，STM 成为表面物理、表面化学和材料科学等多个领域的重要研究设备。

16.1 扫描隧道显微镜原理

STM 的成像基于探针尖端原子与材料表面原子在纳米尺度间距下传导电子的量子隧穿效应。电子具有显著的波粒二象性，其微观运动状态由量子力学薛定谔方程描述。根据有限高势垒体系中自由电子薛定谔方程的解，动能低于势垒的电子波也有一定概率穿透势垒，因此被称为量子隧穿或隧道效应。对于 STM，其隧穿模型如图 16-1 所示，当样品和金属针尖距离足够近但尚未接触时，样品和针尖的电子有一定几率穿过中间的真空势垒层实现量子隧穿。若此时施加偏压 V 于样品，样品和针尖的电子将持续单向流动形成隧穿电流。由于偏压 V 一般远小于材料功函数，不会引起场发射电流，针尖与样品之间的电流完全来自隧穿效应的贡献。

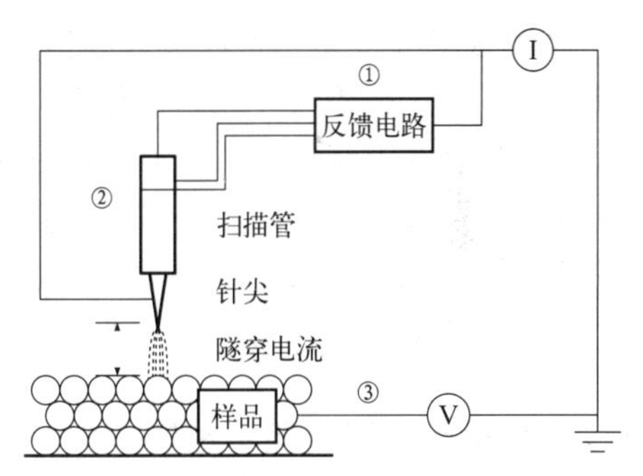

图 16-1 STM 隧穿电流及设备原理示意
①控制器；②扫描头；③样品

根据巴丁（Bardeen）的不含时微扰理论，隧穿电流与测量温度下的费米分布函数 $f(\varepsilon)$、样品和针尖的电子态密度 ρ_s 和 ρ_T 以及隧穿矩阵元 M 有关。一般认为针尖的电子态密度和隧穿矩阵元在稳定针尖状态下为常数，并忽略温度展宽的效应，可把隧穿电流简化表达为：

$$I \propto \int_{E_F}^{eV} \rho_s (E_F - eV + \varepsilon) \rho_T \, | M(\varepsilon) |^2 \mathrm{d}\varepsilon \tag{16-1}$$

可见隧穿电流主要受偏压 V 及针尖和样品的电子态密度的影响。因此当针尖材料确定时，隧穿电流反映了样品表面的电子态从样品费米能级 E_F 到扫描偏压 V 处电子能量 eV 的积分。进一步考察隧穿电流对偏压的变化$\mathrm{d}I/\mathrm{d}V$（微分电导谱），则可以得到：

$$\frac{\mathrm{d}I}{\mathrm{d}V}(V) \propto \rho_{\mathrm{s}}(E_{\mathrm{F}}-eV) \tag{16-2}$$

即微分电导谱直接反映了样品表面局域电子态密度的强度。如果在一维方势阱模型下进行计算，则可以得到隧穿电流随真空势垒长度，即针尖与样品间距 z 的指数衰减关系：

$$I \propto \mathrm{e}^{-2kz} \tag{16-3}$$

式中，$k=\frac{\sqrt{2m\Phi}}{\hbar}$，$\Phi$ 为功函数。对于金属样品，其典型的功函数约为 3～5 电子伏，假设某种金属的表面功函数 $\Phi=4$ 电子伏，则可以得到：

$$\mathrm{e}^{-2kz} \approx \mathrm{e}^{-2.05z} \tag{16-4}$$

针尖与样品表面间纵向距离每增加 1Å，隧穿电流衰减到原来的 1/7.4。对于面内横向结构，隧穿电流仅集中于与针尖最近的样品表面原子之间，而近邻原子由于距离增大隧穿电流可以忽略不计。隧穿电流指数衰减的特性使得 STM 可探测到样品表面原子级起伏对隧穿电流的影响，这正是其高分辨率的物理起源。

16.2 扫描隧道显微镜设备

STM 设备主要由真空腔体、扫描头、控制器三大部分，以及辅助的减震、制样和传样系统构成。其中扫描头和控制器是 STM 的核心部件。扫描头主要包括控制针尖与样品表面距离的步进器和控制针尖在平面内做精确扫描运动的压电陶瓷扫描管。控制器主要包括基于反馈控制的隧穿电流稳定电路和针尖运动控制电路。此外，根据具体研究需要，STM 设备往往还配置了低温恒温器、超导磁体、光学透镜组等附属装置，分别用于实现 mK 级极低温、10T 级磁场和脉冲激光等外场调控功能。

16.2.1 压电扫描管和步进器

压电扫描管是控制针尖位移的部件。它利用了压电材料的电致伸缩特性，在其两端电极施加一定电压就可实现皮米（pm）精度的伸缩，从而带动针尖移动。当前比较常用的设计如图 16-2（a）所示，是由三片分别负责 X、Y、Z 方向运动的压电陶瓷材料（PZT）粘接成一个毫米尺寸的中空管。在管上部对称分布四片压电陶瓷，用来控制 $\pm X$ 和 $\pm Y$ 方向的运动。而 $\pm Z$ 方向的运动则由管下部的压电陶瓷控制。

STM 针尖通过针尖座安装于扫描管的末端。它一般是由长度 2～5mm、直径 0.2～0.3mm 的钨丝经电化学腐蚀形成的原子级尖锐的金属针尖。如图 16-2（b）所示，针尖相对样品表面的垂直位移和面内水平位移分别由扫描管的伸缩和弯曲实现。由于压电陶瓷的压电系数随温度变化，在不同温度下测量时往往须用标样做校准。此外，在变温或大范围位移时，压电陶瓷的非线性效应和蠕变效应可能会造成图像的畸变。对此问题，可以通过一定的等待时间和软件校准来补偿。

步进器是控制扫描管缓慢接近或远离样品表面的部件。由于 STM 测量时样品和针尖的

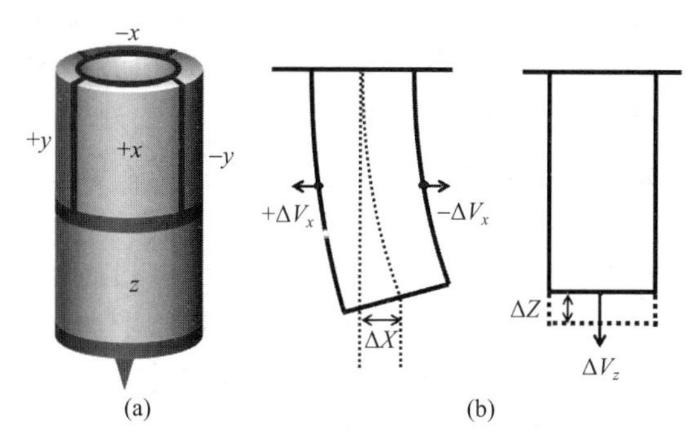

图 16-2　STM 压电扫描管结构（a）与运动（b）

相对距离（即真空隧穿结长度）在 1nm 左右，而安装样品或更换针尖时显然要留出至少毫米级的距离以防撞针。如何对两者的距离在至少 6 个量级的范围内精确且稳定地控制是 STM 的一个核心技术。早期 STM 曾使用纯机械螺纹驱动杠杆机制，其稳定性较差。当前广泛使用的是一种基于压电陶瓷材料的步进器，由华人科学家潘庶亨教授发明，称为潘式（Pan-type）步进器，其结构如图 16-3（a）所示。中间的蓝宝石棱柱上安装有 6 个剪切压电陶瓷，其中 4 个（两个隐藏于后面）与壳体接触，2 个（此剖面图中露出部分）与金属弹簧板（未画出）接触，整体受力平衡。其工作原理是：与壳体相连的 4 个剪切压电陶瓷按照先后顺序分别滑动，由于剪切压电陶瓷单个运动时摩擦力比多个同时运动时摩擦力小，因此蓝宝石棱柱不滑动，当全部剪切压电陶瓷都滑动了一步后，同时释放电压，蓝宝石棱柱才滑动一步。潘式步进器的优点是结构刚性高、抗振动能力强。

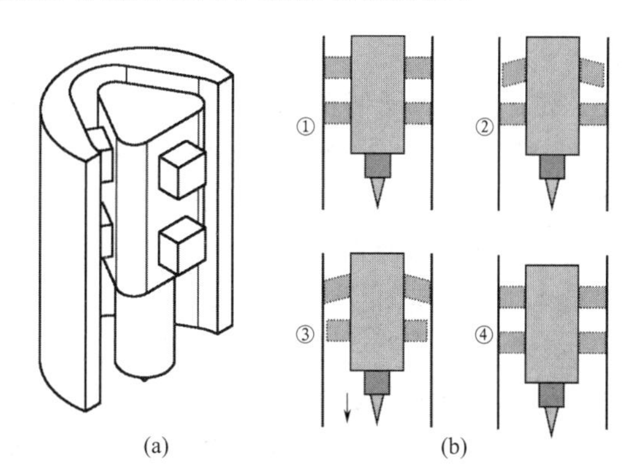

图 16-3　STM 潘式步进器的结构（a）和原理（b）

16.2.2　隧穿电流的探测、放大与稳定

STM 控制器是设备控制和数据采集的中枢，其主要功能是通过控制压电陶瓷的运动实现隧穿电流的探测、放大与稳定。此外它还通过与计算机的交互实现针尖高度、隧穿电流等多通道数据的记录。

针尖与样品在 1nm 左右间距下的隧穿电流一般在 pA 到 nA 量级。由于隧穿电流与间距呈指数相关，STM 实际探测到的隧穿电流可能因微小的震动或针尖横向运动变化而产生剧烈的抖动。因此，在 STM 进针时须实时探测隧穿电流是否已达到设定值以避免撞针，在扫描过程中须实时控制针尖高度以维持隧穿电流的稳定。针尖探测到的微小隧穿电流通过跨阻放大器转换输出为便于测量的电压信号供后续处理。电流的稳定则是通过反馈电路（见图16-4）来完成的，即先比较测得电流与设定电流获得误差信号，然后将该误差信号按照比例-积分-微分（proportional-integral-differential，PID）算法处理后快速输出修正后的高压信号给控制针尖高度的压电陶瓷，调整其伸长或缩短来使误差信号最小化，从而使得电流稳定在设定值附近。

控制器可以通过高压电源模块同时输出三路电压给压电扫描管来实现三维复杂运动，这样不但可以满足扫图要求，还可控制单个原子的运动实现原子操纵。最后，控制器采集的多通道（电流、偏压、高度、dI/dV 等通道）模拟信号最终转换为数字信号通过一定的编码方式以图像和谱线的文件形式存储在计算机的硬盘上。

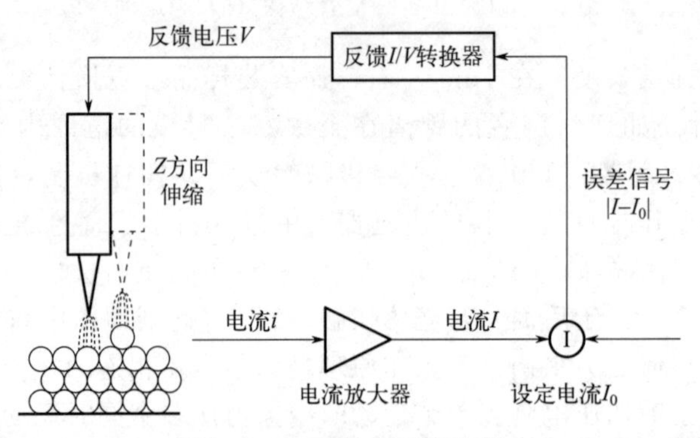

图 16-4　STM 的反馈电路

16.2.3　探针和样品制备

STM 实现高分辨率的关键之一是原子级尖锐的针尖。STM 的针尖可根据不同的实验目的分为金属针尖、磁性针尖和超导针尖。金属针尖的材质一般是 W、PtIr 合金、Au、Ag等，可用于绝大多数 STM 样品。磁性针尖可通过在金属针尖表面沉积磁性原子（Co、Fe等）得到，也可用反铁磁金属 Cr 直接腐蚀得到，主要用于探测样品的磁性相关信息。超导针尖可以用超导材料 Nb 丝修剪而成，也可在金属针尖上直接沉积超导金属 Pb 得到，其目的是提高超导带隙的能量分辨率。

STM 针尖是消耗品。它在使用过程中与样品微弱接触会产生物质交换，导致针尖尖端吸附大量样品表面原子，当其尖锐程度或导电性不满足高质量数据采集要求时，就需要更换新的针尖。制备针尖最常用的方法是电化学腐蚀，即在碱性溶液中给针尖和溶液分别加正电压和负电压，通过电化学反应使金属插入溶液液面处电离产生的金属离子进入溶液来腐蚀金属丝。当金属丝变得足够细时，其液面以下的部分会因为重力而脱落，此时立即停止施加电压就可以保留一个原子级尖锐的针尖。为防止氧化或吸附杂质元素，一般需要将新制备的针尖立即传入超高真空腔体中。然后在超高真空腔体中通过退火和氩离子刻蚀，除去针尖尖端吸附的气体分子就可以满足使用要求了。

除针尖以外，高质量的扫描隧道显微镜数据的采集对样品也有极高的要求，主要包含三个方面：①样品表面具有良好的导电性，其电阻应远小于真空隧穿结电阻（一般为 GΩ 量级）；②样品表面具有晶面级别的平整度；③样品表面具有原子级的清洁度，无吸附气体或其他杂质元素。为达到以上要求，STM 样品都有严格的制备流程。对于可解理样品，如层

状材料 $NbSe_2$ 或半导体晶体低指数面 InAs（110），可通过超高真空环境解理来制备样品。对于金属样品，如 Au(111) 面，一般需要先对单晶样品定向切割获得所需晶面，然后打磨到纳米级平整，并经超声清洗后，传入超高真空腔体。在真空腔体内需要通过多个循环的离子刻蚀和高温退火过程，经低能电子衍射仪测试可获得清晰衍射图案且无其他吸附的超结构图案时，就基本满足了 STM 制样要求。此外，通过与 STM 真空腔体互联的分子束外延设备制备新的样品也是一种常用的制样方式。

16.3 扫描隧道显微镜的应用

16.3.1 原子分辨形貌像

材料表面原子分辨的形貌测量是扫描隧道显微镜的核心功能之一。它广泛地应用于金属、半导体、氧化物超薄膜、有机分子及其自组装结构以及低维材料的表面结构研究。在形貌测量之前，实验人员需要做好两项准备工作：首先是在光学显微镜辅助下利用步进器进行的手动粗进针，随后在程序控制下进行自动进针，使得针尖和样品进入隧穿状态；其次是利用脉冲偏压和可控撞击等手段微调针尖末端结构状态，获得稳定的单原子尖端。为了获得高质量的形貌数据，还需要优化设备的减震系统和接地线路，将隧穿电流的噪音水平降低到 pA 级别以下。

形貌图像的采集是通过测量软件根据设定参数自动完成的。其原理是将目标区域分割成像素点，通过逐行扫描的方法获得每个像素点的具体高度数值，然后将高度值转换为灰度或彩色值输出形貌图像。如果控制针尖在恒定高度的平面内精确移动，记录每个点的电流值，可绘制出表面的电流形貌图，称为恒高模式（constant height mode）。如果维持隧穿电流不变，记录每个点的针尖高度值，则可绘制出表面的高度形貌图，称为恒流模式（constant current mode）。实际测量情况下，由于在较大范围内样品表面可能出现台阶等显著起伏，为防止针尖与样品的碰撞，常选用恒流模式获取形貌图。

以Ⅲ-Ⅴ族半导体材料 InAs 为例，其（110）表面的恒流模式形貌图如 16-5（a）所示，其对应的表面晶格结构俯视图及侧视图分别如图 16-5（b）和图 16-5（c）中的原子球棍模型所示。从实验形貌图可以看到该表面上的原子构成二维长方晶格，其中格点位置为 In 原子，而 As 原子在图中并未显示。这是因为在采集此图时的偏压下，与针尖隧穿的主要是分布于 In 原子上的电子态。

此外，当晶体材料某一晶面形成表面时，其表面原子因近邻数的下降，有时会为了降低系统能量，形成与晶体内部晶面结构不同的重构表面，例如 Si(111) 表面的 7×7 重构和 Au(111) 表面的鱼骨状（herringbone）重构。Au 单晶具有面心立方结构，其（111）面形成二维三角晶格，但是在较大范围的 STM 形貌图中 Au（111）表面呈现如图 16-6（a）所示的条纹状结构。通过降低偏压，提高电流获取的原子分辨 STM 形貌图［图 16-6（b）］揭示该条纹结构来源于相间排列的 fcc 和 hcp 区域，其中亮的条纹是由于两个区域间过渡的桥位原子比 fcc 或 hcp 密排区原子更高的原因，其结构如图 16-6（c）模型所示。对于纳米材料或低维材料，表层原子相对于材料表面结构对其物理和化学性质有更重要的影响，而扫描隧道显微镜形貌测量是相关研究的有力工具。

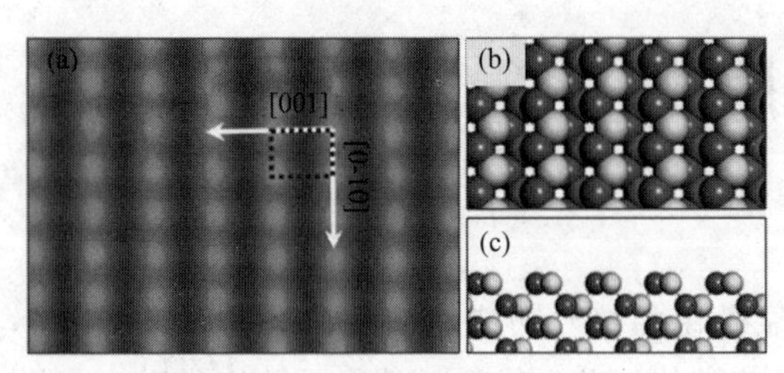

图 16-5　InAs(110) 表面的形貌图 (a) ($V_b=1.0\text{V}$，$I=0.5\text{nA}$) 及其对应的原子球棍模型俯视图 (b) 和侧视图 (c)（深色球：In 原子；浅色球：As 原子）

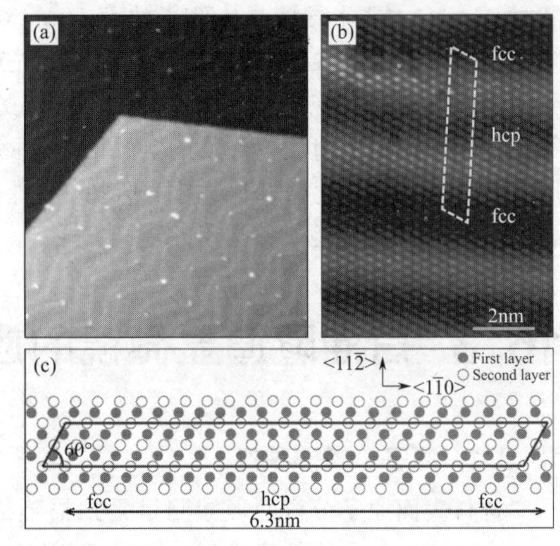

图 16-6　Au(111) 表面的鱼骨状重构

16.3.2　局域态密度测量

STM 还可以通过测量扫描隧道谱（scanning tunneling spectrum，STS），获取材料表面原子分辨的局域态密度信息。该功能为研究金属、半导体、超导体等材料表面原子尺度的局域电子结构提供了一种重要手段。扫描隧道谱本质上是隧穿电流微分电导随偏压的变化，即 $\frac{dI}{dV}(V)$。根据式（16-2）$\frac{dI}{dV}(V)\propto\rho_s(E_F-eV)$ 可知，扫描隧道谱反映样品费米能级附近的态密度 ρ_s 的信息。

由于所采集的隧穿电流数据本质上是变化幅度极大的离散数值点，如果对电流信号直接进行数值微分，往往会产生极大的误差。实验上为获得精确的 dI/dV 信号，一般采用锁相放大技术直接采集倍频信号。其原理是在输入的直流偏压信号中叠加小振幅的固定频率的交流信号，这时隧穿电流就带有交流及其高阶倍频的信号，利用锁相放大器采集特定相位信号就可以准确获得原始交流信号的倍频信号。这样根据倍频信号幅值正比于 dI/dV 的原理，就可以精确测得微分电导随偏压的变化。

由于隧穿电流只流过针尖最近邻处样品表面原子尺度的极小区域，固定针尖位置改变偏压获得的扫描隧道谱（单点谱）对应于样品表面的局域态密度（local density of states，LDOS）。这个谱线上的峰值所处的偏压反映晶体特定能带或分子前线轨道相对费米能级的能量位置。如果将偏压固定在单点谱的峰值位置，移动针尖测量样品上不同位置处的局域态密度，并将其转换为图像输出，则可以得到该局域态密度在样品表面的分布情况，称为 dI/dV mapping 或态密度（DOS）图。对于原子级平整的表面，为确保不同点的测量值可比较，一般采用恒高模式采集态密度图数据。

这种方法还可以测得材料表面单原子缺陷或杂质的电子态，且测量过程中对材料的扰动非常小，是一种独特的无损研究手段。图 16-7 为 InAs(111) 表面物理吸附的单个 In 原子的形貌图、In 原子的单点 dI/dV 谱以及 1.22eV 处电子态在表面的态密度分布图。综合以上数据可见，该峰值能量的电子态来源于吸附原子的贡献，且该电子态高度局限于原子所处的位置。

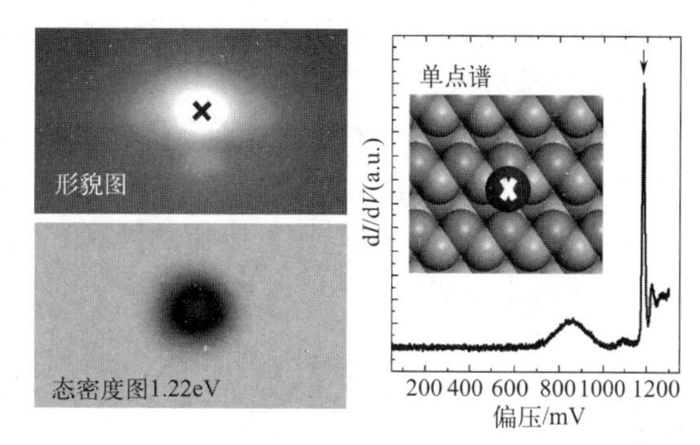

图 16-7 InAs(111) 表面的单个 In 原子的局域电子态

16.3.3 原子/分子操纵

原子操纵技术由 IBM 实验室的科学家在 1990 年发明。他们利用这项技术成功实现了著名的量子围栏结构。近年来，人们还构筑了具有量子器件应用前景的单原子精度量子点和高密度存储结构。原子操纵技术即利用针尖在特定材料表面移动搬运单个原子或分子，是 STM 特有的一项技术。利用这种技术，人们能够以原子或分子为单元构筑某些常规生长或微加工方法难以制备的量子结构。原子操纵技术通过精确控制格点原子、晶格尺寸、对称性、周期性等参量，能够实现对局域电子态、自旋序、能带的拓扑性等量子效应的人为设计与调控。

STM 实现原子操纵的基本原理为：利用针尖末端原子对被操纵原子施加的局域相互作用，使被操纵原子越过衬底表面的扩散势垒，离开原本的吸附位，并跟随针尖的运动轨迹移动到新的吸附位。根据操纵模式的不同，可将其分为横向操纵和纵向操纵两种。

横向操纵的过程可分解为针尖垂直接近通过较强的隧穿锁定操纵对象、针尖维持较强隧穿并水平运动引导操纵对象在衬底表面定向运动、针尖垂直远离操纵对象等步骤，类似于在地面搬运货物。针尖在水平运动过程中处于反馈控制的恒流模式。横向操纵主要适用于原子级平整的金属表面上的金属单原子，如图 16-8（a）所示的在 Cu(111) 表面操纵 Fe 原子构筑的量子围栏（由美国 IBM 实验室 Don Eigler 课题组完成）。

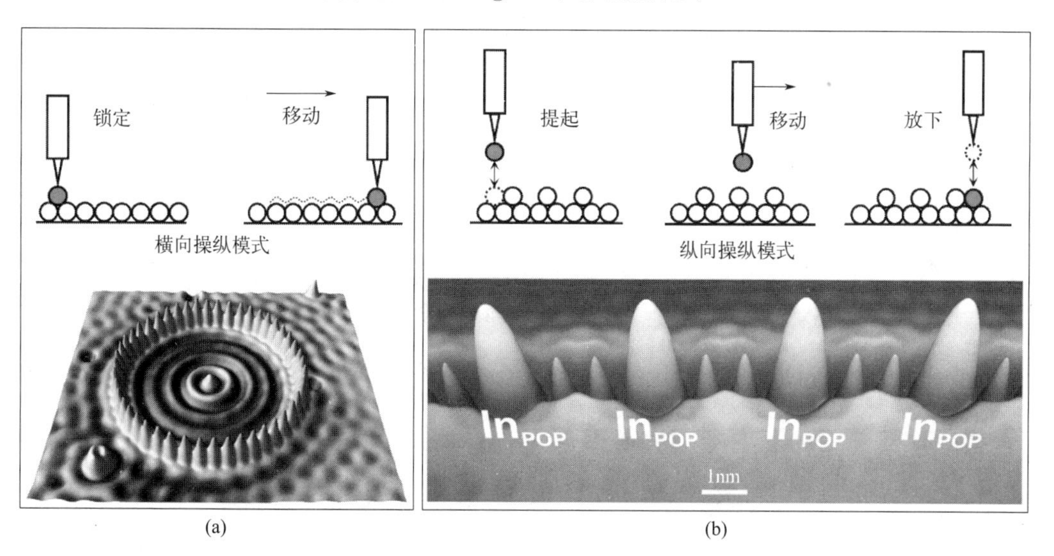

图 16-8 STM 原子操纵实验

（a）利用横向原子操纵在金属表面构筑的量子围栏；（b）利用纵向原子操纵在半导体表面构筑的量子点。

纵向原子操纵的过程可分解为针尖垂直接近并提起操纵对象、针尖脱离隧穿移动至目标区域和针尖垂直接近目标点并放下操纵对象三个步骤，类似于用吊车在空中搬运货物。针尖移动过程中携带操纵对象远离表面，因此可以不受崎岖表面扩散势垒的限制远距离搬运。纵向操纵主要适用于表面扩散势垒较高的半导体表面的金属原子，或金属表面的单分子，如图16-8（b）所示的在InAs(111) 表面的操纵In原子构筑的量子点（由德国PDI研究所Stefan Foelsch课题组完成）。

习题

参考答案

1. 扫描隧道显微镜和TEM所获得的原子分辨图像有何区别？

2. 扫描隧道显微镜为什么能够获得单原子精度的分辨率？

3. 请分析如何利用扫描隧道显微镜研究半导体材料表面掺杂的单个金属原子的结构和局域电子结构？

第 17 章

原子力显微镜

为了克服扫描隧道显微镜无法测量绝缘样品的困难，STM 发明者之一 G. Binnig 和斯坦福大学的 C. F. Quate、C. Gerber 以原子间相互作用力作为测量与反馈控制物理参量，于 1986 年发明了一种不依赖导电性的扫描探针设备，称为原子力显微镜（atomic force microscope，AFM）。此后，基于 AFM 的基本设备结构，人们陆续将可利用的相互作用物理量拓展到磁力、静电力等，形成了一个具有多种不同功能的扫描探针显微镜家族。本章主要介绍原子力显微镜，亦涉及几种其他材料研究常用的扫描探针显微镜。

17.1 原子力显微镜成像原理

原子之间的相互作用可以用伦纳德-琼斯势（Lennard-Jones potential）描述，其表达式如式（17-1）所示，包含了吸引（第一项）与排斥（第二项）两项相互作用。

$$U_{\mathrm{LJ}}(r)=4U_0\left[\left(\frac{R_{\mathrm{a}}}{r}\right)^{12}-\left(\frac{R_{\mathrm{a}}}{r}\right)^{6}\right] \tag{17-1}$$

式中，U_0 为常量；r 为原子之间的距离；R_{a} 为势能为零时的原子间距。伦纳德-琼斯势描述了中性原子之间的相互作用力。这种相互作用恰好可以反映 AFM 探针针尖原子与样品表面原子在纳米尺度下相互作用的基本特征：距离近时相互排斥，距离远时相互吸引，存在一个受力为零的最小势能位置，其势能曲线如图 17-1 实线所示。

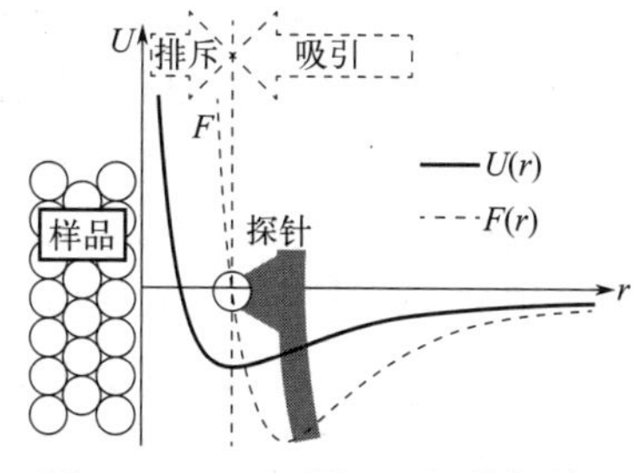

图 17-1　AFM 原理：探针与样品间的伦纳德-琼斯势 $U_{\mathrm{LJ}}(r)$ 及原子间作用力 $F(r)$

原子力显微成像中的力本质为电磁相互作用力。根据其影响范围，针尖与样品之间的作用力可以分为两类，即长程相互作用力和短程相互作用力。其中长程相互作用力主要是范德华力，来源于分子之间的电偶极子的相互作用，可以分为极性分子之间的取向力、极性分子对非极性分子的诱导力以及非极性分子之间的色散力。根据量子力学理论，中性原子/分子之间会在某一瞬间发生正负电荷分离并产生瞬时偶极矩，而该极化偶极矩会诱导周围的分子产生瞬时诱导偶极矩，进而加强前一部分的瞬时偶极矩效应。

由于范德华力是长程作用力，对于 AFM 针尖与样品这样的微观-介观体系来说，范德华力不只来源于表面，而是较大体积范围内（微米级）的范德华作用力的总和，可以说这部分范德华力在 AFM 测量中提供了与针尖位置无关的吸引力背底。另一种长程相互作用力为针尖与样品之间的静电力。如果针尖或样品表面捕获了静电电荷，或者针尖和样品是导电的并具有不同的电势，就会出现这种现象。实验中为了消除这种长程静电力的存在，可以在样品和针尖之间施加合适的偏置电压。

随着针尖与样品之间距离的减小，短程相互作用力的影响逐渐增强。这种短程作用力主要来源于针尖与样品之间的最外层电子轨道发生重叠时因泡利不相容原理的限制而产生的排斥。但是若针尖与样品之间的接触区域高达几百甚至几千个原子，它们之间将发生力学接触，也就是会发生依赖于施加的力的大小和材料性质的表面形变，采用连续弹性模型可以描述有限大小物体在外界压力下的接触和黏附。此外，还可能存在针尖与样品表面的键合产生的化学作用力、特定材料之间产生的磁力、不同的环境产生的毛细力、溶剂化力等。与长程作用力不同，短程作用力对针尖所处的位置非常敏感。

总而言之，在 AFM 中针尖与样品之间的相互作用力是多种多样的相互作用共同产生的结果。这些相互作用一方面使得以 AFM 为代表的扫描探针技术存在着一定的复杂性，另一方面又提供了多种测量可能性，使得扫描探针家族不断壮大。

17.2 原子力显微镜设备与工作模式

如图 17-2 所示，AFM 设备主要由力探测、位移探测和反馈控制三部分主体系统组成，此外还包括减震、进样等辅助系统。在大气环境下，原子间纳牛（nN）量级的作用力通常使用微悬臂梁（cantilever）力传感器探测；而在极低温超高真空环境下则需要用到石英音叉型（quartz tuning fork）力传感器。微悬臂梁末端针尖扫描样品产生的纳米量级位移一般通过激光反射式位移检测装置间接测量。扫描时样品的移动通过与 STM 类似的压电扫描管实现。针尖与样品间相互作用力的维持则通过反馈控制电路实现。此外，先进的商用 AFM 设备往往兼具磁力、压电力、静电力等多种探测能力，通过更换相应的针尖在同一台设备上可以实现多种模式的测量。

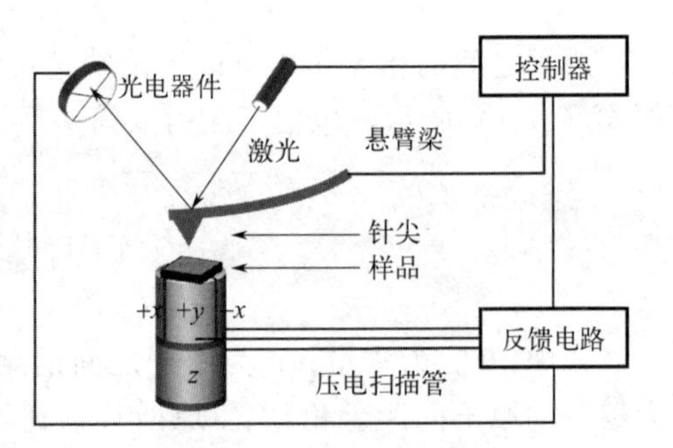

图 17-2　AFM 设备结构示意

在样品扫描时，由于样品表面的原子与微悬臂探针尖端的原子间相互作用的实时变化，微悬臂将随样品表面形貌而弯曲起伏，反射光束也将随之偏移。因而通过光电二极管检测光斑位置的变化，就能获得被测样品表面形貌的信息。在系统测量成像全过程中，探针和被测样品间的距离始终保持在纳米（10^{-9}m）量级。

17.2.1 微悬臂梁力传感器

作为力传感器的微悬臂梁是 AFM 达到原子级分辨率的关键部件。高质量微悬臂梁须达到以下几项技术要求：首先是极低的力学弹性常数（$10^{-2}\sim10^{2}$N/m），以满足检测 nN 量级力所需的高灵敏度；其次是 10kHz 以上的共振频率，以保证 AFM 能实现较高的扫描速度，同时，高的共振频率还有助于避免环境中低频振动噪音的干扰；此外，微悬臂梁须具有足够高的侧向刚度，以保证能排除侧向摩擦力的干扰。根据以上要求，典型的微悬臂梁参数为：质量$<1\mu$g、弹性常数$\sim$10N/m、共振频率$\sim$100kHz。

微悬臂梁的尺寸非常重要，因为它决定了力传感器的弹性常数 k。其相互关系可以由以下方程描述。

$$k=\frac{Ewt^3}{4l^3} \tag{17-2}$$

式中，w 为悬臂宽度；t 为悬臂厚度；l 为悬臂长度；E 为悬臂材料的杨氏模量。通过调控这些参数，可以根据测量需要精确设计微悬臂梁。

常见的带有针尖的微悬臂梁是使用半导体光刻和湿化学法利用单晶硅整体刻蚀而成的，其针尖尖端往往覆盖氮化硅镀层以增加刚性。具体制备流程包括以下步骤：首先用光刻法在 Si(001) 表面制备确定好悬臂形状与针尖位置的图案化 SiO_2 薄膜；然后用湿法刻蚀未覆盖 SiO_2 的区域直至形成原子级尖锐的硅针尖；随后在悬臂的底座及上表面沉积耐磨损的氮化硅镀层；最后在背面进一步刻蚀将悬臂梁减薄至所需的厚度，并将其从单晶硅片中分离出来。用这种办法制得的硅针尖近端半径可达纳米尺度。为了进一步减小针尖的半径，还可以在针尖沉积碳纳米管等纳米材料。

17.2.2 激光反射式位移检测

在 AFM 探针进行样品扫描的测量过程中，控制系统通过检测微悬臂梁由原子力引起的位移来获得样品表面形貌信息。但由于这种位移极其微弱，很难进行直接测量。人们巧妙地利用激光光束反射放大的办法实现了对探针位移量的精准、快速检测。其原理如图 17-2 中激光线路所示，来自激光二极管的激光束经悬臂梁末端的光滑表面反射后被上方的隔着一条缝隙的四个光电探测器（代表二维坐标系的四个象限）接收，针尖的微小位移引起的光斑移动在光电探测器上产生的相对信号差即为测量信号，实现了位移信息向电信号的转化。通过严格校准光电探测器信号差与悬臂梁位移的比例，就可以实时检测针尖位移的精确值。常见的商用 AFM 使用的激光光源一般在毫瓦级，且由于激光束发散很小，能很好地匹配悬臂梁末端的有限空间。该方法通过反射放大了微悬臂梁的偏转量，且由于偏转激光在悬臂梁前端的位置不需要特别精准的定位，降低了该方法的技术难度，因此获得广泛使用。

17.2.3 反馈控制系统

在 AFM 扫描的过程中，针尖与样品间距离过大会导致探测信号弱、成像质量差，而距离过小则可能导致划伤样品或折断探针。为了确保针尖动态地处于合适的高度，AFM 设备使用响应灵敏的反馈控制电路来实现对针尖高度的实时控制，其工作原理与扫描隧道显微镜的反馈电路类似。即通过实时比较探针-样品相互作用的强度的设定值与实际测量值获得差值，并根据差值增加修正电压，从而通过样品伸缩实现差值的最小化。这样就可以调节探针和被测样品间的距离，反过来控制探针-样品相互作用的强度，实现反馈控制。

对于不同的测量模式有相应的具体的反馈机制。例如，在振幅调控的 AFM 测量模式下，首先是由一个振荡器产生正弦驱动信号，激励位于悬臂梁底座的压电制动器，使得微悬臂梁产生一个振幅为 A 的共振震荡，其中 A 远大于激励振幅。由于针尖与样品之间的作用力变化引起共振频率发生偏移，悬臂梁的共振振幅随之发生改变。通过光束偏转法使得悬臂梁的共振振幅信号成比例地转化为了电压信号，再通过锁相放大器最终得到与振幅相关的准交流信号。而后该交流信号还会作为 z 反馈控制器的输入信号，与设定振幅比较使两者间的误差尽可能小，该误差信号被送到比例-积分-微分（proportional-integral-differential，PID）系统，并最终输出一个合适的电压信号给控制 z 位置的压电陶瓷，控制其伸长或缩短来使误差信号最小化。最终该 z 反馈信号将作为高度信号绘制出 AFM 形貌图像。该闭环反馈控制系统通过不断调整样品与针尖间的距离，获得稳定的原子力状态。

17.2.4 静态反馈和动态反馈工作模式

原子力显微镜在不同的测量需求下可以在多种不同的力反馈模式下工作，这些工作模式可以分成静态反馈和动态反馈两类。静态反馈模式是指在所设置的相互作用参数下，利用反馈系统维持针尖与样品稳定相互作用，然后移动样品进行扫描并记录针尖的位移。由于这种模式下针尖与样品间距离很近，又被称为接触模式。这种模式的缺点是一些柔软样品的表面结构会被针尖改变，而且针尖很容易受损或污染。动态反馈模式是指悬臂梁预先受控制系统的激励产生固有频率的振动，当针尖接近样品产生相互作用的时候，悬臂梁的振幅、频率及相位会发生改变，通过测量振幅、频率、相位等信号的变化值分析材料表面的结构与物性。这种模式又被称为轻敲模式，其特点是针尖与样品间距相对较大，且可以同时采集多个不同通道的信号。

17.3 原子力显微镜的应用及拓展

17.3.1 表面结构及物性表征

原子力显微镜最主要的用途就是用于测量材料的表面形貌。利用这个功能人们可以获得表面缺陷、台阶高度、平均起伏度等信息，并且可以在真空、气氛、溶液环境以及常温、低温、磁场等各种条件下开展工作。AFM 所测试的样品种类繁多，可以生长或转移在各种原子级平整的衬底上，如云母、硅晶片、高定向热解石墨（HOPG）等。由于对测试材料的限制条件比 STM 要少，AFM 的应用范围相对更广，包含了陶瓷、金属、高分子以及生物分子等各种材料的显微结构和力、电等方面的物性表征。

图 17-3 展示了利用 CVD 法制备的二维材料 MoS_2 的微米单晶岛的 AFM 形貌图。其厚度为 3.2nm，相当于 3 个原子单层；表面粗糙度小于 0.5nm，相当于原子级的平整度。对于这类材料，通过 AFM 形貌分析可以快速得到样品表面的粗糙度、颗粒度、平均梯度、孔

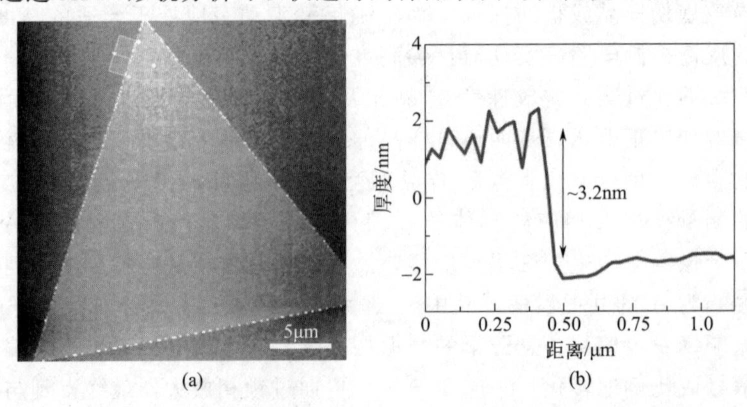

图 17-3 CVD 法制备的薄层 MoS_2 的 AFM 形貌图（a）和厚度测量（b）

结构和孔径分布等参数。AFM 和扫描电子显微镜（SEM）都可用于表面形貌研究，但原理不同，其功能具有很好的互补性。在成像范围和景深方面 SEM 具有极大优势。但是 SEM 很难给出样品表面结构的精确高度，AFM 则可以以数值的形式准确地反映表面的高低起伏。

除了表面结构表征外，AFM 在纳米材料的力学性能测试中也发挥了不可替代的重要作用。通过控制施加压力的大小可以使材料发生相应的微观弹性或者塑性形变，从而得到对应的精准力学参数。由于 AFM 针尖半径一般在 100nm 且可以将压印变形控制在 10nm 以内，因此很适合用于纳米压痕测试。通过对悬空二维材料进行面内拉伸测量可以获得石墨烯等二维材料的面内弹性模量。

通过选用合适的探针，AFM 也可用于软质材料和结构的分析，例如生物材料和有机材料。基于 AFM 纳米级的测量精度，它可以用于表征组织、细胞、生物膜、蛋白质、核酸等研究对象的形貌以及生物学特性，还可以通过施加外力实现分子级别精度的三维操纵。此外，由于 AFM 适用于多种环境，它可以实现在接近生理条件的溶液环境中直接、实时观测生物样本的微观构象与结构变化，蛋白分子间的相互作用以及单分子水平的原位构象演变等。AFM 以及相关扫描探针技术的应用范围目前仍在不断延伸。

17.3.2 压电力显微镜

压电力显微镜（piezoresponse force microscope，PFM）是在原子力显微镜的基础上发展出的利用其导电探针对样品施加外加电场以检测样品局部压电变形量的显微技术。PFM 的优势就是它是一种容易实现的、无损的局部电畴结构和电畴运动的表征方法，且通过施加电压可以实现电畴结构的写入。通过 PFM 可以检测出亚皮米级别的变形，且能够以纳米级别的横向分辨率绘制出铁电畴。

由于需要施加电信号，PFM 成像适用导电探针，可采用 Ti、TiN、Au、PtIr、金刚石涂层修饰的 n 型掺杂的 Si 探针。同时样品也需要安装在导电衬底上。PFM 成像原理基于逆压电效应，其设备结构与 AFM 类似。测量过程中，需要在导电探针的直流偏压的基础上叠加一个频率 10～100kHz、幅值 1～10V 的交流电压信号，同时采集并记录形貌、面内/面外极化响应、振幅、相位等多个通道的数据。为了提高信噪比，往往需要使用锁相放大器确定出交变电压引起的振动，最终得到所需的信号。以面外极化为例，逆压电效应在这种交流电压下引起的垂直于样品表面的变化可以记为：

$$\nabla Z(t)=d_{33}V_{\mathrm{ac}}\sin(\omega t+\varphi) \tag{17-3}$$

式中，d_{33} 为样品的面外压电系数，该系数值与极化的大小相关；相位 φ 反映了畴的极化方向，若极化方向平行于外加电场则 $\varphi=0°$，反之 $\varphi=180°$。因此不同畴结构在外加电场的作用下振幅和相位均不同，压电响应图像也表现为不同的衬度。

近些年来，基于 PFM 测量手段的铁电材料的研究开始向低维材料及其异质器件的方向发展，因此二维铁电、滑移铁电、铁电隧道结等器件的研究成为目前的热点之一，而 PFM 则是揭示其中微观铁电物理现象的主流研究手段之一。相关研究包括对铁电畴结构的显微分析，力场、电场对铁电畴的调控，极化动力学、畴演变动力学，表面屏蔽机制以及原型器件的机理。当前 PFM 相关表征还存在着一些局限性，例如对其中的静电效应，表面电化学应变效应以及悬臂梁的电致伸缩、焦耳热、挠曲电效应等非压电效应影响因素的分离，因此开展 PFM 新技术、新功能的研究以消除这些局限性并提升其功能也是目前人们探索的方向之一。

17.3.3 开尔文探针力显微镜

开尔文探针力显微镜（Kelvin probe force microscope，KPFM）是一种用来测量样品表面电学特性的扫描探针显微镜，其成像原理基于具有不同功函数的样品与针尖的相互作用力的平衡。KPFM 通过未知样品电学特性与已知针尖电学特性的对比，间接实现对样品表面的接触电势或功函数的测量。功函数在固体物理学中被定义为将固体表面费米能级能量处的一个电子移到远离表面的真空环境所需要的能量。功函数是材料的重要表面电学特性，它往往随材料表面结构和组分的不均匀性呈现微观分布。因此，具有表面敏感性和高空间分辨率的 KPFM 是研究材料功函数的微观细节的一种重要工具。

开尔文探针力显微镜一般在振幅调制模式（动态反馈）下运行，可以有单通道或者双通道两种设置。在单通道设置中，针尖以恒定高度扫描样品。在这个过程中，通过给悬臂梁施加交流电压在针尖和样品之间产生一个振荡的静电力，该静电力可由锁相放大器精确测量。然后通过施加直流电压抑制悬臂梁振荡，使得振幅最小化。所施加的动态直流电压即为针尖和样品之间功函数不同引起的接触电势差。这样通过已知的针尖功函数值和所施加的直流电压即可获得样品表面功函数的局域分布信息。单通道模式的一个优点是针尖离样品较近，因此在开尔文力测量中有较高的灵敏度和能量分辨率，但其所测信息与形貌的关联性较差。

在双通道设置中，探针在样品的每一行上扫描两次。在第一次扫描中，针尖在振幅调制模式下测量出精细形貌信息。然后将针尖抬起第二次通过样品，以用户设定的高度扫描。此高度参数在每行扫描时均可以针对电势测量进行优化，通常为几纳米或几十纳米。通过优化使针尖尽可能接近样品，以避免来自悬臂的杂散电容，但又不要太靠近以免撞上样品。第二次扫描类似于前述的单通道设置测量，可获得表面功函数分布信息。缓慢的扫描速率与双通道测量相结合，可能导致双通道模式下单个图像的获取时间较长。但是，KPFM 的这种实现方式确实提供了最佳的空间分辨率，因此 KPFM 图像与表面形貌的相关性更高。KPFM 不但可以获得纳米精度的表面功函数分布图像，而且可以通过已知的针尖功函数以及针尖与样品的相互作用模型，实现对材料表面功函数的定量测量。

17.3.4 磁力显微镜

磁力显微镜（magnetic force microscope，MFM）是扫描探针显微镜家族中可用来测量样品的磁学特性的一个重要成员，其成像原理基于铁磁性针尖与具有微观磁畴结构样品的静磁相互作用。MFM 系统的结构与普通 AFM 类似，其探针表面覆盖纳米尺度磁性镀层（Fe，Co 等）。MFM 一般工作在动态反馈模式下，使用压电陶瓷驱动微悬臂做正弦振动，从而施加一个励磁正弦信号。

磁信号采集可以采用调幅和调频两种模式。早期的 MFM 都是使用调幅模式，即根据探针在样品表面不同磁畴区域受力不同引起的振幅变化实现对磁畴的成像，其分辨率相对较差。为了提高信噪比，人们利用锁相环电路实现了调频模式 MFM。锁相环是结合了压控振荡器和相位比较器的一种反馈系统，它能够使压控振荡器的输出相对于参考信号有固定的相位差。当探针靠近样品时，探针与样品的相互作用使得探针的共振频率由 ω_0 变为 ω_1，在此瞬间，驱动频率仍为 ω_0，则此时驱动信号与探针振动信号的相位差为 φ_1，而锁相环要保持

相位差在 φ_0，因此将通过压控振荡器调整驱动频率到 ω_1，以使得相位差恢复到 φ_0，压控振荡器上压电体所加电压即为成像数据。

MFM 提供了一种在纳米尺度分析磁性材料表面磁畴分布、外磁场调控下磁畴演变动力学以及磁结构与微观结构关联性的重要研究手段。它已被广泛用于各种磁性材料的性能表征和基础研究，尤其是近些年来它在非共线拓扑磁性结构斯格明子，以及二维范德华磁性材料的研究方面发挥了重要作用。

习题

参考答案

1. 原子力显微镜和扫描电子显微镜在分析材料表面形貌方面有什么不同，各有什么优缺点？

2. 请分析如何利用原子力显微镜研究绝缘体表面金属纳米薄膜的形貌和力学特性？如果金属薄膜为磁性材料，如何表征其磁畴结构？

3. 二维层状材料 In_2Se_3 同时具有面内和面外的铁电畴，请查阅资料了解相关知识，并分析如何利用 PFM 分析并调控该材料的铁电特性？

参考文献

[1] De Viguerie L, Walter P, Laval E, et al. Revealing the sfumato technique of Leonardo da Vinci by X -Ray Fluorescence spectroscopy [J]. Angewandte Chemie International Edition, 2010, 49(35): 6125-6128.

[2] McMorrow D, Als-Nielsen J. Elements of modern X-ray physics[M]. Hoboken: Wiley, 2011.

[3] Kitagawa K, Takayama T, Matsumoto Y, et al. A spin-orbital-entangled quantum liquid on a honeycomb lattice[J]. Nature, 2018, 554(7692): 341-345.

[4] Lutterotti L, Vasin R, Wenk HR. Rietveld texture analysis from synchrotron diffraction images. I. Calibration and basic analysis[J]. Powder Diffraction, 2014, 29(1): 76-84.

[5] Chen K, Kunz M, Tamura N, et al. Evidence for high stress in quartz from the impact site of Vredefort, South Africa[J]. European Journal of Mineralogy, 2011, 23(2): 169-178.

[6] Hofmann F, Abbey B, Liu W, et al. X-ray micro-beam characterization of lattice rotations and distortions due to an individual dislocation[J]. Nature Communication, 2014, 4(7): 2774.

[7] Kocks U F, Tomé C N, Wenk H R. Texture and anisotropy: preferred orientations in polycrystals and their effect on materials properties[M]. Cambridge university press, 2000.

[8] Chung J S, Ice G E. Automated indexing for texture and strain measurement with broad-bandpass x-ray microbeams[J]. Journal of Applied Physics, 1999, 86(9): 5249-5255.

[9] Shen H, Chen K, Kou J, et al. Spatiotemporal mapping of microscopic strains and defects to reveal Li-dendrite-induced failure in all-solid -state batteries[J]. Materials Today, 2022, 57: 180-191.

[10] Kikuchi S. Diffraction of Cathode Rays by Mica[J]. Proceedings of the Imperial Academy Japan, 1928, 4(6): 271-274.

[11] Schwartz A J, Kumar M, Adams B L, et al. Electron Backscatter Diffraction in Materials Science[M]. Boston: Springer US, 2009.

[12] Williams D B, Carter C B. Transmission Electron Microscopy: A Textbook for Materials Science[M]. Second Edition. New York: Springer, 2009.

[13] Li Y, Chen K, Dang X, et al. XtalCAMP: a comprehensive program for the analysis and visualization of scanning Laue X-ray micro-/nanodiffraction data[J]. Journal of Applied Crystallography, 2020, 53(5): 1392-1403.

[14] Pantleon W. Resolving the geometrically necessary dislocation content by conventional electron backscattering diffraction[J]. Scripta Materialia, 2008, 58(11): 994-997.

[15] Hurley P J, Humphreys F J. The application of EBSD to the study of substructural development in a cold rolled single-phase aluminium alloy[J]. Acta Materialia, 2003, 51(4): 1087-1102.

[16] Konrad J, Zaefferer S, Raabe D. Investigation of orientation gradients around a hard Laves particle in a warm-rolled Fe_3Al-based alloy using a 3D EBSD-FIB technique[J]. Acta Materialia, 2006, 54(5): 1369-1380.

[17] Zhang Y, Godfrey A, Juul JD. In-Situ Investigation of Local Boundary Migration During Recrystallization[J]. Metallurgical and Materials Transactions A, 2014, 45(6): 2899-2705.

[18] Quey R, Fan G H, Zhang Y, et al. Importance of deformation-induced local orientation distributions for nucleation of recrystallisation[J]. Acta Materialia, 2021, 210: 116808.

[19] Lin F, Zhang Y, Godfrey A, et al. Twinning during recrystallization and its correlation with the deformation microstructure[J]. Scripta Materialia, 2022, 219: 114852.

[20] Chen P, Mao S C, Liu Y, et al. In-situ EBSD study of the active slip systems and lattice rotation behavior of surface grains in aluminum alloy during tensile deformation[J]. Materials Science and Engineering: A, 2013, 580: 114-124.

[21] Chen Z, Xie H, Yan H, et al. Towards ultrastrong and ductile medium-entropy alloy through dual-phase ultrafine-grained architecture[J]. Journal of Materials Science & Technology, 2022, 126: 228-236.

[22] Liao Z, Polyakov M, Diaz O G, et al. Grain refinement mechanism of nickel-based superalloy by severe plastic deformation-Mechanical machining case[J]. Acta Materialia, 2019, 180: 2-14.